84

新 知
文 库

XINZHI

Falling Upwards:
How We Took to the Air

上穷碧落

热气球的故事

[英] 理查德·霍姆斯 著　暴永宁 译

生活·讀書·新知 三联书店

图书在版编目（CIP）数据

上穷碧落：热气球的故事／（英）理查德·霍姆斯（Richard Holmes）著；
暴永宁译. —北京：生活·读书·新知三联书店，2018.1 （2018.11 重印）
（新知文库）
ISBN 978－7－108－05943－7

Ⅰ．①上…　Ⅱ．①理…②暴…　Ⅲ．①航空－技术史－世界－普及读物
Ⅳ．① V2-091

中国版本图书馆 CIP 数据核字（2017）第 129282 号

特邀编辑　张艳华
责任编辑　徐国强
装帧设计　陆智昌　刘　洋
责任印制　徐　方
出版发行　**生活·讀書·新知** 三联书店
　　　　　（北京市东城区美术馆东街 22 号 100010）
网　　址　www.sdxjpc.com
图　　字　01-2017-5653
经　　销　新华书店
制　　作　北京金舵手世纪图文设计有限公司
印　　刷　北京隆昌伟业印刷有限公司
版　　次　2018 年 1 月北京第 1 版
　　　　　2018 年 11 月北京第 2 次印刷
开　　本　635 毫米×965 毫米　1/16　印张 33
字　　数　398 千字　图 186 幅
印　　数　08,001－13,000 册
定　　价　59.00 元
（印装查询：01064002715；邮购查询：01084010542）

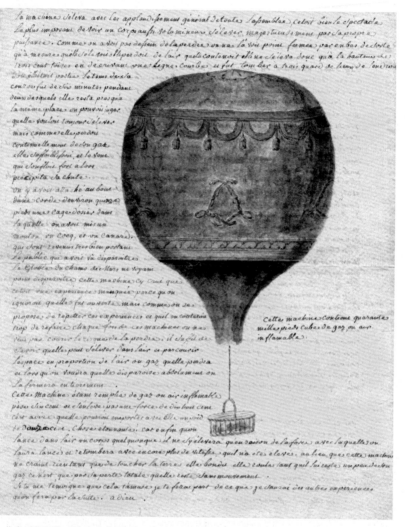

一位名叫菲利普·勒叙厄尔的法国人，在 1783 年 9 月 22 日的信中，讲述了他亲眼所见的一只早期热气球的升飞。该气球有 60 英尺高，在凡尔赛宫前放飞，气球吊篮里载有一头羊、一只小公鸡和一只鸭子，它们都得以活着回来，并用各自的语言"讲述"这段亲身经历

"莫尼少校身陷险境"，1785 年为给新建的英国诺福克郡暨诺里奇市医院募集善款，约翰·莫尼乘气球飞天，结果坠入洛斯托夫特东南 20 英里处的海面

雅克·亚历山大·塞萨尔·查理博士的肖像。1783 年 12 月，他成功实现乘氢气球的首次飞天。此肖像是将近四十年后，由法兰西学会 1820 年委派画家巴伊绘制

鼎盛时期的女飞天员索菲·布朗夏尔。朱尔·波罗 1815 年绘于巴黎

安德烈-雅克·加尔纳里安很神气的侧面像，1802 年绘于巴黎。他是继蒙戈尔菲耶兄弟之后最出色的法国气球表演人。画面上方写在飘带上的拉丁文意为"赞美敢于上天的无畏飞天人"

索菲·布朗夏尔于 1811 年 8 月在米兰为拿破仑举行的庆典上，乘小巧的银色吊船表演气球飞天。她手中擎着代表拿破仑皇室的御旗

费利克斯·纳达尔，漫画家、气球飞天员和摄影大师。他的激进立场与发明精神历经法兰西第二帝国、巴黎围城和法兰西第三共和国三个不同时期而经久不衰。此照片为他的自拍像，形象非常传神，约摄于 1854 年

"格莱舍在 7 英里高度上失去知觉"，1862 年。在这幅很富戏剧性的版画上，失去知觉的詹姆斯·格莱舍瘫倒在"猛犸号"的吊篮内，飞天员亨利·考克斯韦尔爬在吊篮顶圈上，努力解开因缠结而失灵的排气阀拉绳。气球落地后，他们又步行 7 英里，来到一家乡间小酒馆小酌。他们这次的飞行高度纪录一直保持到世纪末

陆达到和他的著名军事气球"无畏号"。这只气球使他坐上了南北战争期间北军方面气球侦察员的第一把交椅

"气球一跃，我们便冲出了厚厚的云层"，詹姆斯·格莱舍等所著《空中行》木刻版画插图的说明文字，版画为阿尔贝·蒂桑迪耶作，1871年。此书的多幅版画很精美，对气象研究也极富价值

著名法国气球飞天兄弟阿尔贝·蒂桑迪耶（左）和加斯东·蒂桑迪耶，以及他们的气球"苍穹号"（高空飞天）、"让·巴尔特号"（反巴黎围城）与飞艇"法兰西号"（最早的飞艇，由德国制造的电机驱动）

"'海怪号'载着保罗升飞",让·布鲁诺所著《气球人质保罗历险记》的卷首图,1858年。失
控气球带着小孩子飞天是许多作者选用的创作题材

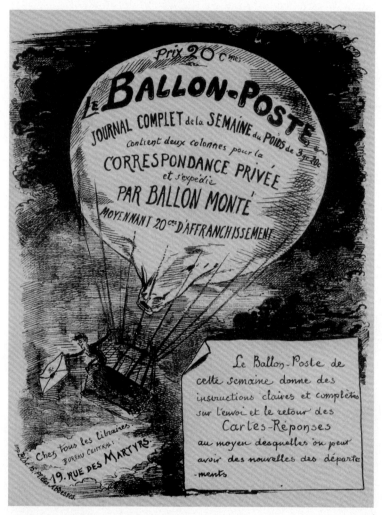

《气球邮报》的宣传海报。这是第一份以航空方式递送的报纸，1870—1871 年间由《费加罗报》主办。此报每周发行一期，刊登"报纸所应有的全部内容，包括一周新闻和两栏个人资讯"，经载人气球突破普鲁士军队的地面封锁携出巴黎，售价每份 20 生丁

MORT DE HARRIS (1824)

COLLECTION 476   2ème Série (No 9)   ROMANET &Cie IMP. EDIT. PARIS

"哈里斯之死"，1824 年绘于克罗伊登。哈里斯勇敢赴死，漂亮的同飞人斯托克斯小姐不可思议地得救。当年颇为风行的法国气球飞天画片收藏卡，1895 年巴黎洛马内与希埃公司发行

物理学家、英国皇家学会会员泰比利厄斯·卡瓦略。他率先用氢气吹出肥皂泡，又是第一位从学术角度研究英国气球飞天历史的学者。此画像为佚名艺术家创作于1790年前后

查尔斯·格林的肖像，出自业余画家之手，绘于1835年。当时的英国人仍视气球飞天为"时兴"表演，致使此作品颇像画在酒馆招牌上的"幌子画"

与"皇家拿骚号"气球 1836 年飞天行程有关的人士，约翰·霍林斯绘。画面人物自左至右为：上诉法院法官威廉·墨尔本、詹姆斯勋爵、画家约翰·霍林斯、律师沃尔特·普里多、国会议员罗伯特·霍朗德（就座者）、蒙克·梅森、查尔斯·格林

胆气过人的美国陆军军官乔治·阿姆斯特朗·卡斯特，1865 年。他是北军中为数不多的几位敢于乘气球飞天的军官之一。他承认自己不大敢在气球上站立，宁可坐在吊篮里

皮埃尔·皮维·德沙瓦纳的著名油画《气球》，1870年。画面上，手持长枪的玛丽安娜昂然挺立在巴黎的城防工事上，远处有一只气球正从蒙瓦莱利安要塞上空向西飞越普鲁士军队的包围圈

"美好年代"期间的法国巨星级女飞天员范妮·戈达尔。她衣饰入时，秀腿裸露。照片为纳达尔摄于自己的摄影工作室内，1879 年

爱德华时期最有名的气球跳伞女郎多莉·谢泼德。照片上的她身穿表演时的漂亮服装，足蹬系带长筒女靴。1908 年，她在 1.2 万英尺的高空奋勇救出了因降落伞失灵打不开而陷入危难的女友露苡·梅伊

"张扬的美国风：云端上的婚礼"。这是一种极时髦的婚礼方式，在纽约上空的某个高度上举行。此画系为 1911 年的一份意大利杂志所绘

极地冰面上的"飞鹰号"，1897 年 7 月 14 日，尼尔斯·斯特林堡摄。此照片是气球浪漫飞天时代结束的不幸象征

"飞鹰号"探险队队员合影。左起为克努特·弗伦克尔、萨洛蒙·安德烈、尼尔斯·斯特林堡。摄于第二次北极探险出发前，1897 年

很有玄学意味的仿中世纪风格木刻版画《宇宙》（又名《朝圣者》）。这是作家卡米耶·弗拉马利翁为其《大众气象学》（1888）一书加进的插图。画面显现着天与地的交会

卡米耶·弗拉马利翁，富有远见卓识的法国气球飞天员、天文学家和科普作家。照片摄于 1924 年他 82 岁时，看上去这三种"家"的风采他都具备

作品中写入气球情节的作家

儒勒·凡尔纳

维克多·雨果

詹姆斯·格莱舍

H. G. 威尔斯

戴维·汉普曼－亚当斯

伊恩·麦克尤恩

作品中写入气球情节的作家

玛丽·雪莱

珀西·比希·雪莱

埃德加·爱伦·坡

简·劳登

查尔斯·狄更斯

亨利·梅休

"皇家拿骚号"在1836年的一个夜间飞过比利时城市列日的铁厂区上空。此次气球飞天行程长达480英里，使格林享誉全欧洲，更在北美成为知名人士

英国传奇式飞天员查尔斯·格林。G. T. 佩恩根据约翰·霍林斯的原作所制版画，制作于1838年。画上的长条形物件为意大利水银气压计，为格林十分珍爱之物，前后共陪他飞天五百余次

"巴巴和西西去巴黎度蜜月"。儿童作家让·德·布吕诺夫的《大象巴巴》的初版封面，1932年。此书或许不无对凡尔纳的殖民立场小示讽喻之意

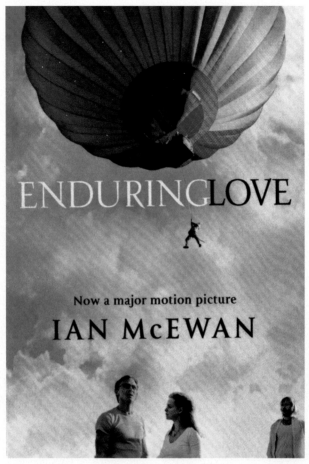

ENDURINGLOVE

Now a major motion picture

IAN McEWAN

伊恩·麦克尤恩 1997 年的小说《爱无可忍》探讨了命运和由爱害命这一题材，讲述了一场以惊心的气球事故开始的惊悚故事，后被改编为同样动人心魄的电影（2004），由罗杰·米歇尔（Roger Michell，《诺丁山》导演）执导。小说中有这样一段话："他在绳子上吊了那么久，我都开始相信，他也许会挺到气球落下来，或者等小男孩恢复意识，找到阀门给气球放气。再或者有一道神光、上帝，或者其他一些卡通角色现身，将他救下来。"

美国新墨西哥州一年一度的阿尔伯克基国际气球节上的常客——"大奶子乳牛艾拉白拉"热气球。它是美国人幽默和善良的象征

阿尔伯克基国际气球节上著名的"清晨群升"场面。理查德·霍姆斯摄，2010 年

立意环保的著名照片《地出》。1969 年摄于"阿波罗 11 号"飞船上。"飞行的梦想,是要以不同的方式看这个世界"

新知文库

出版说明

　　在今天三联书店的前身——生活书店、读书出版社和新知书店的出版史上，介绍新知识和新观念的图书曾占有很大比重。熟悉三联的读者也都会记得，20 世纪 80 年代后期，我们曾以"新知文库"的名义，出版过一批译介西方现代人文社会科学知识的图书。今年是生活·读书·新知三联书店恢复独立建制 20 周年，我们再次推出"新知文库"，正是为了接续这一传统。

　　近半个世纪以来，无论在自然科学方面，还是在人文社会科学方面，知识都在以前所未有的速度更新。涉及自然环境、社会文化等领域的新发现、新探索和新成果层出不穷，并以同样前所未有的深度和广度影响人类的社会和生活。了解这种知识成果的内容，思考其与我们生活的关系，固然是明了社会变迁趋势的必需，但更为重要的，乃是通过知识演进的背景和过程，领悟和体会隐藏其中的理性精神和科学规律。

　　"新知文库"拟选编一些介绍人文社会科学和自然科学新知识及其如何被发现和传播的图书，陆续出版。希望读者能在愉悦的阅读中获取新知，开阔视野，启迪思维，激发好奇心和想象力。

生活·讀書·新知三联书店
2006 年 3 月

愿我的爱意伴着气球，

飞向埃莉诺·特里梅恩（Eleanor Tremain）和

约翰·莱特博迪（John Lightbody）

目　录

隽词妙语

将纸袋做成一朵云。

约瑟夫·蒙戈尔菲耶 [①]，1782 年

曾经有人问我："气球可有什么用呢？"我就反问道："刚出生的婴儿可有什么用呢？"

本杰明·富兰克林 [②]，1783 年

进入实用阶段的飞行就让我们的对手法国佬去折腾吧。我们只宣称自己这一边的理论成就。

约瑟夫·班克斯 [③]，1784 年

[①] Joseph Montgolfier (1740–1810)，法国造纸商，和其弟雅克·蒙戈尔菲耶一起用自制的巨大纸质热气球于 1783 年先后进行了第一次承载动物和第一次承载人的升空，开创了气球载人飞天的历史，并掀起了持续至今的气球飞天热。——译注

[②] Benjamin Franklin (1706–1790)，美国著名政治家、科学家、外交家及发明家。他是美国革命时期重要的领导人之一，并曾出任美国驻法国大使，在任职期间十分关注法国的气球飞天活动，并对气球的实用提出过多种设想。他用风筝进行的电学实验是人所共知的。——译注

[③] Joseph Banks (1743–1820)，英国探险家和博物学家，曾长期担任皇家学会会长 (1778—1819)，在英国的科学活动中发挥了重大作用。——译注

1

我敢说，谁要迷上飞天，死期便已不远。

威廉·柯珀①，1794 年

哦，你抖擞着强烈愿望的翅膀，

想要飞上清虚的太空，小心：

幢幢黑影正跟踪你火焰似的飞航——

黑夜即将来临！②

珀西·比希·雪莱③，1818 年

马儿飞跑真像样，

气球上天也挺棒。④

威廉·华兹华斯⑤，1819 年

人们只有乘气球到天上去过，才能意识到自己这个物种其实无足轻重。

本杰明·罗伯特·海登⑥，1825 年

---

① William Cowper (1731–1800)，英国诗人和圣诗作者，他那个时代最负盛名的诗人之一，尤擅长对日常生活和英国乡村场景的吟咏。他身体不好，气球是使他精神上脱离病痛的力量之一。——译注

② 《两个精灵：一则寓言》见《雪莱抒情诗全集》，江枫译，湖南文艺出版社，1996年。——译注

③ Percy Bysshe Shelley (1792–1822)，英国著名浪漫主义诗人，被认为是历史上最出色的英语诗人之一。喜欢观看气球飞天，并与妻子、小说《弗兰肯斯坦》的作者玛丽·雪莱一起多次放飞无人气球。他在诗作中赋气球以摆脱压迫与奴役的象征意义。——译注

④ 威廉·华兹华斯的叙事长诗《彼得·贝尔》，写于 1798 年，但 21 年后才发表。——译注

⑤ William Wordsworth (1770–1850)，英国浪漫主义诗人，湖畔诗人之一。——译注

⑥ Benjamin Robert Haydon (1786–1846)，英国画家，擅长创作场面宏大的历史题材画作。——译注

始自你的气球之旅，终于我的梦中萦绕！

约瑟夫·马洛德·威廉·透纳①，1836 年

美好的发明、高远向上的目标——如此的美丽，如此的不羁！它们是时代的象征，本身就代表着希望。

托马斯·卡莱尔②，1837 年

我倘若当真结了婚，又怎么能够继续在事业上做自己的主？——如此一来，我就绝对懂不了法文，肯定去不了美洲，也必然登不上气球。

查尔斯·达尔文③，1838 年

从气球上俯瞰伦敦，全城便缩成了区区一个垃圾堆——飞鸟看到的正是这一景象。

亨利·梅休④，1852 年

偶然从桥上走过的人们，从栏杆上窥视下面的雾天，四周一片迷雾，恍若乘着气球，飘浮在白茫茫的云端。⑤

查尔斯·狄更斯⑥，1852 年

---

① Joseph Mallord William Turner（1775–1851），英国画家，他的风景画得到后世的极大推重。他喜欢并擅长描绘阳光、风暴、大雨、海洋和雾霾等场景，都是那个时代最适合从气球上取得视角的事物。——译注

② Thomas Carlyle（1795–1881），苏格兰评论家、讽刺作家和历史学家。——译注

③ Charles Darwin（1809–1882），英国博物学家、生物学家，《物种起源》的作者。自然选择进化论的提出者。——译注

④ Henry Mayhew（1812–1887），英国社会工作者、新闻界人士和剧作家。著名幽默画刊《喷趣》的创办人之一。——译注

⑤ 《荒凉山庄》中译本，黄邦杰、陈少衡、张自谋译，上海译文出版社，1979 年。第四章第二节中的一段文字也引自同一译著。——译注

⑥ Charles Dickens（1812–1870），英国著名作家。作品中多有提到气球之处，对这一事物既感兴趣，又怀疑虑。——译注

吊篮高约 2 英尺，横宽约 2 英尺……我觉得它可实在不怎么结实……篮边和篮底都有缝隙，我觉得这些缝隙可都够大的，而且我们越往高飞，好像它们也就越发变大。

乔治·阿姆斯特朗·卡斯特[1]，1862 年

诗人曾吟咏过若干深入地下世界的壮举……其实，在向上面世界的进发中，我们也刚取得了一项闻所未闻、梦里难寻的成就。

《泰晤士报》[2]，1863 年

在"纯系无用之举"的座次名单上，紧挨着"阿尔卑斯俱乐部"会员登山一项的，便是有人爬进气球到上面走上一遭，然后下来告诉大家说，那里的温度、气流和气压如何如何，云的形状又怎样怎样，可我们既不打算去那里，也压根儿没兴趣听那里的情况。

《布莱克伍德氏杂志》[3]，1864 年 10 月

亲爱的纳达尔，千恳万求您，别再耍这一套吓人的气球把式啦！

乔治·桑[4]，1865 年

---

[1] George Armstrong Custer（1839–1876），美国陆军军官，以骁勇闻名。他曾参与南北战争，因军功卓著晋升中校，后在与北美原住民的战斗中阵亡。——译注

[2] 《泰晤士报》(The Times) 于 1785 年创刊，很快发展为全国发行的综合性日报，并发挥着影响全球政治、经济、文化的巨大力量且发行至今。该报的英文名称"Times"是时间的意思，故直译应为"时报"，"泰晤士"是巧妙地将"Times"此词的发音与流经伦敦的泰晤士河相近的发音之替代，使人们容易记住此报的来源，但也导致一些人认为此报是伦敦的地方性报纸。不过由于有许多报纸的名称中都有"Times"一词，因此中文译名仍多译为《泰晤士报》，但也有译为《伦敦时报》的。——译注

[3] 《布莱克伍德氏杂志》(Blackwood's Magazine)，英国苏格兰地区的一份综合性杂志，发行近两个世纪后于 1980 年停刊。——译注

[4] George Sand（1804–1876），法国女小说家、剧作家和文学评论家。她在作品中极力宣扬的爱情至上主义，生活中的男性着装和使用男性化的笔名在当时颇引争议。她是书中主要人物纳达尔的挚友。——译注

我是一名以苍穹为海洋的老水手。

查尔斯·格林①，1868 年

巴黎遭到了包围与阻截，失去了与外面整个世界的联系！然而，只凭着一只简简单单的气球——空中的区区一个气泡，巴黎便又恢复了同世界的沟通！

维克多·雨果②，1870 年

我们完成了一件满足自己天性的事情——从新的角度观看大地。这是以往所有的人都不曾做到过的。

詹姆斯·格莱舍③，1872 年

当我们登上山巅时，已经没有什么可看的了。天上的所有金黄色均已褪尽，那只气球也没了踪影。

罗伯特·路易斯·史蒂文森④，1878 年

在极区的海洋上方飘飞，是不是有些不对头呢？我们可是乘气球前来这里的第一批人！要再过多久才会出现下一批呢？难说。后

---

① Charles Green（1785–1870），英国影响最大的气球飞天员，一生共 526 次成功飞天，并对气球的构造有重大发明。——译注
② Victor Hugo（1802–1885），法国大文豪，坚定的共和主义者。一生著作等身，几乎涉及文学所有领域。他的重要小说均有中译本。——译注
③ James Glaisher（1809–1903），英国气象学家、气球用于科学研究的积极组织者，并亲任科学飞天人。——译注
④ Robert Louis Stevenson（1850–1894），苏格兰小说家、诗人、游记作家，英国文学新浪漫主义的代表之一，其代表作为《金银岛》（有多个中译本）。这里的引文出自他的短篇游记《轻舟游法国运河网》（1904）。——译注

人会如何看待我们，是疯子还是学习的榜样？

萨洛蒙·安德烈①，1897 年

从我的靴底直到遥遥下方的大地，其间都空空然一无所有。我前后摆动着一只脚。这让我笑了起来——我是在空中行走哟……确确实实是在空中行走嗨！

多莉·谢泼德 ②，1904 年

一个人待在气球里，置身于 1.4 万或 1.5 万英尺的高空。这是人类不曾有过的、堪称顶级的体验。它比别的任何飞行器都出色，真是人类的绝妙发明。③

H. G. 威尔斯④，1908 年

御空而飞，凌水而走，固不易行；然脚踏实地则尤为难能。

释一行⑤高僧引用中国古代谚语

---

① Salomon Andrée（1854–1897），19 世纪的瑞典探险家，率先组织探险队乘气球赴北极点，事业未竟而逝于中途。——译注

② Dolly Shepherd（1887–1983），本名伊丽莎白·谢泼德，英国女子气球跳伞表演艺人。——译注

③ 《大空战》，见《威尔斯科幻小说全集》，陶玉康等译，太白文艺出版社，2008 年。——译注

④ Herbert George Wells（1866–1946），新闻记者出身的英国著名科幻小说家，对该领域影响深远，改编成的电影也都有诸多观众。他的重要科幻小说都有多个中译本，且由太白文艺出版社（陕西）编成六卷集《威尔斯科幻小说全集》。——译注

⑤ 释一行（1926—   ），越南著名佛教禅宗僧侣、作家。——译注

第一章

冉冉气球牵动人心

一　童年气球梦

　　我的飞天梦始于 4 岁上参加的一场英格兰诺福克郡（Norfolk）的乡间节庆会。带我前去的是我的舅舅。他是英国皇家空军飞行员，个子高高的，平时少言寡语。他在一处义卖摊点上给我买了一只红色的玩具气球，还把牵绳系到了我的针织上衣的领扣上。它是我的第一只气球。这家伙给我的印象是自己很有主张。它里面充的是氦气，空气要比它重 6 倍（不过我当时并不知道这两点事实）。它总是向上扯我的纽扣，让我觉得怪神秘的。舅舅对我说道："说不定你会飞起来呢！"他将我领到河岸的一处高坡上。这里是一片草地，可以向下看到整个节庆会况。我的脚下是错落帐篷的货摊，还有一处放有一捆捆干草、又有马儿跑跑颠颠的杂耍场，看上去都小小的；我的头上，则是那只明晃晃的美丽红色大气球上下翻飞，将阳光都遮住了。当它碰到我的头上跳开来时，会发出一种奇特的声响，好像是从远处传来的绷弹动静。它向天空方向不耐烦地拉拽，使我开始产生一种脚下不稳当的感觉，仿佛是在飘坠——不过是向头顶的

1

方向。这时，舅舅松开了拉着我的手，我的梦就此开始了。

二 "气球颂"

　　纵观历史，载人气球总是与如歌如梦的铺排和浪漫动人的历险联系在一起的。这些内容，有的完全真实，有的纯属虚构，而更多的——也是最吸引人的——是这两者的动人结合。这些气球经常会带着娓娓动人的故事，一如它们通常都会挂着吊篮那样。无论挑出哪一只载人气球，我都能说出一段故事来——往往涉及大祸临头时表现出的勇气，还时时有着能将听者的兴致提得高高的，有如气球的情节。

　　除了这几点，所有载人气球的飞行都可以说是天然分成三幕的情节剧。第一幕：前奏——人们向种种计划、企盼和目标投入努力与情感；第二幕：壮行——飞上天空、极目四望，可能还会有所发现；第三幕：收束——最难预料又危险万分的降落过程，每次降落都是这样，其结局或是胜利归来，或是大祸降临，或是（每每如此）搅起骚动。每一次气球飞天，无论其收场是宗教剧、悲剧、喜剧、情节剧，甚或是情景喜剧，在气球平安回到大地之前，都是无法确知的，有时甚至在回来之后都无从定论。

　　古希腊能工巧匠代达罗斯和他的儿子伊卡洛斯的神话是人们熟知的，也被奉作表达人类飞天意愿的最早表述。这段故事的主旨可谓见仁见智，令人玩味。最早的文字来自两千多年前（约公元 8 年）奥维德①创作的长诗《变形记》的第 8 章。代达罗斯给他自己和儿

---

① Publius Ovidius Naso（公元前 43—公元 17/18），古罗马诗人，书中所提到的《变形记》是他的代表作（有中译本）。——译注

子都造好了翅膀，一起飞向苍天。伊卡洛斯生性莽撞，飞得太高，接近了天空的最高层——至高天，致使双翼上固定羽毛根部的封蜡被太阳"炽热的光芒"融化，结果一头栽将下来，跌入大海。伊卡洛斯因鲁莽致祸的结果广为人知，其实，这篇最早讲述飞行的传说，其内含远为复杂与丰富。

人们却往往会忘记，就在这同一部诗作的同一章中，奥维德还提到代达罗斯有个外甥，名叫佩尔迪斯，当年只有 12 岁。这个孩子心灵手巧，小小年纪便成了发明家，受到他所生活的克里特岛（Crete）上所有希腊人的喜爱。然而，伊卡洛斯死后，心灵受到重创的代达罗斯，竟在一阵哀怨与嫉恨交加的冲动中，要将外甥"从女战神的巍峨的神庙推下来摔死"。不过，佩尔迪斯并没有像伊卡洛斯一样坠地身亡，而是在空中飞翔起来。这是因为他得到了神佑："女战神最爱聪明人，将他救了起来，把他变成一只鸟，给他装上羽毛，让他在天空飞翔。他从前的聪明现在都长在两翼和两脚上了。"不过，他虽然会飞，但并不愿学伊卡洛斯的样，自己总是尽量不远离地面，"也不在树顶上或岩石顶上筑巢"——他变成的这只鸟就是鹧鸪。[1] 在法文中，perdrix（鹧鸪）一词的发音就与 Perdix（佩尔迪斯）非常接近。[1]②

在气球能够升到的高远之处会提供何种体验，也给人们造成同样强烈的神秘感。气球是鸟瞰世界的"飞鸟之眼"——也可以说成"天使之眼"，诚为难能可贵。它是辅佐观察甚至思考的特别工具，在其上俯瞰的大地景象会超出人们的预料。它向最早的飞天人展现了自然的宏大面目：河流、山脉、森林、湖泊、瀑布乃至地理

---

① 本节所引用的《变形记》文字，请参考中译本（杨周翰译，人民文学出版社，1984年）。但作者在这里讲述的内容，与中译本并不完全一致。——译注

② 提示：凡方括号标注表示引文有出处，可在书末的"参考书目"中查阅。

极区，而且容貌都是全新的。它更使我们看到大地的人文景观：新兴工业城镇的发展、新式战争的推进速度和激烈的力量，还有帝国的活动与势力扩张，凡此种种，不一而足。

飞机的出现是 20 世纪的事。早在这种飞行器出现之前，气球便已提供了具体认知地球概观之最早的粗略瞥见。在科学和艺术领域，气球对世界都做出了贡献。是它让人们开始形成认识，领悟到地球是一个统一而又活跃的世界，而一切生命只是寄寓于其中。探知远离地面处高层大气的本性、估测未来的天气情况、了解地质构体的演变、开发远距离通信手段、发挥宣传手段的威力、撰写科幻文学作品，甚至造访地球以外的世界，这些都是气球飞天历史密不可分的部分。

除此之外，气球飞天中还包含着比较奇特、很难把握的内容。它们与人类自身有着密切的关系。气球飞天所带来身心灵的放松、振奋精神的效果，以及在履险过程中享受恬静、愉悦的心境（一位早期的气球飞天人称这种享受是"无处不美妙的"），是局外人绝对体会不到、局内人也难以言传的。在这里，作者本人要进行一番尝试，从诸多气球飞天的史料和传闻出发，将真人实事和逸事传闻结合成一体，以此种间接的方式传达出这一活动的精神，冀以达到带着读者诸君去高空体验片刻的效果。

这飘飞于空中的气球，同时也提供了一个新的视角，以织物为原料制成的气球并不十分坚固，这便使之成为了其下面地球的象征，因为地球也可以说是相当脆弱的。丝绸的球皮只有薄薄的一层，从安全角度而言，可以说是"一捅就破"；这也令人不安地意识到，我们在唯一整个的美丽家园——地球的太空中遨游时，也同样只靠着薄薄的一层大气层"洋葱皮"来保障安全。这大气层——可供呼吸的空气很薄——只有区区 7 英里厚。这一事实正是气球飞天人最早得知的。所以，无论从哪个角度看，气球的安全都会令人将心提到喉咙口哩！

三 "气球神父"

要想上穷碧落，凭借充入氦气的玩具气球似乎并不靠谱。然而，就在 2008 年 4 月 20 日（星期日），巴西一名 41 岁的天主教神父阿德利尔·安东尼奥·德卡利（Adelir Antonio de Carli），就以几乎相同的方式进行了这一壮举。德卡利神父因以气球飞天的方式筹募善款，被当地人称为"气球神父"。他从港城巴拉那瓜（Paranaguá）升飞，所用的是 1000 只 5 种颜色鲜亮——红、粉、黄、白、绿——的氦气玩具气球，按颜色分成五大束后又系到一起，下面吊了一把可在水上漂浮的椅子。德卡利这一次升飞的目的，是为大货车司机筹款，修造休息站和悟教中心。他因积极为人权奔走而颇有些声名。就在那一年的 1 月里，他也曾举行了类似的一次慈善飞天，用 600 只充氦的玩具气球，将自己升到天空待了 4 个小时。那一次是第一次，也是成功的一次。

在这第二次飞天时，德卡利身着一套飞行员穿的高空服，带着 GPS 全球定位装置，又拿了一部卫星电话机，他成功地上升到 1.9 万英尺的高空。这里的天空呈深蓝色，空气非常稀薄，呼吸时排出的水汽会凝结成亮闪闪的小冰晶。就在这片高渺的天空上，他给地面上的监测中心打回报告电话，语调是快活的。他还接受了巴西电视台"全球频道"的电话采访，告诉记者他"感觉不错，只是很冷"，而且所携的 GPS 全球定位系统装置并不好使。这时，气球已将他带到大海上方离开陆地 30 英里远的位置。当天晚间 8 时 45 分，海岸搜救队失去了与他的联系。第二天一早，人们对海上和空中都进行了搜寻，没有结果。星期二，有人在海面上发现了一束气

图 1.1　空中放飞的
一股集束气球

球共 50 只，但不见这位"气球神父"。4 月 29 日，对巴西海域的
搜寻不再继续，但在他所负责的教区内，人们每天都在为他祈祷，
总还觉得有朝一日他会奇迹般地归来。

　　2008 年 7 月 4 日，也就是过了两个多月后，一艘海上石油钻
井服务船在离巴西海岸约 60 英里的海面上，发现了德卡利神父的
部分残躯（只有腹部和双腿），还与那把可浮起的椅子连在一起。
据推测，可能在他升飞后还不到 24 小时的某个时候，或者这一部
分与整套装置脱离开来，或者整套装置都不起作用了。有可能部分
气球在高处发生了爆裂。不过在这种情况下，整套装置的提升力量
自然会减小，它会大致按原先的设想较稳当地降落，只是不能回归
地面而已。看来，德卡利神父非常可能是在海上耗了一段时间后死
于鲨鱼之口。应当说，"气球神父"是位勇敢的人和无畏的气球飞

天员，或许也称得上是位圣徒。

四　浪漫禀性与对气球的莫衷一是

　　自蒙戈尔菲耶兄弟于 1783 年首次放飞大型热气球后，便有不少人跟进。这些人"疯闯蛮进"的劲头，不知为什么颇有感染力。这些飞天人中的不少位，如索菲·布朗夏尔[①]、查尔斯·格林、费利克斯·纳达尔[②]、詹姆斯·格莱舍、陆达到[③]、加斯东·蒂桑迪耶[④]、萨洛蒙·安德烈等，作者本人都无法不去喜爱和赞叹——甚至可以说是倾倒。人们在提到气球飞天人时，往往将他们与"胆大妄为"联系到一起。其实根据作者本人了解，气球飞天人的性格多

在堪称经典的法国电影《红气球》中，也出现了一束与爱心有关的气球，其结局是美好的。影片的发生地是巴黎的穷人区，时间背景则刻意定在第二次世界大战后不久的重建时期。这部影片在 1956 年的戛纳电影节上摘取了短片类的金棕榈奖，导演阿尔贝·拉莫里斯（Albert Lamorisse）获得了 1956 年度的奥斯卡奖。影片的主人公是个孤儿，一个孤独的小男孩。在巴黎的穷人区梅尼尔蒙唐（Ménilmontant）的街头，他看到了一只漂亮的红色充氦玩具气球，不知为什么系在一根灯柱上。这只气球有一种魔力和一股人性，很快就与小男孩建立了友情。男孩凡在街上时，红气球总是与他为伍，白天尾随他一起去学校，又同他一起回家，夜里还在他的卧室窗外忠实地守候。后来，他和它遭到街上的一群野孩子出于嫉恨的追撵，红气球落到了这帮顽童手里，结果在他们野性的发泄下被用弹弓击爆，残片殒落在了一处荒芜的高岗上。影片的结尾是一系列难忘的镜头：在这块能够俯瞰整个巴黎的高地上，飞来了成百只玩具气球。它们从巴黎的各个角落聚拢到小男孩身旁来安慰他，最后还带着他升到空中，飞向天边——也许是飞入天堂。——原注，以下不标。

① Sophie Blanchard（1778–1819），法国女飞天员，让-皮埃尔·布朗夏尔的妻子，最早以飞天表演闻名的飞天人物之一，以多彩的飞天表演名动一时。1819 年气球出事殒命。——译注

② Félix Nadar（1820–1910），法国著名摄影师、空中摄影的先驱人物，对气球飞天事业有重大贡献，并是许多名人的知交。——译注

③ Thaddeus Lowe（1832–1913），美国著名飞天员和发明家，曾积极参加南北战争期间的气球军事侦察，后从事实业，并事业有成。——译注

④ Gaston Tissandier（1843–1899），法国化学家、著名科学杂志创办人与编辑，与哥哥阿尔贝同为气球飞天人。他为后人留下了有关气球飞天的丰富资料。——译注

种多样，有人心思缜密，有人"慎"字当头，有人不管不顾，有人心无旁骛，有人喜好体育，有人以邻为壑，还有人专爱向死神叫阵。他们的飞天动机也形形色色：职业的、商业的、科考的、慈善的、遁世的、唯美的，也有只是为了出名的。

不过有那么一类人，恐怕所有的飞天人都不会被纳入此流，那就是只管埋头弯腰、无意抬头仰视的族类。凡愿飞天者，除了大抵都有飞天的勇气，也都没有恐高症外，还在另外一点上有相同之处。这个共同点颇为费解，就是具有一个梦想离开大地、高飞冲天的浪漫情结。此种情结相当奇特——奇特得几乎不够自然。凡是此种人，身上都有一种与众不同的禀性和一种向性。传记作家是很注意这一奇特情结的。

气球本身也是令人莫衷一是的神秘东西。它们很美丽，但存在时间却很短暂；它们力量很大，但又与不可靠混为一体，并随时间不停地变化。它们用宁静与危险的结合、控制与无助的共存，以及技术与惊惧的携手面对着飞天人。气球是个挑战。

看一次早期的气球飞天吧。时间是 1785 年 7 月 22 日下午，地点在英国诺福克郡，性质为筹募善款。一只胀得圆滚滚的氢气球，出现在一处名叫洛斯托夫特（Lowestoft）的渔村上空 3000 英尺处。此地离我小时候参加那次乡间节庆的地方不远。这只气球飞快地向东面的北海一直飘去，在它上面的人看上去显然无法让它回到地面上。在这只气球和遥远的波罗的海西岸之间，除了空气和海水之外便再无他物。

吊篮里有个男子。他是 33 岁的约翰·莫尼[1]、不列颠第十五轻骑兵团少校，一名拿半薪的军人[2]。那天下午的早些时候，他从郡治

---

[1] John Money（1752–1817），英国军人，业余气球飞天员，第二次飞天时便遭遇重大事故，时为少校。但他仍支持这一行动，并主张施之于军事领域。——译注

[2] 在 18—20 世纪期间，英国陆军与海军的军官，在退休后和不服现役时，按规定只领基本薪酬和奖金与补贴的一半。——译注

诺里奇（Norwich）的莱内勒游乐场（Ranelagh Gardens）升飞，目的是为 1772 年建成的诺福克郡暨诺里奇市医院募集捐款。此举得到了当地社会名流的支持，如诺里奇的主教，还有地方议员、飞天爱好者、塞缪尔·约翰逊①的友人威廉·温德姆（William Wyndham）等。这位少校对骑马驯马都很内行，赶起马车来也驾轻就熟，但对飞天却所知无几。不过，此公既有勇气，人头又熟；在对赌博津津乐道的同时，也愿意为人间正道出力。

莫尼曾加入过诺福克郡的民团，后来转入第十五轻骑兵团，继而晋升为尉官，还参加过由约翰·伯戈因②将军指挥的美国独立战争，为维护英国的殖民利益而战。当时英国军队中流行对逃兵施以鞭刑的惩处（结果往往会致命）。对于这种惩戒方式，莫尼敢于逆潮流而反对，主张改为在右上臂刺以"逃兵"（deserter）一词的首写字母"D"，认为这种比较人道的做法会更有效些。这给他带来了名气。萨拉托加战役③之后，莫尼在加拿大被俘，不过，后来他设法获释出了狱。可见他能够应对不利的形势。

莫尼回到了英国，返回自己的故里诺福克郡，在特劳斯牛顿村（Trowse Newton）自己的小庄园里住了下来。他的庄园就在村里名叫克朗角（Crown Point）的坡地上，而村子北缘就与诺里奇市接壤。他在家乡骑着马到处闲逛，悠闲地打发时光。他对飞天很是入迷，因为他相信气球能派上军事用场，也因为觉得它有一种纯粹的、不受

---

① Samuel Johnson（1709–1784），著名英国文人。他在没有学术地位和财政资助的情况下，费九年苦功编纂成著名的《英语大辞典》，对英语发展作出了重大贡献。——译注

② John Burgoyne（1722–1792），英国军人，靠军功累升至少将。在美国独立战争期间，他为英国效力、与美国军队作战。——译注

③ 美国独立战争期间的一场重要战役，因交战地点在纽约州萨拉托加（Saratoga）一带而得名。约翰·伯戈因因为英军的最高指挥官战败投降，使英军兵力严重受损，他本人也一度丢官下野。——译注

羁绊的美。在他心目中，气球正有如野马一般。诚然，他以前只飞过一次天，那还是同年春季他在伦敦时的事情，当时乘飞的气球被称为"大英气球"，而他这样做正是爱国心使然，为的是与已经声名鹊起的意大利飞天人文森特·卢纳尔迪① 和性格古怪的富翁弗朗切斯科·赞贝莱蒂② 伯爵一争高下。他一如既往地施展自己的手段，说动了那只"大英气球"的拥有者，同意他将气球运到诺里奇，为慈善飞天表演。这次将只由他孤身一人升飞。[2]

据本地报纸《时宪报》所载，放飞阶段相当顺利，"城里和乡下顶尖的头面人物都到场观看，人流涌动，蔚为壮观"。[3]"大英气球"从游乐场北端腾飞，动作轻快，没有影响到附近一片很气派的山毛榉树林，就连树叶都没晃动。升起后，它便乘着一股轻柔的夏日和风，沿西北方向越过耶尔河（Yare River），一路向远处的林肯郡（Lincolnshire）飘去。然而，当它升到更高处后，却遇到了一股"不合时宜"的气流，被一阵疾风吹回到城里——结果是博得了更热烈的欢呼声。气球仍沿东南方向接着飞行，边飞边升，15英里以远便是诺福克郡的尽头，再下去便是大海了。下午6时，人们看到它高高飞在洛斯托夫特的上空，再要飘下去就会进入北海上空。莫尼没能够让气球放出足够的氢气，致使气球无从降落到地面——估计是阀门出了问题。人们不久便再也没能看到莫尼。他消失在东方，融化在大海远处的夏日暮霭之中。

在莱内勒游乐场观看此次气球升空的"头面人物"中有一位贵

---

① Vincent Lunardi（1759–1806），意大利人，本名Vincenzo，Vincent是他的英国化的名字。曾任驻英外交官，并在英国多次飞天。离开英国后，他继续在意大利和其他国家升飞气球。——译注

② Francesco Zambeccari（1752–1812），意大利贵族，最早的飞天员之一，1812年飞天时死于氢气球失火事故。——译注

族，头衔是奥福德伯爵[①]。气球消失后的翌日早上，他便急匆匆地通知威廉·温德姆说："我遗憾地令你知悉，莫尼少校于昨日下午 4 时，孤身一人乘'大英气球'升飞。该气球升得很高，并向大海方向飘去。有目击者在下午 6 点时见到它高高地位于洛斯托夫特以南约三海里远处的空中。有鉴于此，我十分担心他是否仍在天上，是否发生了诸如阀门拉绳断掉之类的事故……"[4]

　　奥福德伯爵设想气球是用"拉绳"控制的，未免失于简单。不过，他的观察还是准确的。他看到，气球"只充了不到一半满"，还注意到它的下半部有些不对劲——他的用词是"皱巴巴的"，这种状态直到它消失不见时也未曾得到纠正。气球上所发生的实际情况是：莫尼一直像驯服野马那样努力控制气球，然而没能奏效。在从人们的视野之中消失一个小时后，变冷的空气便让它落了下来。他的落点在一处荒滩附近，海事地图上将此类构造标记为长沙洲。此长沙洲距诺福克郡东海岸 20 英里，有着造成船只出事的恶劣名声。🖋当时气球内仍然有足够的氢气，这便使吊篮得以部分地停在水面之上。黑夜降临后，莫尼仍在齐腰的水中坚持着，尽力在浪花翻腾的海水里拿桩站稳。

---

① 这一贵族头衔在英国历史上曾先后被英国王室册封三次，每一次都定为世袭级。这里所指的是第二次受册封得此衔称的第三代奥福德伯爵乔治·沃波尔（George Walpole，1731–1791）。——译注

🖋 作者本人对莫尼在长沙洲的体验并不陌生。1991 年，我因船只出事，一度被困在东英格兰地区的某个风高浪急之处。在空旷的海岸上等待救援队前来时，我体会到了莫尼少校当时的心境。诚然，我当时的处境与莫尼还是相当不同的：我从一只游艇登陆，而不是从气球上脱身；我弃船的时间是凌晨时分，并不在茫茫黑夜里；而特别不同的是，我还有两名同伴，并非孑然一身。尽管如此，当我看到头上出现橙黄色的水上空中救援队的直升飞机时，仍然萌生出无限感激之情。飞机用绞车将我们一个个吊上来，一路升离脚下翻涌的海水，一路在这数百英尺的空中不停地打转。我是最后一个被吊离的。当时在茕茕孑立的情况下，站在空荡荡的海面上，仰望上方翘首苦待的感觉，我一直记忆犹新。我想，当年莫尼从气球上落入海水，运动方向虽然与我相逆，但感觉会是相同的吧。

没过多久，莫尼就舍弃了吊篮。他将它从球体上割开，任其深入脚下的海水中，自己则爬到原本用来拴系吊篮的顶圈上，用网套的套索箍住身躯，好使自己不致跌落；他熟练地摆弄控制绳索，居然使球皮里保留住足够的氢气，多少仍能处于部分胀起的状态，结果使他慢慢地被拉升到水面之上，有如放飞的风筝。他就这样勉强将自己保持在略微高于水面的高度上。越来越冷、也越来越累的莫尼便如此悲惨地被气球拖着，在黑暗里一个小时又一个小时地受着煎熬。球皮里的气体一点点地泄走，他便一寸寸地沉入水中。4个小时后，海水已到齐胸位置。体温下降使他时时意识不清。

其实，在气球不见后，便有若干条渔船和出海休闲的小船闻讯到处搜寻莫尼。它们都来自雅茅斯（Yarmouth）和更南面的绍斯沃尔德（Southwold）。搜寻者们都干劲十足，彼此争先，一心要拿到这来自空中的"大奖"。不过，随着黑夜来临，这些人渐渐泄了气、烦了心，最后都打了退堂鼓，不再指望能找到莫尼。这些船一只只相继返回海港，相互间通了气，认为莫尼不是溺水而亡，就是已经到了隔海与英国相望的荷兰——这也就同死掉相差无几矣。[①] 可悲的是，莫尼其实还远远看到了几只寻找他的船，在西面落日余晖的映衬下，它们的风帆在水平线上显得十分清晰，只是它们都太远，莫尼本人又虚弱得没了喊叫的力气。现如今，水变得更冷了，更从齐胸位置漫到了下巴处。

不过，海岸搜救小艇"警觉号"仍然不肯放弃。它来自洛斯托夫特。早在正规的搜救建制形成之前，这只船已经开展了这一业

---

① 英国与荷兰为了争夺海上霸权，历史上长期存在着严重不合，并在 17、18 两个世纪内先后爆发了四次战事，史称英荷战争，莫尼的这次飞天是在 1785 年进行的，而最后一次，即第四次英荷战争在上一年以荷兰被彻底打垮而告结束。这一结果使两国之间的敌意达到高峰，荷兰民众对英国人的敌对情绪也升至顶点。——译注

务。无论是缉拿走私者，还是寻找落难水手，船员们都经验老到。寻找气球是他们感兴趣的一项新使命。懂行的船长在桅杆顶上设了观察哨，将船舵定在与风向一致的位置上，又充分考虑到潮汐的影响，这样便能沿着气球最后显现的飞行路线追踪。他还知道当夜晚些时会有月亮，只要坚持到那个时候，海面上就将不再漆黑一团。

子夜在即，莫尼少校已经在海水里浸泡了五个多小时。这时，"警觉号"船员在暗黑的海浪中发现了一个灰白色的东西。它就是莫尼的残破气球。大家小心地接近它，轻手轻脚地将箍在套索上的人解开，将他拉出水面。拉上船后，人们发现莫尼还有动静，才知道他仍然有知觉。船员们会急救，便用毯子裹住他的全身，又给他灌了些白兰地。当"警觉号"于翌日拂晓回到海港时，大家已经能让莫尼少校讲述自己的经历并开开玩笑了。[5]

莫尼立即成了东英格兰大名鼎鼎的人物，受到当地媒体竞相采访，也给诺福克郡暨诺里奇市医院带来了大批捐款。一位名叫保罗·雷奈格尔（Paul Renaigle）的版画家，还创作了一幅题为《莫尼少校身陷险境》的铜版画。印行后，它被认为是反映早期气球飞天活动的同类作品中最富激情的一件。在这幅画作中，下半身浸在海水中的莫尼正在与瘪瘪的气球较力；风云在他的头顶上变幻，远处有一只小船正在离他而去。

此番遭遇并没有将莫尼少校吓倒。他后来在主动请缨、指挥一个团的法国士兵参加瓦尔米战役①时，第一次见识到气球被用于战

---

① 瓦尔米战役为法国大革命期间的一次重要战役，发生在 1792 年 9 月，因战斗发生在法国马恩省的瓦尔米村（Valmy）一带而得名。由法兰西革命军及国外支持者为一方，奥普联军及法国保皇党的军事力量为另一方。交战基本采取以大炮对轰的方式，最后革命军一方取得胜利。此次战役虽规模不大，但极大地鼓舞了法国民众争取实现"自由、平等、博爱"的斗志。——译注

图 1.2 《莫尼少校身陷险境》摘自《攀天画报》

地观测。回到英国后，他被擢升为将军，并在 1803 年写了一本书，题目是《简论气球在战事中的应用》。这本军事题材的小册子有个特别之处，就是以诗这一体裁表述了若干涉及气球的想法——

> 他对此物萌生设想，
> 相信能用于打仗一行；
> 或是能去要塞上方，
> 将有关情况了解周详；
> 或又察看山林沼泽，
> 探出是否有敌人匿藏；
> 又能俯临敌人营房，
> 掌握兵力路线与布防。

　　　　　　　　上穷碧落：热气球的故事

看毕便能扬长飞离，

一五一十去呈报官长……[6]

这些设想后来居然都一一变成了现实。

五　惊心动魄的气球逃亡

在某种意义上说，气球飞天带给人们的体验是古今如一的。载人气球既极其现代化，同时又原始之至。在今天的热气球上，会装备有不锈钢的辛烷燃气火头，球皮上会包覆具有抗撕裂能力的尼龙膜。这两样东西应当说都是对气球的再发明，应归功于20世纪60年代中期美国人埃德·约斯特①在内布拉斯加州的实验，和唐恩·卡梅伦②以及英法两国其他一些人的迅速继承与开发。[7]不妨在这里给读者们提个醒：经过再发明而出现的热气球，可是与人类登上月球和通信卫星的问世处于同一个时代呢！

可是，气球也是古老的存在，并有其象征意义。它们很早便出现了，与之有关的神话则更为古老，可以追溯到几千年前，表现形式也多种多样。南美和中国的古老文明中，都留有它们的印记。在公元前12世纪的中国殷朝留下的一段文字中，提到一种冒烟的球形东西，可以带着人运动，只是说得比较含糊。汉学家李

---

① Ed Yost（1919–2007），美国发明家、被称为"现代热气球之父"。他对热气球有若干重要改进，最大的一个是将加热方法从地面移上气球，这样不但更机动、更安全，尤其能够实现长时间飞行。他还将热气球从圆球形改成倒水滴形（即尖端在下部），虽然并不重要，但这却成了热气球的专门图符标志。——译注
② Don Cameron（1939–　），苏格兰发明家，目前世界最大的热气球生产厂家卡梅伦气球公司的创建人。——译注

约瑟[①] 这位大学者便认为，早在公元前 4 世纪时，中国人就已经会利用"天船"——球皮内点燃有明火的热气球——在战争中发送光信号或携带与递送情书。还有一些传闻，说南美的印加文明尚未形成之前，就已经存在巫师在祭祀仪式中放飞气球的做法。秘鲁人也会举行用热气球带起亡者的遗体飞向太平洋的葬礼，犹如后来北欧海盗将生前受尊崇人物的遗体放入船里，然后将船通体点燃，任其漂入北海的习俗。在秘鲁南部的纳斯卡高原上，地面上存在着闻名的"纳斯卡巨画"——非天然形成的自然形体轮廓的巨大刻痕。其中有些动物形状的轮廓延伸超过 4 英里之长。这样的图案，必定是在当初设计时便已经有了预想，想到应当让它们的全貌只能从数百英尺以上的高处才能看清。而这样的高度，可能就要靠气球达到。

有人认为，纳斯卡巨画是曾到地球造访的外星人从飞碟上搞成的。🎈 不过就在近几年前，英国气球飞天员朱利安·诺特[②] 便已证

---

① Joseph Needham（1900–1995），英国生物化学家、汉学家和科学史专家。所著《中国科学技术史》共 7 卷 27 分册（包括他人独立完成的 9 分册和他本人未能完成的两分册）在内容的丰富上迄今无人能及。截止到 2016 年，共有 12 分册被译成中文由科学出版社出版，其余部分还将陆续翻译出版。——译注

🎈 有理由相信，即便是来自地球之外的造访客，也未必必定需要凭借飞碟不可，甚至连气球也可以不用。1667 年，约翰·弥尔顿（John Milton）的长篇诗作《失乐园》发表。在该作品的第二卷卷末，他以出色的史笔，描述了地狱中的大魔头撒旦飞往靓丽地球的经过。撒旦从"空气稀薄的太虚中"遥望地球这颗精美的行星，发现它有如一颗虽小但却美丽非凡的珠宝，奇迹般地垂在天空中"乳白色的塔楼和城堞下方"，诱惑着撒旦去弄坏它，捣毁它（这件事撒旦后来交给人类自己去做了）：

　　　　……用金链条悬挂在空中的这个世界，
　　　　好像月亮旁边一个最微细的星球。
　　　　他满怀怨恨，要去那儿复仇，他诅咒，
　　　　并在这诅咒的时辰，急忙前进。

② Julian Nott（1944–　），旅居美国的现代英籍飞天人，保持多项与气球飞天有关的世界纪录。——译注

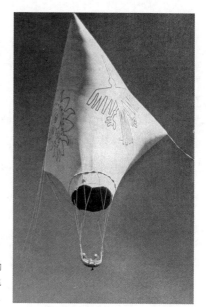

图 1.3　飘飞在秘鲁纳斯卡高原上空的气球，两个几乎小得看不出的人形是飞天员朱利安·诺特与吉姆·伍德曼

明，即便只是就近取材，也可以造出他自己发明的大型发烟气球①来，因此，哪怕就是公元 5 世纪时的人类，也能够上升到足以监督雕琢巨画的高度。[8]

　　在与气球打交道时，原始性的因素往往会同复杂的形势交织在一起。这便有可能使这种东西表现出既实用又带象征性的双重功能。将气球用于逃遁便是这样的例子。在这个方面，最值得一提的是发生在 1979 年 9 月的一桩借气球飞越东德边境线进入西德的实事，其中既表现出勇气，又反映出意识形态领域内的斗争。它引起了人们的注意，还被美国的迪士尼影视公司拍成惊险片《夜遁》，

---

① 发烟气球为热气球的一种，充入气球的不单是热空气，还有加热空气时所用木质燃料产生的浓重烟气，其中的细微颗粒会有效地填塞球皮织物纤维的间隙，减少飞行期间热气的逸散。——译注

于 1982 年上映。

　　彼得·斯特莱泽克（Peter Strelzyk）和京特·韦策尔（Günter Wetzel）原是两名东德人。他们同妻子和四个孩子住在名叫珀斯内克（Poessneck）的小镇。此地离东德与西德间的设防线不远。1978年 3 月，他们开始策划前往西德，先后设想了几个方案。斯特莱泽克是一名航空技师兼电工技师，自己有一座工棚；韦策尔有一双巧手，好多种活计都拿得起来。他们俩都靠东拼西凑鼓捣过不少玩意儿，做事都不怕挫折，也都很能想点子。自己动手在斯特莱泽克的工棚和阁楼里悄悄地搞，神不知鬼不觉地造出一只热气球来，就是他们共同谋划的结果。至于他们怎么会想出这个点子来，有若干种不同的说法，其中一种说法是，韦策尔从他嫂子那里看到一本杂志，上面有一篇介绍阿尔伯克基国际气球节的文章。这个一年一度的气球节于 1972 年始于美国的新墨西哥州，是所有热气球盛会中名气最大的一个。萌生出这个想法后，他们便去本镇的图书馆，查阅到一应的技术细节。

　　他们的气球必须要做得很大，才能载得起八个人来。飞行应当在夜里进行；为了不被边防探照灯照到，还得升到至少 5000 英尺的高度，并在这个高度上飞行 10 英里以上。他们花费了好几个月的时间，凑齐了材料，造出一组简易的辛烷火头，又试验过种种织物——棉布床单、雨伞套、衣服的防水衬里、帐篷布，等等，以从中选出适合制作球皮的织物。他们俩既合作也分工：斯特莱泽克重点负责制造喷火头和充当吊篮的钣金吊台，韦策尔在接拼球皮和编结网套上多出力。一块块中间宽、两头窄的所谓瓜皮块，都是韦策尔用"二战"前生产的一台老式脚踏缝纫机拼接到一起的。所有的材料也都集腋成裘地从不同的店铺里购得，以避免引起给东德保安机构"史塔西"效力的眼线们的注意。为此，他们竟跑到 100 多公里以外的莱比锡等大地方采购，有时还故意放话，在这里说是为了野营用，在那里又讲是代帆艇俱乐部购买。每次对气球的测试，也都远远跑到图林根州（Thuringian）的大森林里在夜间进行。

就这样，凭着机智、巧手，再加上无比的耐心，他们先后搞出了三套热气球装置。第一套气球高 60 英尺，有 7 万立方英尺的容积。然而，球皮材料不够密致，又只有两只家用辛烷罐供火头加热，无法将它充胀到需要的程度。到头来只好弃之不用不说，还得揪心费事地将它销毁。这是 1978 年 4 月的事。嗣后，他们又花费了一年多的时间，在经历多次试验和挫折后，终于形成了第二套方案。这一套拟用 4 只辛烷罐的火头，球皮的用料也更密致。可是，长期对全家人安全的焦虑，使京特·韦策尔的不安日益为甚，导致他宁可考虑离开东德的比较不那么标新立异的办法，结果是很不情愿地退出。

这样一来，这第二只气球便只用来供斯特莱泽克一家三口使用。他们选了一个颇有意味的升飞日期，就是 1979 年的美国国庆日 7 月 4 日。它倒是飞起来了，但气球的提升力仍然不足，气球无法飞得足够高，致使球皮被积雨云沤湿，结果是一点点地下降。在快到边境时，气球的高度都低到了能看到地面动静的程度。当这一家人最后很猛地降落到特别辟成的无人区地面上时，离安设在边境线上的阻隔栅墙只有约 200 码。纯属运气，这里离所谓"死亡地带"——拉着铁丝网、埋着地雷，还架着自动枪械的地方，一旦进入就会命悬一线——只差一点点。可能是下着大雨的缘故，失效气球的怪样子居然没有被边防军人立时发现。靠了黑暗的掩护，斯特莱泽克这一家三口匆匆收拾起一些能够随身带走的要紧物品离开，徒步跋涉了 9 英里，总算赶在天亮前悄悄溜回了珀斯内克，没被他人发觉。只不过气球上还留下了带不走的东西。它们就是线索，"史塔西"必然很快——不出几个星期——就会怀疑到他们头上。

面对此种绝境，这两家人又重新携起手来。他们不分昼夜忙碌，从东德的多家不惹眼的小店铺里，不显山不露水地买来真丝和人造丝的薄绸布，拼成了比前两只气球都大得多的第三只。原来的那台脚踏缝纫机，这一次安上了电动机带动，对辛烷火头也做了重新设计。六个星期过后，他们又有了一只新气球。它斑斑驳驳、五颜六色，看上去有如一件百衲衣，充足气时的高度达 90 英尺，容积超过 14 万立方英尺，比第一只大了一倍。为火头供气的是 4 只辛烷罐，罐内燃气并联着通过一根直径 5 英寸的金属管输送到火头，可以产生一道猛烈的细窄火焰，火力最强时，可将热气喷上 50 英尺——距气球顶部不到 30 英尺。据估计，这样的气球，可以提升的重量会超过 1200 磅（544 千克），也就是 7 个大人、一名儿童、外加气球及所有附属装备的总重量。不过，一切都还要取决于这只手工拼缝成的气球球皮是否牢固、升飞那天风力的大小与方向，以及当时的总体条件（如气温和空气湿度等）。

吊篮通常是用藤条编的。不过他们弄不到这种材料。便用金属板造了一个代用的吊台。它 4 英尺见方，中间是放 4 只辛烷罐的位置，8 个人的位置也在周围细心预设好，以保证重量的均衡分布，到时大家还要在台内低着头或蹲或坐，好使身躯略低于吊台的高度。韦策尔有一个孩子还很小，到时便由妈妈抱着。吊台的侧边是几根焊接到底板上的栏柱，可供他们持握。从气球上垂下来的 10 根吊索便系在这些栏柱上。栏柱上还用晾衣绳横着围起几道保护圈，不过当大人站立时，最高一道只达他们的腰部。点火用的是普通火柴。火焰从他们头顶上方 6 英尺的地方喷出，向气球的中心方向笔直射去，火力最足时会发出震耳的吼声。这台

"火焰喷射器"一旦关掉，人们便被包围在绝对的黑暗中，除了网套与球皮摩擦时滑蹭出的动静，听不到任何别的声响，就连这唯一的声音，也来自头顶上看不见的什么地方。此时的感觉就是无助地虚悬于空中。这套装置硕大、虚幻、疯狂，然而确实能够飞起来。

1979年9月16日夜里2时。风向西德方向刮去，时速是不徐不疾的18英里。这一行人从图林根森林的"秘密基地"起飞了。这里距边境约6英里。在飞到树梢上面后，辛烷火头便开始急急喷射，不一会儿，气球便升到6500英尺高处。然而，在飞行了一段时间后，他们便完全迷失了方向。一行人紧紧地把住小小的金属吊台，默默无言地向下张望，凭借汽车的头灯辨认道路，靠寻找路灯串的所在位置判断边防线（那里沿线架设有一些路灯）的方位。

过了20分钟左右，突然一道探照灯光打来，几乎就在吊台下方掠过，让他们大为紧张。是无影无声地下坠一段高度冀以不致被发现，还是再度点燃火头发光发声地向高处飞升？他们选择了后者。于是，在一道持续火舌的作用下，气球上升到了将近9000英尺的高度。他们觉得，在这段时间里，周围方圆几里都一定能看到这股亮光。要么是由于高温的烤炙，要么是因为气流的喷冲力，气球的顶部开裂了。他们便又开始下降。不过，气球还保持着鼓胀的形状。他们便将火头始终开着，直至辛烷气全部用光，气球才生猛地着陆，落到了一片开阔地上，离一座高压输电塔只有100码。京特·韦策尔一条腿骨折，不过除此之外一切都还不错，只是不知道气球究竟落到了哪一方。彼得·斯特莱泽克走到高压塔那里，看到塔基处有块牌子，用手电筒照了一下，看出上面写的是"生命危险、慎防电击"——是西德的一家电业公司立的。他们来到了西德，名气也随之来到——这一切只用了28分钟。韦策尔还说道："我们

图 1.4　韦策尔和斯特莱泽克
两家人事后重现其逃遁经过时
所拍摄的照片（1979）

本来可以一直飞到拜罗伊特^①那里呢！"　♆^{[9] [10]}

---

① Bayreuth，德国巴伐利亚州的一座城市，在图林根森林的南面 100 多公里处，当时属西德。——译注

♆ 许多囚徒都动过凌空越狱的脑筋。其中最著名的，可能当属 1944 年时被关在德国科尔迪茨城堡的一批英国战俘［这本是一座供贵族享用的城堡，位于萨克森州（Saxony）科尔迪茨（Colditz）的一座山顶，因山势险峻，故在两次世界大战中均用作监狱，专门关押有越狱史的"不可救药"的战俘。——译注］。他们在阁楼里造出滑翔机后拟借以出逃。当时已进入第二次世界大战漫长时期的最后阶段，滑翔机早已造好，它奇迹般地使造出它的战俘保持着高昂士气，只是一直没能用上。这些人大体达成共识，就是如果从城堡高坡的斜石板屋顶上飞下，滑翔机很有可能会栽进城堡的大城墙外面 150 米低的峡谷，机上的两个人便会当即殒命。奇怪的是，尽管乘气球出逃的方法更为可行些，却从不曾为战俘中的"科尔迪茨逃亡委员会"选中——可能并非出于对可行性的考虑。可参阅艾里·尼夫（Airey Neave）所著的《他们想到的出路：最早胜利逃出科尔迪茨城堡的英国人》。至于有关从精神上挣脱羁绊的内容，当推 1962 年的电影——由伯特·兰开斯特（Burt Lancaster）饰演真人原型囚徒罗伯特·斯特劳德（Robert Stroud）——《囚室洞天》（*Birdman of Alcatraz*）为最佳。还有一件事情想来也颇奇怪，就是布朗夏尔和加尔纳里安等不少早期的气球飞天员，都曾有过身陷囹圄、从铁窗后巴望蓝天的经历。

六 气球首次科学飞天

脱离羁绊——无论是打算挣脱肉体上所受的某种限制，还是想求得抛开尘世间的精神烦扰，都是气球飞天史上一再重演的努力。当雅克·亚历山大·塞萨尔·查理①博士当真乘第一只氢气球飞天上到高处时，心里便的确浸透了一种绝对的、超乎肉体的解放感。这是发生在韦策尔和斯特莱泽克两家人借上天逃遁之前近二百年的事，时间为 1783 年 12 月 1 日。

法国人马里耶·罗贝尔②同他一起升飞，担任他的技术助手。查理从巴黎市中心的图伊勒雷花园（Jardin des Tuileries）升飞，向西北方向飞了 20 多英里，到达小镇内斯勒拉瓦莱厄（Nesles-la-Vallée）。这只气球只有 30 英尺高，但装备却很正规：一只正经八百地用藤条编成的吊篮，一只控制降落用的排气阀门，外加一堆调节气球高度的压舱物。大约 50 万人在场见证了他的起飞，美国驻法大使本杰明·富兰克林也是其中一位。气球在内斯勒拉瓦莱厄平安降落后，罗贝尔便爬出吊篮，查理仍留了下来。嗣后，他又一个人飞了一回——历史上的第一次单人飞天。由于减轻了重量，气球很快便升到了 1 万英尺的惊人高度。在这个难能可贵的高度上，他得到了一场意外之喜：观赏到了当天的第二次日落。

查理发表的有关这次飞天的出色报告，在英国和法国都得到大

① Jacques Alexandre César Charles（1746–1823），法国著名的物理学家与数学家、气球飞天爱好者。有关定量气体的体积在压强不变时与温度关系的规律便以他的姓氏命名为查理定律。他还对气球的构造做过改进。——译注

② Marie Noal Robert（1760–1820），法国技师，同他的哥哥阿内-让·罗贝尔（Anne-Jean Robert，1758–1820）合作研制成第一只充入氢气的飞天气球。——译注

量发行。报告中的轻快基调一直在后来的飞天报道中普遍延续着。他为进行长时间的飞天准备了种种物品——皮大衣、冷鸡肉，还有香槟酒。不过，令他最最享受的，还是心灵上的体验与感悟——

> 今后无论再有什么体验，都将永远比不上我升飞那一阵无处不美妙的感觉。那是一种洋溢整个身心、不含一点杂质的欣喜。我觉得我俩是在飞离地球、永远撇开那里的所有烦恼和奔忙。这种感觉并非单纯的心里快活，还是来自肉体的极度舒泰。我的同伴罗贝尔先生向我耳语道："我跟地球没关系啦！从现在起，我是属于天空的啦！这里有多么安宁，这里是多么宽广！……如此的绝对宁静！如此的广阔无垠！如此的震撼景象！一旦经历过这样奇妙的种种体验，恐怕只有傻瓜还会想阻止科学的前进步伐吧！🎈" [11]

本杰明·富兰克林在马车里用望远镜观看这次气球升空，之后发表评论说道："曾经有人问我：'气球可有什么用呢？'我就反问道：'刚出生的婴儿可有什么用呢？'"

托马斯·鲍德温① 在他的《空瞰图文集：1785 年的一番气球之旅》一书中，也同样提到，气球会使人产生遁入一个全新世界的感觉。书中记叙了他本人于 1785 年 9 月 8 日在英国的一次飞天行动。气球从切斯特市（Chester）离地，一路向北飞行，凌越默西河（Mersey River），最后在沃灵顿镇（Warrington）着陆。在所有谈及飞天体验的著述中，当推这一本书堪入最佳之列。书中还附有飞行

🎈 有的资料说，此话是查理本人对罗贝尔说的。

① Thomas Baldwin（1750–1810），英国气球飞天爱好者。他根据自己的飞天体验写成的《空瞰图文集：1785 年的一番气球之旅》，文字和插图都有很高价值。——译注

路线地图，以及第一批从气球吊篮上绘成的空中俯瞰素描。

鲍德温是位率先思考气球飞天对于个人自身存在有何意义的人。他认为，就飞天这一行为而言，"获取认知"才是真正的目的。自由自在的上升、壮美景色的领略，整套的"空中体验"，莫不是为了得到认知。他认为"先前的气球飞行者在空中所获得的感觉和印象，其实都存在着明显缺陷"。为了纠正，他在自己的这次飞行中，携带了好大一套记录用的装备：几种墨水笔、数支红铅笔、若干笔记本——特制的，以硑光皮革为面、油彩、画笔和活页画图簿，还有放大镜、护目镜和指南针。《空瞰图文集：1785年的一番气球之旅》上发表了最早的几幅得自气球吊篮的景象图画，另有一

图1.5 太阳神阿波罗将花环赐给雅克·亚历山大·塞萨尔·查理

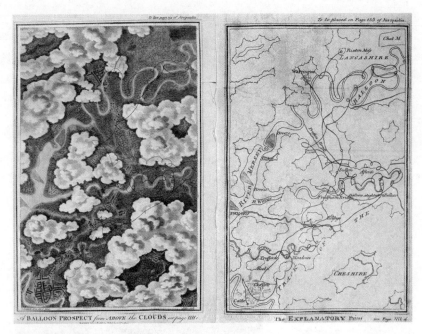

图 1.6 从位于云朵上方的气球得到的认知

幅气球飞行路线的示意图，是经过分析归纳得到的相对于地面而言的投影，表现为一根螺旋圈。书中有整整一章文字，完全都用来描述云的结构与奇异色彩。

鲍德温还注意到气球对从地面向上升起的气流是如何反应的。在他精心绘制的飞行路线图上，便反映出气球总会因飞临蜿蜒的河流被拉向下方，并顺着它们所形成的较冷气流行进。在长时间俯身在吊篮一侧画图的过程中，他也注意到下方地面的阴影、色调和视观的变化。

从该书中的这一段观察文字，可以看出他的精细观察能力："迪河（Dee River）看上去泛出一种红色，这城［切斯特］显得很小，而这镇［沃灵顿］整个呈现一种蓝色。整个地面看来宛然是个大平面，最高的建筑也显不出有什么高度，处处都似乎一样平。观察大地所得到的认知，就是它有如一张彩色地图。"[12]

对云，还有对光的折射与色散，鲍德温也有出色的叙述。他无疑在自己周围感受到了一个全新的世界。这令他受到无限鼓舞。为了不致表述得太过头，他写的虽是自己的飞行见闻，却采用了第三人称："他的眼里闪现出一道泪光——来自绝对喜悦的泪水。纯粹的喜悦、强烈的欢欣！"对他来说，气球飞天具备了将科学发现与美学享受结合为一体的特性。除此之外，气球飞天是否还有其他作用呢？他又想到了将来会有的一点："充当空中的船只环飞世界。"[13]

七　气球地面用途之设想

自从有人破天荒地乘气球飞上天际之日起，人类实现飞翔的古老梦想便附着到了这一事物上。蒙戈尔菲耶兄弟的发明问世都快十年了，德国、意大利、俄国、美国等许多国家也都予以报道。然而，究竟能用气球做些什么，人们并不甚清楚，连英国皇家学会和法兰西科学院也没有准稿子。1784 年 2 月，意大利人保罗·安德烈亚尼[①]从米兰（Milan）上了天；1785 年 1 月，法国人让-皮埃尔·布朗夏尔[②]和美国医生约翰·杰弗里斯[③]从英国海岸飞越英吉利海峡在法

---

① Paolo Andreani（1763–1823），最早在意大利进行飞天的人，后来还去北美的五大湖区乘气球历险过。——译注
② Jean-Pierre Blanchard（1753–1809），法国发明家，气球飞天的前驱人物，首次实现乘气球从英国海岸飞越英吉利海峡到达法国的壮举（与杰弗里斯一道）。他一生频繁辗转欧美等地进行与组织飞天表演，于一次表演时心脏病发作，不久后去世。——译注
③ John Jeffries（1745–1819），美国医生，与布朗夏尔共同乘气球从英国海岸飞越英吉利海峡。他除了积极参加飞天外，还注意进行气象学研究。——译注

国降落；同年6月，法国人皮拉特尔·德罗齐尔①在尝试使用又充氢气又加热空气的双层气球从本国土地上逆向完成同一壮举时身亡（由是成为首位为科学献身的气球烈士）；1786年8月，德国人约瑟夫·马克西米利②从奥格斯堡（Augsburg）升飞，但未能实现既定目标而"只飞了半回"；在同杰弗里斯完成飞越英吉利海峡的壮举后，布朗夏尔仍继续飞天，几乎跑遍了欧洲各大城市，并以1793年1月成功地进行了新大陆上的首次飞天表演登上了本人国际事业的顶峰。他从费城升飞，横越特拉华河后在新泽西州落地。他还得到了由美国总统乔治·华盛顿签发的一本"空中护照"呢。[14]

不过，所有这些凌空之举，可以说大抵只起到了造成轰动和提供娱乐的效果。"人如飞鸟"，这是个新奇而一直莫名其妙地未能得到认真探求的概念。气球飞天除了能够提供扣人心弦的移动，以及诸如查理和鲍德温等人以如椽之笔所大力推介的从空中获得"认知"外，若从实用角度考虑，又能为人类贡献出什么呢？

巴黎人巴泰勒米·富雅·德圣丰③是热气球的积极倡导者。他对人们说，气球提供了可用于军事侦察和海洋航运的观察点，供化学家分析高空大气情况的观测站，还有容纳天文学家使用望远镜探视星空的天文台。这里应当提上一句，就是这些用途都是针对所谓系停气球而设想的。事实上，蒙戈尔菲耶兄弟当年试验他们的发明

---

① Pilâtre de Rozier（1754–1785），教师出身的法国飞天员，蒙戈尔菲耶兄弟1783年进行第一次气球承载动物升飞的助手。他又是最早进行无根气球飞天的人，也是第一例气球事故的殒命者，两个"第一"都是同另外一人在一起，但不是同一个人。——译注

② Joseph Maximilian（1750–1829），德国贵族（封号安卢特耳多夫男爵）。他因这次半途而废的飞天得到了"德意志第一空中水手"的誉称。——译注

③ Barthélemy Faujas de Saint-Fond（1741–1819），由律师改行投身地质学的法国科学家。本书后文提到爱尔兰名胜巨人石道岬与苏格兰著名景观英雄洞的关系，就是由他发现的。——译注

时，用的就是这种被绞盘、绊绳或吊索组装的机巧装置系住不能到处飘飞的系统。🎈[15]

诗人兼发明家伊拉兹莫斯·达尔文①为气球设想出了第一个实用功能。它与天上的关系并不大，而是用于给地上的运输减载。他向朋友理查德·埃奇沃斯②提到了这个念头。他说，将他自己在爱尔兰庄园使用的手推车改进一下，系上一只不大的氢气球，就会让在园地里运送沉重肥料上陡坡的活计轻松不少。这个灵感并不难付诸实现，结果却能使人们搬移的土、砖、木柴或石块多出 9 倍。可以说，这便有可能带来体力劳动条件的革命。[16]

英国皇家学会会长约瑟夫·班克斯也有相仿的想法。他的最初设想，是将气球用来辅助当时广为用于地面交通的马匹。他觉得气球是"抗衡绝对重力"的手段，具体而言，就是将这种有上升能力的东西系在马车和手推车上，一如协助从水中打捞沉入水中物体的

🎈 作者曾在其另一本书《好奇年代》中，介绍了蒙戈尔菲耶兄弟在 1783 年所进行的一系列气球放飞试验，同年 11 月 21 日，皮拉特尔·德罗齐尔和弗朗索瓦·洛朗·达朗索瓦从巴黎的穆埃特小山包（Muette）升空，凌越市内建筑物顶所完成的历史性首次载人飞行，以及约瑟夫·蒙戈尔菲耶对热气球的著名形容——"将纸袋做成一朵云"。在这本书完成后，我又发现了一位菲利普·勒叙厄尔（Philippe Lesueur）所写的一封信（未寄出），信上注明的日期是 1783 年 9 月 22 日，地点是巴黎。信中记叙了先前若干系停式气球的上升经过，战神广场上震撼人心的非载人飞天，还有 1783 年 9 月 19 日在凡尔赛宫前广场上举行的那场引起不小风波的动物飞行——那一次的气球上有"一头羊、一只小公鸡，还有一只鸭子，都放进一只吊篮里，吊篮则用一根 15 英尺的绳子挂在升飞器的下面"。勒叙厄尔不仅捕捉到了这些公开试验所造成的"目睹如此庞然大物靠一己之力庄严升起的真正惊人不置的场面"引起的最早轰动与惊奇，还在信中加进了一幅线条细致的水彩画，画的是凡尔赛宫广场上的那只热气球，气球上还画出了第一批动物飞天员。

① Erasmus Darwin（1731–1802），英国科学家，在多门自然科学领域中有所贡献。他还是一位诗人，并有用诗这一体裁撰写科学著述的创新之举。不过他最大的贡献是，他有两个大名鼎鼎的后辈——孙子查尔斯·达尔文和外孙、多学科学者法兰西斯·高尔顿（Francis Galton, 1822–1911）。——译注
② Richard Edgeworth（1744–1817），爱尔兰政治家与作家，爱尔兰皇家科学院的创建人之一。——译注

图 1.7 一位名叫菲利普·勒叙厄尔的法国人写的信文,讲述了载有动物的热气球在凡尔赛宫前的升飞,信上注明的日期为 1783 年 9 月 22 日

浮筒,车子的重量既有所减轻,行走起来也就会轻松些了。这样一来,一辆通常需要 8 匹马拉的"宽轮大马车",加上热气球后,有两匹马或许也就够了。这个设想清楚地表明,即便如班克斯这样训练有素的科学头脑,要在初期阶段正确设想未来的可能发展,同样会很困难的。[17]

或许是有意要给班克斯的注意方向纠一下偏,本杰明·富兰克林——班克斯委派为皇家学会常务负责人的查尔斯·布莱格登 (Charles Blagden) 称他为"老狐狸"——很快便也提出了有关气球应用的种种设想,主要是有关加强军事威力的,"5000 只气球,

上穷碧落:热气球的故事

每只能携带 2 人"，区区一个上午，便可轻而易举地将 1 万名军人送过英吉利海峡，形成有效的进攻力量。富兰克林只在提议中隐隐露出唯一的一点担心，就是风不知会将气球吹向哪个方向。[18]

他也有一些比较和平的想法。是不是用它们来造就出"神行太保"呢？若在头顶上系上一只不大的氢气球，体重就会减少到"可能只有 8—10 磅"，于是走直道时便能连跑带蹿，"无论走平道、翻篱笆、越沟渠，都能迅疾如风，甚至还可能跳越河湖"；再不然就搞出一种"气球安乐椅"来，放在风景区里，"付些钱便可升得高高的"，在那里享受美景。[19]

富兰克林还有一样别具一格的发明，就是气球冷藏箱。他说："人们会将这种器具拴系在空中，通过滑轮将猎得的野味存放在那里冷藏；需要用冰时，也可以将水送去冻上。"[20]威廉·希思·鲁滨逊①这位 20 世纪的画家，想必会对这一创意大感兴趣。

后来，常为严重痛风所苦的富兰克林又提到，气球甚至也可能用来为轮椅助力。当他于 1785 年秋从巴黎回到美国费城后，每天往返于寓所和宾夕法尼亚州议会的行程都需乘坐轿子，由 4 名强健的助手抬着。这使他想到，只要加上一只不大的氢气球，便"足以对我有可观的向上提拉"，减少助手们四分之三的体力消耗。"由一个人手牵一根细绳走着"，便是既轻巧、又好操纵的"最容易实现的轿子"，让关心他的病痛的人日子好过些。🌶[21]

---

① William Heath Robinson (1872–1944)，英国漫画家与插图作者，以善画用种种古怪可笑的复杂机械装置去干简单事情的漫画知名。——译注

🌶 考虑到富兰克林的体重，氢气球的直径总得在 12 英尺以上（原数据 10 英尺有误，根据球形体积公式计算，1000 立方英尺的圆球，直径是 12.2 英尺。——译注），即容积大于 1000 立方英尺时，才有可能达到这种效果。18 世纪末的重要化学发现之一，是亨利·卡文迪什（Henry Cavendish）和安托万·拉瓦锡等人发现的，可将（转下页）

八　气球科学用途之设想

1785 年，英国皇家学会会员泰比利厄斯·卡瓦略[①]编撰出英国第一份气球飞天的研究性文献。这篇题为《浮飞活动的历史与实践》的文献特别照搬了只在法文词汇中才有的词语 aerostation——浮飞，用以表示凭借轻于空气的其他气体在空气中形成浮力以行移动的行为，而这样的装置便称为浮飞器。不过，报告的立足点却远远超然于民族意气之上。他的目的是从科学和哲学的双重角度看飞行现象。在他看来，气球的出现，并不只是可用以充当研究上层大气以及天气本性的运输工具，更打开了巨大可能性的大门。气球既能上下移动，也可水平位移。这才是后来造就气球飞天的历史悠久绵长的原因。

（接上页）氢气与其他气体分离开来，称量出其重量——它虽然轻，但也是有重量的，并分析出它与大气的比重关系。氢气的拉丁文名称 hydrogenium 也是拉瓦锡定下来的。测量比重的方法以后固然有了改进，不过人们当时便已经知道，1000 立方英尺的空气大体上有 75 磅重，而 1000 立方英尺的氢气只重 5 磅，因此这些氢气会产生 70 磅的提升作用。这便意味着，在进行气球飞天时，大小有如 1783 年雅克·亚历山大·塞萨尔·查理所用到的那只高度约为 30 英尺、有 2 万立方英尺容积的氢气球，可以提升的重量当不低于 800 磅［"当为 800 磅"是作者的原数据，其实应为 1500 磅，但气球是不应当充满气的，涉及很多因素。经与作者讨论，决定在这里模糊一下，只改为"不低于 800 磅"。——译注］——相当于两个成年男子的体重、再加上吊篮、所携装备、全套气球装置（球皮、网套、吊索和锚索），以及相当数量的压舱物。在具体飞天时，上述所有数字都可能有大幅度变化，视诸多因素而定，如所充氢气的纯净程度、气球外围空气的温度与湿度（都会随高度一再变化）、球皮织物材料的情况等。对于热气球而言，变数自然就更多了。大体上说，要获得等同于氢气球的升力，热气球须得大上 2—3 倍方可。在皮拉特尔·德罗齐尔当年飞天所用的热气球中，有一只的高度达 90 英尺。即便是如今使用烧辛烷燃料、效能强、火力猛的热气球，要想搭载 2—3 个人及所需装备，气球的容积也得要有 6 万立方英尺——也就是得有 80 英尺高的球皮，才算是安全的。自然，对于飞天而言，安全永远是相对的。[22]

① Tiberius Cavallo（1749–1809），意大利物理学家，年轻时便移居英国并在英伦度过一生。他有包括电荷倍增器在内的若干科学发明，还编撰了英国第一份气球飞天的研究文献。——译注

卡瓦略是位出色的物理学家，本是意大利人，22 岁来到伦敦时，已经发表过大量研究磁现象与电现象的成果。不久——在 1779 年，他便入选英国皇家学会。他的注意力很快又转向了气球飞天领域，还宣称自己在 1782 年用氢气吹出了肥皂泡。不过到了现今，人们却基本上将此人忘记了，只有他的一幅面相英俊的肖像，还陈列在伦敦的英国国家肖像馆内，委实是有失公允。不过在当时，他的这一著述，在英国和法国都被视为气球飞天领域最具权威的研究成果。在大英图书馆馆藏的卡瓦略的这本书上，便有他亲笔所写的"献给约瑟夫·班克斯爵士——作者亲赠"字样，是黑色墨水的粗大字体。

考虑到班克斯这位会长的观点，卡瓦略在书中刻意用了一种有所保留，甚至不无怀疑的语气。在文森特·卢纳尔迪于 1784 年 9 月首次完成对英国而言有历史意义的气球飞天，携着他的宠物猫咪，从伦敦飞到赫特福德郡（Hertfordshire）时，人们就已经很是热闹过一阵子了。当时的报刊统统赞誉卢纳尔迪，称他为英勇的先锋、爱国者，还是动物天使。当然，指摘他的人也不是没有。惊悚小说作者、《奥特朗托城堡》①一书的作者霍勒斯·沃波尔（Horace Walpole）便逆向而动，指摘他置那只猫咪于危险而不顾。卡瓦略则发表了如下的评论："在那样的高度上，自然有可能因获得的认知得到浪漫的观察结果。不过，虽说他在疲乏和兴奋后表现出难能的镇静，所进行的实验也有可圈可点之处。不过，卢纳尔迪先生看来似乎未能特别地从科学方面入手，也未能就改进浮飞活动的工具

---

① 哥特体小说的代表作。哥特体小说是惊悚小说的一种体裁，名称源自英国学者兼作家霍勒斯·沃波尔（1717—1797）的一部中篇小说（1764）作为背景的一幢哥特式城堡。此书情节恐怖，发表后很有销路，故为其他不少作者效尤，因之成为一种模式。此书有中译本，译者伍厚恺，四川人民出版社，2005 年。——译注

或者领悟造物的行为方式提出见解。"[23]🎈

　　经过分析，卡瓦略否定了多数有关控制气球飞行方案的设想，只肯定了其中的一种，这就是借助于不同高度上吹向不同方向的气流。[24]他也强调指出了飞天员会面临着无从预知的一系列大气现象——垂降气流、闪电劈击、成冰作用等——带来的危险。在这本书中，他还特别以最早一例气球陷入雷雨的事实发出警示。这是1784年7月的一只法国气球在从圣克卢（Saint-Cloud）升飞时遭遇到的，致使它一筹莫展地被一股热风向上卷起——

　　　　气球升起三分钟后，便迷失在云团中了。这使几名飞天客身陷浓重的雾气之中，再也看不到大地。空气中出现了一种不寻常的躁动，很像是存在着一股旋风。不一会儿，这套飞天装备便被弄得从右向左连打了三个旋儿。猛烈的晃动令他们难受得根本无从按任何气球操纵规程行事。就连舵板上的绸布都被撕走了。这几个人都说，此时的可怕景象是他们之中的任何人都不曾体验过的。不成形的云团卷动着、翻滚着、交叠着，无边无际，使他们一直看不见下面的大地，回不得家园。气球的动荡一时强过一时……[25]

虽然持有这样一些看法，卡瓦略还是与气球感情深厚。他对英国和法

🎈 不过，虽然文森特·卢纳尔迪使一只猫无端陷入危险境地，他在英国有关早期飞天的记载里，一直还是享有浪漫名声的。他为自己飞天用的气球球皮所设计的米字英国国旗的巨大图案，就是对法国飞天优势的很高明的回应。在赫特福德郡他当年气球着陆的乡间绿地上，今天仍立着一块石制纪念碑。在佐尔坦·科尔达（Zoltan Korda）[原文误为Alexander Korda——导演的哥哥，该电影的制片人]执导的早期黑白电影《征服空气》（1934）中，卢纳尔迪这一向令意大利女郎们倾倒的男子，是由年轻的英国电影与戏剧明星劳伦斯·奥利维尔（Laurence Olivier）饰演的，很是扮出了卢纳尔迪的飘逸风度，连口音都很接近哩！

图 1.8　卢纳尔迪的助手乔治·比金斯在气球上向下面挥手致意（1784）

国的所有重要飞天都做了记录。从 1783 年 6 月里蒙戈尔菲耶兄弟在阿诺奈（Annonay）将第一只热气球升空，到布朗夏尔和杰弗里斯于 1785 年 1 月横越英吉利海峡，他都一一收录无误。他还细致地分门别类，根据热气球与氢气球的不同飞行表现分开对待。他又认真考察了种种制备氢气的方法，并因之注意到约瑟夫·普利斯特利[①] 使用的制取氢气的原料是水蒸气而非硫酸。他又研究了分别用橡胶（天然的）、打蜡丝绸、涂漆亚麻布和清漆平纹绸制作球皮的不同方法。

　　卡瓦略还有长远设想，强调气球飞行有很高的水平速度——

[①]　Joseph Priestley（1733–1804），英国化学家，对气体特别是氧气的早期研究作出过重要贡献。他是用向燃烧的煤上喷水、再从生成物中除去水蒸气的方法得到氢气的。这种方法收集到的氢气纯度不高，含有较多的难闻气体，并影响到提升力，但成本较低。——译注

"经常会在每小时 40—50 英里之间"，并且在大多数情况下还难以置信地"安静和平稳"。[26]他认定，虽说交通和通讯领域当前依然故我，但该领域的革命必将兴起。不过，与水平移动相比，他更注意的还是气球的垂直运动。飞天的根本作用，是让人类迈入一个全新的方位——向上。

他指出，当气球上升的高度超过 2 英里后，便给人们打开了观察下面地球的全新视野。人类对这颗行星的表面所产生的日益扩大的影响，从此便开始能得到揭示。地面上巨大而尚未被涉足，甚至还未被发现的存在，如山脉、森林、沙漠等，也都会一一可见。他格外强调的一点，是飞天活动的全部潜在效能眼下还远未得到发掘。今天看来，当时气球飞天所处的环境，或许有些类似"阿波罗计划"完成后，人类的空间探索活动所面临的情势。

在对气球的种种应用可能进行了全方位探讨后，卡瓦略义在最后一部分内容中，极有见地地将飞天与当时处于初生状态的气象科学的关系，摆到了气球应用的最重要位置上：

> 气球这一浮飞器的确可在许多方面供驱策科学之用。特别应当说，发生在大气里的所有事情，目前我们所知的几乎都谈不上准确，因此特别需要获得一种向上升入大气的手段。雨雪、雷电、雾气、霜露、冰雹、流星①等诸多大气事物的形成，都需经仔细考证以得确立。
>
> 气压计的作用、空气中各处的折射情况与温度分布、大气

---

① 流星（包括陨石、陨铁等）当时被认为是同雨雪等一样纯属大气中的现象，特别是流星雨在显现方式上很类似于降水，故被列入初期的气象研究对象。正因为如此，"气象学"一词的英文 meteorology 的词头就是陨石一词的英文 meteor。它们都有共同的希腊文词根 μετα-，意为"来自上面"。——译注

沉降体的下落，声音在此处的传播等，都需要长时间地通过反复观察和实验才能掌握。而这些在浮飞器出现之前是根本无法有效涉及的。如今，我们便可以在此报告的结尾处表达这样一个希望——希望有知识的人和愿意鼓励获取有用知识的人，共同促进浮飞行动的开展，使之为人类所用。[27]

卡瓦略的这一著述，既是早期气球飞天开发史上代表智力发展水平的里程碑，也是向人们发出的呼吁。《大不列颠百科全书》1797年版上首次出现"浮飞活动"这一词条，并附有浮飞器的精致插图，主要便应归功于卡瓦略。它的出版之日，便是发出信号之时。从这时起，飞天便不复是在神话世界里向隅的古董，而是亮相为科学知识的一门新秀。

九　气球俯瞰新视角

在人类神往高飞的梦幻中，最富诗意的、也正是人们挥之不去的憧憬，就是飞到无可再高之处，于斯放眼大地，并更好地瞰视人类自己。这是该梦幻的终极意愿。它自飞行之梦的原初之始便已出现，并一直持续至今；时而揶揄搞笑，时而又睿智深刻。

17世纪时的法国剧作家西拉诺·德贝热拉克①——此公既在武力决斗中不要命，又在智力较量上不饶人——曾煞有介事地在他死前（1655）不久声称，说自己曾悄悄飞到月亮上。他的这番"经历"，在他死后发表为《月球上的国家和帝国的趣史》一书。西拉

---

① Cyrano de Bergerac（1619–1655），法国作家。幻想小说《月球上的国家和帝国的趣史》的作者。——译注

诺在书中说，他的这一飞行是凭借一大堆玻璃容器进行的：容器里面盛着露水，太阳的照晒使露水蒸发为雾滴腾飞向上，遂拉拽着他一路同行。"我把许许多多玻璃瓶子紧缠在身上，瓶里都盛满露水。太阳发出的强烈照射以热气吸引着这些露水，一如水被它们吸上来成为厚厚的云朵那样。我便被这样带了上来，到了很高的地方。后来我发觉，我的位置是在空气的中区之上。但我察觉到，我被吸引得太快太猛了，结果非但没能带我飞向我原本要去的月亮，反而将我与它的最初距离拉大了……"

这场奔月之旅以动力失准伊始，又以冲撞着陆于月面告终。最后这段历程，他是靠月球的力场再加火药的冲力完成的。这让他一度理智不清："据我的计算，地月之间的里程，4 停中我已走了 3 停。这时，我忽然呈脚前头后地向月亮落下的姿势，可是我从不曾

图 1.9　西拉诺·德贝热
拉克飞向月亮（版画）

图 1.10 在 "阿波罗 8 号" 上看到的 "地出"

翻过筋斗呀……现在，地球在我眼中无非只是头顶上面的一个金黄色的大盘子。"

西拉诺总算活着到达月亮之后，又遇到了那里形形色色的生灵。他遭到扣留与盘查。其中一名比别个都还客气些的，对他说了这样一番话："我说，孩子，你到头来是为你们地球世界做下的所有错事接受惩处的呀！"[28] 他被送上月球法庭，险些被以大不敬罪判处死刑。他又始终抱定一个奇怪的观念，就是"我们的地球不仅仅是个月亮，还是个有活物的地方"。他返回地球时头脑没有再糊涂，最终在意大利的一座火山附近冲撞式着陆。[29]

过了三百多年后，在 1968 年 12 月 24 日，"阿波罗 8 号"绕过了月球始终背着地球的一面。当时在飞船上的宇航员威廉·安德斯（William Anders）后来回忆说："我抬头仰望、目光掠过残破荒凉的月面，看到了月平线后的地球。那里是我们[①]能看到色彩的唯一地方，看上去非常脆弱，看起来很不牢靠。我心里马上闪过这样一个念头：'阿波罗8号'亿里迢迢来到月亮这里，而看到的最有意义的东西却还是我和同伴们眼下正在瞰视着的地球——我们自己的行星。"

这次宇航产生了有史以来最著名的彩色照片。人们一致称之为"地出"。照片上，地球这颗小小的、美丽的行星，升起在环形山构成的荒凉月面的后方，悬挂在漆黑的太空中。这一幅景象，使我们对地球这颗行星形成了一个全新的概念：暗黑的神秘宇宙中，有个存在生命的"小蓝点"。[30]

飞行的梦想，是要以不同的方式看这个世界。

---

① "阿波罗8号"上共有三名宇航员。——译注

第二章

气球掀起联翩热潮

一 气球战事用途之设想

早期的气球飞天也如今天的飞船航天那样，能够促进军事力量和哲学观念的发展。卡瓦略有关将气球用于科学事业的设想，很快便被更带尚武精神的追求所取代。本杰明·富兰克林先前便对约瑟夫·班克斯提到过这种可能性，如今，这种倾向被更多的人注意到了。约瑟夫·班克斯的妹妹、年轻聪明的索菲娅（Sophia Banks）就是其中的一位。她开始收集有关气球的资料，为此还特意买来一个红皮面的大本册，将这些材料放进去，搞成了一个剪贴簿。她收集的材料最后达到了一百多件。[1]其中的一件是一幅来自本国的漫画，标题是《气球之战》，最早见诸 1784 年 12 月 16 日的报刊，是索菲娅最早的搜集品之一。

这张漫画上画有四只正在空中开战的气球，其中两只上挂着象征法国王室的百合花旗，另外两只上面是英国的米字旗。吊篮上的人都持握着火枪，还有威力更强的火炮，炮筒从藤编墙体上开出的小口上探出头来，一如战船侧舷的火器配置。[2]可见气球已经被视

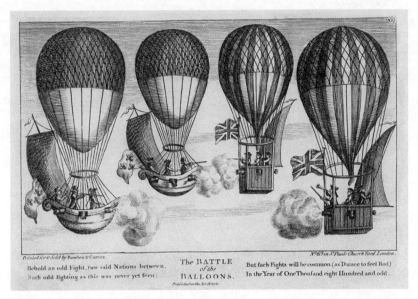

图 2.1　气球之战

为军事装备，地位与战船和战舰相当了。

　　索菲娅还收进了不少标新立异、异想天开的剪报，都是有宣传作用的。其中有一套总标题为《恩斯勒大先生的空飞妙客》的组画，上面画出了制成动物形状的各色气球，有的取材于神话（如一幅上画着飞马珀伽索斯）[1]。有的画上人物，其中一幅的标题是 *Nymphe coiffée en ballon et habillée à la Polonaise*——《头顶气球、身穿百褶裙的小仙女》，明明是英国人的作品，却用上了法语，分明是在取笑法国人的性观念。还有的更明目张胆地表现出民族偏激情绪，如有一幅画进了一只做成约翰·福斯塔夫爵士[2]形象的硕大

---

① 希腊神话中生有双翼的马神，通常为白色，北天星座中的飞马座便是以它命名的。——译注

② 出现在莎士比亚的两部剧作中的广为人知的艺术形象，他是一名壮硕的军人，生性好斗。——译注

气球，警惕地升起在多佛白崖^①上空。^[3]这些东西倒还都只停留在设想阶段，或者充其量做出模型小样来，从不曾做成真正的飞天气球放飞到空中。尽管如此，它们也对后来 19 世纪的宣传战起到了启示作用。🎈

二 法国军事气球首次尝试

富兰克林所设想的气球军队，是在法国首次变成事实的。这是一个独立大队的建制，于 1794 年 3 月 29 日在与巴黎比邻的默东（Meudon）组建。6 月 26 日，即组建后还不到三个月，法国军队便在与奥地利对垒的弗勒吕斯战役^②中，启用了军事侦察气球，而且几个星期过后又用在了列日战役^③上（并为那位腿快的莫尼少校再一

---

① 多佛白崖为英国东南临近英吉利海峡的白垩土峭壁，可从海峡对面的法国海岸上遥遥望见。在此处放飞一只军人形象的巨大系停气球，显然表现出一种与法国敌对的情绪。——译注

🎈 将热气球制成种种奇特形状的做法，早已形成为一种传统并延续至今。在 2010 年 10 月的阿尔伯克基国际气球节上，作者便见到了百事可乐易拉罐、米老鼠、电影《星际大战》中的天行者维达、"大奶子乳牛艾拉白拉"等形象。为什么硕大的空中造型会有强大的吸引力呢？大概应当认为，这些几乎都属"想象造型"的气球，会具有某种梦幻式的魔力。作者从不曾看到过诸如仿造维纳斯大理石雕像的人形大气球，看到的通常都来源于动画形象、商品图标和可爱的动物。奇异古怪的热气球也出现过，但看来并不受青睐。而最受到欢迎的，恐怕要算是天真无邪而又滑稽可爱的一类，好像是从儿童读物中的插画中跑了出来飞到天上似的。事实上，《星际大战》中的那个天行者的全黑形象看上去煞是吓人，我在那一届国际气球节上所问到的人，没有一位表示喜欢它，人们的普遍看法是"不怎么着"。我还有一种感觉，就是有些飞天员觉得它会带来噩运，虽则并没有人明说。飞天员是希望能够掌握自己命运的。

② Fleurus，比利时中部的一座小城，因在其周边发生过四次大的同名战役而闻名，这里是指第三次战役。——译注

③ Liège，欧洲的一座著名的古老城市，历史上发生过两次以该城为名称的战役。这里是指第一次，当时列日属于荷兰，此战役发生在法国与荷兰之间。第一次世界大战期间的第二场同名战争则更为有名，此时列日已成为比利时的一座重要城市。——译注

次目睹）。这两次气球侦察都获得了重要情报，有助于随后发起的骑兵攻击，而且都由英勇的青年尉官查理·库泰勒①完成。两次战役也均是刚成立不久的法兰西革命军获胜。

在此之后，开设在默东的军事气球飞行学校也很快扩大了规模，库泰勒被任命为负责长官，又得到了不少勋章。他很快总结出军事飞天气球会面临的种种问题：第一是在战场上现充氢气是件难事（于是安托万·拉瓦锡②便被迅速请来研究此事，结果是发明了一种制取氢气的简单方法）；再就是气球只能在和风天气下使用；只要风力稍大些，放飞系停着的气球便会很危险——风会绷紧系住气球的绳索，将气球弄得像是不安生的风筝（不同于升飞起来之后的顺风平稳飘行），往往造成气球狂摆乱动，甚至会导致球皮破损。此外，气球还可能并不向上升起，只是沿水平方向低飞。特别严重的问题，是吊篮会变得非常不稳定，难以发挥充当观察台的作用。库泰勒还指出，从气球上看到的情况，并非总能准确、持续地从吊篮上报告给地面指挥部。信号旗也好，仓促写成的文字也好，眼观手画地完成的地图也好，特别合用的总是很少，多数情况下最终还得要用绞盘将气球上的人拉回来当面报告。说来也有意思，指挥官中竟然鲜有人亲自上去体验一番。

不过总体说来，库泰勒还是认为气球有着相当大的军事价值。他的结论是，在适合的条件下，从气球上获得的信息，会大大有利于令战场上的部队——无论是进攻的还是防守的——占得情报先机。气球提供了一种全新的战术性武器，一队"高空细作"既能获

---

① Charles Coutelle（1748–1835），法国工程师、拿破仑所创建的第一支气球部队的指挥官和军事气球飞行学校的负责人。——译注

② Antoine Lavoisier（1743–1794），著名法国化学家，一生发现和发明甚多，被后世尊称为"近代化学之父"。他在法国大革命中被押上断头台处死。——译注

图 2.2 "进取号"气球
参战弗勒吕斯战役

取敌方集结动态和火力位置的情报，又能为发起进攻提供时机。这些功用都生死攸关。此外，它还能在决定撤退（重要性也不亚于进攻）上起同样的作用。气球侦察能够让战场上的指挥官发挥主动精神，而这一点是有决定性意义的。

　　气球还有更微妙的作用。它们也是非同一般的心理武器。气球居高临下，让对方的每一名士兵都能看到，敌方居然有个东西在战场上移来移去。就这样，气球会造成一种心理作用，使军官和士兵个个产生一种感觉，就是自己一直都处在气球的眼皮底下。这样，自己的一举一动都在敌人的掌握之中，无处可躲，无处可逃。战场上出现这样一只气球，会发挥巨大的威慑作用，有力地打击敌人的士气，让他们觉得对方肯定能看到自己的一举一动，甚至还可能掌握自己的想法，单是这一作用，便足以使其成为一样军事利器。据说，一名在弗勒吕斯战役中战败一方的奥地利军官曾这样说过：

"它让人觉得，我们的阵地上竟有个法国一方的将军"。他指挥的部队则说得更是愤愤然："这些该死的共和分子①可让我们怎么打？他们能从上面看到我们的一切，可我们却怎么也够不到他们！"[4]

侦察气球的出现，还造成了一种未能预想到的效应。这就是法国人的气球很快就成了与之交战的联军方面各缔约国部队的眼中钉。它们一现身，便立即会引起小到手枪火铳、大到火炮霰弹的所有各种武器瞄向吊篮——侦察员就在里面——的一致开火，火力猛烈而又持久。库泰勒故而表示说，做军事飞天员既特别危险、又极其显赫。

到头来，气球飞天大队共装备了四只气球，都配有各自的专用储仓、绞盘、氢气发生车（由拉瓦锡设计），以及观察设备。后来，库泰勒还撰写了一份默东气球飞行学校校史，文笔活泼率直，对法国飞天军人们执行军事任务的能力和寻找缠绵缱绻体验的本领，都做了不无渲染的介绍。后世的威尔弗雷德·德丰维尔②曾评论说："女士们尾随气球飞天员锲而不舍的激情并非无可指摘，气球飞天大队最后被解散，可能正与之有关。"[5]

1794 年法国向英国宣战后，出现了许多以气球飞越英吉利海峡作战为假想内容的戏剧、诗歌和漫画。英国有，法国也有。英国一家持反对法国大革命立场的报纸《打倒雅各宾党》③刊登了担心法国入侵结果的漫画，将法国大革命期间使用的断头台，画进了以伦敦的富人区梅费尔（Mayfair）为背景的画面，又刊载了一部据

---

① 指法国军队。当时的法国正处于法国大革命后短期存在的法兰西第一共和国时期。——译注
② Wilfrid de Fonvielle（1824–1914），记者出身的法国科学作家，采访过英国知名飞天员格林，撰写过许多与气球飞天有关的文章与书籍。——译注
③ 《打倒雅各宾党》（Anti-Jacobin）为英国一份政治性很强的周报，强烈反对法国大革命及此次革命的主要领导力量雅各宾党，发行于 1797—1798 年间。——译注

图 2.3 巨无霸气
球入侵英伦

信正在巴黎的"百花剧院"上演的剧本的节选，剧名就叫《不列颠坠下天空》（两幕预言剧）。[6]一些更有想象力的绘画也出现了，表现巨大的热气球用大吊台满载一队队法国士兵，在多佛白崖上空出现。不过，令英国人特别担心的拿破仑大军从空中入侵英国，到头来并没能成为现实。

1797 年，拿破仑大张旗鼓地出征埃及，下令气球飞天大队也随大军出发，有意要用气球的形象威慑一下阿拉伯敌人，就像汉尼拔[①]的大象队在意大利所曾做过的那样。1798 年 8 月 1 日，正当库泰勒准备从亚历山大城（Alexandria）外飞天大队所拟驻扎的阿布吉尔

[①] Hannibal（前 247—前 183），迦太基古国的著名军事家，曾在与罗马和其他国家的征战中多次使用经过训练的大象群打头阵。由于大象不但聪明，而且行动迅速，破坏力强，又不会被一般的箭弩所伤，故成为汉尼拔的一支劲旅。——译注

海湾（Aboukir Bay）卸下气球装备时，英国海军名将纳尔逊①也在黄昏时分率英国海军来到此处。随后便是接连三天的阿布吉尔湾海战②。结果是拿破仑的战船损失了一半，与法国海军驻扎在同一海湾的气球飞天大队的设备也全部报销。没有丧命的飞天员没了气球，便有如骑兵没了战马，只能留在亚历山大城充当技术教习。拿破仑返回法国后，取消了气球飞天部队的建制，默东的学校也被裁撤。

不过，法国气球军将入侵英国的传言一直在危言耸听，而且成为英法两国各自打宣传战的重要手段，一直持续到了19世纪。真是飞天梦幻衰变成了飞天梦魇。

三　气球用于科研、庆典与娱乐

就在签订《亚眠和约》③的这一年即1802年，又一种带有对抗性的飞天在法国再度出现，这次是在非军人的民众中，并带有表演的性质。带动这股风潮的是安德烈-雅克·加尔纳里安④。他的气球飞天生涯始于1797年27岁时巴黎蒙梭公园（Parc Monceau）的一

---

① Horatio Nelson（1758–1805），英国海军名将，大英帝国能最终建立海上霸权，与他的多次战功是分不开的。这使他成为英国的民族英雄。现今位于伦敦市中心的名胜之地特拉法加广场（Trafalgar Square），便是为纪念他1805年在与法国-西班牙联合舰队战斗中的阵亡之地特拉法加角而在1843年辟建的。——译注

② 阿布吉尔湾海战，又称尼罗河河口海战，是英国皇家海军同法兰西共和国海军于1798年8月1—3日，在埃及尼罗河的入海口阿布吉尔海湾进行的一场激烈战斗，也是两国之间在地中海持续了三个月之久的争战的最后一幕。英国海军最终取得了决定性的胜利，使拿破仑元气大伤，只好全军撤回法国。——译注

③ 英国和拿破仑·波拿巴任第一执政的法兰西第一共和国之间签订的停战条约，因缔结地点在法国北部的亚眠而得名。但两国之间的和平状态只维持了三年，便又在拿破仑称帝、改共和国为帝国后不久，于1805年重启战端。——译注

④ André-Jacques Garnerin（1770–1825），法国著名气球飞天艺人。他大大地丰富了气球飞天表演的内容和普及程度，但因一场为拿破仑·波拿巴（拿破仑一世）的表演出了意外而从此失意。——译注

场惊心动魄的表演：从巴黎上空做有史以来的第一次气球跳伞。青年时代的加尔纳里安曾服役于法国革命军，后被俘虏，关押在匈牙利的布达城堡，熬过整整三年痛苦绝望的时光。在此期间，他打发时光的办法是，冥想设计出种种气球，好带自己飞出牢狱，再就是苦思造出某种降落伞，以让自己逾越监狱大墙。[7]总算得到释放回到巴黎后，他便将设计从空中的气球上离开的种种奇思妙想和具体实践，当作了自己的全职事业。到头来，他还成了闻名法国的第一个"气球家族"的"族长"——"家族"一词后来还被飞天界沿用下来，遂有了"戈达尔家族"一说。

　　加尔纳里安开创了在气球上实施的若干种新项目，这就将原来一向只是一上加一下的单纯模式，发展成为"一揽子全活"：有多种杂技表演、有降落伞跳伞，还有燃放焰火的夜间飞天。为了增加刺激成分，他年轻大胆的妻子让娜-热纳维耶芙（Jeanne-Geneviève Garnerin）也参加进来，于1799年成为首位女跳伞员。此类表演吸引了大量观众，很快就使这对夫妻成为全欧洲各国大地方都知晓的名人。加尔纳里安还以大量海报宣传他们的表演，海报上通常会印有他的带着一股鹰雕神情的侧面像。拿破仑也开始看出，气球的宣传价值要比军事价值更高。[8]

　　《亚眠和约》签订甫毕，加尔纳里安便大胆地将气球表演和跳伞节目带到了伦敦。他得到的接待惊人地友好，这或许与他不仅偕妻子同行，还带上了他漂亮的侄女莉萨①有关吧。加尔纳里安在伦敦的首次表演是在切尔西花园②举行的，时间为1802年6月28日。它吸引了大批观众前来："不但切尔西花园内外人头攒动，泰晤士

①　Lisa Garnerin（1800–1845），法国气球飞天女艺人，安德烈-雅克·加尔纳里安的侄女。——译注
②　此花园并非著名的切尔西医药植物园，现已不存在。——译注

河上舟船济济，就连宽阔的白金汉门（Buckingham Gate）那里的大道上，也都挤得水泄不通。一辆辆马车停在路上，从三角地一直排到雷尼勒门（Ranelagh Gate）呢。"[9]

当时的风力一阵阵地很大，但加尔纳里安还是无所畏惧地升飞到天空。气球沿着泰晤士河飘飞在城市上空，从西区飞到东区①，而后又向东北方向飞去，掠过了埃塞克斯郡（Essex）的湿地。伦敦的半数民众都看到了这次飞天，效果可谓彰显。45分钟后，气球在埃塞克斯郡的科尔切斯特（Colchester）砰然落地，他立即乘马车在当天返回伦敦，豪气地告诉人们，他的气球已经破成了碎片——"人也浑身青一块紫一块"，不过不出这个星期，他就会再次飞天。他也真的又一次在伦敦升飞，时间是7月5日，升飞地点则选在罗德板球场②〔后来球场迁入新址，这里便辟为多塞广场（Dorset Square）〕。加尔纳里安将富有吸引力的图像印到这次飞天的宣传海报上，使他的夜间飞行、高空跳伞和升飞高度广为人知。他还表示说，无论到时天气如何，"表演定将风雨无阻"。

到了下一年，即1803年，加尔纳里安的《三次空中历程》一书出版，书中谈到了他在伦敦的飞天表演，还插进了一段趣事——无疑是为了取悦英国读者。这段文字是以他妻子养的一只猫的口气写的："我是加尔纳里安太太的猫咪。可以说，我是傍着气球生、伴着气球长。自出生之日起，我呼吸的便是富含氧的纯净空气。听到女主人要升飞，我也决定共履危险……"[10]

为着科学目的的气球飞天考察，也没有被法国人全然忘记。

---

① 泛指伦敦的西半部和东半部，当时西半部很富裕，是经济和文化中心，而东半部穷人较多。——译注

② 伦敦著名的板球比赛场地，有"板球圣地"之称，得名于球场创办者托马斯·罗德（Thomas Lord, 1755–1832）。——译注

图 2.4 "加尔纳里安先生的气球就是这个样子"

1804 年 8 月，物理学家让-巴蒂斯特·毕奥[1]和化学家约瑟夫·路易·盖-吕萨克[2]做了一次奔赴高空的科学飞天，用的是库泰勒从开罗带回巴黎的军事气球。他们测定了高层大气的空气成分和那里的磁场强度，得知这两者都与地面处并无显著不同。毕奥在下降途中失去了知觉。于是，在 9 月的再次升飞时，盖-吕萨克便只身前往，爬升到了 22912 英尺的高度，不但创造了新纪录，而且保持了半个多世纪。他遵照雅克·亚历山大·塞萨尔·查理博士当年的考

① Jean-Baptiste Biot（1774–1862），法国物理学家、天文学家与数学家。电磁学中的毕奥-萨伐尔定律的发现者之一，还证实流星其实来自天外，并非单纯的大气现象。为了研究地球的大气层，他也曾与盖-吕萨克一道乘气球飞天。——译注

② Joseph Louis Gay-Lussac（1778–1850），法国物理学家与化学家。物理学中盖-吕萨克定律（一定量的气体在体积不变时压强与温度的关系）的发现者。他曾为了科学目的与毕奥一起参加气球飞天。——译注

图 2.5　约瑟夫·路易·盖-吕萨克和让－巴蒂斯特·毕奥在 13123 英尺的高空上

察方法进行了仪器测量，而且又以冷静的心态，记录了自己气短、气急、脉搏加快、吞咽困难等生理反应，并由此断定所在位置已经接近大气中的可供呼吸区域的边缘。后来，美国飞天大师乔大智[①]在他撰写的《我的空中行：讲述四十年的飞天经历》（1873）这一经典著述的历史部分，赞颂了这种为科学敢于迈入全然未知领域的勇敢精神："以这样的大无畏精神冷静进行这样的实验，如同还坐在巴黎的科学象牙塔小天地里一般……同样的专心、同样的精确，真是令人无法不生崇敬之情。"乔大智还预言，人们将来会借助无人气球飞到这样的高度进行气象观测："携带着'有自动记录功能的'温度计和气压计的气球，将有可能自行上升到 8—12 英里高的

---

① John Wise（1808-1879），美国气球飞天员，以实现北美的首次气球邮政和长途气球飞行闻名，并对气球有重大革新。他在 71 岁高龄时的一次飞天中失踪。——译注

地方。"只是这样的实验，将只好等到科学合作的时代来临、"所有国家终于都愿将研发血腥、破坏而又无果的战争手段，改为扶植和平的技艺"之时。[11]

其实在法国，最引来民众关注的并非科研气球，而是用于宣传目的和爱国教育的庆典气球。1804 年 12 月，拿破仑委派加尔纳里安督造和放飞一只华丽的大型无人气球，以届时在巴黎升空，庆祝他加冕为皇帝。这只气球上面装饰有丝绸帘幕、国旗、彩旗，还在吊篮顶圈下面用金链吊着一顶金皇冠。这套别致的装置成功地在仪式进行时从加冕地点巴黎圣母院升飞上天，一路在法国的大地上空向南飞去，夜里竟凌空越过了阿尔卑斯山。翌日，人们看到它来到了罗马，若应天意般地降落在这个"帝都"。加尔纳里安成功了！[12]

这只气球向梵蒂冈的圣彼得广场（St Peter's）方向冉冉飘去，随后又低低拂过古罗马广场（Forum）。不过，它的美妙寓意从这里急转直下，将颂诗变成了挽歌。那顶硕大的皇冠被一座古罗马墓地钩住挂断，减掉重量的气球再度腾起，带着那些花花绿绿的旗子，消失在罗马城外的庞廷湿地（Pontine Marshes）上空。说它巧得不能再巧也好，运气坏得无以复加也罢——反正事关气球时总难弄个明白，那座将加冕气球钩住、扯断拿破仑的金冠的墓地，正是臭名昭著的杀人狂暴君尼禄（Nero）皇帝①的埋葬地。拿破仑的名

---

① 全名尼禄·克劳狄乌斯·凯萨·杜路苏斯·日耳曼尼库斯（Nero Claudius Caesar Drusus Germanicus，37–68），罗马帝国皇帝，54—68 年间在位。史书多称其为暴君，有故意纵火焚烧平民住处，并怡然自得地饮酒观火，以及将基督徒绑在木柱上当火炬点燃等丧失人性的行为。后元老院推举他人为皇帝，宣布尼禄为"人民公敌"，任何人都得以追捕或诛杀之。逃亡中的尼禄想自杀，但据传，他又十分怕死，数次拿起刀，却不敢往自己的胸膛上刺入，结果是那几名仅存的仆人替他一推，把刀口推进去，他才死了。他在罗马郊外的坟墓也可能是讹传。——译注

字和尼禄的名字就这样如扣环般地套到了一起，![balloon][13]这个坏兆头消息被拿破仑的外交使臣辗转传回巴黎后，加尔纳里安和他的气球从此便失去荣宠。[14]

四　第一位职业"女飞天"

加尔纳里安的地位几乎马上便被取代了，而取代者是所有法国飞天员中最有名、也最应当出名的一位。这是位谜一般的女性，体态纤巧、英勇无畏，名叫索菲·布朗夏尔[1]，1778 年 3 月出生于海港城市拉罗谢尔（La Rochelle）。出于某种机缘，索菲结识了正在试飞的让-皮埃尔·布朗夏尔——就是那位曾同杰弗里斯一道于 1785年飞越英吉利海峡的气球飞天员，当时她只有 8 岁。后来这两个人

此类事故对当时新出现的科幻小说和奇幻故事这两种新体裁产生了有趣的影响。《敏豪生奇游记》（一本借真人躯壳编造的一系列虚构故事）原作于 1785 年为德国人鲁道夫·埃里希·拉斯佩写就，初版时并无气球情节；但随着内容的不断添加，1809 年到 1895 年期间，英国又出现了他人擅自改写的英文本，与气球有关的情节便很快多了起来。其中一段说："我造了一只气球，尺寸是那样大，所用的绸料多得无人能信。"另外一段则这样开头："伦敦［原文为伦敦、威斯敏斯特和斯皮塔佛德，如今这后两个地方都已并为伦敦的一部分，故无必要赘译］的每一名绸缎商和每一名纺织工都为它效力过。有了这只气球，我便能耍出许多名堂，如将一幢房屋提离原地，再放到另一处地点，而里面住的人一直在里面待着，多数还仍在睡梦中。"这位敏豪生又用他的巨无霸气球，将温莎城堡吊到伦敦的圣保罗大教堂上空，还（无端地）在城堡上的大钟半夜 12 点时令它多敲了一响后，又将它在拂晓前放回原处，而"城堡里的人没有一个被惊醒"。后来，他还用这只气球将伦敦皇家内科医学院的整幢建筑连根拔起，将正在"开会"——其实是正在宴饮的医生们吊在数千英尺的高处"待了 3 个月"，结果是没了这些人诊治，全伦敦却反而无一人死亡，弄得不少牧师无事可做，许多殡仪馆也关了张。敏豪生又大言不惭地表示："要不是蒙戈尔菲耶兄弟已经把飞天事体弄得尽人皆知，我虽然干成了这些事儿，可还要将气球这个东西和它的能耐秘而不宣呢。"

[1] Sophie Blanchard（1778–1819），法国女飞天员，让-皮埃尔·布朗夏尔的妻子，最早以飞天表演闻名的飞天人物之一，以多彩的飞天表演动一时。1819 年气球出事殒命。——译注

相爱了，但此段浪漫史的缘起实在不明，因为那时布朗夏尔已经结婚并有了孩子，还将 18 世纪 90 年代的时间大多用于奔赴欧洲和美洲各城市进行表演。有传闻说，当他第一次从人群中看到还是小姑娘的索菲时，便发誓一旦她到 1799 年成年时，自己便会返回此地娶她为妻。

他们何时又走到一起查无实据。不过，当让-皮埃尔在 1804 年 12 月带上索菲，共同在马赛（Marseille）进行首次气球飞天表演时，二人的合作关系便是无疑的了。据让-皮埃尔说，一沾上气球，索菲便像是变了个人，一反素日里话少得可怜的习惯，大声惊呼道："真好！好得真是没治了！"从图像资料上看，索菲个子不高，形象姣好，一双大眼睛，眼圈有些发乌。另外据说她看上去很是纤弱——"小鸟儿似的"，平日里特别神经质，怕人多，怕喧哗，怕马匹，怕坐马车，而且因害羞不肯抛头露面。然而，一旦到了空中，情况便完全不同了。她在气球上可是又自信、又权威，是天生的演员，表演起来火辣不说，胆子更是大得简直到了莽撞的地步。

此时的让-皮埃尔·布朗夏尔已然有了一把年纪，经济上也几近破产。索菲这位又年轻又大胆的女子，显然让他看到了重振飞天事业的可能性：她有驾驭气球的天赋，有在高空燃放焰火的勇气，有表演惊险杂技的能力，还能以诱人的穿着取悦观众。他在索菲 26 岁时与她结了婚，嗣后便让她成为合伙人，一起进行了数年的飞天表演。随着让-皮埃尔的身体越来越差，飞天业务便交给索菲全权打理。1809 年，让-皮埃尔在一次表演中气球受损，结果在海牙（The Hague）附近落地时心脏病发作，不久便去世了。[15] 丧事刚刚结束，索菲便在巴黎举办了一场大型单人飞天表演。她也和让-皮埃尔一样，擅长在天黑后升飞和点放焰火，而且胆气更足，后来简直到了不管不顾的地步。她有意与当时的另一个有名气的女飞天员、安德烈-雅克·加尔纳里安的侄女莉萨唱对台戏。两个人看来都是想争取皇家的认可，只是莉萨因自己的姓氏与拿破仑的那场加冕事故有关，名声越来越叫不响。

1810 年 6 月 24 日很可能是索菲·布朗夏尔在巴黎的战神广场①进行的一场仲夏飞天表演，吸引了皇帝拿破仑一世的注意。此后不久，她便受命为这位君主迎娶第二任妻室奥地利公主、封号女大公的玛丽-路易丝（Archduchess of Austria，Marie-Louise）举行的御林军庆典仪式助阵，表演一场气球升空。从此，她便成了皇家场面上的人物，效力于种种宣传和娱乐。1811 年 3 月拿破仑的儿子出生后，她又从战神广场飞上巴黎，从气球上撒下传单宣布这一喜事。6 月 23 日皇子受洗，她再度在庆典上表演，从圣克卢宫②升飞，并在气球上点放壮丽的焰火。同年，她在巴黎东面不远的万塞讷（Vincennes）表演时，为避开一阵冰雹，让气球升得太高，竟致失去了知觉，结果困在空中长达 14.5 个小时。

拿破仑给了索菲以正式委任，命她为"节庆飞天卿"——一个专门为她而设的头衔，受命负责组织巴黎举行重大庆典时的一应气球表演。据说拿破仑还秘密封她为"气球飞天首席部长"，负责执行空袭英国的计划。不过由于拿破仑在从 1812 年春开始的入侵俄国的战事以惨败告终，这则以气球进犯的设想更像是出自英国方面的反宣传谋略。

眼下的索菲又设计出了她独创的自由式飞天。她丈夫留下的硕

---

① 战神广场（法文为 Champ de Mars，英文为 Field of Mars）是巴黎的一个重要的地点，著名的埃菲尔铁塔就矗立在这里。本书中多次提到这个地方，多为气球的升飞地点（均在铁塔建成前）。——译注

② 圣克卢宫（Château de Saint-Cloud），法国国王路易十三的幼子、第一代奥尔良公爵的府邸，地处巴黎近郊的圣克卢。普法战争期间毁于战火（本书第十章中提到）。此处现为一座公园。——译注

大球皮和厚重的吊篮都已经残破，她便定制了一只小得多的丝质新气球，以带着她乘一只取代吊篮的银色漂亮小吊船飞天。该吊船形如一只小巧的独木舟，也像是一只摇篮，两端向上翘起，其余部分都相当浅窄。它长 3 英尺、最深处只有 1 英尺，其中一端设计成一把小小的扶手椅——她有时便在此处睡觉。总体而言，这只吊船简直起不到什么保护作用。当索菲持站立姿势、手握系绳时，吊船的上缘还达不到她的膝头，使她有如放在冰桶中的香槟酒瓶，而这只冰桶却是在空中飞舞呢！

索菲还开始用与众不同的穿着打扮自己，好让观众能够远远地辨识。为此，她总是使用白色棉布料，并以当时流行的英国摄政王款式①，剪裁得相当紧窄、高束腰、低开胸，衣袖长长地遮住腕部——这最后一点大概是为了在高空中双手不至太冷。最重要的特点是她会戴上白色的宽檐帽，上面招摇地插着各色羽毛，既让自己显得高些，又能引起注意。显眼的衣装，再加上那只银色小吊船，造成了她艳丽而又纤弱的形象。她的穿着还刻意地相当暴露。

索菲开始赴意大利表演。1811 年夏，她带着气球装置，乘马车翻过阿尔卑斯山，准备在 8 月 15 日拿破仑的生日这一天的皇诞节庆典上表演，地点定在米兰②。表演毕，她又受命前往罗马，旨在以一场成功的表演消弭当年尼禄墓地不测事件的阴影。在罗马，她上升到了 1.2 万英尺的出色高度，并这样悬在空中，待在吊船一角的那只漂亮的小扶手椅上过了一整夜，于第二天清晨在距罗马东北 50 英里的

---

① 指英王乔治四世（George Augustus Frederick，1762–1830）在 1811 年至 1820 年期间因其父王乔治三世（George William Frederick，1738–1820）精神失常而任摄政王的时期，引领上流社会的时尚潮流，包括建筑、衣装和休闲方式等。——译注

② 当时拿破仑一世还以意大利王国皇帝的身份统治着意大利的大部分地区，史称意大利王国，国都为米兰。——译注

图 2.6 索菲·布朗夏尔于
1811 年 8 月 15 日在米兰
为拿破仑表演气球飞天

塔利亚科佐（Tagliacozzo）降落，下来后还声称夜里睡得很是香甜。接下来，她又从罗马飞到那不勒斯，飞过 60 英里后落地，稍事停靠后又接着飞完了后一半路程。到达那不勒斯后，她正拟在一处名叫火星广场的地点降落时，偏偏赶上一阵坏天气，但广场上正在举行一场阅兵式，接受拿破仑的妹丈、时任那不勒斯王国国王若阿基姆·缪拉（Joachim Murat）的检阅，于是她仍然勇敢地在现场着陆。

1812 年，第三届浮空飞行展览会在法国巴黎的战神广场举行。由于人们的注意力都被吸引到拿破仑向莫斯科（Moscow）的挺进上，展览会并不十分轰动。有鉴于此，索菲再度带着气球来到阿尔卑斯山南麓。她于 4 月 26 日在都灵（Turin）的升飞表演，由于升得过高，致使遇到了很低的温度，弄得她鼻腔出血，手上和脸上都结了冰凌。

索菲返回巴黎后，在 6 月 9 日收到了一封令她惊讶的来信，因为它来自安德烈-雅克·加尔纳里安。信中以文雅的措辞，邀她前往巴黎著名的戈莱纳大饭店用餐，并讨论"一项可能于双方均有收益的事项"——估计是加尔纳里安想要达成协议，让索菲与老对手莉萨联袂，举行双气球升天与双伞跳降表演，设想的升飞地点可能不是蒂沃利游乐园（Jardin de Tivoli）就是蒙梭公园。对于这一会拉低自己地位的建议，索菲不会认为适合自己，几乎是不可能接受这一建议的。[16]

拿破仑的战败和随之遭到的流放，似乎并未严重影响索菲·布朗夏尔的飞天事业。当波旁王朝复辟、国王路易十八返回巴黎后，也指派索菲在 1814 年 5 月 4 日的正式登基大典上，从塞纳河上的著名新桥（Pont Neuf）①升空，在空中燃放焰火，并手持"滴滴金""滴滴银"之类的礼花棒表演。新国王路易十八对索菲的表演赞赏有加，当场便封她为"中兴飞天使"。这位索菲显然认为政治取向是无所谓的，她只对气球飞天矢志不渝。

在随后的年月里，索菲又进行了四年的出众表演，用自己在蒂沃利游乐园和卢森堡公园（Luxembourg Gardens）的焰火之夜节目，博得了"焰火女王"的美称。她的小巧气球上，也缀上了越来越多的焰火燃放装置和供安放"钻天猴"类飞射花炮与"满天星"类流火烟花的长吊杆，还有布成"光菊阵"的挂网。通过遍布各处的炮捻和引信，她灵巧地将所有这些东西一一燃放。在表演达到高潮时，她那头戴羽帽的纤巧白色形象会出现在观众面前，仿佛是名来自天外的精灵，在人们头上几百英尺的夜空里，飞舞在喷火的星

---

① 名为新桥，实际上很古老，建于 16 世纪，是目前巴黎塞纳河上最古老的桥，也是旅游者必到之处。——译注

辰与彩色的烟幕之中。

1819 年 7 月 6 日的夜晚。这是夏日里的一个潮湿闷热的晚间。41 岁的索菲·布朗夏尔照例从蒂沃利游乐园开始一场飞天表演。气球在乐队的伴奏下升飞。在到达约 500 英尺的高度并仍在上升时，她开始点燃飞射花炮和礼花棒，同时还施放出许多又会发响、又会喷发出金银两色亮光的小降落伞，并点亮了置于吊船下方 20 英尺处的会发出耀眼光亮的用烟花编成的光网。就在下面观众的赞叹和喝彩声中，索菲注意到在向上飞起的气球所在的黑暗处，出现了一种不同的火光。抬头仔细一看，她发现氢气正在气球口那里起火燃烧。奇怪的是，这在以前从未发生过。观众中不少人还以为这又是什么新鲜花样，还在继续鼓掌欢呼。

起火的气球向离圣拉扎尔门（Gare Saint-Lazare）不远的普罗旺斯路（Rue de Provence）落下，坠到了 16 号的房顶上。坠落的冲击将火头扑息了一大半。索菲并没有受到严重烧伤，却被气球网套的下部绊住。她从房顶滑落后，又摔到大街的一处墙垛上。据目击者说，她在那里挂了一会儿，还镇静地呼喊着："这里！这里！"随后便摔到了下面的石子路上。

此次可怕的巴黎空坠事故被广为报道。不但巴黎的所有报纸都予以刊载，还被英国的《绅士文摘》①等出版物提及。[17]在英国的种种报道中，当属曾在现场附近的一家旅馆目睹此事故的英国旅行家约翰·普尔②的文字最准确、也最伤感——

　　成千上万的人看到了布朗夏尔夫人香消玉殒的一幕。我也是其

---

① 《绅士文摘》杂志（*Gentleman's Magazine*）是英国的著名期刊，从 1731 年创刊起，发行近二百年。塞缪尔·约翰逊曾为此杂志工作过。——译注
② John Poole（1786–1872），英国知名剧作家，也是旅行家和飞天爱好者。——译注

图 2.7　索菲·布朗夏尔女士之死（1819）

中的目睹者（而且还是耳闻者）。1819年7月6日晚上，她从巴黎的蒂沃利游乐园乘气球升空。飞到一定高度后，她准备开始燃放自己所在之处的焰火。我从本人所凭的窗口处看到了气球的升起。过了一会儿，气球被云遮住了。它很快又重新出现，此时，人们看到有一道火光闪了瞬息，随之便是短短一阵可怕的沉寂。几秒钟过后，这位可怜人便被自己的这个东西包了起来，又缠在了网索上，就这样顺着普罗旺斯路一所宅子——那里距我这里还不足100码——的斜斜房顶上骇人地跌落，摔到了街面上。当有人将布朗夏尔夫人扶起来时，她已经是一具不成样子的尸体了！[18]

这位钦定飞天员的死亡，大大损害了法国的气球飞天形象。有人为纪念索菲·布朗夏尔，特向民众发起募捐，结果却发现她并没有亲属。此外据说还在她的遗嘱中发现一条内容，是表示要送给一位朋

图 2.8　巴黎拉雪兹公墓内索
菲·布朗夏尔女士的墓地

友 8 岁的女儿（不知是不是私生女？）50 法郎。因此，募捐来的
2000 法郎便用来立了一座很不错的纪念碑。它如今仍矗立在巴黎
拉雪兹公墓的第 94 地块。🎈

五　第一轮气球狂热的终结

索菲·布朗夏尔于 1819 年的亡故，事实上终结了第一轮气球
的狂热。法国庆典上也不复出现气球飞天表演。五年后同样令人震

🎈 这位"有如小鸟"的神秘兮兮的索菲·布朗夏尔，比其他女飞天人更来得浪漫。她成
了琳达·达昂（Linda Donn）的小说《纤纤飞天员》（2006）中的主人公，被描写成曾
迷惑大文豪歌德，更将拿破仑勾引上床的尤物。在她当年曾乘气球降落过的意大利阿
尔卑斯山区小镇蒙特布鲁诺（Montebruno），迄今仍在举行一年一度的纪念活动，不但
将索菲视为本地的圣徒，此外还把她改写为"第一位职业女飞天"，由电影制片人耶
恩·萨克斯（Jen Sachs）搬上银幕，成为《索菲·布朗夏尔的难忘飞天故事》中的巾帼
英雄。——译注

惊的托马斯·哈里斯（Thomas Harris）之死，也使英国跌入了类似状态。值得注意的是，此人是在英国失事死亡的第一位本土飞天人。哈里斯是位魅力十足的年轻海军上尉，他乘新近制得的"皇家乔治号"气球，在事先好大一番宣传后，于1824年5月24日升飞。作为扩大公众影响的内容之一，他还带上了一名18岁的伦敦美女一起上天。这位姑娘可能是哈里斯的情人，报纸上只称她为"斯托克斯小姐"。这位小姐和哈里斯花费了1000几尼①打造的气球，还在位于大风磨街（Great Windmill Street）的皇家网球场亮过相，引来不小的轰动和议论。[19]

这只气球上装有一种新式的复式排气阀门。哈里斯表示，有了它，他和斯托克斯小姐便能使着陆完全受控。复式阀门装在气球顶部，有两个阀口，一外一内地套在一起；较小的一个叫内阀，是40年前雅克·亚历山大·塞萨尔·查理发明的，用来在飞行期间以低速方式排出气体以减压和启动受控降落过程，这些年来一直被用作安全防护装置；较大的外阀则是一种全新的发明，用以解决气球一旦触地以后的安全问题。拉动外阀的控制绳索，整个球皮便能在几秒钟内塌瘪下来（在热气球上，这一作用后来改用裂逸瓣执行）。据哈里斯宣称，它将起到防止气球在地上的反复弹蹦和拖行的作用。这两种情况都曾多次造成人身伤害和庄稼及物业受损（其中尤以烟囱与房顶为甚，很是损害了气球飞天员的清誉）。

哈里斯散发了一本宣言式的小册子，宣称要力挽英国气球飞天的颓势。他慨叹道："浮飞学这门科学，近年来已陷入衰落并沦为笑柄。"衰落的原因，在于近年的飞天人尽管"极为需要"严肃认

---

① 几尼（guinea）是英国的一种旧币，在流通期间其价值一直有变化，但始终不低于1英镑。——译注

真的技术发明，却满足于搞些降落伞、烟花焰火之类无足轻重的新奇名堂（法国的加尔纳里安便在此列）。"皇家乔治号"上安装了新的阀门系统，又有年轻漂亮的搭客上阵，当会对指出新的前进方向产生影响。从后来发生在它上面的事情看来，倒也真是有所指向，只不过方向却十分不同。

哈里斯带着他的气球以及斯托克斯小姐，在伦敦跑来跑去，既去西区，也到东区，为的是引起人们对气球的更大关注。他是从城市大道（City Road）上一家人气很旺的"老鹰酒馆"前面的宽阔空场上升飞气球的。这一阶段进行得很成功。人们看到，哈里斯身穿他的一套最好的海军蓝制服，斯托克斯小姐则身着一袭迷人的女装，两人看上去有如度蜜月的情侣——或许他们本来就是。升飞地点原来并不在这里，可能是因为那一天的风是吹向西南的，从这里出发，恰好会飘到伦敦市中心，抵达泰晤士河畔，接着再继续飞行，拟在抵达克罗伊登（Croydon）后落地。就扩大影响这一目的而言，这条飞行路线真是再适合不过。他们两人在吊篮里时，情况一直很好。在享用过香槟后，哈里斯便开始进行自己首次完美着陆的演示，地点在道宾斯山（Dobbins Hill），刚过克罗伊登不远。然而，真实发生的情况却大大不同于原先的设想。

不知道是斯托克斯小姐让他分了心呢，还是新的复式阀门操作起来并不顺手，反正发生的事情，是哈里斯忘了及时抛出锚钩，导致他们不得不丢出压舱物，以避免撞到降落地点附近的树木。这一错误倒还不是致命的，但哈里斯显然被它搞得乱了方寸，结果使气球又在空中上升了数百英尺，飞到了克罗伊登西面的百丁墩公园（Beddington Park）。看得出，哈里斯又想在这里再次着陆。

嗣后发生的一个紧接着一个的一系列事件，至今都还被一些人研究和争论着。不知由于什么无法解释得通的原因，"皇家乔治号"

突然从数百英尺的空中坠了下来，"速度快得骇人"。目击者看到，气球在下坠时，吊篮里似乎一度出现了争斗。已经瘪了一大块的气球飞快地下跌，"快得吓人地"撞上了公园里的一株大橡树，随之又刮着稀疏的枝叶（当时还只是5月份）向下坠，吊篮里的人便砸到了地上。"过后不久，人们就在好大一堆绸布和绳索下面找到了他们。"这两个人都到了吊篮外面，托马斯·哈里斯已经断了气，不过斯托克斯小姐还活着，尚有知觉，但说话前言不搭后语，说不清在气球的最后一瞬间究竟出了什么情况。

据前来验尸的法医认定，气球出事的原因应当是很清楚的。那只较大的外阀门——"那个荒唐的大开口"——被过早地打开了。据法官的结论，哈里斯犯了个致命的错误。还在空中时，他便通过拉绳打开了本不该打开的阀门。另外一些飞天员如查尔斯·格林，对导致事故的原因做了更仔细的分析。格林认为，哈里斯的唯一不对之处，是将外阀门的拉绳系到了吊篮的某个固定的位置上。这样做的目的，完全是为了不让它碍事，特别是不致妨碍吊篮里斯托克斯小姐。然而，这根拉绳却自行绷紧了——由于气球大小在空中发生改变，导致球皮和网套在纵的方向上有所伸长，遂使阀门因拉绳绷紧意外地自行打开，闹出了人命。这是一个或许失于简单，却有着良好用心的解释，但它与斯托克斯小姐后来提供的证词不大对得上口径。"斯托克斯小姐声言，阀门关闭时总会发出一种特别的动静，而哈里斯先生一松手，她便明确无误地听到了来自这个阀门的声音。"这一说头听来像是哈里斯当时确实是自己拉动了阀门，随后虽意识自己的错误而放开拉绳，却已为时太晚。不过，斯托克斯小姐的这番叙述，自然也可以设想为她是在说"而哈里斯先生去解松拉绳"。[20]

另外一个问题要严重得多，也正是将哈里斯之死在法国上升为轰动事件的问题，而且是与人更密切相关的问题：为什么斯托克斯小姐能够活下来而哈里斯却没能呢？根据两具躯体被抛出后的情况没能分析出线索；他们看来都是在气球砸到地面时从吊篮中摔出来的。这样一来势必会导致一个设想，就是哈里斯很绅士，用某种方式救了美丽的斯托克斯小姐一命。

英国方面对这一"迄今笼罩住这一事件的"不解之谜下了武断的结论，否定了浪漫的动机：也许那株橡树的一根"横向伸出的"树枝，保护了斯托克斯小姐一下（哈里斯却不幸没能遇上这样一根）；也许当时斯托克斯小姐"已经失去知觉，被抛到了哈里斯的身上"，就这样无形中减轻了气球砸地后的"初始冲撞"。别的什么解释，无非都只是些"虚假的和不道德的说头"。[21]

法国媒体的看法却是开放的：哈里斯上尉和斯托克斯小姐分心，错误拉动阀门拉绳的原因固然可能"多种多样"，但面临气球就要可怕地坠地之前，哈里斯想必是要在最后一刻——"或许还有更早的努力"——用自己的身体保护一下斯托克斯小姐。不过，最大的可能和斯托克斯小姐得以保住自己一条命的真正原因，是哈里斯上尉"以骑士的可敬精神"，在气球砸到地上之前从吊篮里跳了出去，打算用此种堂吉诃德式的举动减低她的下坠速度。[22]此举体现了一名正牌英国海军军官的地道英国绅士精神。哈里斯跳出气球以救所爱的浪漫形象，在法国升华为一种表征，同表现皮拉特尔·德罗齐尔和索菲·布朗夏尔遇难的图画一起，被收入了法国一组闻名的气球画片中。这组画片标志着一个时代的终结。

漫画家乔治·克鲁克香克①的画作，正是人们对气球飞天的未

---

① George Cruikshank（1792–1878），英国画家、漫画家，曾为英国作家狄更斯的多部作品绘制插图。——译注

图 2.9　气球大世界

来日益持怀疑态度的归纳。在一幅作于 1825 年的题为《气球大世界》的十分出色的彩色漫画中，他风趣地画进了一大排色彩鲜亮的瓜皮瓣气球，都系在伦敦沿圣詹姆斯广场（St. James Square）一字排开的车辆上，看来是些待客的出租飞球车吧。一对衣装时新的男女正小心翼翼地准备登上最前面的一辆，从梅费尔区飞到伦敦市中心去，车资是固定的，为一个先令。每辆这样的车上都有一名做派与飞球车相称的司机，其中一名正向另外一名喊话说："我说汤姆，给我的球加点气①成不成嘿？"

在这些出租飞球车上面的天空上，还有形状各异的好多只气球。有一只形如一个大肚啤酒桶，另一只顶着一只风信鸡，第三只起了

---

① 在英文中，汽油也可以称为 gas。这里是用了此词的双关用法，使气球更像是汽车。——译注

火，上面的人正向外跳。在这排出租飞球车后面的建筑物上，满满地挂着厂商们制造气球和使用气球的广告，而这些广告，大概才是克鲁克尚克属意调侃的对象。这些未必当真存在的公司有"气球寿命保险公司""泡泡房""赴月开发信用公司"，等等，其中最有创意的名称，或许当属"气球食肆——天天见泡起、日日听滋声"。[23]

擅长以历史题材为主题的画家、诗人约翰·济慈①和作家查尔斯·兰姆②的朋友本杰明·罗伯特·海登，经常在自己贝克街（Baker Street）的画室以幻灭情绪的目光，关注着伦敦的大事小情。他在1825年6月6日的日记中记下了如下的伤感文字："人们只有乘气球到天上去过，才能意识到自己这个物种其实无足轻重。"

当然，并不是人人都这样想的。在英国女作家简·劳登③有着独特风格的科幻小说《21世纪的木乃伊》（1827）中，便出现了一只不一般的气球。劳登女士在20岁时写出了这本她自我评价为"奇特而且不羁的小说"，书里尽是些难以料想的技术发明，如充气桥、发热路面、可沿导轨行走的住宅、不生烟的化学燃料、电气女帽，还有只用一小块浓缩生橡胶便制造成功的气球，小到平时可以放进抽屉，一旦充气，便会从袖珍尺寸一变而成为可以带着三个人从英国飞到埃及的大块头，堪称新奇之至。[24]

劳登在书中所描绘的空中气球嘉年华会，更不啻现代气球节的前驱，其令人浮想联翩之处尤为接近美国的同类节庆："空中到处都是攒动的气球，观众人数每时每刻都在增加。这些悬在空中的

---

① John Keats（1795–1821），杰出的英国抒情诗人。——译注

② Charles Lamb（1775–1834），英国作家，曾将莎士比亚的六部悲剧改写成故事，使文化程度较低的民众也能理解和欣赏。——译注

③ Jane Loudon（1807–1858），英国女作家，作品中含有科幻成分，但往往有很强的诡异色彩。——译注

物件，里面都装盛着人，满得简直有爆开的危险。它们在阳光下熠熠生辉，形状和颜色无所不有。事实上，在伦敦和它附近的各个地方，每只气球都是花钱定制的，有些还所费不赀呢。不过说到用场，也无非是用来吊在车子上面所能得到的一点优势，就是车子一路行走，这些大大小小不计其数的气球一路向车里人的头顶撒下花瓣，制造一种快活气氛。"气球的形状也花样繁多，如果喜欢体育，就会弄个"充入可燃气体的飞马"，如果不大好动呢，就搞个操作不费力，平躺着便可直接升空的"飞橇"。[25]

第三章

英法争执飞天牛耳

一 产业革命催生气球热

19 世纪 20 年代末已不再是当初的开拓年代，当年欧洲人想要搞出某种有自主飞行能力的气球以满足世界运人送物的追求，已然成为消逝的梦想。

与此同时，另外一种与气球大不相同的交通运输系统却正在兴起。这就是铁路。1825 年，英国的一条连接斯托克顿（Stockton）与达灵顿（Darlington）的长 26 英里的铁路运输线开通，引领出一个到处兴建铁路的时代。五年过去后，第一条真正的客运线路形成，提供曼彻斯特（Manchester）和利物浦（Liverpool）之间的旅客运送服务。从此，蒸汽机车便以其快速、可靠和有明确的运行时刻表为维多利亚时代的强大标志，主导着旅行这一概念。

铁路的这三个对旅行而言颇有分量的特点，自然都是与靠氢气球所能实现的旅行截然相反的。到头来，维多利亚时代的气球飞天，变成了维多利亚时代铁路纵横的对立面。前者诗情画意，后者脚踏实地；前者自然天成，后者一派人工。维多利亚时代的铁路意味着钢铁、蒸汽、轰鸣、力量与速度，正如约瑟夫·马洛德·威廉·透纳在其画作中所表现的那样。它将创生"正点"的概念和大规模的运输方式，而这二者都是实现工业化不可或缺的成分与存在表象。相形之下，气球飞天却植根于山野乡间，甚至可以说属于田园时代。它们是安静的、点缀性的、孤芳自赏的，但就其可靠性而言是很没有保障的。它们固然适合供神奇探险之用，却并非宜于携众生熙攘往来。♥[1]

因此，在铁路迅速发展的期间，气球飞天便以一种新的方式开始激发人们的想象力，其代表就是所谓的"娱乐气球"。此类浮飞器可以同时携带几个人升飞，因而做得很大很复杂，而且越来越大，越来越复杂，附加的名堂也越来越多。乘飞的人是顾客，要想飞天须得付费。气球的拥有者如果运气好，是可以赚上一笔的。虽

♥ 玛丽·雪莱便将这一视气球为神秘的如诗如画般存在的观念，写进了她的小说《最后一名生者》（1825）。这也是一本科幻作品，属意于在她自己成功发表《弗兰肯斯坦》后再接再厉。此小说行文充满强烈的动感，笔触轻巧、情节如风云般不羁，但同时也情调阴暗，读来令人深觉压抑与孤独。书中的主人公莱昂内尔·弗尼因全人类正面临一场世界性霍乱传染病的危难，逃离伦敦，避免了苏格兰高地——

> 旅途上一切顺利。这只气球升到离地约半英里的高度后，在一阵劲风的吹送下迅速飘飞起来，一无阻挡地从空气中穿过。虽说促成此行的原因十分悲惨，但我此刻也感到精神振奋：因为重新萌生的希望，也因为目睹这只飞行物的轻盈迅飞，还因为空气在阳光照射下发出了阵阵香气。操纵气球的飞天员几乎用不着操控那缠绑着羽毛的尾舵，细长的翅膀阔阔地展开，发出轻微的沙沙声，让我觉得心静。下面的平原、坡地、溪流、庄稼都清晰地历历在目，我就这样无拘无束地稳健高飞，有如春日里迁徙归回故园的大雁。[2]

只不过这只气球已经不再代表时代精神了。玛丽·雪莱作品中的这只可操纵的空中之舟，并不是气球所能真正充当的浮飞器，倒有如一只长着羽毛的大鸟。她固然也在同珀西·雪莱恋爱的初期一起放飞过多只气球灯，还知道珀西写了一首题为《装载知识的气球》的十四行诗，一向将这位诗人的自由精神与空气和火联系到一起，甚至还为祝贺他的 24 岁生日（1816）送给他一只做成气球形的礼物。但本人从不曾乘气球升飞。[3]

说此类气球是商业工具，倒仍然保存了一种未曾褪去的浪漫气息。这些浮飞器多以"皇家"冠名，这自然与 1837 年登基的英国年轻女王维多利亚[①]有关。

娱乐气球的出现与几个因素有关。一是出现了一批制造和驾驭气球的新人，他们既经营企业，又打理消遣，是些自命为集熟练技术与空中艺术于一身的天上老板；二是出现了商业煤气。这种燃气价格低廉，使用可靠，又能方便地自城市供气管道系统中获得，可以取代既昂贵安全性又差的氢气，从而成为这批人能够取得商业成功的关键；三是欧洲的城市已经形成了可资从空中浏览欣赏的景观。

在静谧之中乘气球飘飞在伦敦、巴黎，或者欧洲中北部任何一处大型工业区上空，都会领略到带有启示作用的新异全景。这些景象向观者揭示出因工业发展和人口激增给城市造成的种种特殊而大多尚未得到理会的变化。展现在这些人眼下的，是以往从未有人见到过的场景，既显壮观，却也骇人：鳞次栉比的厂房、破烂不堪的贫民窟、密密麻麻的铁轨、弥漫的烟尘与雾气、煤气路灯的光线，以及教堂、道路、公园、码头，再加上整座城市无时不散发出的讨厌声响和气味。不过"天使之眼"特别令他们注意到的，乃是明显存在并不断加大的贫富差别——富人区愈富，穷人区愈穷；前者明亮如炬，后者暗淡如萤。

---

① 维多利亚女王（Queen Victoria, Alexandrina Victoria, 1809–1901），史学界认为她是英国历史上最出色的君主。在她在位的六十四年里，英国的自由资本主义由方兴未艾到鼎盛、进而过渡到垄断，经济、军事与文化都空前繁荣，君主立宪制得到充分发展，又在世界各处开辟了诸多殖民地，使英国成了世界上最强盛的"日不落帝国"。她统治的时期，英国历史上称为"维多利亚时代"，是英国史乃至世界史上的重要时期。——译注

二　气球的重大改进

在英国的第二代气球飞天员里，名气最大的当推查尔斯·格林。他总共 526 次成功飞天的记录，以及他在危机关头时的无比冷静，都是令他闻名的原因。彰显他功绩的"查尔斯·格林银盘奖"，至今仍由英国气球协会逐年颁发给当年飞行技术表现最佳的人物。从悬挂于英国国家肖像馆内格林的肖像看，他倒很像是位和蔼质朴的农场主呢！画布上的格林正襟危坐，右肩一侧临着一扇窗，窗外的天空上便悬浮着他那著名的瓜皮瓣气球"皇家拿骚号"。这一形象给人们造成他既稳重又单纯的印象，有如常被画在英国酒馆酒幌子上的人物。其实，格林的性格远非如此，他是地上与天空的奇特混合，既能如压舱物般岿然不动，也会如燃气般喷薄而起；总之，他是位既肯务实又能远眺的人物。

大家都认为，这位身材矮墩墩、脸色红扑扑的格林是个乐天而随和的人。只不过这是单指当他在地面上时而言。一旦到了天上，他便难以置信地成了个发号施令、说一不二的冷面人。此类双重性格有时会体现在业余游艇爱好者身上：在会员俱乐部里魅力四射、慷慨大方，而一旦舵柄在握，便六亲不认、颐指气使。或许这与环境的孤独及压力有关吧。一位与他交往过的记者发现，格林与众人在一起时，是个"爱说话、有兴致的人；聪明、稳重、热情、有礼"。可是，只要一进入气球吊篮这个属于他的空中王国就变得"少言寡语起来，几乎可以说有了炮仗脾气"，话虽然少了，可往往是"一开口就吼"，发布紧要命令——要么是在操控气球的飞行时，要么是在即将着陆前。在他结束自己的飞天生涯时，除了他的飞天记录簿，几乎没给后人留下本人飞行史的别的什么文字史料。然而，他却激发了他人飞天的意志。维多利亚时代的许多经典飞天史迹，特别是其中约翰·普尔在 1838 年[①]、艾伯特·史密斯[②] 在 1847 年、亨利·梅休在 1852 年所进行的飞天[③]（都在伦敦），均发生在他们与查尔斯·格林一道进行过难忘的飞天之旅之后。[4]

格林出身于伦敦的一个水果商人家庭，居家在城区边上的戈斯维尔街（Goswell Street）。这个地段当时是、今天也还是兴旺的商业地带，小商小贩云集，住房大多简朴，咖啡馆也讲实惠。在狄更斯的《匹克威克外传》开篇处，便提到在 1827 年的一个神清气爽的上午，匹克威克先生倚着他住所的窗框，一边向戈斯维尔街张望，一边看着"太阳这个一切工作的守时仆役"[④]升起。查尔斯·格林究竟如何迷上了飞天，这可是个未解之谜——瓜果蔬菜未必是他渴望升飞的源泉。他自己也只能告诉人们，他是从打算让自家店铺里的煤气灯好用一些之后，开始将飞天当作一种嗜好弄起来的。也许正是由于摆弄煤气管道，让他想到了用煤气充入气球吧。[5]

格林出生于 1785 年，自 15 岁起便成了父亲店铺里的整劳力。他最初的飞天实践并不为人所知，这种状况直到 1821 年他将近 40 岁时才得到改变。可能是打从自己的生意红火之后，他才开始与气球打上交道的，也许当时只是以飞天为一种体育运动项目。使用氢

---

① 本章第六节中提到。——译注
② Albert Smith（1816–1860），英国通俗作家，喜爱旅行和种种带有危险性的运动，曾于 1851 年攀登欧洲最高峰勃朗峰。他还是本书中提到的阿尔卑斯俱乐部的发起人之一。本书正文中没有与他飞天有关的具体内容。——译注
③ 第四章第一节中提到。——译注
④ 《匹克威克外传》有多种中译本，此句引文取自蒋天佐的译本，花城出版社，2015年。——译注

气的高成本，使他想到寻找替代物，并于 1821 年 7 月 19 日首次用充以煤气的气球升飞，用的是来自新铺设成的皮卡迪利管道的煤气；升飞地点则选在了伦敦的绿园（Green Park）①。此次飞天是英王乔治五世加冕这一公众庆典的组成部分。因此想必在这次升飞之前，格林应当已经有了相当的飞天名气。他所用的气球点缀有英国王室的纹章，升飞地绿园又临近圣詹姆斯宫②这一通常并不向普通的大众娱乐活动开放的所在。可见此次飞天必定得到了官方批准，或许还获得了赞助也未可知。

　　一步步地，格林确定了自己新一代职业气球飞天人的地位。在这个新的时代，飞天员也好，气球也好，均可受雇于任何人或者机构，为其庆典或者纪念活动提供服务。不过一开始时，格林也仍不得不搞些时尚表演，一如加尔纳里安所曾经做过的。据说在 1828 年 8 月间，他便在城市大道上的"老鹰酒馆"——也就是哈里斯和斯托克斯小姐四年前出事的地方表演马术，马是吊在飞天气球下面的。

　　对于格林早些时参与的此类演出，他的一位朋友不客气地批评他是在耍马戏，是高高站在一匹马驹的背上，边跑边用手喂它吃豆子。这位朋友还为这匹曾与格林一起献演的马驹写了一篇小传："这匹大概比所有的同类都有更高地位的马儿，如今已然告别了为公众效力的生涯，埋葬到了海格特他主人的庭园里，在那里休息了。"[6]

---

① 绿园有时也按发音译作格林公园，是英国伦敦的一座王室园林，位于著名的海德公园和圣詹姆斯公园之间。——译注

② 圣詹姆斯宫是伦敦历史最悠久的宫殿之一，北临圣詹姆斯公园。这二者都得名于该宫殿的保佑神主、耶稣十二门徒之一的圣詹姆斯。虽然英国君主早已在白金汉宫和温莎堡等地居住，但圣詹姆斯宫至今仍然是英国君主的正式王宫，且排名在英国所有王宫中居于首位。——译注

图 3.1　宣传查尔斯·格林将在伦敦的沃克斯豪尔游乐场进行飞天马术表演的海报，印制时间应在 1832 年
海报上的文字：
沃克斯豪尔游乐场（上）；
格林先生（中，气球球皮上面）；
7 月 31 日，星期三（下）

　　其实，格林与其他飞天人的最为不同之处，并不是在飞天技能方面，而是在这一事业上发挥的经商才能。他成功地与伦敦煤气照明与炼焦公司达成了向其购买煤气的协议，这便大大降低了充气的花费。其实，将来自"地下黑石头"的气体充入气球并非什么新想法，泰比利厄斯·卡瓦略早就在他 1785 年的那本《浮飞活动的历史与实践》中提到过。只不过真正付诸实施，却只能等到有了维多利亚时代的技术和企业之后。伦敦煤气照明与炼焦公司的成立是 1812 年的事，不过不出五年，它便已经敷设了将近三十英里的输气管线，十年后更有了给格林的气球供气的余力。

　　格林根据来自较小气球的数据，推算出煤气的升力约为氢气之半，而价格还不到其三分之一。给一只 7 万立方英尺的气球充足氢气，花费是 250 英镑，而换成煤气便只需 80 英镑左右。此外，因为充气是通过煤气管道进行的，而管道是为街道和建筑物提供照明用的，因此管内有相当大的压强，致使充气速度快了很多，而且也更为安全。[7]

到了 1835 年时，格林乘气球升飞已超过 200 次，确定了自己英国顶尖气球飞天员的地位。他还发明了一项用于气球的新技术：气球拖曳索。这是一种很简单的装备，但有自动调节压舱作用的功能，可使气球在飞行高度低于 500 英尺时自动控制升降。他的拖曳索用马尼拉麻编成，飞行时从吊篮中放下，任其下端拖在地面上。如果气球的高度降低，拖曳索便有较多的部分拖在地上，相当于减少了压舱物，将这部分重量从吊篮移到了地上。气球的重量小了，就会再次升起，直至实现新的平衡。这项具有自动控制能力的设施，正是格林注重实用精神的体现。他从未为这一发明申请专利。不久，全欧洲的飞天人便都用上了这种东西。

自然，气球拖曳索是不宜用于城镇场合的，如果地面上耸立物密集，或是形成了工业生产地区，也是不应使用的。不过此时的英国，虽然已经有了伦敦等大都会、一大批海港和若干天主教堂林立的城市等建筑物密集之地，中部地区也形成了若干制造业中心，但大部分地区仍然是开阔的农村。这便使格林将飞天场地转移到了原野，从气球上放下拖曳索，一任它扫过树梢和篱笆，从农田里与牲畜旁荡过，还不时会带下教堂或谷仓顶上的几块陶瓦或石板瓦，俨然一股粗心大意、漫不经心的派头。这时的英国乡间还没有拉起铁丝网，更不用说电报线和高压输电塔了。现如今再提到气球拖曳索，会令人想起已然成为历史的岁月：在空旷的原野上，除了零零星星的村庄外，到处都阒无人迹。如果格林在某个乡绅的田产上降落，总是能立时得到帮忙的人手，通常还会被邀入主人的宅邸接受一番盛情款待。气球堪称桃花源闲适古风的一种体现。

可它同样也是一种商业手段。1836年，格林与名气十分响亮的沃克斯豪尔游乐场打起了交道，同场主弗雷德里克·盖伊（Frederick Gye）及理查德·休斯（Richard Hughes）达成协议，由游乐场提供支持，在泰晤士河岸升飞气球，并将其纳入游乐场为伦敦人提供的娱乐项目。飞天表演时还伴有铜管乐队演奏、食物摊点贩售和骑马休闲等辅助项目。气球也是一种特别新颖的公关手段。在随后的二十年里，这家游乐场一直提供气派的气球升天和其他种种激动人心的表演，直至1859年关闭。

这份协议中还包括一条内容，就是游乐场资助格林营造一只属于他自己的气球。这是一只内充煤气的气球，是个大块头，高达80英尺，容积7万立方英尺，造价也空前，为2000英镑。这只气

就单项而论，电报线和输电线至今仍是气球飞天员面临的最大威胁。2000年时，作者本人便在新西兰的惠灵顿体会到了这一点。我记得，那些漂亮的热气球在一个个夏日的早晨翩翩升空，低低地浮荡在静谧的广阔田原上，仿佛又返回到了一个世纪之前牧歌时代为气球飞天员提供的天堂。不过，那里的电话线和电力线密密麻麻、重重叠叠，几乎网住了所有的乡间小道和路口。2012年1月，一只载有飞天员和10名搭客的热气球在惠灵顿以北的卡特顿（Carterton）这一农业地区着陆时，不知为何——可能是为了躲开一匹马驹，竟在这个极为开阔的地方碰上了13英尺高处的一根电缆。碰撞本身倒是很轻微，但电缆却挂住了吊篮，被气球吊在了空中。接着，这根动力线因打弯发生了短路，吊篮随即起火，两名年轻搭客为逃命跳出吊篮，致使重量骤然减轻的气球猛然升起，挣脱了电缆，进入500英尺的空中。在那里，吊篮像根焰花筒般地燃烧了一阵，随后便坠到附近的田地上。所有的11个人、包括那两名跳出吊篮的，都失去了生命。留在吊篮里的人、包括那名飞过1000小时以上的飞天员，都被烧得难以辨识，花了好几天工夫才一一辨识无误。幸亏此类悲剧极少发生。然而，它们的阴影即使在最阳光灿烂的飞天时刻也不会消失。气球飞天总得在吊篮稳落地上、球皮重被打包收起后，才能算是完事大吉。[8]

球一开始时叫作"皇家沃克斯豪尔号",它的球皮由一条条红白相间的竖条细瓜皮瓣拼成,上面以大号拉丁文绕球皮一周缀以奥维德《变形记》上的一句话:"天上还有路,何不凌空去。"此引言正是用来表明格林——或者沃克斯豪尔游乐场场主——的意愿:气球飞天不单单是娱乐,而应当成为使天空开放的手段,更应当成为打开心智的钥匙。

"皇家沃克斯豪尔号"气球又高又大,有一个椭圆形的藤编吊篮,最长处有9英尺,很是宽敞,可以绰绰有余地容纳9个人、外加一盘硕大的锚索,以及供起落他那著名的马尼拉麻拖曳索用的手摇绞盘。表演时先让付费的飞天客人在系停状态下升到100英尺的低空,以使他们欣赏一番下面泰晤士河两岸的景色,一览国会大厦和圣保罗大教堂等宏大建筑。当然,此举也同样能令下面方圆数英里的人看到这只气球——真是效力奇大的广告。

经过种种基本试验后,格林在1836年11月为游乐场进行了最令人叹止的广告宣传:黄夜飞天,完成从伦敦跨海去欧洲大陆的壮举。参加飞天的不止一个人;除了格林,还有富有并为此举提供了

这句铿锵有力的话语,后来会被一些航空史著述引用,不过简化了一下,变成了"凌霄有路"。保罗·布里克希尔(Paul Brickhill)所写的记叙失去双腿的英国皇家空军战斗机飞行员道格拉斯·巴德(Douglas Bader)的出色传记作品(1954),便是以这四个字为标题的。当然,这句话里也包含着克服或者摆脱这个尘世间的种种艰难困苦(除了重力的羁绊,还有贫穷、监牢等,失去双腿也是其一)的在升华意义上的深刻内涵。格林正是这样无师自通地体味到了气球飞天的这一超越物理行为的含义。原来的话引自《变形记》第8章。遭弥诺斯王囚禁的代达罗斯下决心逃离克里特岛时有这样的表示:"虽然他把陆海的道路堵死,天空还有路,我何不升天而去。"这句豪言壮语不知为何很有感召力,竟然在多处出现,引发着人们的思考。"北美中学生古典知识促进会"于1984年在美国弗吉尼亚州的里士满大学召开会议时,便以这句话警醒古典学科教育受忽视的现状。此外,里士满还是美国南北战争期间的联邦首府。不消说,此地人对气球并不陌生。对于这段历史,后文也还会提及。

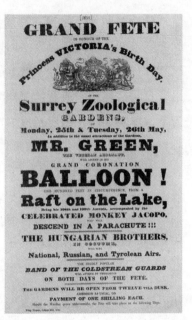

图 3.2　宣传查尔斯·格林将于 1840 年 10 月 6 日御"皇家拿骚号"飞天的海报

图 3.3　为庆祝维多利亚女王长女生辰在伦敦萨里动植物园举行盛大庆典的海报，可能印制于 1841 年

部分资助的国会下院议员罗伯特·霍朗德①，以及音乐家兼气球迷、负责这次飞天行动全程记录的蒙克·梅森②。（这位梅森的嘴和笔都十分来得，恰如他身为长笛手的行云流水般的演奏技艺，担任此项任务自然顺理成章。）

　　此次飞天行动得到了充分宣传，为行程备办的洋洋大观的餐饮——可供这三个人享受三个星期，包括 40 磅火腿、牛肉和口条、

---

①　Robert Hollond（1808–1877），英国政界人物，曾参与格林 1836 年的著名长距离气球飞天。——译注

②　Monck Mason（1803–1889），英国音乐家，曾参与格林 1836 年的著名长距离气球飞天并负责文字记录。爱伦·坡曾将他写进一篇引起轰动的假报道中，说他乘气球横越了大西洋。——译注

45磅卤野味和腌腊、40磅面包、糖、松饼……雪利酒、波尔图酒和白兰地（都是强化葡萄酒）各16品脱①，外加若干打香槟——更是大受渲染。将这些东西的数量都除以60（3个人各20天），便可知这三位维多利亚时代的绅士每顿饭所计划的最低消耗量，例如一磅半肉食、半磅松饼、一品脱这种或者那种强化葡萄酒，还得来上几杯香槟。对于这样的"高喝、喝高"的供应，梅森可是开了不少玩笑呢！

重量这样可观（200磅）的这许多食品，大部分自然会转化为有机压舱物，可以最终处理掉。不过具体处理方式并非宣传内容。除了这些有压舱作用的物资，气球上还准备了4英担②只承担压舱这一单项任务的沙子，都装入口袋内，摆放在吊篮外缘处。[9]总体说来，在气球上备有这么沉重的物资，又将吊篮弄得这样牢靠，还为飞天人提供肉体的舒适，并非出于奢侈，而是以策万全和预防万一。对于气球而言，压舱物的数量决定着进入空中后的前途哩！

当然，他们并不单单准备了吃的与喝的，还得带上不少衣服，如披风和皮帽子之类。装盛个人物品的厚布提包、维修工具、地图、"喊话筒、气压计、望远镜、灯盏、酒瓮、贴身放的烈酒扁瓶"、庞然大物气球拖曳索、数千码备用的粗细绳索、求救用的烟花棒、根据安全矿灯原理改造再发明的高级安全灯，等等。在所有这些物品之外，格林还加上了自己的最爱——一把十分精致的咖啡壶。它设计得非常精巧，只要往它的金属缸里放入生石灰和水，就能发出"化学热气"（并生成熟石灰），虽然没有明火，一样可煮得咖啡，而且什么时间需要，都可随时放入生石灰再次使用。[10]

---

① pint，容积单位，目前主要在英国使用，约合半升。——译注
② 英担（hundredweight），重量单位，过去主要在英国和美国使用，目前已不再正式使用。1英担约合51千克。——译注

多数备用品都被安放在这三个人的头顶上方，即吊在木制的吊篮顶圈下面。那里有一台旋转架，备用品都装入口袋或网套摆在架上，有如一个空中五金店。这只高 80 英尺的"皇家沃克斯豪尔号"的有效负载——亦即其提升能力为将近 3000 磅。这就是三个人、全部仪器、所有备用品以及压舱沙子的总重量。这差不多相当于 15 名壮汉的体重总和（也就是一支现代橄榄球队[①]上场全部球员的体重加到一起）。

三　欧陆夤夜行记（1）

1836 年 11 月 1 日下午 1 时 30 分，这一行三人在如堵观众的注视下，从沃克斯豪尔游乐场升飞，此时离天黑还有 3 个小时。气球从游乐场的"马上欢乐区"离地后，便一路向东，沿着泰晤士河水流的方向穿越伦敦，继而来到肯特郡（Kent）的罗切斯特（Rochester），然后斜斜跨过该郡北部，飞向坎特伯雷（Canterbury）和北福尔兰角（North Foreland）方向。如果继续这样飞下去，他们可能会在掠过古德温沙洲（Goodwin Sands）后，一径飞越北海，到达波罗的海，甚至可能飞抵斯堪的纳维亚半岛。这未免太偏北了些，不中格林的意。

格林立即将该情况周知他的同伴，并以自信的口吻指出对气球是可以导航的。他说，如果让气球升高些，就能使其折向南方飘飞。随后，他便马上命令梅森将压舱物倒掉半袋。嗣后，他们便在一片宁静中观察到下面的水平线动了起来，渐渐"威严"地向北扭

---

① 这里是指英式橄榄球，每一方的上场队员为 15 人，美式橄榄球则双方上场人数各为 11 人。——译注

转，听从了格林的指示。一开始时梅森弄不明白，后来才搞清楚，这是由于"皇家沃克斯豪尔号"因上升而接触到另外一股上层气流，因之转而向多佛方向行进。这让他觉得"这可真是无与伦比的美妙操作"。[11]

下午 4 时 48 分，他们飞临多佛海港，看到最早的灯火已在闪亮。"多佛城堡几乎就在气球的正下方"。[12]51 年前，布朗夏尔和杰弗里斯就是从这座城堡升飞，开始了那次历史性征程的。在黑夜完全降临前，格林一行完成了对英吉利海峡的横跨。从 3000 英尺的高度上飘过法国的滨海城市加来（Calais）后，气球降低了高度，再次进入东行的气流。当最后的灯光远去不见后，格林计算了一下，得知气球在这段时间内的平均速度为每小时 25 英里。因为下一段路程将是平坦的法国、荷兰及比利时的平原地区，他估计这一段的飞行还会有所加快。气球目前的飞行方位大约是 100°，也就是正东略有偏南。在这个方位上，前面有布鲁塞尔（Brussels）、列日（Liège）、科隆（Cologne）、美因河畔法兰克福（Frankfurt am Main）、布拉格（Prague）等诸多大城市。莫斯科也大致在这条线上。气球便这样在黑暗中一点点地向欧洲大陆的内地隐去。

这三位的下一项活动，便是围坐在吊篮中央的工作台旁，享用一顿冷肉和葡萄酒（还加上其他酒水）的大餐了。梅森发觉，在这样的高度上，香槟酒会因气压降低而失控，一打开便会从瓶里暴喷出来，用他的话来说就是有"向上飞的天然倾向"。①[13]说不定是这顿美餐的作用，当此入夜时分，气球下方法国北部的田园风光，在迟迟未熄的零星烛火衬托下，显得分外浪漫与神秘。远处地平线

---

① 这是风趣地套用亚里士多德的话。亚里士多德曾认为世间的物体可分为两类，一类具有"下落的天然倾向"，为地上的万物所具有；另一类具有"上升的天然倾向"，为天界的诸般存在物具备。——译注

上的那些较大的城镇，在新出现的煤气灯光映照下，则表现出不类于人世间的活力。那里的亮光上部显现出一种黄中略带青紫的色调——城市污染迹象的最早显现。

深夜时分，他们已经在空中飞了将近 12 小时，获得了破纪录的业绩。此时气球正向远方的一处灯光明亮的工业区飞去，看得出那里无疑处在一条南北流向大河的河岸。他们判断出那条河正是默兹河（Meuse River），从而得知气球一定早已从布鲁塞尔南侧飞过。从他们看到的这个工业区的规模看，不可能是沙勒罗瓦（Charleroi），也不应当是马斯特里赫特（Maastricht），因为这两处都不会有这样大。那么唯一的可能便是列日。这个古老的城市如今竟然被如此先进的现代工业所包围，令这三个人十分惊讶。从空中观看，特别是在夜间观看，这一鲜明的反衬便越发明显。

列日坐落在默兹河谷，有许多有历史意义的教堂和存在了许久的市场。它曾一度属于法国，但现已因独立国家比利时的出现[①]而成为这个新国家的一部分，而且从法国北部的一个宁静的纺织中心，转而成为西欧煤炭蕴藏带中的重工业中心，而且名列欧洲前茅。如今，这座城市里聚集了近十万名从业人员，支撑着越来越多的大型钢铁厂和铸造厂，昼夜不停地轮班生产。列日商港是欧洲第三大内河港口，从这里可沿水路（河和运河）到达安特卫普（Antwerp）、鹿特丹（Rotterdam）和亚琛（Aachen）等地。煤炭、铁矿石和其他多种原料，源源不绝地由驳船运来此地；种种金属制品、枪支和机器部件等，也一刻不停地输送出去，或者向东南方向去德国，或者沿西南方向去法国。

---

① 比利时在法兰西第一帝国时期为法国的一部分，拿破仑一世战败后并入荷兰。1830 年，比利时爆发独立运动，取得独立地位，名称为比利时王国。——译注

这三位飞天员静静地在低空飞翔中守夜，着迷地欣赏着一座座忙碌到沸点的铸造厂从夜幕中浮现。安卧在默兹河一段长长弓形河道旁的古老市中心——"有着一处处剧院、广场、市场和公共建筑物的所在"，无声地消失在下方了，但其"看上去被无数火焰照亮"的外围，"一直延伸到我们视野的尽头"。[14]

　　在这片被工业造成的火花四处飞溅之地的上方，他们还越来越注意到机器的巨大轰鸣声响、厂房里的呛人气味，还有正在干活的夜班工人发出的瘆人动静：有疾呼、有咳嗽、有咒骂、有金属物品的敲击声响，时而还有怪声怪气的狂笑，并跟有回应的尖笑。这让三位飞天人领略到了这场新崛起的工业革命所特有的梦魇一面——一个钢铁厂林立的新天地，在它的各条街道上，"火炉的排布都彼此不同"。梅森将他们看到的这个地区称为"独眼巨人的作坊"①。

　　梅森有关这段飞越列日上空时产生的不安感想，后来广为飞天界所知晓。据法国天文学家和飞天爱好者卡米耶·弗拉马利翁②说，他在三十年后也在夜间飞越这座在飞天史上有象征寓意的城市时，便回想起了这段议论。不过，弗拉马利翁的感受还是有些值得注意的不同之处。面对接近气球的工业亮光，他热情洋溢地宣告说："看吧，朋友！那里是多么美丽！无须怀念消失的往昔……"人的伟力和强大的生产本领令弗拉马利翁击节赞叹："比利时的这些被煤气灯照亮的城镇和顶上喷出浓烟的高炉，似乎就是默默带领我们体验最壮美景色的向导。那缓缓流淌的默兹河的汩汩低言，伴随着

---

① 独眼巨人是古希腊神话中居住在西西里岛上的一族，躯体甚伟，只在额头正中生一只眼睛。他们擅长制造和使用工具。——译注

② Camille Flammarion（1842–1925），法国天文学家和作家、气球飞天爱好者。他最为人所知的贡献是他写的两部科普著作《大众天文学》和《大众气象学》，前者有中文译本。——译注

来自厂房的高声吟唱一起奏响。放眼望去，四下里都是工厂的神秘火光和黑色浓烟。"[15]

不过，当年的这几位英国气球飞天员的感觉却是惊骇。格林被它弄得一反常态，竟然错将他那只宝贝咖啡壶从吊篮里扔了下去，并被梅森就事论事地登记在案："不幸得很。"在打开吊篮壁上的小门倾倒咖啡渣时，"格林先生脱了手"。[16]可接下来，格林竟然做出了平素不会有的举动：向气球下方一家铸铁厂的工人耍了一记恶搞。

他点燃起一只白色的"滴滴银"礼花棒，系在一根绳子上，将它降低到"刚比这些人头顶高些的位置"。接下来，他又怂恿梅森用喊话筒向下喊话，而且"喊一句法文，再接一句德文"，俨然天神降临凡尘，前来对这些工人有所诏示一般。

梅森得意扬扬地设想到，这一幕空中恶搞肯定会引起"恐怖霹雳"，连这些"朴实师傅"中最勇敢和最聪明的也无从幸免："只是想想从我们脚下放下去的那根人造烟花棒的效果吧！这些人在黑暗中只能看见那只气球一副巨大亮球模样的球皮，在天上平稳地缓缓移动。从远远的地面上看来，它似乎是在表明自己不可能是人世间的任何东西……"[17]

那根烟花棒燃尽后，这几个飞天人便向在100英尺下面抬头仰望的人们劈头盖脸地撒下了半袋压舱的沙子，以此结束了"天神下凡"的表演。随后，气球便静静地逝去，"神祇"也随之不见，一任那群惶惶然的比利时工人继续大惑不解地向天上张望。梅森这样结束了他记下的结论："他们惊讶得手足无措，因害怕而聚拢为一团，都向天上仰望——无疑是盯着那个吓坏了他们的东西。"[18]看来，这些天神也要像对待原始部族一样，下凡来教化一下这些工人哩。

在梅森记叙这番飞天经历的报告中有几幅插图，有气球的，有下界景物的，也有云景的，其中的一幅有些与众不同，颇带些戏剧性，标题是《气球夤夜过列日》。这幅画是从某个吊篮外的视角来看这三位飞天人的假想位置画出的。在一盏吊在吊篮顶圈下的安全矿灯照耀下，他们的面孔显得有些诡异。画面下方蜿蜒的默兹河和被火光照亮的铸件厂都出现在画面上。

子夜过后，轮到飞天员们自己吃惊的时刻来到了。地面上的灯火渐渐消失，天上也不见月色。他们觉得气球被一团黑暗包围住，围得严丝合缝，连脚下也黑不见物。这种感觉弄得他们一阵比一阵更加不安。"天空似乎被这深深的夜色弄成漆黑一团……在我们周围的黑色苍穹上，星星放射出银白无比的光华。在地平线处，偶尔会看到微弱的闪电，短暂地亮上片刻……无论在哪里，我们都看不到任何一个属于人世间的存在。这里是一个无底的深渊，唯一的所见便是黑暗、从四面八方向我们逼来的黑暗。"[19]

令他们惊惧和无所适从的，是这种黑暗似乎越来越实在。他们原先在气球上对气球外的世界所持的那种空旷、明亮、友好的开阔感觉已经不复存在。黑夜浓缩成了某种特异的东西；它具有威胁性，包围住他们，禁锢住他们，使他们产生一种无从摆脱的感觉。面对这种环境，梅森没有当场记录下自己与格林和霍朗德的谈话，只是事后有所追记，不过显然看得出是当时他们共同感受的反映："我们周围是从四面八方逼来的漆黑深渊。我们想穿过这些神秘的所在，却只觉得是在试图钻透将我们死死封在里面的坚硬的黑色大理石岩层，只有紧贴着我们的薄薄一层是软的，因而能让我们稍稍动一动，但而后面对的仍然是又黑又冷的禁锢。"[20]

设想被封入"坚硬的黑色大理石岩层"，并永远处于"又黑又冷的禁锢"，这样的感觉实在令人不安。莫非这是在不安地预言行将成为维多利亚时代现实的矿工遭到活埋的惨事？抑或是描绘遭受性奴役者所受压迫的感觉？这段话不禁使人联想到后来埃德加·爱伦·坡[①]所写的短篇小说《泄密的心》[②]等惊悚小说。事实上，爱伦·坡极可能在梅森的这本书出版后读到了这段文字。或许正因为如此，他便紧跟先前格林的气球历险，在大洋的另一边写出了十分接近的故事。

四　气球飞天之于科幻文学的影响

就在格林进行他的这场史诗般气球飞天的前一年，埃德加·爱伦·坡发表了一篇幻想故事。这是他的早期作品，标题是《汉斯·普法勒历险记》，1835 年 6 月在发行量很大的报纸《纽约太阳报》[③]上刊载。这是一篇涉及大量技术内容的极富怪异想象的文字，讲述的是一则成功登上月球的故事，而登月的工具便是一只"尺寸超大"——充入了 4 万立方英尺煤气——的家制气球。[21]

文中详尽地写出了普法勒为此次飞天所做的多项准备。他携带的仪器设备包括特制的望远镜、气压计、温度计、喊话筒，"等等、等等、等等"——这"等等"之中，还包括一只挂在羊脖子下的铃铛、一根火漆棒、数罐干肉，还有"一对鸽子和一只猫"。气球刚一升飞，就发生了一次爆炸，弄得他头朝下脚朝上地吊在了气球吊

---

① Edgar Allan Poe(1809–1849)，19 世纪美国诗人、作家，美国浪漫主义思潮的重要成员，他以悬疑及惊悚小说久负盛名。他的不少作品均有中译本。——译注
② 有多个中译本，均为爱伦·坡的中短篇小说集，书名都是《泄密的心》，具体收入的内容不完全一样，但都包括有这一著名的短篇。——译注
③ 《纽约太阳报》(New York Sun) 是美国纽约的一份商业性很强的日报，以售价低廉、风格平易和内容迎合普通民众口味为主旨，受到广大读者欢迎。该报从 1833 年创刊，2008 年停止发行。——译注

篮下方的一根绳子上——典型的爱伦·坡式恐怖悬念。类似于这篇作品中的"真弄不明白……我的指甲盖下面怎么会青紫成这个样子"之类的悬念文字，后来会频频出现在他的许多作品中。

急中生智，普法勒将皮带扣钩住吊篮边壁，总算解脱了自己的困境。接下来，故事中的主人公又讲到，他的气球"不断地大踏步加速上升"，很快便打破了"盖-吕萨克和毕奥两位先生"的高度纪录。不久，他便"无疑"越过了"大气的边界"。在这段升飞中，爱伦·坡又在一段描写与雷雨云遭遇的场景中，表现出了自己特有的写作风格："远远看到下面不时张开巨口的深渊，令我的毛发根根竖立，脑海里涌出种种古怪的形象，尽是些从未到过的深邃厅

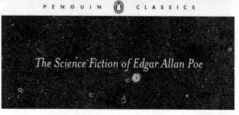

图 3.4 《埃德加·爱伦·坡
科幻故事》一书的封面

堂、殷红的巨大裂隙、血色的开裂山谷，深不见底的烈火一类。"

普法勒成功地挣脱了地球的重力场，并靠一只"浓缩空气罐"维持呼吸。只是他的双耳疼痛、鼻腔出血。在长达19个日日夜夜的飞行中，他看到自己所离开的行星一点点地后退，渐渐缩成一个发光的球体，上面有蓝色的海洋，极区还有白色的冰帽："我在飞行期间见到的地球实在是美丽……一片无边无际的海水，没有一丝皱痕……法国和西班牙的整个大西洋海岸……看不到任何楼堂馆厦，人类营造的哪怕是最引以为傲的城市，也完全从地球表面退去……"

普法勒最终浮入月球的重力区，开始向月球的运行轨道靠拢，随即气球便调转方向，迅速向月面下落。着陆后，这位气球飞天员便被一群相貌丑陋的矮小生物气势汹汹地围住，"怪模怪样地狞笑，手叉在腰里、乜斜着眼打量我和我的气球"。

口不应心又不得要领地跟这帮生物敷衍了一阵后，普法勒"轻蔑地"离开了他们，抬眼注视起月平线上方来。接下来的，便是全篇故事中一段最令人难以忘怀的观看"地出"的诗意文字："向上仰望我刚离开不久、却可能已经永远离开的地球，这个视角达至2°，却像是没有什么看头的有如巨大铜盘的东西，一动不动地悬在头顶上方的空中，倚着下侧边缘的一弯呈现出最灿烂金色的狭弧。"

爱伦·坡最后还写出了一段有趣的妙文，就是月球上的那些生物并不相信地球上也有生灵。他们认定汉斯·普法勒是个不可救药的牛皮大王。这样在月亮上羁留了五年后，普法勒设法通过一个"月球人"给地球上的"鹿特丹市联合天文学会"带去一封信，结果却被该学会指斥为"恶劣的醉鬼"，那封信也是"一纸骗文"。爱伦·坡在这留下一个黑色悬念，让读者自己去设想故事的结局。

爱伦·坡写成这篇描写气球飞天的第一部作品时，还只有26

岁。又过了不到十年，他再度拾起了气球飞天这个惊险题材。而他的这第一次的气球写作，无疑是受到西拉诺·德贝热拉克的《月球上的国家和帝国的趣史》一书影响的结果，但其自成一格的写作风格和出众的文采，以及科学现实主义与特异心理惊悚效果的结合，都宣示着科幻文学得到了全新的开拓。[22]

五　欧陆夤夜行记（2）

或许是想到应当干些同制造特异惊悚事件相反的事情，快到夜里 1 点时，格林让气球降低了高度，直至长长的气球拖曳索再次拖到地面——虽然看不到，但无疑能感觉出来。将挂在头顶上的安全灯拧到最暗后，他们便能从渐渐"厚重起来的黑暗中"，辨识出下面很模糊暗淡的形状来：前方积雪背景中黑黝黝的那一片是森林，发着微光的细长弯曲带子是条大河，算来想必是莱茵河了。看到这些熟悉的形体使这三人心安，遂令梅森记下了这样一句话："承认物质世界里是存在规律的。"[23]

只是眼下的地形为一处陡峭的山谷，还密密地生长着林木，这样贴近地面低飞可是很不安全的。气球频频遭遇危险情况。有一次，大约在夜里 3 点钟，一条发亮的细长条突然在气球所在的高度上出现，并以骇人的速度向他们扑来，看上去像是瞭望塔或者钟楼。这三个人探出身子拼命张望，想看出个所以然来，为的是弄明白能不能躲开。就这样紧张了好一阵子，最后还是格林悟出，这个东西其实是气球网套上的一段绳索，从球皮顶上滑脱下来，在离吊篮 25 英尺远的地方荡来荡去，由于灯光拧得很暗，致使产生了有什么东西从远处向他们扑来的惊恐印象。夜色又一次蒙蔽了这三个人。[24]

夜里的空中是越来越冷了。温度计的读数已大大低于冰点。就连咖啡，由于带生石灰加热器的咖啡壶已被弄丢，也都在广口瓶里结成了冰坨，结果只得利用那盏安全灯来融化。这三个人有些紧张，情绪多少有些低沉。他们一面啜着白兰地，一面谈起伟大的极地探险家威廉·爱德华·帕里[1]为发现西北航道（Northwest Passage）[2]和到达北极点进入北极圈内苦寒之地的壮举。（他们在这场谈论中涉及的这两个目标，后来也全部得以实现[3]。）[25]

夜里 3 点半，格林决定让气球升回较安全的高度，在那里等待迎接黎明的第一缕曙光。他只丢出不多一些压舱物，却奇怪地发觉气球的上升势头竟然很猛。不一会儿，气压计上的计数便告诉他们，当前的高度是 1.2 万英尺，也就是两英里还多，远远高出了他们的打算。在这里，他们又再一次被彻底的黑暗和完全的寂静所包围，能看到的只有高高挂在上面的几颗稀疏的星星。就在他们抬头仰望时，真正骇人的事情发生了。从头上的球皮处那里，传来了一声尖锐的响动，吊篮顶圈也猛地晃了一下，接着便是脚下的吊篮带着他们一起向下坠去。[26]

对于这场惊惧，梅森有着生动的描述。他的这段文字突然改用了现在时——

---

[1]　William Edward Parry（1790-1855），英国海军少将，北极探险家。为寻找连接大西洋和太平洋的航道，他于 1819 年率队顺利通过了位于北极群岛（Arctic Archipelago）的一处海峡——之后以他的姓氏命名。1827 年，他又试图到达北极点，在到达 82°45′ 后返回。这一最北纪录保持了近五十年。——译注

[2]　西北航道又称西北水道，是北冰洋上的一条穿越加拿大的北极群岛连接大西洋和太平洋的航海通路，长达 1450 公里。它是北欧沿海诸国一直在搜求的目标。包括书中这里提到的北极探险家帕里在内的多人，都曾试图开辟而未能成功。——译注

[3]　北极点为美国探险家罗伯特·埃德温·皮里（Robert Edwin Peary, 1856-1920）在 1909 年 4 月 6 日第一个到达。西北航道的全程通过是 1903 年挪威探险家罗尔德·亚孟森（Roald Amundsen, 1872-1928）乘小船从大西洋进入一端，历时三年，到达位于阿拉斯加的另一端而最早实现。——译注

就在这周围只有戳不透的黑暗和最深邃的寂静时，从这套装置的上部传来了一下不寻常的爆炸般的轰鸣，紧接着便是丝绸球皮料的响亮摩擦声。这些都是气球爆裂时会出现的动静……蓦地，吊篮也剧烈地震动起来，像是突然与气球分了开来似的。我们觉得它就要下坠，马上带着里面的一切，跌入下面的黑暗深渊。紧接着爆炸声又来了：第二声、第三声……[27]

梅森吓得浑身僵直，只会紧紧抠住吊篮的篮口，认定死亡已不可避免。可是接下来，气球又同样突如其来地恢复了正常。吊篮又平稳了，头顶上的球皮也又好端端地伸展着、安静地飘浮了。所有的一切还像从前那样安然、那样可靠。梅森站在吊篮边壁处，看着霍朗德，一脸的茫然。他们两个都还死死地抓着篮边，脸色都吓得煞白。

格林向这两位受到惊吓的同伴解释了刚刚所发生事情的缘由。他微笑着说明，这其实只是些简单的物理现象，实属正常。当气球贴近地面低飞时，由于地表渐渐变冷，致使气球内所充的气体也遇冷收缩，遂造成球皮自行起皱打褶，只是由于是在夜间，他们没能看到（格林除外）。后来气球迅速上升，进入了气压较低的区域，球内的煤气再次迅速膨胀，迫使球皮再次鼓起，只是胀起得过快了些。这一来，那些因打了褶有如手风琴琴箱——也可以说是有如瓦楞铁板的地方，本来是结了些冰霜的，不能马上胀开，而是过了一段时间后，才因球皮内的气体压力超出外界到了一定程度，皱褶才一处接一处陡然展平，气球便在经历若干次剧烈振荡后恢复原状。

此外，格林还笑着补充说明，当时吊篮顶圈的猛然晃动，也是因气球胀起时将吊篮向上提拉所致。他们所感觉到的下坠，实际上无非是一种错觉：这几个人其实是被"弹上去"，而不是"掉下来"。大家平安无事也。咱们是不是再来点白兰地？

格林的这一番解释究竟让两位同伴宽了多少心，恐怕不好说。其实他自己是不是也吃了一惊，恐怕也只有他本人心中有数。他本就应当意识到，气球超乎意料地迅速上升，实际上是极端危险的。打了褶又结了冰的丝质布料容易撕裂，因此很可能在被所充气体胀开之前便撕开口子。正如他事后向梅森强调指出的，他以前曾"不时遇到因上升过快所导致的类似情况"。[28]

不管怎么说，当他们在气球上迎接到 11 月里的第一个拂晓、看到天空一点点明亮起来时，心中必定大有一种轻快感。下面的大地看上去有些奇特，显得很平整不说，还似乎在发光。这三个人渐渐感觉到，气球原来来到了"好大一片降了雪的所在"。严寒变得越发砭骨，呼出的气都凝成了可见的雾，球皮的下半部也挂上了晶亮的冰凌。当前的紧要问题，是弄明白气球的准确位置。从罗盘的指向看，他们一整夜基本上都是在向正东方向稳稳飞行。格林根据气球到达列日时的速度，用航位推测法①大致估算了一下，认为目前应当是在离开英国 2000 英里的地方。这就是说，他们如今的脚下，或者是广阔的波兰大平原的某地，或者是俄国贫瘠的干旱地带的某处——都不是什么好所在。事实上，梅森后来也承认，这种估算"大大地"不可靠，他得出的超过 110 英里的时速，只是在漫漫长夜、方位不准，再加上担惊受怕的条件下得出的。[29]当他们最终在早晨 7 时半着陆、不甚稳健地（压舱的沙子都冻得实实的，无法正常撒出）落在一片覆盖着白雪的杉树林中以后，才得知他们还在德国北部。当地的林业工人在接受了来自气球上的大量白兰地的慷慨款待后，热情地将他们送到附近的魏尔堡（Weilburg），此地

---

① 航位推测法（dead reckoning calculation，DR）是一种利用现在物体的位置及速度推测未来位置方向——根据轮子的旋转圈数来推知位移量即为一个实例——的航海技术，缺点是容易受到误差累积的影响。英语中"dead"是从"deduced"（推导）转化而来。——译注

时属拿骚公国。向东南 30 英里便是美因河畔法兰克福。

即便没有飞到波兰或俄国，他们的成绩已是彪炳斐然了。这只气球在 18 小时内飞行了 480 英里，[30]创造了气球长途飞天的纪录。他们的平均飞行时速稍高于 26 英里，基本上相当于出发时的速度，而这段一直向东的行程却十分惊人，一路上飞越了加来、布鲁塞尔、列日和科布伦茨（Coblenz），差一点便到了美因河畔法兰克福。"皇家沃克斯豪尔号"也在历经这段旅程后依然好端端的，并以其着陆地点被改名为"皇家拿骚号"。这一飞天消息引起了世界性的轰动。在返回英国的途中，格林还在法国小事逗留，在巴黎的几处地方做了表演，回到英国后又赴切尔滕纳姆（Cheltenham），在那里的蒙彼利埃花园表演飞天。他以此行确立了自己的国际地位。

图 3.5　巨大的气球 "皇家拿骚号" 于 1837 年
7 月 3 日在蒙彼利埃花园升空

六 飞天体验之书

此次飞天在英国掀起了激情，一时导致气球热再度形成，也为沃克斯豪尔游乐场迎来大批国内旅游者和外国游客。连篇累牍的报道、评论和诗篇出现在书报杂志上。当红画家约翰·霍林斯①完成了一件引人瞩目的群像画作，画名为：1836年空飞魏尔堡前的讨论，现存英国国家肖像馆。画面上，三名气球飞天员和他们的赞助人（再加上画家本人）围着一张大台子，台上放着地图和纸张。他们神态郑重，宛若一批正在拟定作战计划的将军。格林坐在右端，注视着坐在台子对面的罗伯特·霍朗德议员，似乎要同后者交换什么意见。负责记事的蒙克·梅森站在他们二人中间，显然正若有所思。"皇家沃克斯豪尔号"——如今的名字是"皇家拿骚号"了——就系在窗外飘浮着，有如一匹不耐烦久等的战马。

这次飞天是英武的，但同时也含有可笑的成分——所有的气球飞天皆然：它飞经数个国度，但大多是在夜间经过，看不到下面的什么；它诚然打破了里程纪录，何去何从却根本无从控制；它开拓了长途旅行的新路，却派不上实际的用场。以创作同情穷苦工人的歌谣《衬衫歌》闻名的托马斯·胡德②也写了几首称颂气球飞天的幽默小诗，其中的一首题为《飞访》。不过，他最出众的一首是《咏格林、霍朗德和梅森三公的新近气球探险》。此诗开创了一种以神采飞扬的情绪和双关词语搞笑的体裁，就是所谓"香槟体"——

---

① John Hollins（1798–1855），英国画家，擅长肖像画，伦敦英国国家肖像馆收藏有他的多幅作品。——译注
② Thomas Hood（1799–1845），英国诗人，被认为是在雪莱和丁尼生之间时期最重要的诗人。他还是位剧作家。——译注

心高志远的先生们兮，

笔下再奔涌意气风发的字句，

也不及球皮里面充盈的燃气。

你们无须扇动翅膀，

却也有飞鸟般的灵异；

挑战伊卡洛斯并更幸运，

有如风筝但将拉线废去！……[31]

胡德用了与气体有关的双关语，还拿他们在星光下大啖美食打趣，意在将整个飞天历险处理为对一场游戏的大肆渲染。然而蒙克·梅森对飞天的态度是严肃认真的。他先是发表了若干篇文章，继而又在这次飞天完成两年之后，将他的那篇飞天全过程的报告整理成书出版，书名定为《浮飞行记：浮飞活动的理论与实践简述》(1838)，书中记叙夜行惊惧感觉的部分尤其出色。

梅森后来还给这本书加了一个长达100页的附录，介绍了气球飞天的通常体验：腾飞时的欣喜、地上人与物的缩小、云朵与阳光的视感、大地呈现的球形，还有市镇、河流与铁路"线条分明"的全貌。对于从下面传来的种种声响，他更是给出了惊人的勾勒：乡村里的狗吠、马嘶、牛吼，锯木、锤敲，连枷打谷、开枪打猎、清脆的羊铃、被磨坊水轮带动的一下下舂击……不啻一幅完整的"音画"。

不过，因为刻意要与胡德的"追狂"评价相左，也导致梅森给气球飞天定下了一种超脱的基调，制造出未免有些牵强的升华假象，削弱了真实的力量。尽管如此，书中仍然可以找到多处带有存在主义色彩的出色字句，有的谈论身处"巨大空旷"时感到的无比孤独和默然无语，有的提及云体的绮丽，有的介绍高天上看到天顶所呈现的"青蓝色调"，有的抒发"擅闯禁地"——"非神莫入之域"

时的惴惴不安。[32]而所有这一切，都是为了说明这个美丽奇异的空中世界，很不同于地面上的那个人间世界——

> 伸展在飞天人头顶上和四周的，是一幅巨大的天幕，呈现着最浓烈的青蓝色，有如一只深蓝釉彩瓷碗，倒扣在一个水平的平面上，而这个平面又是个丰富的马赛克拼图和纵横交错的格子网。在这个巨大半球的极顶处，正飘浮着一个孤独的形体：巨大却又无所依托，看不出与任何东西相连，而且一动也不动。而飞天人就置身于这个悬浮体的内里……[33]

从这些文字中，可以看出一种奇特的混合：既有科学名词，如水平、极顶、悬浮体，也有维多利亚时代的诗意与超脱，间或还夹杂着这个时代的祝祷词和赞美诗字句。这或许正说明了许多维多利亚时代的气球飞天员会面临着哲学甚至神学问题困扰的原因。天空——也就是梅森所说的青蓝色天幕，将在哪里最终变成黑色，即跨越过大气的边界呢？[34]那里会是一个科学的疆域还是与之无关的"最高天"，抑或这二者兼而有之？在那个未知的"黑暗无顶深渊"里，会潜伏着什么力量吗？深渊竟会存在于最上面吗？那里是否有某些可怕的神怪之物呢？♥[35]

♥ 只从英文中提到"天"这一概念时，有人会用单数、有人则会用复数的事实来看，"天外有天"的说法就是矛盾的产物。"既然说上帝造出了天与地，那么他在此之前又在哪里？"地质学家赖尔爵士（Sir Charles Lyell）的著述也同样涉及这个问题，达尔文不久后提出的进化论，还是潜藏着类似的问题："上帝以后会不会再回来介入？"有些学者认为，蒙克·梅森在这部多彩的著作里，预见到了维多利亚时代的飞天员，会出乎意料地对空间持有一种"温情感"。他们的飞天行动，可以视之为代表着一种奇特的、弗洛伊德式的"遁避"状态——被动、幼稚、变幻、迷失，乃至天真未凿。他们在天上是"超乎现实的"，因此脱离了维多利亚时代工业化环境的粗鲁、辛苦、死板与控制。可参阅伊莱恩·弗里德古德的《维多利亚时代的探险著述》。

为了继续给自己这本书增加分量，梅森又在以后的几次再版时续添了六个附录。附录 B 里收入了查尔斯·格林的生平简介，他本人在 1836 年 10 月 4 日同格林一起从沃克斯豪尔到切姆斯福德（Chelmsford）的试飞经过，还有 1838 年的一场对罗伯特·科金①所发明的科金式降落伞进行试验的内容。（该试验结果以悲剧告终——那位自己充当跳伞员的发明家过于自信，结果摔死在泰晤士河口，参与试验并负责操纵气球的格林也险些送命。）附录 C 是一份从 1783 年至 1786 年间所有他能搜集到的欧洲飞天员的名单，按姓氏字母顺序排列，并对布朗夏尔、卢纳尔迪、詹姆斯·萨德勒②、盖-吕萨克和加尔纳里安等早期飞天员事迹做了简介。附录 D 是对实现气球导向飞行这一古老问题的探讨，标题为"论气球的机控导向"。附录 E 介绍了格林所使用的拖曳索和其他"平衡部件"。附录 F 讨论了鸟类飞行能力的局限（不过也对南美秃鹰能够"在安第斯山上空"翱翔的本领大加讴歌）。附录 G 则是他搜集到的赞美"皇家拿骚号"飞天的诗歌。

多亏有了格林，气球飞天才又一次激发起作家们的想象力。不过更重要的，是将这些想象力吸引到了越来越广阔的方向上。1837年，托马斯·卡莱尔在《法国大革命史》一书的第二部"纸时代"里，便插进了气球的图像，以表征这个时代的政治风险与希望："美好的发明，向上的挺进——如此美丽！如此不服驾驭！它是我

---

① Robert Cocking（1776–1837），英国画家，对科学有浓厚兴趣。科金式降落伞是早期降落伞的一种，形如一个倒圆锥，用多根绳索系在气球下方升空，并由飞天员手动控制其降落。但在他自己担任跳伞员的试验中，伞体在降落过程中翻转并损坏，致使科金坠地过猛而死。——译注

② James Sadler（1753–1828），英国牛津镇的一家面包坊主，气球飞天爱好者，又是用氢气气球在英国飞天的第一位本土人士。——译注

们这个时代的象征。它就是希望本身。"

1838 年，约翰·普尔（就是那位曾目睹索菲·布朗夏尔女士在巴黎坠亡的英国旅行家）撰文抒发了对格林带他在伦敦东区上空夜行的感想，笔调很尖刻，但也很精辟独到。他认为，气球下的伦敦与气球下的巴黎大不相同。在巴黎看到的是林荫大道、园林和咖啡馆，而在伦敦东区，看到的却是一处处这个"宫"、那个"堂"，以及酒肆、药店和妓院的阴险灯光，交替地闪着"蓝、绿、紫、红"的光亮。根据这些存在，便可掂量出隐藏在这座城市里的贫穷、孱弱和罪恶的分量。当气球在离哈克尼塘（Hackney Marshes）不远的一处地方着陆时，一群面相不善的人逼了过来。他们是"从名叫'大台阶''石灰窑'和'钻天杨'等一类地方一路跟过来的"——真有些这只气球穿过的是非洲丛林、结果大大惊动了一帮不友善的土著似的。这些人"连喊带骂，动静大不说，话语更是难听，还威胁说要毁了这只气球"。普尔、格林，还有一同飞天的壮实汉子，只能匆匆地将气球上的东西装上推车后迅速撤退，躲进当地的一家名叫"老鹰和幼雏"的酒馆里。他们在那里一直猫到夜里一点钟，探知街上安全了，才动身返回西区，"回归文明"。[36]

诗人艾尔弗雷德·丁尼生[①]在他 33 岁上发表的诗作《洛克斯利田庄》（1842）里，给出了自己对社会出现动荡与暴乱原因的见解。在他看来，气球飞天员不单单是一批浪漫的探险家，也是忙碌的买卖人。黄昏将临时，飞天人便会从天上降下，带来世界各地的物

---

① Alfred Tennyson (1809–1892)，英国著名诗人。一生创作了许多诗歌，其中以组诗《悼念集》（含 131 首）最为有名，短诗《食莲人》《过沙洲》和叙事诗《伊诺克·阿登》等也都脍炙人口。——译注

品。他们一半是有如伊阿宋和他带领的远征船员①那样的被荷马写进史诗中的天涯浪迹客，一半是重利求财的商人。他们成群结队地飞降，有如落到无辜农田上的一大群蝗虫——

> 因为我曾对未来做过考察，凭人的眼睛极力远眺，
> 见到世界的远景，见到将会出现的种种神奇精妙；
> 看到天空中贸易不断，神异玄妙的舰队来往频频，
> 驾紫色暮霭的飞行者纷纷降落，带来昂贵的货品；
> …………

这首诗最初写于 1835 年，但丁尼生也和当年的富兰克林和后来的 H. G. 威尔斯一样，担心着气球会卷入战事——

> 我听到天上充满了呐喊，而交战两国的空中舰队
> 在蓝天的中央厮杀，降下了一团令人惊怖的露水。②

查尔斯·格林不单单是名气球艺人，也不仅仅是沃克斯豪尔游乐场的公关代表。他重新唤起了人类古老的飞天渴望，同时又融入了维多利亚时代的精神。有青铜纪念章彪炳着他的功绩。

当《浮飞行记：浮飞活动的理论与实践简述》一书印行第二版时，梅森在该书序言中提出一项建议，希望格林在大西洋上一展宏

---

① 伊阿宋是古希腊神话中的人物。他本是个王子，他的叔叔在他年幼时篡夺了王位，后又在他成年时令他去远方觅取传说中有神奇魔力的金羊毛，并允诺成功后将王位归还，但真实目的是让他中途丧命。伊阿宋组织了一群勇士和智者，造船"阿尔戈号"出发，经多次历险后取得金羊毛并夺回王位。——译注

② 以上两处译文均摘自《丁尼生诗选·洛克斯利田庄》，黄杲炘译，上海译文出版社，1995 年。——译注

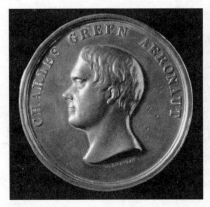

图 3.6　彰显查尔斯·格林 1836 年 11 月 7 日乘气球从伦敦夤夜飞至拿骚公国魏尔堡的纪念章

图。对大西洋两岸的遥远距离和气象条件的复杂多变，格林显然并不十分在意："在他看来，大西洋并不比普通的运河宽：花上三天就足有可能跨过。就连整个地球也都不出他的考虑范围：在信风的吹送下，用上 15 个日日夜夜，也未尝不能绕它飞上一大圈。如今又有谁能给他的事业封置顶点呢？"[37]

　　这番话自然十分动人，也更促成了这本书畅销。只不过这位梅森并非成功的气球飞天员，充其量只是个成功的飞天客。气球上的经历和由此而来的名气或许冲昏了他的头脑。还是在这篇序言里，他还主张使用"长度超过 1.5 万英尺的拖曳索"。让气球吊着这样的巨型附属设施，"穿过林木、房舍、江河、高山、深谷、峭壁和平原"。这在他看来仍然是"安全的，也不会增添额外的麻烦"[38]。

七　报界忽悠气球的内幕

　　《浮飞行记：浮飞活动的理论与实践简述》问世后又过了两年，即在 1840 年，格林自己提出了飞越大西洋的设想。他宣称已在上层大气中找到了自西向东定向吹拂的主导风："不管下面的情况如何，我可以一直向上攀升。结果总能在一定的高度上——具体多高虽然并不固定，但总归不会超过地面之上 1 万英尺——遇到不变地从西向东走，更确切些说，从西北向东南走的主导气流。"

他还介绍说，只要配备一根 2000 英尺长的、加装了帆布系扣和铜皮浮子的拖曳索，便足以使容积 8 万立方英尺的气球在空中保持稳定状态，"并保持三个月的时间"，且无须消耗压舱物。深明人情世故的格林还表示，一旦有人肯慷慨解囊赞助，这一横越大西洋的飞天便可立即进行。[39] 不过这一经济后援一直没能来到；而财神爷不进门，他便不能离地。就这样，他始终未能将这一跨越大西洋的宏愿化为现实。

虽然未成为事实，却结出了文字果实。格林这样一宣扬，正激发了爱伦·坡的想象力，而且更比上一次出色。这就是他的一篇冒充新闻报道的故事，发表在 1844 年的《纽约太阳报》上。这篇"报道"煞有介事地介绍了一系列巨细无遗又言之凿凿的内容，说格林和梅森乘一只气球从英国出发，历经 73 小时，完成了跨越大西洋的壮举。这些内容大多取自曾得到广泛报道的"皇家拿骚号"飞天，只不过爱伦·坡搞了一个怪，将罗伯特·霍朗德拿下来，换上了自己的文坛对手、英国通俗惊悚小说家哈里森·安斯沃思①。

---

① Harrison Ainsworth（1805–1882），英国历史小说家，其代表作《盖伊·福克斯》，描写一群英格兰天主教极端分子试图炸掉英国国会大厦，并杀害正在其中进行国会开幕典礼的英国国王詹姆斯一世和他的家人，以及大部分新教贵族的一次未遂计划。盖伊·福克斯（Guy Fawkes, 1570–1606）是参与此次阴谋活动的成员，负责看守爆炸所用的大量炸药，事泄被捕，自杀身亡。此为英国历史上的一个真实事件，但他的这部著作中却混有大量虚构和未必属实的内容。——译注

爱伦·坡的这篇故事先是于 1844 年 4 月 13 日——那一天是星期日——在《纽约太阳报》上打了一声招呼，说此份报纸将印发号外，报道一只名为"维多利亚号"的"飞天机器"跨越大西洋的详细情况。此通知后面还有一段附言，砸上了不少惊叹号："快递消息！从查尔斯顿（Charleston，South Carolina）经诺福克市（Norfolk，Virginia）的私家途径传来的惊人消息！大西洋历经三天已然得到横越！！气球有导向功能，发明者为蒙克·梅森，业已飞抵沙利文岛（Sullivan's Island）！！！"

号外出来了，上面刊载的便是爱伦·坡编造的故事。此文立即造成巨大轰动。据爱伦·坡本人亲述，《纽约太阳报》报社前的广场上聚集了一大群人，都在等待拿到这份号外。下午 2 时该号外印出，马上全部售光。这期号外上还登出了一篇引子和"蒙克·梅森"所撰的飞天日记，"安斯沃思"还为行程的每一天各加了一段附记。这篇引子详述了梅森——不是格林——在气球上实现的发明：将一具阿基米德螺旋器改造来操控气球的飞行方向。文中还提到气球内充有超过 4 万立方英尺的煤气。

相形之下，爱伦·坡自己的那篇"报道"反倒不如"安斯沃思"的附记那样张扬，而且看上去给人以实话实说的感觉。他的平铺直叙和就事论事的手法在三个层面上发挥了作用。首先，文中求实地介绍了跨越大西洋在科学上和技术上所会遇到的挑战，而这些挑战已经引起了美国气球飞天员乔大智等人的密切关注。其次，该文还不动声色地呵了一下社会风气的胳肢窝。他的这番对时下科学界一些人囿于成见及故步自封的嘲弄，也成为后世科幻作品的一种写作定式。第三，此文也如他的多数故事一样，写进了探讨心理的内容，提到了存在于群体的"怀疑悬念"，从而给塞缪尔·泰勒·柯尔律治①的名言②赋予了新的、特别直截了当的说明：[40]本想见识科学奇迹，却有可能遇上骗局。

不用说，这也是报纸上日趋传统化的炒作手法——而且是从纯粹的子虚乌有出发的炒作——的一次精明运用。美国报刊的编辑们聪明地看出，读者大众并不在意自己偶尔被忽悠一下，尤其是像这样的"高忽悠"。气球就这样与报界搭上了互利的关系。

---

① Samuel Taylor Coleridge（1772–1834），英国浪漫时期的著名诗人和文学评论家，湖畔派三诗翁之一。本书提到了他的代表作、长诗《老水手行》（中译名又有《古舟子咏》《老水手之歌》等）。——译注
② 柯尔律治的这句名言是"热情有最强的传染性"（Nothing is so contagious as enthusiasm）。——译注

第四章
"天使之眼"俯瞰人间

一 媒体作家纷纷俯瞰市井

从 19 世纪 40 年代初到 50 年代末,大众化报刊越来越看好能吊人胃口的气球飞天故事。英国和美国都是如此。而以 1847 年创刊的《伦敦新闻画报》[①]为代表的一类除了文字外还有插图的刊物出现后,很快地证明了气球故事是适合的好题材。气球的庞大尺寸和花哨艳丽的形象,特别是当有图画将它们与城镇的景致与气球观众对比地放在一起时,绝对是能填满整个版面甚至对开版面的"好瓢子"。

出现在画报上的有关维多利亚时代中期的气球飞天文章,最出色的可能要属亨利·梅休于 1852 年 9 月 18 日发表在《伦敦新闻画报》上的长篇趣文《搭气球观伦敦》。

在此之前,梅休已经写过不少东西。令他感兴趣的题材很广,从文学艺术到社会改革,几乎无所不包。除了文章,他还兼写诗

---

① 《伦敦新闻画报》(*The Illustrated London News*),是伦敦第一家采用插图的刊物,创办于 1842 年,先为周刊,后为月刊,再后改为双月刊,2003 年停办。——译注

图 4.1 "格林先生的气球
于上个星期一升飞"

歌、话剧和歌剧。这样的创作历程为这篇生花妙文打下了基础，使他成为那一代人中最杰出的报刊撰稿人。在这篇报道发表后，他又创作了两位科学家早年生平的传记，一本题为《青年戴维》（1855），另一本起名《青年本杰明·富兰克林》（1861），也都大获成功。他的巅峰之作是系列报告《伦敦的苦役和伦敦的苦人》，在1851 年以连载形式发表，发表时间刻意与第一届世博会相合，为的是给维多利亚时代的胜利感泼些清脑的冷水。

　　梅休的青年时代——从 20 出头到 30 岁以后——基本上是在巴黎度过的。他无处不去，四处体验，又同威廉·萨克雷[①]和道格拉斯·杰罗尔德[②]等朋友一起靠投稿谋生。当他返回伦敦时，心里已经有了谱，认准要从市井角度反映伦敦。法国有一份杂志《喧

---

① 　William Thackeray（1811–1863），英国小说家，代表作是《名利场》（有多种中译本）。——译注
② 　Douglas Jerrold（1803–1857），英国剧作家、小说作者和报刊撰稿人。——译注

哗》①，以玩世不恭的风格与冷嘲热讽的文笔著称，法国空中摄影前驱人物费利克斯·纳达尔等许多人的作品，都在这份刊物上发表过。梅休特别欣赏这份期刊。1841年，梅休帮助报界同仁马克·莱蒙②创办了一份风格清新的英国幽默刊物。这就是融诙谐俏皮的短文与用心良善的讽刺漫画为一体的《喷趣》③。它一与读者见面便大获成功。梅休与莱蒙不久后便不再合作办这份杂志，但两人一直是莫逆之交。莱蒙继续主办《喷趣》，成了伦敦文坛的一根有力的支柱，最终还当上了狄更斯的编辑并深得信任。与此同时，梅休继续走自己中意的道路，渐渐创造了一种新的调查报道形式，在《伦敦纪事晨报》④上发表，文笔犀利，风格独到，与温和谐谑的《喷趣》迥异。他专门以伦敦为对象，揭示和针砭这座大都会的种种阴暗面。梅休笔下的伦敦是中产阶级读者很少接触到的，是藏在下面的伦敦。

在接下来的十年中，梅休写出了数百篇生动翔实的报道，多是对这个首都里贫街陋巷的写照，并特别侧重最贫穷者——男人、女人，更有孩子——为苟活而从事的行业和掌握的手艺。出现在他笔下的生动人物有走街串巷的小贩、沿街叫卖的摊贩、奶

---

① 《喧哗》(Le Charivari) 为法国著名的幽默与讽刺杂志，图文并茂，影响面很广，其发行期长达百余年 (1832—1937)。——译注
② Mark Lemon (1809–1870)，英国著名办报人，创办过多种报纸和杂志，同时还兼写剧本。著名幽默杂志《喷趣》、图文并茂的新闻性周刊《伦敦新闻画报》都在本书里提及，另外他还创办了渔猎休闲杂志《户外》(The Field)，也是销路极佳的刊物。——译注
③ 《喷趣》(Punch)，一译《笨拙》，为英国一份极为有名的周刊杂志，以漫画为主。本书的重头人物梅休是创办人之一。该杂志的风格有些近于国内的《讽刺与幽默》，但幽默成分更重些，也更侧重反映普通人生活。此杂志于1841年创刊，20世纪40年代达到顶点，2002年停刊。——译注
④ 《伦敦纪事晨报》(The Morning Chronicle)，创办于1769年的地方性日报。狄更斯曾为此报工作过。——译注

牛厂女工、捕鼠人、清淤工、清道夫、道口小厮①、卖艺人，也有声名狼藉的妓女和扒手。每一篇他都字斟句酌，写得简洁而又传神，还辅以统计数据的佐证。人物对话更写得活灵活现，无人能及。

这些对话往往会表现为一串触动人心的问与答。比如，在写一名制作假眼球的匠人时，这个人便说了如下的话："什么样的眼珠子我都做：有给洋娃娃用的，也有给活人用的。鸟眼多半是从伯明翰（Birmingham）趸来的。当然啦，我说您呢，如果有谁想要'牛眼'②，那可得去找卖糖的啦……洋娃娃上用的眼珠子，这年头卖到外国去的可就多了去啦……每年增加的量可大得邪乎呢！当然啦，我说，每年里死的人挺不少，可还是没有生出来的多呗……我也做人眼珠子。这儿就有两盒；我说您呢，这盒里是黑眼仁儿和驼色眼仁儿，这盒里是蓝眼仁儿和灰眼仁儿。这里头是给女人用的……比男人用的清亮，光点儿也多……有个女人用了我的眼珠，结婚三年了，我敢说，他男人到今天也不知道她有只假眼呢！"[1]梅休的这种平淡中渗出一股凉气的写法，这种从细微处揭示人的情感和癖性的风格，明显影响到了狄更斯，使后者写出了更见深沉凝重的小说。

当梅休所积累的这类文字的词数超过 50 万后，他便将它们重新整理过，编辑成一部书出版，这就是那部阴郁的名著《伦敦的苦役和伦敦的苦人》。此书完篇后，他便想要以一种适当的方式自我

---

① 一种受雇为专人清扫——或不如说暂时扒移开——所要经过道路上严重污秽，或者在肮脏的地面上铺上木板供人行走通过的临时工，往往是未成年人。他们在没有固定清洁工清扫之处等候有行人经过时，在他们要走的一段路上临时清理一下并收取零星报酬。——译注
② 一种糖的俗名，因大小有如牛的眼球，中间又有一条像是瞳孔的宽条而得名。——译注

庆祝一下，于是便想到去当一回飞天客，从气球上看一看伦敦这个大城市的穷街陋巷——他多年频频造访并往往长期羁留的地方。就这样，他接受了邀请，搭上查尔斯·格林的气球升飞。

对这次飞天之行，正式的报道是说格林要进行他的"沃克斯豪尔游乐场惜别升飞"，而且事先做了不少宣传。不过对梅休而言，它在某种意义上也是自己多年报人生涯到达顶点的时刻和与之告别的时刻，同时还是庆祝和放松的时刻。在一步步走过伦敦最不见光亮、盘陀如乱麻的街巷后，他如今很想从高处将这些地段看个明白。他希望这样一个出色的认知位置——用他自己带有些冷嘲意味的话来说，是用"天使之眼"最终见识一下他的这个"又大又瘆人的"城市。此外，他还打算根据这一经历，为《伦敦新闻画报》这份当前在全英国引领时事潮流最有力的周刊写些东西。

为了不使"天使"这一说法带上自吹自擂的味道，梅休还解释了一番。他说自己其实"生来胆小、长大依然——没有敢大胆的身体本钱，也没有能大胆的外部条件"。他也如自己的大多数读者那样，连想到要爬进气球都实在怕得不行："这一点我绝对承认。"他之所以还是决心飞一下，恐怕最大的促成因素就是"有人常说的'懒肉压不住好奇心'"。这样谦虚地表白了一下后，梅休便立即转入正题，记叙了他刚刚完成的历险——

> 可以说，我曾看到过这个大都市的所有方方面面。我曾在讲诚信的小康伦敦人的生活区里钻遍犄角旮旯；我曾在霍乱高发时来到疫情最严重的雅各布岛（Jacob's Island）①……我探查过乞丐

---

① 伦敦的一个地区，地处泰晤士河南岸，19世纪前为典型的贫民窟，为流行病多发区，有着"霍乱之都"和"下水道的威尼斯"等可怕名声。——译注

图 4.2　从铁路高架桥上看伦敦

　　和盗贼出没的乱区……这一切，我都是在下面看到的，的的确确
　　的下面。如今，我渴望的是从高高的上面领略一番。

即便从高处远观的气球飞天之行会比以前的种种地面体验更吓人，
梅休也决心走上一遭。他希望从格林的气球上，能够看到这座城市
的一种新的面貌——说不定会是某种既熟悉却又显示出某些带预见
性内容的景象呢！应当说，这也正是梅休打算看到的——

　　　　那些用砖头和石块筑起的宏大教堂、医院、堤岸和监狱，还
　　　　有宫殿、仓库、码头、收容所、花园、广场、空场、街巷……总

之是构成伦敦的一应存在，从这个高高的地方像鸟儿那样瞰视时，都盘缩成了一个大大的黑块、凝结成了一个烂坨。这是个充斥着邪恶、贪婪与狡黠，但也洋溢着高尚理想和英雄气概的古怪混合体。如果想要看透这个不协调的混合体，就得来到天上，借助一个可以称为天使之眼的手段，来使劲地省视一番，这里可能是高尚之处多，邪恶之处也多；富裕程度高，匮乏程度也高的杂拌儿大世界。[2]

梅休给出的最动人的描绘之一，是缩小了的伦敦看上去显得安全了，简直有如超大号娃娃的玩具，而他这个当年被走街串巷弄得痛苦疲惫的近观者，如今已得到提升，进入了优势位置。气球让他变得多少天真无邪了些、也多少友好客气了些——

　　如同通过海螺壳听到的浪涛一样，地上那永无停歇的生命躁动声，在这里只是拍岸的远远微涛；存在于那里的"体面"社会的红眼嫉妒、焦虑烦恼、野心抱负、娇揉造作的情感宣泄，在这里也低弱得如同婴儿的牙牙呢喃。

这一切都令梅休产生一种奇特的感觉，一种近于宗教体验的虔敬感，一种与天界融合的意念。用他自己的话来说就是——

　　你不复是地上的一介凡夫俗子，不再是只酒囊饭袋。你沿着一道立于空中的梯级攀向高处，下面的那个将所有的人视为敌手、将睚眦必报奉为金科玉律的"阿堵物世界"已变得模糊起来。眼下只觉得自己是在无穷尽的空间飘荡，畅快地吸进这天上的纯净空气，还仿佛觉得是在星辰间巡游，自由得一如"天门的

112　　　　　　　　　上穷碧落：热气球的故事

云雀"①，尝到的是无人不渴望能去的极乐天堂的滋味——至少在这短暂的半小时内。

梅休是位营造气氛与运用词藻的大师。上文的最后几句谨慎地起步，俨然有福音派教徒的真诚、查尔斯·金斯利②的笔锋，还透出一股道德气氛，不过随后又渐渐表现得更动感情，也更贴近平民百姓。他所描写的在空间飘荡，如在天堂门口的自由云雀，歌唱着极乐天堂滋味的文字，巧妙地再现了维多利亚时代的民众通过歌曲和民谣所表露出的一心向往的境界。

梅休很得意自己的这段文字，结果后来又稍事润色后放进他的另外一本书《伦敦的刑事犯监狱》（1862）。他对伦敦的看法显然影响到了古斯塔夫·多雷③，也在狄更斯的小说《荒凉山庄》和《艰难时世》中有所反映。

二　狄更斯笔下的飞天气球

不知为什么，查尔斯·狄更斯对气球特别着迷。他多次去沃克斯豪尔游乐场观看气球升飞，还不止一次地写过气球飞天。他认识查尔斯·格林，并以内行人的赞美眼光，欣赏这位飞天员在气球上时的镇静、与观众打交道的技巧，以及他在空中向下面挥动白色大礼帽的风度。不过，狄更斯对气球飞天的态度要比梅休复杂得多。

---

① 莎士比亚剧作《辛白林》中的一句台词（第二幕第三场）。——译注
② Charles Kingsley（1819–1875），英国文学家、学者与神学家。常年担任牧师和教授并发表著述，最著名的作品有以古埃及女学者为题的小说《希帕蒂亚》等。——译注
③ Gustave Doré（1832–1883），法国著名版画家和雕刻家。以幽默画成名。一生为多部世界名著作插图，是欧洲知名的插图画家。——译注

令人觉得奇怪的是这位能深刻把握人类种种体验、还能将英国的客运马车描写得令人叫绝（在《匹克威克外传》一书中最为出神入化）的文学大师，竟然从不曾跨进气球吊篮一步。我们没能发现他双脚离开过"大地母亲的坚实怀抱"的记载——在梦中离开不算。因此他与梅休不一样，完全只是从地上体验气球。当然，个中原因或许只是狄更斯有恐高症，或别的什么人们不知道的原因，再不然就是他干脆认定飞天的行为有违道德准则，简直是找上门去自杀。

狄更斯还出人意料地在一篇题为"白天游沃克斯豪尔游乐场"的笔调轻松的报道中，调侃了格林早年的一次飞天，而且后来还将这篇文字收进了他的《博兹特写集》（1836）。看热闹群众的轻信表现和对新奇却未必有用之物的喜好，似乎令狄更斯很不安——

> 公园里的游客全跑出来，男孩子们来回奔跑，尖声嚷叫着："气球！"在所有拥挤的大街上，人们都从店铺里冲到街心，抬头盯视着高空中的两个黑色小目标，直到颈关节几乎脱了位，这才十分满意地慢吞吞地走回店堂。①

从这段文字中可以感觉到，飞天是一种制造幻觉的艺术，更可以说是面对一群心地单纯的人耍出的戏法。但飞天也还代表着一种新奇事物、一种能让大众兴奋的因由。为狄更斯的作品作插图的画家菲兹（Phiz）②，便聪明地将气球作为他给《博兹特写集》所设计的封

---

① 这里和紧随其后的引文均摘自《博兹特写集》第 14 章："白天游沃克斯豪尔游乐场"。陈漪、西海译，上海译文出版社，1992 年，1998 年（博兹是狄更斯在这一期间为自己所起的笔名）。——译注
② 英国画家哈布洛特·奈特·布朗讷（Hablot Knight Browner，1815–1882）的笔名。——译注

面图的主角，效果很好。后来，狄更斯又在报纸上先后发表了一系列评论，针对格林在会见热情过分的记者时的谈话，做了俏皮的评论，从而更说明了他本人对气球亦正亦反的看法——

> 次日，在许多晨报上刊登着这次飞天的辉煌报道，告诉公众格林记得，除了其他 4 天以外，那天天气要算是最好的了；他们如何瞧得见地面，直到他们穿过云层才看不见；由波动的大块雾气反射出的气球映象多么灿烂如画。还提到有关阳光的折射度的一些科学问题，以及有关大气层的热辐射和空气的涡流的某些神秘之提法。[3]

这段话的基本意思就是"好没由头"。既是气球，它的科学就是气，气球又是吹起来的，因此这一套东西就是吹大气、小题大做。这篇报道的基调，也同狄更斯对新成立的"英国科学促进会"发表的评论精神一致。他在一篇著名小品文中（1837 年发表），将这个机构的名字戏称为"瘴沼镇万事促进会"，而且就将这个名称放在此文的标题内，弄得这个诨名好生响亮了一阵子。

后来，当狄更斯成了周刊杂志《家常话》①的编辑时（1850—1859），他已经认识到了民众对气球的认可和飞天的轰动效果，便组织发表了这方面的一些文章，如《水上飞天》《王室气球》《一只探云的气球》等实况报道，[4]不过篇幅最长的，当为一篇介绍人类浮飞活动历史的考证文章，除了考证翔实外，文笔也很俏皮，重点放在了结局转为皆大欢喜的飞天事故之实例上，并强调灾难中人们发挥出的友爱精神。此文的标题再简短不过："飞天"。

---

① 《家常话》(*Household Words*)，在 19 世纪 50 年代狄更斯独自主持的周刊杂志。——译注

图 4.3　乔治·克鲁克香克为 1836 年版的查尔斯·狄更斯《博兹特写集》所绘制的扉页插图

　　形成此文的动机，很可能是 1851 年第一届伦敦世博会上出现的很有特色的"浮飞器展厅"。不知道狄更斯是否将此厅内的展物视为给大英帝国装点门面的盆景，抑或打着科学名目制造的噱头，反正他是刻意摆出了一种反对姿态。他选来反映这一态度的记者，是一向希望在文坛上闯出新路来的理查德·亨吉斯特·霍恩（Richard Hengist Horne）。这位霍恩是约翰·济慈的同窗，自己也写过些诗歌，又去墨西哥和加拿大游历过，眼下正打算着什么时候去一趟澳大利亚。可是他与飞天似乎并无交集。他以前写过一部诗体剧《带来火种的普罗米修斯》，还与伊丽莎白·巴雷特·布朗宁[①]过从甚密。狄更斯显然很中意他的这篇讽刺散文，因此在 1851 年 10 月 25 日（星期六）第 33 期《家常话》上发表时，给了它第一篇的

---

① Elizabeth Barrett Browning（1806–1861），英国维多利亚时代的女诗人，诗作雅俗共赏。——译注

位置，并让它占了足足四页版面。

这位霍恩一开篇便板起一副面孔数落起飞天来，说这种"要在天上辟出阳关大道"的想法实在有悖天理。人类从不曾想要"充当云的主人"。虽则"自无法考证的远古时代起"，人们便渴望能够飞起来，但体现在现今的气球飞天员身上的动力——抛开热爱科学、向往发现的致因不论，是一种伦理道德上值得商榷的意愿："野心勃勃、胆大妄为、浮夸虚荣，外加追求刺激与搜新猎奇。"

接下来，霍恩更是无情地一一数落了人们因想上天而遭殃的历史："当年的伊卡洛斯这里先不讲，别的古人这里也不提，只讲些不那么久远的。"他讲的事情有："苏格兰马姆斯伯里修道院的飞修士"，想要如鸟儿那样飞起来，还执意要在人身上搞出一个类似鸟尾巴的结构来；法国的一个侯爵戴上了一套能像鸟儿那样扑扇的翅膀，结果栽进了塞纳河，一条腿也在河边洗衣妇女们用的器物上磕断了；还有 13 世纪时，意大利的博洛尼亚（Bologna）有一个人，用自己搞出来的机器离地后掉入了雷诺河（Reno River），虽然没被淹死，却因此被认定是个作祟的巫师，结果被宗教裁判所定了罪。

在综述了查尔斯·格林的各项探险行动后，霍恩又将笔锋一转，说起第一届世博会上陈列在"浮飞器展厅"里形形色色的飞天装置来。他并没有发表什么评论，只是开具出一份有形容词的名单："有一个看上去好似一只大角瓜……另一个有如尾巴会打转的蠢虫……鼓囊囊的女人帽子……大花炮……某种奇异怪鸟的骨头架子……"显然，狄更斯事先已经授意霍恩放手去写，结果是此种笔调一直贯穿着全篇。[5]

狄更斯为什么会对气球飞天如此反感呢？对于种种打着科学的旗号出现的东西，狄更斯一向是喜欢戳其痛脚的。不过在这里，他的用意可能并不只是如此。可以明显看出，他痛恨气球以一种大众娱乐的方式出现，认为这一形式既耍弄了公众的信任，也对气球"艺术家"们大行激将。此外，狄更斯可能还有些惧怕气球，只不过比较下意识而已。证据之一是他自己曾写过一篇以梦魇为主题的文字。他在这篇文章里给出了一个令人不解的奇特说法，就是将在沃克斯豪尔游乐场等待观看气球升飞的观众，比作在伦敦监狱外面等待看处绞刑场面的百姓。

狄更斯发表在《家常话》上的这篇涉及心理学深层内容的文章，是以作者自述因失眠躺在黑暗中胡思乱想开篇的。在他纷乱的思绪中，有些念头会无法控制地一再出现。这使他想要避开这些念头——

我躺着睡不着，随便想点什么事吧。上一季度里有过几次气球飞天。想想它们可能会管些用。不过我可得盯住思路不放松，因为我觉出它们正在溜号，代之而来的是吊在贩马商巷监狱高台上的曼宁夫妇①。一下子联想到这个可怕的情景，让我意识到了思绪的奇妙。我观看了这次行刑，脑海中留下了这两个人受刑后的形象：一个是那个跛脚男人的，套着松松垮垮的衣服，仿佛连躯体都消失了似的；一个是那个女人的，相当纤巧，穿着紧身褡，外衣很有品位。离开那两具在入口的高台上荡来荡去的尸体后，一连几个星期，我虽然尽力不去想它们，但始终挥之不去，总是想到那座监狱的外围（观看这次行刑令我不断想到它），而每次想到时都离不开

---

① 玛丽亚·曼宁（Maria Manning）和弗雷德里克·曼宁（Frederick Manning）为一对夫妻。他们于 1849 年图财害命，谋杀了一名熟人，并将被害者的尸体埋在自家厨房地下，事发后被判处在公众场合服绞刑。狄更斯曾到场观看服刑过程，并迅速在报纸上撰文指斥允许公众观刑的做法。——译注

那两具尸体，还是在清晨的空气中摆动着……

这段瘆人的印象到此结束了，接下来又返回到气球上——

> 让我来清点一下上个季度的气球升飞吧。上场的有马、有
> 牛、有降落伞、有翻筋斗打把式的——我觉得那个耍杂耍的人大
> 概基本上只用脚趾夹住吊杆悬在吊篮下面。这太不对头了，绝对
> 应当禁止。可是在看到这些危险的表演和想到与之类似的名堂
> 时，我又觉得不该责备前来观看这类娱乐的观众。他们的满足得
> 自看到困难被克服。他们是信任感很强的人，相信骑在马背上的
> 那个男子不会摔下马，相信牛身上的那位女士不会跌下牛，相信
> 降落伞不会离开系在它上面的人，相信那个头朝下，脚朝上的人
> 其脚趾的夹功强大。这些观众不是来看这些冒险家们栽将下来
> 的，而是来看他们胜利结束的。[6]

狄更斯便这样将气球飞天的观众比作系在气球下的吊篮，说这两者
都会拦住可怕的跌落，从而避免失败、丢脸和死亡。由于宣传上的
有意弱化，格林等人设计的种种新奇表演——气球上的马术、气球
上的驯牛女（恐怕是狄更斯杜撰的表演项目），更掩盖了恐怖的真
实可能，而其中最危险的，莫过于那个"翻筋斗打把式的"表演者
孤身悬吊在高空，"基本上只用脚趾夹住吊杆"的表演。

狄更斯写这位"翻筋斗打把式的"，可能有如下的用意：这位
孤身只影处于众目睽睽之下的人，就是狄更斯本人状态的写照。气
球飞天和爬格子写作都是"危险的表演"。作家正犹如气球飞天员，
希望能够在自己所接触的人，即在"信任感很强的人"面前"胜利
结束"。然而，这位翻筋斗的人虽然有技巧，还是可能遭遇失败，

结果是"栽将下来",经过一段长长的空间后,走向生命的终结。飞天久久令狄更斯不安,就是因为它让自己联想到写作时私下里长久存在的惴栗感,虽然一向成功,但到头来总有可能像出事的飞天员那样,落得个让公众失望的丢脸下场。

正因为有这样的担心,狄更斯在《荒凉山庄》(1853)的开篇处的那段笔调阴沉的著名段落里,不显山不露水地写进了一只气球,就未必是偶然的了:"雾笼罩着埃塞克斯郡的沼泽,雾笼罩着肯特郡的高地……雾钻进了格林威治那些靠养老金过活、待在收容室火炉边呼哧呼哧喘气的老人的眼睛和喉咙里……偶然从桥上走过的人们,从栏杆上窥视下面的雾天,四周一片迷雾,恍如乘着气球,吊在了白茫茫的云端。"[1] 这里所写的气球,又一次成为既无助也无前途的象征。那个不祥的"吊"字,便呼应着狄更斯在前文中所提到的那种未必安全的防护措施。

三 "天使之眼"之效用

在这个维多利亚时代里,气球还是与前进的步伐大大合拍的。沃克斯豪尔游乐场也出现了科学性气球飞天,飞天员们多是些头戴大礼帽的严肃人物,上天的目的是要观察、测量和推断。

甚至社会学研究也用起了借助气球从高空进行全景观察这一手段。从高高的上方借助"天使之眼"进行研究,便更有可能揭示出城镇这一社会构体的更多内容,如商业点与住宅的均衡设置等,更有助于了解贫富分布的比较(这一点已为普尔和梅休注意到)。从

---

[1] 《荒凉山庄》,第一章,黄邦杰等译,上海译文出版社,1979 年。地名改为当前的通行译法。加黑的字体是本书作者加的。——译注

气球上进行这一观察的间接结果，就是查尔斯·布思①在19世纪80年代绘制出著名的"贫富分布地图"。

这种地图上的图像，以及附属的对彩色斑块的图例定义与细致的说明，都是以气球为技术手段进行全面编纂和数据记录的结果。这样一来，"天使之眼"便带上了分析能力和慈悲心肠，使从气球上得到的识见成为维多利亚时代的社会良知，"自上览无余"的所见，带来了"落地细思忖"的规划与改良，使"天"与"地"有了新的、带人情味的关联。气球遂成为促进社会公平的工具，甚至还可以说是成了道德救赎的手段。

此外又出现了另外一种商业色彩比较浓重的地图，是绘制出得自空中的全景图，用以提供大城市的旅游导向或指南。对于像伦敦和巴黎这样的城市来说，标有主要地标和重要街道的全景地图，会帮助新来的外地人设想无声地飞翔在城市的街道和广场上空，将一个个地块接续到一起，因此是特别有用的。这样一来，设计出游路线就有了新途径，赋予访客以新的"定向能力"。它们甚至还能帮助人们以一种不同于以往的新方式对大城市做出规划——一种不再是静止地看待一个个地段或区域，而是将整座城市的全部环境视为通过移动的马车、畜力轨道车和机器轨道车——后来还加上了地铁与汽车——形成的一张动态网络。事实上，最早出现的伦敦地铁（如今被称为大都会线和北线的各一部分）就是在有了这种空瞰地图后于1863年出现的事物。

由大开张纸印制成本册形式的折叠全景地图，是从19世纪五六十年代开始行销的。其中最为成功的一种由"艾波雅与黑尔廷公司"于1854年推出，促销广告上说它是"配有封套，衣袋可

---

① Charles Booth（1840–1916），英国慈善家、社会改革家与统计学家。——译注

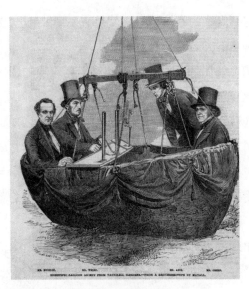

图 4.4　在沃克斯豪尔游乐场进行的一次科学性飞天（1865）
尼克林（Nicklin）、韦尔什（Welsh）、阿迪（Adie）、格林
在沃克斯豪尔游乐场进行的一次科学性飞天，由约翰·杰贝兹·梅奥尔
（John Jabez Mayall）用银版摄影法得到的照片制版

放"，售价 1 个半便士。该地图有个堪称全面之至的名称，是《气
球提供的伦敦地图，银版摄影法制版，收纳 8 平方英里范围内铁路
车站、公共建筑、公园宫殿、广场街巷等一应俱全之完整指南》。[7]
它就是后来的各种"××A-Z 地图"的一大类地图册的前身。① 应
当指出，"银版摄影法制版"的名目并不正确，现有的资料表明，在
空中使用这一方式，成功拍摄出城市照片，还是 1858—1859 年之后

---

① 这类地图最早由伦敦的一家地图出版公司编绘印行，除了图形外，还将整个地图分成
有标记的格子方块，又加上了地图内各街道和重要地标性建筑与河湖等天然物体的
名称，按字母由 A 到 Z 的顺序排列成表，名称后还都附上了地图上相应格块的标记
号，从而大大地增加了地图的实用价值，故很快地成为了地图的标准出版模式。这
家地图出版社的社名也顺应地得名为"地理学家 A-Z 地图社"（Geographers' A-Z Map
Company）。——译注

　　　　　　　　　　　上穷碧落：热气球的故事

图 4.5　伦敦贫富状况分布地图

图中各条街道按居住人的社会状况标志以不同的颜色：

　　最低层　　　　　　十分贫穷　　　　　　相当贫穷　　　　　穷与尚可杂居

　　尚可　　　　　　　宽裕　　　　　　　　富有

的事情［而且还是在巴黎和波士顿（Boston）两地率先实现的］。不过，气球与摄影的结合，显然造就了时新且精准细致的地图。

　　"天使之眼"还可用于特殊事件。在这一方面，最令人难忘的是从气球上瞰视 1854 年 10 月 6 日的纽卡斯尔大火灾。这场大火是凌晨 1 时在英格兰东北部发生的，火头在盖茨黑德（Gateshead），起因是那里的一间储存了上百吨硫黄、化工轻油和砒霜等化学品的仓库发生了大爆炸。大火蔓延到了与盖茨黑德隔着泰恩河（Tyne

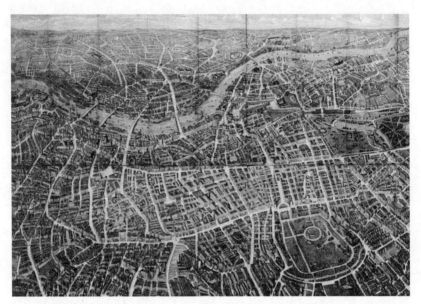

图 4.6　气球上看到的伦敦

River）相望的纽卡斯尔（Newcastle），火势持续了两天，造成超过一百万英镑的经济损失和严重的人员伤亡。

　　当年 10 月 14 日发行的《伦敦新闻画报》刊登了这场火灾的一张图片，像是从气球上看到的实录。观看位置是在盖茨黑德上空大约 500 英尺的高度上，看到的是泰恩河两岸很大一个范围内的房屋、桥梁、教堂、码头、船只和厂房，以及纽卡斯尔市中心的铁路高架桥。画面上呈现的是以蓝白二色为主的入秋色调，显示出当时正值破晓时分。它也写实地表现出其他色彩：升腾扩展的火舌，被风吹送的烟雾，还有四处奔跑的小小人形，仿佛是一幅实时的新闻照片。（看过劳伦斯·斯蒂芬·劳里[①]画作的人，无疑会觉得此画也

---

① Laurence Stephen Lowry（1887-1976），近代英国画家，擅画工业题材。——译注

图 4.7 "纽卡斯尔和盖茨黑德的大火灾"

带有同一风格。）它渲染出一股虚渺的情调，一种工业城市将被火吞噬的预感。此画也将这样的环境描绘为现代的人间地狱——也许更应当说是借火净化重生的炼狱吧！

这幅画的下方是一篇生动的报道，也给出了犹如"自上览无余"的意境——

　　爆炸地点附近的街道真是惨不忍睹。男女老少都从住处跑了出来，身上只穿着睡觉的衣服，四下里寻找能够躲避的地方，可又不知道到哪里去找。盖茨黑德的情况最为凄惨——但见母亲徒劳地想回去寻找仓皇出逃时忘记带出来的孩子，还有孩子寻找失联的父母。纽卡斯尔码头向河的一侧上，所见之处都是散落的木板、木条和仅存的棚顶橡柱，都蒙着硫黄末，还冒着火苗，像是一根根点着了的火柴。大人也好，孩子也好，都被这场大难弄得不知所措，只是一面步履踉跄地乱走，一面悲号尖叫，都好似已然神智不清。有那么好长一阵子，整个城市都像变成了大火的道场……码头街、沙墩坡和塞德路一带，店铺向河的门面和橱窗几乎没有一处还能完好，方圆一英里以内的所有煤气灯都在片刻之间毁掉，令可怕的情景雪上加霜。没过多一会儿，住在纽卡斯尔沿河低处的人们便统统跑到露天的道路上，许多人都还穿着睡觉时的衣裳，不少人都受了伤，而且伤势不轻。到处都是浑身血迹的人，到处都听到呼天抢地的哭喊和捶胸顿足的悲号，还夹杂着其他人哀求上苍垂怜的祷告声，交织成的场面罕有其匹。[8]

面对此次火灾的严重后果，英国在全国范围内启动了救助灾民的行动。第一位慷慨解囊的便是维多利亚女王本人。《伦敦新闻画报》这样报道了发生在这个时代的慈善义举："对于这场巨大灾难给诸多家庭带来的艰难困苦，全英国上下的公众莫不伸出最热情的援手。救助基金共超过 1.1 万英镑。向该基金会提出求助申请的家庭计不低于 800 户……"纽卡斯尔医院和盖茨黑德药房等地也得到了捐助。反映这个被大火吞噬过的工业地区的图像，介绍这些踯躅在街头无家可归民众的画面，深深地打动着人心。据说维多利亚女王也下令，在乘火车前去行宫巴尔莫勒尔城堡的途中，在经过连接盖茨黑德和纽卡斯尔的著名大桥高平公铁两用桥时破例停一下，看一看这个破坏惨重的地方，并一掬悲悯之泪。

气球也在欧洲以外的殖民地上空飞起，用以加强它们与宗主国的联系。这在澳大利亚尤为风行。1858 年，来自英国的气球

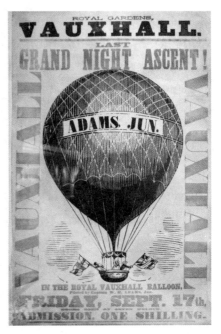

图 4.8 宣传"惜别豪华夜飞表演"的海报

气球上的字样为担任此次豪华夜飞表演的飞天员的姓氏——小亚当斯

"澳大利亚号",在墨尔本和悉尼两地进行了轰动的飞天表演。墨尔本的 3 月正是当地的暮夏时节,这只气球载着当地的几名要人体验夜飞。它从克里莫纳游乐场(Cremorne Gardens)升飞,在澄澈的月光下飘飞到墨尔本植物园上空,欣赏了下面园里美妙的焰火表演。然而,当气球准备在一处叫作巴塔曼泽(Battam's Swamp)的劳工居住区着陆时,吊篮竟被一群蛮横粗鲁之徒抓住不放。这些尊贵的客人只好一面听着他们诅咒这一体现着不民主现实的"超等交通工具",一面不得不将香槟酒和野餐食篮统统丢掉,又扔出几个压舱的沙袋,最后还摆脱掉几名硬从外面扒住吊篮壁不肯放手的汉子,这才脱离困境。澳大利亚不同于美国,气球飞天基本上只在城市里有所风行。没有资料表明在此期间这里曾有人打算进行利用气球探查内陆的实用之举。由罗伯特·伯克和威廉·约翰·威尔斯 ① 率领、于 1860 年 8 月开始，从墨尔本穿过内陆向北直至卡奔塔利亚湾（Gulf of Carpentaria）的探险，始终是在陆地上跋涉的，大部分探险队员也是在陆地上殒命的。🎈

沃克斯豪尔游乐场最后还是关门大吉了，时间是在 1859 年 7 月 26 日。停业之前，游乐场还推出了"惜别之夜"的特别演出。导致关门的原因很多。游乐场主抱怨地方当局不断叫停场里的表演项目，不是说这个太危险，就是说那个太搅扰本地区——肯宁顿（Kennington）近年来比例日见增大的有身份的住户。气球飞天和焰火表演最是首当其冲。不过其他原因自然也不是没有。一是游乐场日见其破敝，表演日见其低俗，方式也日见其老套；二是从游乐场正门前面经过的铁路，近年来越修越长，车费越来越低，大大地分流了游客；三是海滨休闲目下正在流行，那里往往也不乏沃克斯豪尔式的消遣形式。最后还有一点，就是游乐场的地皮日趋金贵，弄得场主们抵挡不住开发商的迷魂汤，决定脱手狠赚一笔。[9]

这时的查尔斯·格林已经成功飞天逾 500 次，也过了古稀之年，现如今已落地生根，在伦敦北面离主干道霍洛韦大街（Holloway Road）不远的一处高坡上，置下了一所小巧精致的房

---

① Robert Burke（1821–1861），爱尔兰人。他移民到澳大利亚后，率队进行纵越澳大利亚东部地区的探险，在折回途中死去。

William John Wills（1834–1861），英国人，18 岁时移民澳大利亚。他在伯克率领的探险队中任副队长，在折回途中死去。

这两个人率一支由 19 人组成的探险队，进行由南向北穿越澳大利亚东侧内陆的步行探险，历时 59 天，行程 2000 英里后到达目的地，但在步行返回的长途跋涉中，除一人外全部丧生。——译注

🎈 不过，热气球还是在 20 世纪末时成为澳大利亚非常时兴的体育项目。作者曾于 2008 年参加了澳大利亚的一次飞天之行。在飞到首都堪培拉的上空后，于清晨时分低空飘到了伯利·格里芬湖（Lake Burley Griffin）畔。在附近的国会大厦周围有修剪得十分齐整的草坪。我本想在那里稍事停歇，但一位保安人员不准我停系气球，并说如果我拒不从命，就会让我吃罚单。

图 4.9　周知沃克斯豪尔游乐场行将歇业的劝业小广告

舍，并给它起名为"近天舍"，过起了退休的日子。飞是不再飞了，但他饱经阵仗的慧眼，仍不时地关注着天空。

第五章
新大陆上飞天踊跃

一　飞天新天地

　　北美是气球飞天的新天地。19 世纪 40 年代初，一代飞天员和飞天艺人便在这块新大陆上涌现。他们一开始时并不十分起眼，但却满怀着一飞冲天、名扬四海的志向。此时，北美洲还不曾出现长途铁路运输——第一条横贯北美的"联合太平洋铁路"到 1869 年才全线接通，故而在此之前，最能轰动的飞天之举，莫过于乘气球一鼓作气地横跨北美大陆的 3000 英里江山①。

　　北美的气球飞天员与他们的英国同道不一样，面对的是原始未驯的环境，广阔而充满野性，田野、森林、湖泊都广袤无边。由于主导风有固定的吹拂方向，在这片土地上大胆尝试横贯大陆的飞天员，都是从西端升飞的。他们还无法忘怀一个更大的念想，就是飞越一个更加人迹罕至之处——宽度在 3000 英里以上的大西洋。

　　在这个时代里，北美大陆上长途交通的方式，还是陆上要靠骑

---

① 　这里是指美国。加拿大最东西两端的距离更大些。——译注

马与乘坐马车，水上则倚仗在像俄亥俄河（Ohio River）和密西西比河（Mississippi River）这样的大河流上慢悠悠行驶的小火轮。北美是从1830年开始修建铁路的，最早建成的公众客货运输铁路是巴-俄线，连接着巴尔的摩市（Baltimore）和俄亥俄河。到了1840年时，全美国的铁路总长不过只有2500英里左右，而且基本上都建在东部沿海地带，如往返于南卡罗来纳州的查尔斯顿和马萨诸塞州的波士顿之间的查-波线等，又多只跑短途。至于美国中西部地区[①]的大城市，如芝加哥和辛辛那提（Cincinnati），直到19世纪50年代，那里的主要交通手段都还一直是明轮桨叶汽船和美国运通公司的长途驿站马车。向西部挺进的铁路，直到1862年对《太平洋铁路法案》做了重大修正后，才得到了迅速发展。

1842年，狄更斯前来美国访问，所到之处莫不受到热烈欢迎和慷慨招待。不过，虽然他的访期长达5个月，访问也被说成是"全国性"的，但其实主要造访地都在东部沿海地区，如波士顿、纽约市、首都华盛顿等。他到达的最北处是尼亚加拉瀑布城（City of Niagara Falls，New York），向南在弗吉尼亚州（Virginia）的里士满（Richmond）打住，向西的步伐也停在了密苏里州的圣路易斯（St. Louis），随后便是乘上一艘明轮桨叶汽船，在密西西比河上向下游方向进行了一次乏味之极的游览，旋即回师北上。访问结束后，狄更斯发表了一部《旅美札记》（1842）[②]，抱怨的文字可着实不少。

横越北美大陆应从何处升飞，没人心里能有准谱；飞天究竟会向何处飘飞，也没人能说个明白。不过，单凭横越这个只是笼统的

---

① 美国中西部的称法是历史上美利坚共和国的领土从东部沿海地区不断向西部和南部扩展时的初期形成的，因此是指目前美国地理上的中北部。——译注

② 有中译本，张谷若译，上海译文出版社，2013年。——译注

设想，就足以产生巨大的推动力。欧洲那里是不存在类似理念的。在北美这里做如此的飞天，将会激起将大片的连绵土地山川纳为一体的喜庆，从某种意义上不啻重新发现美洲并实现总体拼合一般。再者说，向这一设想迈进，也是向潜在的经济利益进军。

没有哪位飞天人胆敢设想从加利福尼亚升飞。这倒不是因为那里当时还是墨西哥的一部分，并未加入美利坚合众国，而是从这里出发则势必要飞越落基山脉，这简直无异于自杀。曾有传闻说，有一只气球已经翻过了弗吉尼亚西部的阿勒格尼山脉（Alleghenies），只不过在那个时期，美国中西部各州都还处于移民大量涌入和牛仔长途奔波的阶段，生活条件都还极为原始。无论想在哪里搞气球飞天，当地至少得具备这三个条件：供应煤气或制备氢气的手段；能够引起本地人兴趣和吸引资助的地方性报纸；向外传播消息知会公众的电报设施。自然，如果本地人比较富足，又因有较高的文化程度（或至少是相当容易轻信）而乐于解囊的话，自然会更有利于飞天活动的进行。

二　法国飞天员赴美表演成功

欧仁·戈达尔[①]是名出色的法国职业气球飞天员。他的第一次赴美巡回飞天表演是在 1854 年，而美国的飞天历史很可能就始于此行。这一年戈达尔 27 岁，已经是位飞天明星，他会定期在巴黎赛马场上亮相演出。他在纽约市街头搞了一套项目齐全的飞天

---

① Eugène Godard（1827–1890），法国著名气球飞天人。他第一个乘气球飞越阿尔卑斯山，并在欧洲大陆组织起包括夫人和弟弟、妹妹在内的班子频繁进行飞天表演，形成著名的戈达尔飞天家族。纳达尔气球飞天的启蒙教师也是此人。他还是最早赴美进行巡回飞天表演的带头人物。——译注

表演，效果很是轰动。他的演出以五只气球为一套共同进行，其中的主气球很抢眼，容积为10.6万立方英尺；装饰得艳丽夺目不说，还有个能取悦美国人的名字，叫作"飞越大西洋号"。他又雇人大搞公关，将自己的这套气球组合包装成"北美最美的气球组合"，他本人则是"巴黎文理科学院院士"和"奥地利陆军飞天总长"——两个大大的忽悠。

戈达尔的飞天班底，除了他勇敢的妻子外，还有一个小小的团队，都是身兼数职的表演人，又荡高空秋千，又耍空中杂技，又演惊险跳伞。他的空中马术节目特别与美国的开阔环境相宜，表演者一是戈达尔夫人，给人以冰雪镇静的印象，一是手持套索（结有一大堆活扣和套环，一派滑稽相，但耍起来可真令人目不暇接）的"套圈侠"，表演者就是法兰西派头的戈达尔先生本人。这次巡回表演，他们先一路南下，一直到了新奥尔良，然后回师北上，沿着密西西比河谷上溯到圣路易斯，再到当时被誉为"西部大都会"（其实只是中西部地区行政机构的所在地而已）的辛辛那提。不过在这里倒是出了件值得一提的事项，就是《辛辛那提时宪报》指派一位叫J. C.贝尔曼（Bellman）的报人专门负责报道戈达尔的一行事宜，美国第一位"气球编辑"就此产生。戈达尔发现，除了每人付25美分入场观看飞天表演的观众提供的可观进账外，招揽顾客登上气球在数千英尺高空享用大餐也是一项财源。[1]

报纸的作用是关键所在。飞天活动如能得到适时的诗情画意的报道，再加上刺激的戏剧性情节和吊胃口的悬念，就能大大地增加报纸的销售量。事实上，悬念以皆大欢喜收束，固然能吸引踊跃的读者，但若以重大惨案收场，报纸的销路却会更好。贝尔曼曾同戈达尔一道飞过数次，一次还是长途放飞，到了俄亥俄州的哈密尔顿（Hamilton, Ohio）[1]。对这一次体验，他写了一篇不错的文字，其中费了不少笔墨，大写"在空气清新的露天里享用冷鸭与冷火鸡"——这个露天是1.5万英尺的高空，而具体享用过程也包括将空香槟酒瓶扔出吊篮，又是观坠，又有听响——不过酒瓶其实并不是空的，戈达尔往里面灌了清水，好让贝尔曼在掐准过了3分25秒后，领略到酒瓶落地时的迸溅场面。不知为什么，读者们可喜欢这段"科学"小插曲哩！[2]

在后来的又一次飞天时，气球遭遇到一场平原上的暴风雨，结果在匆忙着陆时很猛地撞上了小溪边的一株树。那里是俄亥俄州的韦恩斯维尔（Waynesville），离辛辛那提50英里。一名付费飞天的顾客断了三根肋骨，贝尔曼身上也有不少处又破又肿。可这一下子报纸更是卖火了。后来，戈达尔一行人又向东北走，来到了波士顿（他在那里的每场表演能有3000美元的进账）；然后再次西行，去了俄亥俄州的哥伦布城（Columbus），随后又南行，再次来到新奥尔良。据传闻他还去了古巴，在那里表演了一场飞天。

只是更换损坏设备的费用很高，到了1857年年底时，戈达尔已经囊中空空，一度曾打算加入新奥尔良化妆为黑人的滑稽说唱团。第二年，他在离开美国前，加入了一场与一只美国气球的空中对抗赛。对方是气球"海怪号"，飞天员是一个挂有教授头衔的人，名叫约翰·斯坦纳[2]。有4万人花钱来看这两只气球斗法。它们在辛辛那提上空1.5万英尺处发生了惊心动魄的冲撞。不过在对抗

---

① 美国重名的地方很多，有的竟达数十个。因此本书中凡是有重名的地方，后面一般都后附上一级州（或县）的地名。如果不加，则是指最大并最有名气的一个。——译注

② John Steiner（1840—1900），德裔美国气球飞天员，曾与戈达尔共同表演双气球空中"斗法"，南北战争期间加入北军阵营，是陆达到的下属。——译注

过程中，两名飞天员倒都野而不蛮。斗到后来，双方的气球居然都安然无恙，还一起飞到了 200 英里开外的代顿（Dayton，Ohio）。戈达尔输了——也许是故意的，不过名声又重新响亮起来，经济元气也大大恢复。[3]戈达尔在 1859 年返回巴黎，魅力更因美国之行有增无减。没过多久，他便和自己的几个同胞手足——妹妹欧仁妮（Eugénie）、弟弟奥古斯特（Auguste）、朱尔①和路易②一起，构筑起全法国最负盛名的气球飞天家族。

在 19 世纪 50 年代的北美，随着气球飞天表演、降落伞特技表演和气球比赛在美国中西部也人气见旺起来——见识一下全身衣饰光闪闪的法国演员自然是促成因素之一，欧洲那里所没有的超级长途飞天也开始热络起来。[4]辛辛那提如今成了这一活动的佳妙出发地。这座城市处于理想的地理位置：长年从堪萨斯州（Kansas）或艾奥瓦州（Iowa）刮来的西风，能将气球一直向东吹送到 400 英里远的首都华盛顿，中途会飞越阿勒格尼山脉，再向东去便可抵达大西洋海岸。如果风向改为向北，气球同样可以远行，拐个大弯去纽约市（560 英里），接下来还能去五大湖区的布法罗（Buffalo，600 英里），甚至能一直飞到加拿大的蒙特利尔（Montreal，980 英里）；而要是风刮向南方，气球就会改走另外一股道，径飞弗吉尼亚州的里士满（500 英里），再去南卡罗来纳州的查尔斯顿（630 英里），最后进入佛罗里达州（Florida，810 英里以远）。辛辛那提能获得这一地位，戈达尔自然功不可没。

① Jules Godard（1838–1885），法国气球飞天员和气球制造师，欧仁·戈达尔的弟弟。——译注
② Louis Godard（1829–1893），法国气球飞天员和气球制造师，欧仁·戈达尔的弟弟。——译注

三 美国教授级飞天员

在不断扩大的北美本土气球飞天员和江湖艺人的队伍中，有三位突出人物。他们在 19 世纪 50 年代的事迹，在一定程度上令戈达尔和戈达尔式的表演方式迅速成为陈迹。在巡回飞天表演艺人的队伍中，他们可谓一枝独秀：墨水多、会经营、爱科学；飞天本领自不待言，口舌与笔下也都来得。他们往往挂着教授的头衔，就是跨进气球吊篮里，也不忘郑重其事地打上领结。

这三位都有适合登到海报上的醒目姓名：乔大智、焦乐升①和陆达到，第三位的姓名后还缀有教授的头衔。他们不啻为美国飞天黄金时代的"三套车"，彼此间自然也是有分量的对手。他们都共同受到让-皮埃尔·布朗夏尔和查尔斯·格林在欧洲取得的长途飞天成就的激励，不过更令他们跃跃欲试的，是爱伦·坡发表的那篇纯系虚构的空越大西洋的报道，即那篇被后人称为"横越大西洋的气球大牛皮"的文字。

乔大智 1808 年出生于宾夕法尼亚州（Pennsylvania）的兰开斯特（Lancaster），在这三个人中年齿最长，阅历也最丰富。他出身于德国移民家庭，本名约翰·魏斯（Johan Weiss），是名乐器匠师的儿子。他在路德新教的清峻环境中长大，喜欢音乐、爱好数学，会讲德语和英语，人也勤快能干。他本立志钻研神学，结果却迷上了大千世界的可见部分："我会在夜里躺在干草垛上，注视月亮和星辰，一看就是几个小时。每当看到彗星出现，我都会大喜过望。正

---

① John LaMountain（1830–1878），美国气球飞天前驱人物，一开始跟随乔大智，后独立飞天。南北战争期间，他与陆达到都使用气球为联邦一方进行侦察活动。——译注

是这一天性，将我带上了与天空打交道之路。"于是，他也同富兰克林一样，搞起了能上天的东西，先是风筝，继以纸制降落伞，然后又是小型的气球灯。[5]

他去费城学习细木工手艺，度过了五年的学徒生涯，然后专攻钢琴制作。空闲时，他便阅读科学期刊，钻研"气体动力学和流体静力学"，同时继续做自己的飞天梦。[6]

当时的费城仍然放射着富兰克林的光芒。让-皮埃尔·布朗夏尔1793年在本市核桃树街监狱的大院里升飞起有着强烈象征意义的美国第一只飞天气球，令如今的费城人仍深感荣光。在父亲的支持下，乔大智于1835—1836年间进行了本人最早的六次气球放飞。这些气球都不很大，是以细棉布为材料自己缝制的。后来，他又有了一只丝绸料子的气球，大概是名字取得不吉利，叫了个"流星号"，结果在放气降落时炸裂开来，将他向上抛起有10英尺高，手和脸都烧伤不说，还有几天双目不能视物。当时在街上看热闹的人，也有几个的衣服起火被烧，不过说来也怪，这场事故居然没有给他惹来官司，大概是这次飞天得到了公众赞助的缘故吧。乔大智很快就重回天上，这一次用的气球名字还不错，叫作"实验号"。到了1837年时，他又与费城煤气公司谈妥供气事宜，同时还在摸索与媒体——美国东部最有影响的一份报纸——打交道的经验。进入而立之年后，他已经成了本地的头面人物，不断在费城诸多的广场上和公园内升飞。[7]

乔大智颇有将飞天与民众福祉联系到一起的口才，与报界打交道时能说出不少有见地、堪引用的话来。"气球飞天是超前了半个世纪的事物"，就是他的名言之一。他告诉人们，过不了多久，气球便会将目前吹嘘得如何了得的铁路和火轮贬为既不舒适、速度又低的老古董。"我们的后辈人将会去世界的所有地方

图 5.1　飞天员乔大智像

旅行，没有烟尘、不见火花、不会昏晕——且以每小时 100 英里的速度行进。"[8]

乔大智还向尚处于萌芽阶段的气象学领域挺进，不但进行研究，而且有所发明。在经历过数次因气球不能迅速排出气体，导致着陆过猛，人被拖过田地、拽过围栏的事故后，他想出了在气球上添加裂逸瓣的对策。所谓裂逸瓣，就是一条或者一块额外缝在球皮上的材料，需要时只要拉动一根接在此瓣上的拉绳（标以红色），裂逸瓣便可立即脱离球皮，让气体迅速泄出，几秒钟内气球便可空瘪。他的不少朋友觉得，这一"安全瓣"不啻一扇"自杀门"，任何技术故障或人为失误，都会导致球毁人亡。但乔大智在 1839 年 4 月 27 日的飞天中，首次使用了加装这种瓣片的气球，结果很是成功。没过多久，它就成了飞天气球上的基本构件，也是继查尔斯·格林发明气球拖曳索之后的最重大的发明。[9]

19 世纪 40 年代中期，乔大智还因一次用一只起名为"赫丘利号"的丝质气球飞天，得到了《费城问询报》①整整一个版面载文载图的报道。文章说，气球飞天既是高尚娱乐，更是科学演示。它还盛赞乔大智在市中心进行的这场表演"秩序井然"。在观看这场连乔大智的夫人在内共有三人飞天的表演过程中，观者表现得既热情又不失分寸，其中有不少"带着孩子的女士"。表演现场看不到酒鬼醉汉，也未出现打架斗殴。对祝贺升飞成功的表示已不是美国当时通常的鸣枪，而是铜管乐队高奏凯歌。文章还以高昂的爱国情绪终篇，其中颇为得当地夹进了与弥尔顿（John Milton）写进《失乐园》的文字有关的内容②——

> 我们的费城朋友们已经对空中飞行给予了足够的关注。早在1837年夏，我们便以凌空方式飞越了阿勒格尼山。有人告诉我们，堕落天使路西法本是"太空之王"。不过当我们看到富于进取心的美国人把更优异的旅行方式作为自己的禁脔时，并不应当觉得惊异……富兰克林博士的纸风筝，带来了科学上最重要的一系列发现，让整个世界一直在受益。因此，我们要向我们为科学而飞天的朋友们说：接着干，并且干好！不妨建议他们接过纽约人的格言，并大声地周知人们："永远向上！"我们所进行的这番微不足道的努力，是为了帮助人们更多和更好地理解真正飞天天才们的所作所为。

就在这篇文字的旁边，这家报纸还刊登了威廉·黑兹利特③的一篇散

---

① 《费城问询报》（*The Philadelphia Inquirer*）是发行于美国宾夕法尼亚州费城的一份每日发行的晨报，于 1829 年 6 月创办至今，是美国现存第三老的日报。——译注
② 指《失乐园》中以浓墨重彩叙述的本是天使长的路西法堕落反叛的情节。——译注
③ William Hazlitt (1778–1830)，英国作家，以宣扬人文主义的散文和文学评论著称。在《费城问询报》上发表的是他多年前的作品。——译注

文，内容是说，气球飞天正在成为美国文化的一个正常部分。[10]

乔大智有个长远打算，就是创办美国第一家面向全美洲的空运公司，经营全美洲范围内的人员和邮件的运送往来。[11]与此同时，他还对气球飞天的前景持有一种近乎宗教信念的设想。他认定气球有一种存在主义的价值：飞天除了有益于肉体，也有益于精神。这就是说，它有助于灵肉双修。他在印第安纳州（Indiana）拉斐特（Lafayette）周边一带的广袤草原区进行高空飞天表演期间，曾写下了这样一句话："我感到无比喜悦——振作之极——欢乐无涯！上帝就在我身边，在我身边的每一处！以星辰为栖所，赖神明指路程！展现在我眼前的一切，无不令我叹绝上帝之手。光辉的体验喔！……我的欣悦永远没有终结……我经历了醍醐灌顶的感觉。"[12]

这并非是乔大智向人们推介的飞天的全部好处。"光辉的体验"还能给生理功能带来明确无误的改善。空气的上层是卫生的和养生的；因此，飞天是一种保健之旅。事实上，飞天提供的就是一个

图 5.2　乔大智的"天神朱庇特号"气球在印第安纳州拉斐特城上空

字：高。"乘气球来到地上 1—2 英里处，血液的流动速度会有所加高；进入胃脏的消化液浓度会增高；肝、肾、心会更高度协调地运行，以提供高处所需要的体热；大脑会更高效地接受和发送精气；由肉体和精神构成的整个系统的灵敏度也将提高……"正因为如此，"在夏日的好天气里飞上两个小时，益处会足足抵上乘邮轮从纽约到马德拉群岛（Madeira）① 的大西洋双周游还绰绰有余。"[13]

四　飞越大西洋之梦

乔大智相信，在整个北美大陆的上空，都始终存在着自西向东运动的气流——很可能是上帝的安排。那么，人们就应当乘气球飞过这一大片辽阔的土地，并继而向大西洋进发。气球飞天特别能使远距离高速交通成为现实，而这才应当是北美的交通运输方式。他在自己出版于 1850 年的《飞行体系》一书中阐述了这一见解。1853 年，他又向美国国会申请政府资助，但遭到否决。到了 1859 年，他成为一个专项计划的参与者之一，旨在打造一只拟进行多次由西向东长途飞天的特种气球。这只气球委实大得可以——容积 12 万立方英尺，立高 120 英尺——球皮用料是最致密的中国缎料。这样的气球造价的确不低，为 3 万美元。乔大智想以商界惯有的吸引私人投资者的集资方式开展这一计划，为此他邀来了几个有心人，共同创建了一家"飞越大西洋公司"。[14]

乔大智将升飞地点选在了密苏里州的圣路易斯。这座城市位于辛辛那提西面 300 英里处，地处当时美国的西部边陲，发展得蒸蒸日上。他发布的飞天计划真可说是史诗级的：从圣路易斯向正东

---

① 马德拉群岛位于非洲西海岸外的北大西洋，属于葡萄牙，是著名的旅游胜地。——译注

直飞到纽约市，距离将近 1000 英里，必要时还会掠过美国与加拿大共同边境的五大湖地带。欧洲人的所有飞天都无法望此计划的项背。此次征程还带有另外一个目的，即证明完全可能自西向东横越大西洋超过 3000 英里的水域。为此，这只气球的吊篮下面还系有一条装备齐全的 16 英尺救生艇，气球也得名为"大西洋号"。

就在这个时候，同样打算横跨北美大陆的铁路计划尽管仍然停留在构想上，真正使之化为现实的联合太平洋铁路要到下个年代才建成通车，但商业前景看来已经相当明晰，铁道线的铺设长度更是指数式地逐年增加。到 1860 年时，铁道的总铺轨里数已经超过 3 万英里，大部分在东北部各州，并已明显表现出必会成为今后相当一段时期内的有效交通运输方式。[15]这样一来，欧洲当年在维多利亚时代出现的"铁马"与"云龙"之争，又要在美洲再次重演了。

几度商谈之后，乔大智选定了三个人与他同飞：一个是他十分看好的年轻飞天员、29 岁的纽约州人焦乐升，一个是公司最重要的投资者、佛蒙特州（Vermont）的奥利弗·盖杰①，第三个是与他相契的、《圣路易斯共和党人报》②记者威廉·海德（William Hyde），负责大张旗鼓地报道。

海德加入伊始，便大大宣传了一番自己这个飞天小组所会享受到的物质待遇："冷鸡肉、口条、油封熟肉③、三明治……香槟酒、

---

① Oliver Gager（1810–1870），美国富翁、焦乐升气球飞天的积极赞助人和参与者。——译注
② *St. Louis Republican*，全称为 *St. Louis Daily Missouri Republican*，密苏里州发行的日报，19 世纪 60 年代发行。——译注
③ 这是罐头制品出现前以及上市初期价格昂贵、质量没有保证的相当一段时间内，人们普遍采用的保存熟肉制品的方法，即在制好的肉制品上趁热倒上多量也受热呈液态的动物油脂，使之尽量充满容器并将肉制品与空气隔开，然后盖紧盖子。这样冷凝后便可保存较长的时间。罐头食品真正做到安全和能长期保存，是 1864 年法国大科学家巴斯德（Louis Pasteur，1822–1895）证实了微生物的存在后实现的。——译注

雪利酒、红葡萄汽酒、波尔多红酒、马德拉白葡萄酒、白兰地、波尔图酒……足够穿用的大衣、围巾、毛毯和皮手套……一大桶柠檬水……好多捆圣路易斯市的各大报纸……一大叠名片，恐怕还有我没能注意到的其他东西。"[16]他还看到气球上有一只大口袋，是美国捷运公司装纳快递件的专用邮袋。它正是乔大智实现美国中部平原与东海岸间快捷邮递业务构想中的重要一环。

在欧洲迄今一直未能实现的气球邮递，此时倒的确有可能在北美成为现实。美国的西部一直在向外延伸，东部则稳定而繁荣。因此，无论是对商业活动还是个人生活，交通与通讯都至关重要，但都还处于很不理想的状态。第一条可靠的、沿铁路架设的多通道电报线路——贯美电报线——是南北战争结束后才于1869年实现通讯的，而"美国运通公司"的长途邮递业务固然早一些，1857年便已开始，但很快便因陷入与"快马接力邮递"和数种马车邮递方式的竞争而前途未卜。邮递路线之长和包括铁路在内的路况没有保证，使得由西向东的气球邮路——有人颂之为"归心邮路"——成为很受垂青的替代方式。乔大智有心以自己的公司实现空邮服务的垄断，从而能多少倍地收回先前飞行的支出，给公司的投资者以巨额回报。他相信，他的公司将要递送的邮件，不管是家书、情书还是公函，用气球从圣路易斯送到纽约市或首都华盛顿将不会超过4小时，而不是其他方式的4—5天。[17]

他们的这次史诗级的飞天于1859年7月1日下午6时45分开始，正当仲夏时节、薄暮之前。气球已经充好了气，"颇不安分"，遂使他们决定不再顾及预定于7月4日国庆节升飞的象征性考虑。西来的风将吹送着这一行人，沿着一条东向偏北的路线飘飞数百英里，途经多种地貌：树林、道路、草原、农场、铁路、江河、城镇；掠过密苏里、伊利诺伊、印第安纳、俄亥俄四个州和五大湖水域，最后进入纽约州北部，直抵加拿大边境附近。[18]两名飞天员是乔大智和焦乐升，两名飞天客是盖杰和海德。后来，他们四个人都写下了这次飞天的经历，刊登在圣路易斯和纽约的多家报纸上。各家报纸都在争抢，这些经历又是赶着写就的，结果内容颇有出入，同少而异多。

有关这次飞天的原始文字资料，包括这四个人亲笔所写的文字材料和气球飞天记录，都没能保存下来。有日期佐证的资料，最早的只是些发表在报纸上的文章，无疑都经过了编辑们的大量润色和扩充。即便是声称"第一手"的见证材料，也无不是经过出版方按当时惯用的方式自行处理过的结果。《弗兰克·莱斯利画报》①曾宣称发表过《焦乐升先生气球记行》的部分节选，不过这很可能只是标榜其来源可靠的噱头。[19]威廉·海德是名专业记者，应当有随时随地做记录的习惯，而从他发表的有关文字来看，先前部分平铺直叙，后面的却起伏跌宕，风格直追爱伦·坡，也从一个侧面表明可靠性大可商榷。对于海德在气球上究竟做了些什么，倒是从乔大智的寥寥数字可见一斑："坐在小艇里，纸笔在握，可究竟是在记录飞行经历，还是在写最后一份遗嘱或者证词，我就不晓得了。"[20]

乔大智本人无疑是有自己的飞天记录簿的，并曾在写给《纽约论坛报》②的一系列信件中提到它。[21]但这份东西只在十四年后即1873年才现身，写得洋洋洒洒、过甚其辞不说，还只以其《我的

---

① 美国从1852—1922年间面向全国发行的一份周刊杂志，因其创办人弗兰克·莱斯利（Frank Leslie，1821–1880）而得名。——译注
② 《纽约论坛报》（New York Tribune）是一份政治色彩浓厚的报纸，一度占了纽约市报纸发行量的鳌头，之后与《纽约先驱报》（New York Herald）合并，成为著名的《纽约先驱论坛报》（New York Herald Tribune）并发行至1966年停刊，但其面向世界的《国际先驱论坛报》（International New York Times）继续发行至今，但于2013年更名为《国际纽约时报》（International New York Times）。——译注

空中行：讲述四十年的飞天经历》一书中部分章节的形式出现。⚹

看得出来，他在写这些东西的时候，便已经想到出版这一节了。这里面既有精确的技术细节，又有对空间景物的绚丽描述，还有——这一点更值得注意——一段段出色的对话，往往是在吊篮和下面的救生艇之间进行的，加起来有 50 页之多，堪称入选整个 19 世纪美国气球飞天史中最值得注意的内容。

在乔大智的笔下，这番飞天之行是以全景广角图像开始的。读他的描述，会感觉到移动的并不是东去的气球，反倒是下面的广阔田园在缓缓西行，去靠拢下坠的落日，真是看待这一片绵绵延伸的富饶多姿沃土的一个新视角——

升飞后仅过数分钟，我们便跨越了北美大地的水系之父——密西西比河。我们注视着它那上下绵延的曲折河道和它的混浊河水，它的两条大支流——密苏里河与伊利诺伊河，更是平添了壮丽之气……占地本并不少的圣路易斯市，在气球上看去却好似在不断回缩，并最终收成一块烟气幢幢的黑色斑点……物产丰富的伊利诺伊州在下面迅速掠过，像是要与西部更带野性的土地会

⚹ 这部分内容写进了该书的第 41 和第 42 两章，小标题分别为"从密苏里州圣路易斯市到纽约州（I）"和"从密苏里州圣路易斯市到纽约州（II）"，还附有几幅动人的插图，其中一幅为尼亚加拉瀑布——该瀑布群的第一张空中俯瞰图。开始部分有这样一段评述文字：

这是一部讲述人们从古至今以种种人工方式尝试飞翔长空的历史。介绍了作者最重要的空中事迹、多次历险经历和幸免于难的机缘。"你要留心听，要站立思想上帝的奇妙作为。上帝如何吩咐这些，如何使云中的电光照耀，你知道吗？云彩如何浮于空中，那知识全备者奇妙的作为，你知道吗？"（《圣经·约伯记》第37章。——译注）

显见乔大智有浓厚的宗教意识。而且他的言谈也总带有一股布道的味道，仿佛吊篮就是他的布道台。

合……一处处庄园、一座座房舍，看上去都在以每小时 50 英里的速度奔跑……一轮新月从下面升起来了，放射出令人陶醉的淡淡微光。西边的地平线上则被抹上了金紫二色。[22]

夜幕降临时，他们已经将密西西比河抛在身后，正飞向印第安纳州。他们让气球升到 1.8 万英尺的高度。那里有星光照耀，景色美丽而寒气砭骨。乔大智小睡了片刻，梦到了"在行星世界漫游"。大气中确实存在的那股气流，将气球稳稳地向东送去。只是空气中充溢着一种带电感，球皮上也怪异地闪现出跳动的萤萤弧光——圣埃尔莫火①，明亮得能让乔大智看出怀表上的时间显示。这说明可能会有风暴来临。他们不禁担心起来：气球里的氢气会不会爆炸呢？这几个人饮了些白兰地，又让气球排出一些燃气，让它飞得低些。乔大智注意到一个现象，就是当他在黑暗中向下呼喊——他称之为"与狗狗交流"，就可以判知下面是什么样的地方：只有一只狗叫，下面就是一所孤零零的房子；一群狗吠，就说明若不是村庄、市镇，就是个火车站；如果根本听不到狗声，自然就表明那里是空旷的大草原。[23]

翌日凌晨，气球飞到了印第安纳州韦恩堡（Fort Wayne）的上空，前面便是伊利湖（Lake Erie）。上午 10 时，他们将气球降低了些，飘飞方向比预料的更有所偏北。这样一来，原定的目标纽约市就只好更改一下，换成了波士顿。临近伊利湖一带的人烟比较稠密。有越来越多的人从室内出来向他们招手呼喊，这使乔大智意识到，他们正见证着一个有历史意义的场面，这就是人们事先已经知道了这次飞天。有关他们旅行的消息，早已通过电报从圣路易斯传

---

① 闪电的一种特定形式，通常呈球形，并往往伴有大小的变化。因最早在意大利的一座名叫圣埃尔莫的教堂顶上为人们注意到而得名。——译注

开。从东部开始向西延伸的新建铁路，沿途已经架起了电报线，就等着传送他们的消息呢。布法罗、布莱克罗克和罗切斯特等地的人们，事先便知道他们会乘气球前来。事实上，电报加上铁路所形成的通讯手段，已经走在了气球前面。这种形势此时未必会令乔大智欣慰。[24]不过，气球还行将干出一桩惊人之举——从尼亚加拉瀑布上空约两英里的高处飞过。

　　这将是四位飞天人此次历史性飞越中给人们的又一次震撼。位于伊利湖和安大略湖（Lake Ontario）之间的尼亚加拉大瀑布（Niagara Falls）宏伟无比，每分钟会将400万立方英尺的水倾泻到165英尺的下方。这里早已被确立为展现北美原始粗犷野性的地标之一。每年都吸引着成千上万的旅游客人、蜜月情侣和社会名流前来。大部分观光客都认为这里的风光具有一种震慑性的伟力、一种超然世外的气度，或者别的什么无法言传的性质。哈丽雅特·比彻·斯托①在1834年前来这里时，就被它的壮美弄得"大失常态"，竟要投身飞瀑；查尔斯·狄更斯在其1842年首度访美期间，也曾凝视着这一片"弥漫的伟岸"感叹道："真难想出还有什么地方会比这里更接近上帝！"[25]托马斯·卡莱尔后来也在其一篇名为《冲入尼亚加拉……而后来呢？》（1867）的文章②中，以这道"浅绿色水流"的不可阻挡的下泻，来比喻进行社会改革所可能造成的灾难性后果。他的一句"完全民主的尼亚加拉式一冲"，说得真是再形象不过了。这样一来，无

---

① Harriet Beecher Stowe（1811-1896），美国作家、废奴主义者，她的力作《汤姆叔叔的小屋》（有多个中译本）成为美国南北战争的导火线之一。当林肯接见她时曾说："你就是那位引发了一场大战的小妇人。"——译注

② 这是卡莱尔的一篇短文的标题。该文以历史上曾有若干人想从这一瀑布群上方或者水中通过，却都无人幸存的事实进行政治上的发挥，以表达他认为社会变革不能单靠冲动行事的观念，指出革命后的历程将更艰巨，也许更危险。他的这个标题遂成为名言。——译注

论在英国人心里还是在美国人心里，尼亚加拉都已成为一种强大的象征性存在。对于乔大智这几个人来说，从这道大瀑布上飞过、率先实现这一壮举之时，便必定会成为振奋国民精神之日。

面临即将力行的这一壮举，至少根据威廉·海德后来所写的东西来看，他本人的表现是异乎寻常的冷静——

> 我们到了一英里多的高度上，气压计给出的读数是 23.6 英寸。12 点时，气球的位置在大瀑布与布法罗之间……从这个高度望下去，这几个[①] 著名的大瀑布都清清楚楚。它们看上去像是 2 英尺许的东西，根本看不出水的倾泻。落水溅起的水雾造成了它们如冰的形象，使我们并不觉得如何壮观、如何不凡。越过伊利运河的西端后，气球便径自向安大略湖飘去……[26]

从高处向下观察景物，会觉得实物看上去像是"缩微"了的平面地图。这样的效应早已为欧洲的气球飞天员熟知。但在一名初次登上气球的美国记者眼中，大概会因为这几个著名的瀑布竟然如此不起眼、如此平淡无奇，远没有预想中那样超凡而觉得奇怪。在他看来，它们简直不值得为之浪费笔墨。

当然，这样写也可能是故作姿态地轻描淡写——能够来到这样高的地方，自然使乔大智的三位同伴自认有资格做作一下啦。正因为这样，他才不以为然地评价他们说："我的这几位同伴觉得，尼亚加拉瀑布没什么看头……就连为庆祝来到此处世界名胜而特意享用的名牌香槟，打开时的动静也比下面响亮，喷涌出的泡沫也比下

---

① 尼亚加拉瀑布由三个独立的瀑布组成：最大的叫马蹄瀑（Horseshoe Falls）；其次为美国瀑（American Falls）；最小的是新娘面纱瀑（Bridal Veil Falls）。后两个因距离很近，往往会被视为一个。——译注

上穷碧落：热气球的故事

图 5.3　空中速写——云生尼亚加拉瀑布

面来得汹涌呢！盖杰的观感是'不过尔耳'，海德觉得它们'一动不动'，焦乐升则表示在那里可以'修座水坝、盖个磨坊'——不错的水利条件。"[27]

　　乔大智可与他们不同。从他笔下涌出的文字热情奔放，兼有教化劝喻之功。他认为这几位同伴应当"注意听，认真看"。尼亚加拉瀑布展示出大自然是如何在数以亿万年计的地质期里切山割石的。下面的巨大水雾团，看起来固然"一动不动"，实际上却是水与空气共同形成的时时变化的特定气候体系。它们还打造出数道"美丽的小型彩虹"，奇妙"一如仙境"。下面的一切，莫不表明大自然集伟力、精巧、秩序与匠心于一体。大自然是超凡的。上帝的能力无与伦比——

　　你们可曾看到，这个尼亚加拉大瀑布是个何等神奇的生云之地！云团一朵接着一朵，出现在雾气起处。看它们是如何秩序井然地一面升起，一面排队向东飘去，将宝贵的水汽带到为干枯所苦的地方去吧。这真是妙不可言的景象——大自然的作坊、灌溉的泵房。一切存在都不是没有用处的。

再来听听瀑布的音乐吧。它不是咆哮、轰鸣，不是擂击、喧嚣，而是高低有致的甜美乐音，像是风弦琴①的琴弦得到了拨动。即便这种声音不是天球之籁②，也必定是运动所发出的抑扬顿挫之语。从这种声音中，我们可以悟出那句著名的格言："秩序乃天界第一律。"③[28]

只是再过一小会儿，大自然的伟力，便将体现为一股西风的作用，向这几名气球飞天员展现出自己的另外一面，眼下的所有美好，都将被猛烈扫光。到了正午时分，乔大智已经意识到，气球"骑上了大风暴的前锋"——从西南方向的草原那里，一场飓风正气势汹汹地滚滚前来，从后面向他们袭击，而他的三位没有经验的同伴对此却一无所知，"也对我所意识到的了无感觉"。乔大智已经看到，在气球上方，天空带上了一种"牛奶样的白色"，而且越

---

① 风弦琴是欧洲的一大类古代乐器，有多种外形，但基本上都是弦线加上共鸣箱，放在空旷的地方，当有风吹过时，就会发出声响，并因风力大小而发出音高不同、响声不同、和声不同、强弱也不同的无穷组合。时至今日，也仍有爱好者在钻研和改进此类乐器。近世也有用多根长短不同、粗细不一的铜制金属管代替琴弦的，虽然无弦，但仍然沿袭了旧名。——译注

② 亚里士多德认为，地球之外的天体均分布在以地球为球心的一系列透明的水晶球即天球上，各以一定的速度彼此和谐地共同转动，并说这种和谐便是天界的音乐，只存在于天上。这一学说导致只能存在五颗行星（对应着只可能有的五种正多面体）的推论，长期地误导了许多后人。——译注

③ 这是英国诗人蒲柏（Alexander Pope, 1688–1744）所著《人论》中的一句名言。——译注

来越浓稠，在远远下方的地面处，风势在不断加强，树木吹弯了，篱笆刮歪了，水头也泛白了。此时在"大西洋号"上，感觉仍很安稳，不过乔大智估算了一下，得知它相对地面的移动速度达到了每小时 90 英里，已经快得惊人了。[29]

可就在这时，那三位同伴还兀自开心不已，毫无戒备地在吊篮里欣赏下面美洲大陆上的五光十色，"神聊得眉飞色舞"呢——

> 在五大湖中，我们能看到两个的全貌，数不尽的城镇也都一览无余，蜿蜒的铁路及运河，上面跑着一列列火车、一艘艘轮船，还有一条条泛着银白色亮光的弯曲河道，散布四处的农田如一块块黄金；伴着这些美景的，是一片由汽笛声、牛铃羊铃声、猎枪声和数不清的人声，十足合并成的人口稠密地区的繁忙景象，真是蔚为大观。我们这里是乘浮飞巨物稳坐云端，下面那里则到处是生机盎然。[30]

盖杰注意到乔大智居然少有的沉默，便问他道："我说教授，有什么事情让你这样出神呢？"如此一来，这三个人才多少意识到有些不对头。从这时起，威廉·海德原来的那种悠然自得的记者笔锋发生了明显的改变——

> 在我们的下面，一场可怕的风暴正在发威。树木乱摆不住，伊利湖水惊涛拍岸，完全是处于暴风雨中的景象。下面是生猛的旋流和震耳的浪涛，上面是"大西洋号"的高傲行进，没有一根缆索错位，没有一块球皮走形，仍然载着期待它完成使命的主人，努力向翻腾着咸湿浪花的地方飞去。那里就是我们的目的地：这个幅员广阔的共和国的一端。[31]

到此时为止，他们还能选择在任何一处地方降落。盖杰便提出让乔大智将自己、海德，还有那只邮件袋都在罗切斯特放下去。这样，他们还能乘火车去到纽约市。[32]乔大智同意试上一试，但也告诉他们，眼下的西风不但越刮越猛，而且还在将气球送向偏北的方向，而那里便是继伊利湖之后的又一片水域——安大略湖。它虽不是五大湖里最大的一个，但仍然广阔浩渺，伸展线度在200英里以上，面积超过7000平方英里，水深更是远非泛泛的伊利湖可比——后者哪里都不超过200英尺，而安大略湖的某些地方竟深达1000英尺以上，故而是个会发生狂风巨浪的危险所在。乔大智实在不想在此种情况下冒险。他竭力在风声中大声喊着告诉海德说："要打算穿过这第二片水域，可纯粹是冒险胡来。"他让三位同伴都下到那艘救生艇里，做好准备，一旦有机会让锚索钩住地面片刻，他们便可带着邮件袋跳上地面。

然而，虽然乔大智放出了不少气体，却始终未能让气球在进入安大略湖前哪怕片刻地停在狂风肆虐的湖区的前岸地带。他们就这样被呼啸的东北向气流逼在气球里，极不安全地低低掠过最后一排树木，进入了安大略湖水面。"焦乐升在下面焦急地冲着我喊道：'我说教授，咱们怎么办呢？'我的回答则是：'把能抓到的东西都赶紧扔出去！不然一撞上什么，咱们就全都粉身碎骨啦！'"[33]

此时艇上已经没有压舱物了。焦乐升便将推进器等铜器扔了下去。这样，"大西洋号"总算又飞到了树梢之上，继之又"像颗子弹般"升高，在令人不安的铅灰色无边湖面上飘荡。不过，没了推进器，救生艇的用途便大大打了折扣。乔大智暗自思忖道："刚才的那一阵白浪、惊涛和狂风，可实在是太可怕啦！"过了一会儿，陆地便从眼前消失了。海德只说了一句话："我想咱们怕是要报销啦。"焦乐升则事后有如下的回忆（看上去可能经过了报纸编辑的文字润色）："头上是如墨的黑云，四周的狂风似魔鬼吼叫着进逼，脚下是高达 15 英尺的巨浪，向着所有方向拍卷，浪尖上还泛着泡沫。"[34]

　　气球目前所处的状态是放出的气体已经太多，因此又在不断下降。用乔大智自己的话来形容，是"足够糟糕的了"。北美的这一片大水就要将他们吞没。救生艇已经数次触到湖面。乔大智将他们都召回吊篮。下一步该做什么呢？这四个人分歧严重。乔大智主张都下到救生艇里而让气球自行飞走。焦乐升则正好相反，觉得还是留在气球里，但要将已经没有什么用的小艇作为压舱物丢弃。形势真是左右为难。面对这样的风暴，究竟是气球能飞，还是小艇能浮，谁也说不准。无论选择哪一种，如果搞错了，结果便是无可挽回的全体丧生。

图 5.4　"大西洋号"在安大略湖上

乔大智一时还拿不定主意，而性急的焦乐升却马上行动起来。他抓起一把斧头，向处于半悬吊半漂浮状态的救生艇砍去。他先是将座位和固定这些座位的附件一个个弄掉，将所有的木制部分都作为压舱物舍弃，只留下帆布，好让它必要时还能浮在水面上。湖上的浪头不断砸向他的全身，但他仍坚持干下去。乔大智一度曾觉得看到了急流中出现他的头颅，正在被急流卷走，便大叫起来："焦乐升被冲走啦！"不过接着又听到了含糊不清的回答："不是我，是我的帽子！"他还留在船里，正用双手抱着一个还没拆下来的侧座呢。[35]

　　他们一点点地将所有能充作压舱物的东西都丢掉了：每一件仪器、每一瓶香槟、每一瓶白兰地，到后来，乔大智将自己的衣包连同里面的衣物，还有"宝贝得什么似的银制烟盒，是朋友送的"，也都割爱了。[36]到了最后，那只美国捷运公司的邮件袋也遭到了同样的下场。"大西洋号"一直不断地碰撞浪尖，又继而回到空中。几个人就紧紧地把住吊篮，悲惨地坚持了两个小时，祈祷着快快看到陆地。乔大智和焦乐升不断地极目瞭望，偶尔沮丧地呼叫上一两句。

　　即便在这种情况下，还居然会发生不可理解的怪事。盖杰要打开最后一瓶香槟酒，于是拿起乔大智特制的折叠小刀。结果竟然遭到了乔大智的警告："嘿，我说，可别弄卷了刀刃哟。"这句话倒弄得盖杰笑了起来，心情也有所放松："你还打算以后再接着用这把小刀吗？""当然啦。"乔大智回答道。"这么说，"盖杰说，"你并不认为咱们很快就要没戏啦！"

　　当他们看到下面的波浪中出现了一艘小火轮"年轻的美利坚号"时，乔大智建议迎着它开来的方向放弃气球跳入湖中游过去，但遭到其他几人拒绝。这样一来，当气球从小火轮上方飘过时，乔大智就告诉这三个人欢呼三声。欢呼声也从下面传了上来。船上的女士们纷纷挥舞手帕，男人们则高兴地回敬以喊叫。这让乔大智心想："这帮人可万万想不到，我们手里正拿着地狱的传票哩！"[37]

又过了两个半小时后，气球总算在安大略湖东岸着了陆。这里是美国纽约州的北部，附近四处都是人迹罕至的森林，比较近的居民点是一个叫亨德森（Henderson，New York State）的小镇，再向北些便是加拿大了。落地时的气球时速仍达60英里以上，乔大智很担心，如果气球撞到树上，那大家就真都活不成了。他将锚索抛出，锚钩立即牢牢地钩住了什么。"大海怪被钩住啦！"气球随即从树顶坠下来，"有如一头发疯的大象冲进丛林"。

在这个紧要关头，是一株大榆树救了他们的命。它的树枝将冲行的球皮划成一道道碎条，使气球慢了下来，最后还以一根粗大的树枝将吊篮牢牢钩住。但见残存的丝绸球皮在这四个人的头顶上都已撕成碎片。他们都衣衫凌乱，在这最后的惊险一幕中没交换过只言片语，此时却发现居然都不曾受伤，而且都还有力气顺着绳索溜到50英尺下的地面上。[38]

乔大智估算了一下，他们在气球上沿美洲大陆"从西向东跨过了16个经度"——一个相当了不起的成就。考虑到气球在西风吹送下，走的是一条由东渐向北拐的弧线，实际上从圣路易斯算起，行程当在"1200英里上下"，完成了"迄今最伟大的气球飞天行"。对于这次飞行，后来公布的正式数字为809英里，用时24小时40分钟。距离虽然缩短了些，但仍然"是创纪录的长距离，直到1910年9月才被打破"。[39]不过由于邮件的丢失，此次飞天并未能创造任何商业价值。那只邮件袋后来倒是被找到了，它漂到了安大略湖南岸的奥斯威戈县（Oswego，New York State）。

高兴也好，遗憾也罢，反正乔大智是以轻松的语调结束了自己

图 5.5　焦乐升同乔大智、海德和盖杰一起降落

的这次飞天行记的。他是这样终篇的：正当他们将散落的"大西洋号"残体收拾起来时，亨德森当地的一些农场主围了过来。"一位戴眼镜的老太太发表感想说，我们几个人看上去倒蛮有身份，可乘的这个劳什子却真是匪夷所思。这让她委实摸不着头脑，因此很想知道我们究竟是从哪个地方来的。我们告诉她是从圣路易斯来的。她又问这个地方离她们这里有多远。当她听说有一千多英里时，便从眼镜的上方狐疑地打量着我们，还说了句：'拉倒吧您呐！'"[40]

　　威廉·海德仗着对这次飞天的宣传有了名气，从此潜心于记者行当。焦乐升也立即入围最勇敢的年轻飞天人之列，但也很快又有了好出风头的刺儿头名声。他发表文章攻击乔大智，说他是个不称职又优柔寡断的懦夫，又宣称自己一个人将"在今年 10 月份横越大西洋"。

最后，他竟公开与乔大智叫起板来，提出要同他在乘气球横越北美大陆上一见高低。他的飞天将从太平洋海岸开始，乘西风跨越三千多英里，直抵大西洋海岸——真是一副打算自杀的架势："如果乔大智先生觉得，此举堪证明我与他在能力上——包括科学能力在内——孰高孰低，故同意乘同样之气球，尝试从旧金山飞至大西洋海岸的话，他是知道我的联系地址的。"[41]

事实上，这一难以真正兑现的过头设想，反倒在一定程度上让这两个人的头脑都冷静了下来，对抗情绪也有所缓解。被严重损坏的"大西洋号"得到回收，在奥利弗·盖杰的支持和资助下，焦乐升用它的部分材料再造了一只较小的新气球，并乘它做了几次距离较短，但危险程度并不低的飞天。其中的一次特别为人们知晓，就是气球深入到加拿大渥太华（Ottawa）以北的荒野内地，导致他不得不徒步跋涉

图 5.6　焦乐升肖像

三个星期，才得以重回文明世界。与此同时，乔大智也不事声张地回到圣路易斯，接着宣传自己将气球用于邮政、长途交通和保健的主张。不管他们在做些什么，总之都不再做那横越大西洋之梦了。

五　凭借向东的气流，立命科学飞天

从许多方面看，在美国的飞天员中，抱负最大的当属陆达到"教授"。除了姓氏（Lowe）和本名（Thaddeus）外，他还有两个中间名，其中一个是索别斯基（Sobieski），就是这"斯基"两字，使不少人认定他是个波兰人，气球又给他蒙上了一层江湖艺人的色彩。其实，他是个极为严肃认真的人，行事十分缜密，做起事来不达目的誓不罢休。他来自新罕布什尔州（New Hampshire），是个 6 英尺高的大个子，仪表堂堂，外加一抹引人注意的浓密髭须。陆达到深信，气球飞天是一门新兴的科学领域，不但一有机会便起劲地发表这一见解，而且终生不渝。他还认为"无论何处，每种发现、每样革新，总是要受到嘲笑的。哥伦布（Christopher Columbus）被指摘为骗子；萨缪尔·摩尔斯[①]曾被呵斥为疯癫；富兰克林被鄙夷为傻瓜；查尔斯·达尔文也多年陷入笑柄地位。看来凡是发现新事物的人，无论男子还是女士，都注定要遭到莫须有的攻击，而且是最粗暴无情的一种。"[42]

陆达到也与乔大智和焦乐升一样，将自己的梦想定格在乘气球向东飞行上——先横跨北美大陆，继而再向大西洋挺进。他告诉人们，这一理想在他还很小时便豁然形成："记得小时候，我经常躺在树下，透过树叶向天上仰望，看到云朵向不同的方向飘动；高处的向东去，低处的向西行。这便让我想到，如果能去到高处，就可

---

① Samuel Morse（1791–1872），美国发明家，摩尔斯电报码的发明者。——译注

图 5.7　1855 年前后的陆达到

以渡过大西洋，一直抵达欧洲大陆。"[43]

　　陆达到在《我在和平年代与战争岁月中的气球飞天生涯》这本自传里，讲述了他本人对气球下过的大功夫，而且将飞天立为终生不渝的奋斗事业。他在 20 岁那一年读了乔大智的《飞行体系》，从此越发坚定了乘气球高高凌空、凭借那股向东的气流，使不停靠跨越美洲大陆的梦想化为事实的决心。只要有一只气球，荣耀便将属于他。不过，他并不像乔大智那样，泰半以宗教虔诚之心从事飞天事业，而是将它大体上视为科学之举："我对科学的爱好表现在诸多方面。我将自己挣来的每一文钱都省下来，用来阅读所有能弄来的科学书刊，尽力结交有识之士，同时集中精力，丰富自己从事这一领域内的科学研究所需的知识。"[44]在属意结交的对象中，对一位货真价实的教授、著名的美国物理学家约瑟夫·亨利①，他特别下了大气力。

---

① 　Joseph Henry（1797–1878），他被认为是继本杰明·富兰克林之后美国最伟大的科学家，是当时能与欧洲重量级科学家平起平坐的少数人之一。他对电磁学贡献颇大，于 1830 年独立发现电磁感应定律，早于法拉第，但其时并未公开此发现。电感的单位便是以他的姓氏命名的。他还是位卓有成效的科学行政组织者，又积极支持用于科学研究的气球飞天。——译注

从很小的时候起，陆达到便无论做什么都一心一意、心无旁骛。年龄不大，他便给一名游方讲学的化学家做了助手，干了不到一年，便独立钻研上了气体化学，并带着一个"便携实验室"到处举办讲演，讲演内容越来越多地涉及充氢气球的演示。他在讲演时看到第一排座位上出现了一位漂亮的女子，名叫利昂蒂娜·嘉琼（Léontine Gaschon），年方 19 岁，来自法国，是名演员，对氢气球——她的同胞欧仁·戈达尔等飞天的工具——表现出浓厚的兴趣。一个星期后，他俩便在情人节那天结了婚。这是 1855 年的事。婚后，他们两人一起多次飞天，还生养了 10 个孩子。[45]

陆达到的第一次有记载的飞天是在他婚后的第二年即 1856 年进行的。那一年他 24 岁，所用的气球是他自己制作的。没过两年，他的飞天事迹便上了报纸。1858 年，为庆祝第一根大西洋海底电报电缆敷设成功，他在加拿大的渥太华和美国缅因州（Maine）的波特兰（Portland）等地举行了一系列飞天表演，都得到了媒体的广泛报道。横跨大西洋敷设电缆，自然强化了横越大西洋飞天的商业意识。很快地，陆达到便与乔大智开设在圣路易斯的"飞越大西洋公司"搭上了线，共同商讨起就此合作的可能性来。

不过事态的发展有些出乎人们意料。1859 年 7 月，也就是前几年乔大智的"大西洋号"飞掠安大略湖上空的同一个月份，陆达到宣布将独自一人争取这一全国性的荣光，而且还不知以何种手法获得了资助，造出了"纽约城号"参与打擂台。这只气球远远大过了乔大智的"大西洋号"（那个"只不过区区"12 万立方英尺的小家伙）。"纽约城号"的容积大达 72.5 万立方英尺，立高 200 英尺，吊篮下面还系着一艘 3 吨重的救生小火轮。1859 年秋，这只巨无霸神气地出现在纽约市曼哈顿六大道与 42 马路交口处的著名建筑

"水晶宫"①前的广场上，吸引来大量观众，也得到报刊的广泛报道——只是持怀疑态度者居多。

事实上，"纽约城号"明显地先天不足，最大的问题是连离地都很困难。在热热闹闹地举行过与纽约市煤气管道的接通仪式后，经过一只超大型煤气表 14 天不间断地供气，还只充到不过三分之一的容积，但已经弄得全城的室内煤气灯都快要亮不起来了，这家想借此举大大增加知名度的公司也因此使人很失望。当年的秋天天气格外肃杀，也是一个不利因素。陆达到裹着一袭厚重的皮大衣，亲临充气现场监督，报纸说他简直有如一头"俄国熊"，模样像，脾气也像。为了使这只气球能与由伊桑巴德·金德姆·布鲁内尔②设计、不久前刚下水、载重量空前的铸铁大船"大东方号"同样轰动，他又乘此船即将结束其跨越大西洋的处女航来到纽约港之际，将"纽约城号"改成了"大西部号"。这两招都未能奏效。气球反倒是漏气更比充气快，结果是"水晶宫"外停放气球的场地上弥漫着一股难闻的煤气气味，还沿着 42 马路散播开来。到头来，给"大西部号"充气的努力被叫停了，它再也没能离开纽约市的地面。

陆达到没有灰心。第二年春天，在本杰明·富兰克林工业学院和费城煤气公司的邀请和《费城问询报》的鼓励下，他又前来费城。[46]这三个赞助者——一为知名学府，一为燃气实业，一为报界代表，代表着美国的三种财力充足的游说势力，也都怀着支持越

---

① 英国伦敦也有一个同名的建筑，而且出现得更早。事实上，纽约的"水晶宫"正是以前者为蓝本仿造的，两者也都是世界博览会的主展馆。这两个宏大的建筑现在都已不复存在，而巧合的是，它们都在极短的时间内毁于突发的大火。——译注

② Isambard Kingdom Brunel（1806–1859），英国工程师，皇家学会会员。他主持修建了横贯英格兰的铁路、多艘蒸汽轮船和诸多重要桥梁。由他设计和督造的巨轮"大东方号"，长 692 英尺、宽 82 英尺、排水量 32160 吨，体积为当时最大船只的 6 倍，可用 15 天时间不停靠地从伦敦航行到纽约。——译注

洋飞天的热心（其中或许不无谋利的居心）：学界希望看到新技术苗头，实业界企盼新投资目标，传媒热衷于激动人心的新炒作内容。第四个有兴趣的方面军也很快加入了，这就是美国陆军。它的目的是需要找到，而且是急着要找到气球在战争领域的新用途——获取军事情报。

陆达到未免对那只"大西部号"过分自信了些——毕竟他当时还只有 28 岁，又过分相信了纽约的那些支持他的阔佬。这只气球与其说是个可以安全飞天的物件，毋宁说是一台出色的公关机器。1860 年 6 月，他用一只新气球进行了一次短程试飞，倒是成功地飞到了新泽西州，不过并不轻松。（还有《费城问询报》的一名记者随行，这位老兄可是吓得够呛。）然而，他在 1860 年 9 月 8 日给气球再次充气时，这个大家伙一下子炸裂开来，结果几乎变得无影无踪，只剩下几片不同颜色的球皮，从费城人的屋顶上方飘过（还作为几张讽刺漫画保留在报刊上）。[47]

也正是在这个关头，陆达到的英雄本色真正显露了出来。他不承认失败，不受灾难的影响，马上着手拟定新的大西洋飞天方案。这一次，他不再考虑商业因素，回到了纯科学的立场。他立即写信去首都华盛顿，向美国当时最负盛名的化学家、电磁学家与气象学家，史密森学会第一任会长约瑟夫·亨利教授求助。

各种打着科学旗号的求助申请，亨利教授可以说见过不计其数。不过对陆达到的这一份，他是认真看待的。他在与陆达到交流的一系列信函中明确表示，"北美西风"确为一个实际存在的"气象状况"；经史密森学会历时十年的"不间断观测"，北美高空确实存在着一股"向东吹送的主导气流"。因此他本人的看法是，只要有"足够大，而且不漏气"的气球，是能够凭借该气流横越大西洋的。作为资助的条件，亨利的要求很老到，也完全着眼于实际应

图 5.8　约瑟夫·亨利像

用：陆达到在气球上所应当做的事情，都只能是研发性的（这里用的是现今的术语）：他使用的气球尺寸必须大大缩小，飞天只能在陆地上空（而非海上）由西向东进行，旨在"积累有关内陆行程"的实用性经验，并在确认全部行动都"得到彻底检验"后，方可正式实施。[48]亨利教授另外还提出一条建议，乍一听来似乎外行，其实却很高明，这就是升飞只应在近地风向明显相反，即向西吹拂的情况下进行。这样的话，观看此次飞天的人们，才会因亲眼见到一旦气球升得再高些，便会调转飘飞方向，胜利地向遥远的大西洋海岸挺进，由是证明高层大气上的确存在着定向东去的主导风。

　　就这样，在 1861 年春，陆达到带着一只尺寸小了许多的气球——容积为 3.3 万立方英尺，取名"进取号"，来到了放飞气球的故地辛辛那提，准备于 4 月里的第二个星期升飞。[49]只不过，等待着气球和飞天人的，却是一个另外的方向。

第六章

战神征用"天使之眼"

一 南北战争中的气球飞天行动

1861 年 4 月 15 日，新上任的美国总统林肯① 宣称美国南方诸州"有反叛行为"，并下令征召 7.5 万名志愿兵前去南方平叛——征召期定为三个月。[1]林肯总统当时只是认为，南方那里无非是有些庄园主"调歪"，弄到了些武器，便不安分起来。它既在军事上组织不力，范围也只限于所谓的"大南方"，即种植棉花的南卡罗来纳、密西西比、佛罗里达、亚拉巴马、佐治亚（Georgia）和路易斯安那（Louisiana）六个州。这种"调歪"开始时只是零零星星的表现，彼此间也并没有关联。最早的一桩冲突发生在南卡罗来纳州港口城市查尔斯顿的萨姆特要塞（Fort Sumpter）。接下来，得克萨斯州（Texas）也宣布退出美利坚合众国这个联邦体制。这七个州共同形成了一个"美利坚联盟国"，简称"邦联"，定都亚拉巴马

---

① Abraham Lincoln（1809–1865），第十六任美国总统，在任期间发动美国内战（南北战争）。他是支持将气球用于军事行动的。——译注

州的蒙哥马利（Montgomery），离华盛顿市一千多英里，还选出了自己的国会，以表示对北方——此时简称为"联邦"的藐视。

北方无论在人力、武器装备和工业基础上，都远占数量优势。这使联邦政府认定，通过为期不长的全面封锁措施，便能迫使南方就范。岂料到了 5 月末，又有三个蓄奴州——田纳西（Tennessee）、阿肯色（Arkansas）、北卡罗来纳（North Carolina），以及弗吉尼亚州的一部分——加入邦联[2]。这还不说，又有几名出色的军事将领也参加过来，其中最著名的是罗伯特·爱德华·李①和绰号"石墙"的托马斯·乔纳森·杰克逊②。这使南方的斗志陡涨，一时间，"迪克西"③也成了最响亮的名号。在这种自信心的鼓舞下，邦联又行迁都之举，将首都从亚拉巴马州的蒙哥马利移到了弗吉尼亚州的里士满，距华盛顿市只有 98 英里，史称南军的军队也很快扩充到 20 万人。邦联一方还强力批驳北方的反蓄奴理念，又搞出一套高论来，说南方农业社会本来优美而有效，野蛮的北方却凭借机器前来大耍无耻的欺凌手段。说来倒也有趣，在这两造互相攻击的宣传战中，气球到头来在双方的战事中都发挥了作用。宣传战过后，冲突便升级为全面内战，耗去了四年的可怕光阴，而且使林肯总统最后不得

① Robert Edward Lee（1807–1870），美国将领，南北战争期间邦联最出色的将军，后任南军总司令。他常被简称为李将军。——译注
② Thomas Jonathan Jackson（1824–1863），南北战争期间著名的南军将领，罗伯特·爱德华·李将军的得力部下，后在一场战役中被己方军队误伤致死。"石墙"（Stonewall）的绰号在南北战争开始时还不曾有，这源自南北战争的第一次奔牛河战役（本章后文中提到），邦联的一名军官激励士兵说，他们的杰克逊将军有如一堵石墙般屹立不倒。——译注
③ Dixie，指美国南部各州及该地区的人，恰与指代美国北部人的洋基（Yankee）意义相对。南北战争时期，邦联的非正式国歌为"我希望我在迪克西"，也简称为"迪克西"。这一曲调在电影《乱世佳人》中曾多次出现，甚至邦联的名称也往往被此词指代。——译注

不动员起超过百万人的兵力，一般都称之为北军。

在内战期间的头 18 个月里，最令人瞩目的战事是 1861 年 4 月南军挑战性地占领里士满。在密苏里州、弗吉尼亚州西部的谢南多厄河谷（Shenandoah Valley），还有离开这两个州较远的田纳西州，也都发生过一些战役。1862 年 4 月，路易斯安那州的新奥尔良被北军攻陷。[3] 不过当时联邦方面最重要的目的是由一条口号所表示的："打到里士满去！"因此，在这一初期阶段里，多数战事都发生在弗吉尼亚州内从蓝岭山脉（Blue Ridge Mountains）到大西洋一带的地域。

该地域被四条向东南方注入切萨皮克湾（Chesapeake Bay）的大河分割为五个长地块（整体上很像一只摊开的手掌）。这四条河自北向南分别为波托马克河（Potomac River）、拉帕汉诺克河（Rappahannock River）、约克河（York River）和詹姆斯河（James River）。两军的冲突便在这里展开，快速机动，猛烈交火，但又很不寻常地难断胜负，表现为反复拉锯、导致军事要地的不断攻占与防卫。拉开这一系列战斗帷幕的第一次奔牛河战役①，就发生在华盛顿市西边不远的地方，时间为 1861 年 7 月；而终结的几场交锋是"七天战役"②，发生在里士满北面不远的地带，时间为 1862 年 7 月。[4]

---

① 第一次奔牛河战役于 1861 年 7 月 21 日发生在弗吉尼亚的奔牛河（Bull Run, Virginia）一带，是南北战争中的第一场重要战役。南军在"石墙"杰克逊率领下，挫败了北军进攻里士满的计划。后来还在同一地点发生了又一次重大战役，史称第二次奔牛河战役（1862 年 8 月 29—30 日），南军仍由"石墙"杰克逊指挥，也仍取得胜利。不久，北军最高指挥官麦克莱伦便被取代。——译注

② 七天战役（1862 年 6 月 25 日—7 月 1 日）是美国南北战争时期的一次大型战役，南军在李将军指挥下，击退了麦克莱伦率领的北军，使联邦方面以攻克里士满为战略要点的计划和长期准备落空。——译注

上穷碧落：热气球的故事

在这些血腥的冲突中，大多都有气球在场，后一阶段在弗吉尼亚半岛，即位于詹姆斯河和约克河之间的狭窄地带进行的战事中尤为如此。气球的运动在这里很受限制，甚至只能偶一为之，但仍然在某些情况下提供了关键性的军事情报，只是对它们的军事价值一直存在争议。特别是在 1862 年 12 月的弗雷德里克斯堡战役①（弗雷德里克斯堡地处拉帕汉诺克河的西北岸）之后，气球基本上便不起作用了。[5] 自 1861 年 4 月之后，有关横跨北美大陆的所有计划都被所有飞天员迅速抛到脑后。陆达到、乔大智和焦乐升彼此还在竞争，只不过表现为都想得到北军的正式任命，用他们的飞天本领报效联邦。此时他们的动力看来并非利益，而是纯正的爱国热情。[6]

此时的陆达到已经对南北双方不断加剧的相互恶感有了切身体验。华盛顿方面擂响战鼓后，"进取号"这只容量不大的气球，于 1861 年 4 月 19 日从辛辛那提市中心的一块空场上升飞入天。此次飞天本是按亨利教授的要求进行的，旨在研究东向的大气气流，并不打算卷入战事，但它却一下子变成了引起联邦政府关注的演示。

陆达到本打算向正东方向飞行 500 英里，先是翻越阿勒格尼山脉，然后在首都华盛顿降落，最好还能够准确地降落在白宫的北草坪上。成功即地后，他便表示愿为联邦政府效力。这一来，他便会一下子盖过了老对手们。然而，他遇到的却是一股反叛的风，结果是向南跑出很远，一路扫过肯塔基和田纳西两个州，最后落到了位于南卡罗来纳州中心地带的尤宁维尔（Unionville, South Carolina），而这个州是已然宣布脱离联邦加入邦联的！如果不考虑

---

① 弗雷德里克斯堡战役是南北战争中期的重要战役，主战场在弗吉尼亚州的弗雷德里克斯堡，双方参与将士达 18 万人，为期 5 天。此战役中，先是联邦方面攻占了弗雷德里克斯堡，但随后遭到反击，在承受了惨重的伤亡后不得不全面撤退。——译注

这一点，他的成绩——孤身一人在略多于九个小时的时间里飞行了650 英里，倒是并不逊于 1859 年乔大智和焦乐升等四人共同进行的那场飞天。[7]

陆达到着陆后便发现，南北两方已经宣战，且战争正在激烈进行中。当地的棉农没有理会他的飞天技术，也没有计较他的北人口音，但看到了胡乱堆在气球吊篮内的印刷品后，便将他视为北方派出递送急件的特工抓了起来。这些棉农不大识字，因此在大大费了一番口舌之后，他才让这些人相信，气球上的印刷品无非是《辛辛那提商务日报》为此次飞天印制的专刊，才得以免遭私刑折磨。[8]

"进取号"没有受损，陆达到便将它收拾停当，带着它冷冷清清地乘长途马车返回西部地区。他一进入并未脱离联邦的肯塔基州，便改乘火车，带着打包的气球和吊篮赶回首都华盛顿。这时，他听说隶属于北军的波托马克军团①正准备攻打反叛的弗吉尼亚州，并且已经越过波托马克河，在阿灵顿（Arlington，Virginia）附近有过几次交火。该军团的新任司令乔治·布林顿·麦克莱伦②也像许多北方人那样，对新技术抱有好感。陆达到登门史密森学会与亨利教授探讨一番后，提出了一个革命性的新设想，就是若将"进取号"下端固定在地面上，使之成为系停气球，这样便可以带着电报设备，拉上电报线，登上气球升起，在空中将观察所见直接电发地面上的军事指挥官。他十万火急地要求觐见林肯总统并当面演示这一可能。

其时北方刚对南方宣战，各个行政部门必定十分纷乱。但陆

---

① 南北战争期间，北军和南军各有一支波托马克军团。——译注
② George Brinton McClellan（1826–1885），美国军人，南北战争期间一度任北军总司令，后因战事不利被解职。他是积极支持在战争中使用侦察气球的。——译注

达到果真达到了自己的目的。他究竟是如何做到的，那可就众说纷纭了。1861年6月16日是个星期日。他携带着发报用的电键，与一名积极响应的摩尔斯电报员，乘气球升到了首都国家广场上空约500英尺的高度。电报线是与系停索和绞盘并联在一起的，在地面上又顺着白宫的草坪接入一间工作室。陆达到拍发出的电报报文如下：

> "进取号"气球，首都华盛顿，1861年6月16日
> 致美利坚共和国总统：
>
> 本观察点的可视范围直径为50英里左右。整座华盛顿市、包括环城的营地圈都清楚可见。我荣幸地发出这有史以来的第一份空中电报，以示对您鼓励我为航空科学尽力，并通过这一机会实现报效国家的感铭。
>
> 陆达到。[9]

林肯总统亲阅了这份有历史意义的电报，还在当天晚间会见了陆达到。飞天时，在广场另一端史密森学会所在地的红砖建筑楼顶观看的亨利教授，又于6月21日给联邦政府国防部长西蒙·卡梅伦①送去一封重要的支持信件，表示"陆达到教授这一前无古人的试验，无可争议地证明了电报可以在气球和指挥总部间收发，而且既容易又可靠"。[10]

陆达到就通过这种戏剧性的方式，成功地打动了林肯总统，并得到总统授权，组建一支"军事飞天特种兵大队"，并纳入联

---

① Simon Cameron（1799–1889），美国从实业界转而从政的人物，南北战争期间任林肯政府的国防部长，但只任职一年便因贪腐去职。——译注

南北战争中参与弗吉尼亚半岛1861—1863年间战事的气球飞天行动

阿勒格尼山脉

弗吉尼亚州

谢南多尼河谷

谢南多尼河

蓝岭山脉

夏洛茨维尔

阿波马托克斯法院

N

英里

0   10   20   30   40   50

上穷碧落：热气球的故事

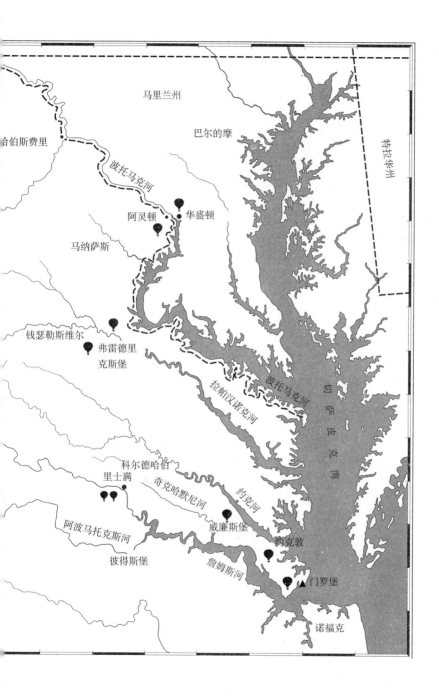

邦陆军的正式编制。不过，但凡事关行政事务，落实过程总是慢吞吞的。一个月后，到了 7 月 21 日时，林肯总统又亲手写下了第二道命令，敦促行事一向不够雷厉风行的北军总司令温菲尔德·斯科特[①]，对"陆达到教授和他的气球事宜"给予最充分的合作。[11]到了 8 月，这支特种兵大队终于建成，交由乔治·布林顿·麦克莱伦将军直接指挥。这位不久便成为整个弗吉尼亚战场上最高军事长官的现任波托马克军团长，年龄比斯科特轻不少，精力也充沛得多。他很快便成了陆达到最热情的支持者，还在 1861 年 9 月 7 日同后者一起乘气球飞上天际。他相信在新近形成的高度机动的步兵交战中，气球侦察会起到至关重要的作用。

1861 年 8 月里，陆达到终于拿到了联邦政府的资金，可以造更多的气球了。他的这支军事飞天特种兵大队最终拥有的军事浮飞器有"联邦号""无畏号""宪法号""美利坚合众国号""华盛顿号""苍鹰号""永远向上号"，再加上原有的"进取号"，一共八只。新制成的气球尺寸都不很大，容积从 1.5 万立方英尺到 3.2 万立方英尺不等，设计功能也不尽相同，但都配备有足能上升到 5000 英尺的系停索和电报线。

为轻巧计，所有的侦察吊篮的面积都只有 2 英尺见方，高度也只有 2 英尺，简直不比床头柜大多少，真是小得难以置信。人坐在里面，篮框上缘刚刚能达到腋下位置；要是站起来，就连齐膝也都未必。为容易辨识计，吊篮的外面都糅以白底的联邦星条旗图案。对此有人不以为然，觉得这更容易吃到南军神枪手的弹丸。在此之

---

① Winfield Scott（1786–1866），美国军人。他从军五十余年，是美国历史上服役时间最长的军人。斯科特还担任美国陆军总司令长达二十年，是在位时间最长的总令。美国至少有七个地方是以他的姓氏或者名字命名的。——译注

图 6.1 林肯总统、联邦情
报局负责人艾伦·平克顿
（左），以及麦克莱伦少将
（右）在南北战争第一次重
大交锋处安提坦战役现场

图 6.2 陆达到在费尔奥克
斯战役中乘"无畏号"气球
升飞（照片截图）

前，只有法国的那位无所畏惧的索菲·布朗夏尔女士才用过这样小的吊篮——何况那时并没有人想用枪打她呢！

第一只专门为军事用途设计的气球"联邦号"于 1861 年 8 月 28 日交付使用。9 月 24 日，陆达到坐上它从首都华盛顿升飞，越过波托马克河，来到离阿灵顿不远的地方。他从 1000 英尺以上的位置，开始拍发有关远在 3 英里外的弗吉尼亚州福尔斯彻奇（Falls Church）一带南军情况的电报。随后，联邦的大炮便据此校准方位，在根本不能直视的情况下实施了精准轰击。这是历史上的首次远程无直视攻击，开创了又一个可怕的先例。

二　空中军事侦察第一人

在同一期间，陆达到的飞天对手焦乐升也在努力争取为联邦政府服务。他也曾向林肯总统致函，时间是 1861 年春，但由于缺乏亨利教授这种级别的奥援，结果没能得到回复。不过，从 1861 年 7 月开始，他带着大大整修过的"大西洋号"——还是靠着奥利弗·盖杰的不渝资助，来到弗吉尼亚半岛，在其南端具有战略重要性的门罗堡（Fort Monroe，Virginia），进行了几次谈不上谨慎的飞天演示。这些演示是应当地的北军司令官本杰明·巴特勒①少将的要求进行的，并为北军提供了南军正沿着詹姆斯河集结的情报。因此，焦乐升有理由宣称自己是美国南北战争期间进行空中军事侦察的第一人，不过他只是以平民身份受雇参加的，并未正式纳入北军编制。[12]

---

① Benjamin Butler（1818–1893），律师出身的政治家，南北战争期间任北军少将职，为解放逃到北方的黑人并使他们为北军效力方面做了不少努力。——译注

在他的飞天侦察行动中，有几次值得特别注意，这是因为它们并不是系停在地面上的，而是所谓"无根"飞天：没有系停索，也不用电报线，就径直飞过敌军的战线。对于这样的冒险做法，焦乐升给出了很硬气的理由——

> 将气球用索子拴住，它们就不能飞到需要的高度上，就无从获得足够的视野……［无根气球上的］飞天人，却可以凭自己的本领……直接飞抵地面上的侦察兵无法进入的纵深处，窥探到最重要的秘密。所有的地面与水域都会有如上好的地图般摊开在飞天人的面前，对山坡、谷地、河流与道路都能了如指掌，方圆多少英里内的每处要塞、营地和战壕也都一一在目。[13]

焦乐升在此所说的"凭自己的本领"之话语，的确是他一向自视甚高的写照。不过平心而论，此公虽然爱发脾气又兼目中无人，但不可否认的是，他艺高胆大。他不止一次地使自己的气球从低空掠过南军阵地，先是詹姆斯河上的汉普顿（Hampton, Virginia），接着又是波托马克河上的亚历山德里亚（Alexandria, Virginia），弄得南军捶胸顿足却又无可奈何。他们又是叫嚷，又是开枪，但都不起作用。他们本来还觉得，这只气球早晚得在自己的阵地上降下来，到那时，这个家伙无疑就会被抓起来，并立即作为北军的细作毙掉完事。

可就在南军认为气球眼看着就要落到地上时，焦乐升便抛出些压舱物，于是又上升到 8000 英尺的高空。[14] 他知道（或者至少是相信），这个高度正是一种被称为"风兜儿"的大气构造的上缘。所谓风兜儿，是指一种固定的——或是在特定季节，或是在一天中的特定时间出现的空气环流，其上缘和下缘的气流方向是相反的。[♉]所以，焦乐升就能当着全体南军将士的面，嘲弄般地返回北军地盘，再将所充的气体迅速排出，使"大西洋号"安全地降到地面，而且几乎能返回升飞地原处，然后去向指挥部报告。

在他最后一次为北军飞天时，却在着陆时险些被一批加入联邦一方参战的德国军人用枪击中———一个"己方误伤"的领先实例。对于这一事故，他只是简单地这样说道："一伙怒气冲冲的官兵竟打算把我和气球都给报销掉……一颗子弹老实不客气地从我的脑袋边上掠过。"他的这些次飞天，系停的和无根的都在内，在敌对的两个阵营都引起了关注。《科学的美国人》^①杂志称赞焦乐升大无畏的勇气；《纽约时报》^②先是报道说，他将南军的地盘一直侦察到詹姆斯河的东岸，后来又说他将波托马克河以西的南军地盘看了个遍。空中侦察的新纪元开始了。[15]

不过，焦乐升的种种令人瞠目的表演，并没能打动北军的高

[♉] 即便到了现在，热气球飞天们也仍然会利用这种"风兜儿"。就以美国新墨西哥州的阿尔伯克基（Albuquerque）为例。那里的上空便有个闻名的南北环向的"风兜儿"。每到著名的阿尔伯克基国际气球节，它的著名的群体升飞项目就利用这种大气构体进行特技表演。作者本人便曾在清晨乘气球与他人的 300 只气球一道向南飞去。一个小时后，我便停降在市中心的一个棒球场上，抬头仰望天上上千只气球平稳地飞回原来的起点，奇妙的景象有如鳞光闪闪地洄游到出生地产卵的大群鲑鱼。气球能在飞行若干小时后又回到原处，从逻辑角度看简直有些不可思议。当真正看到这种情景时，会有一种说不出的感动和温馨。如果我是个北美人，就会形容自己此时有如看到了最迷人的棒球队打出了一记本垒打。

① 《科学的美国人》（Scientific American），又译为《科学美国人》，是美国出版的高级科普杂志，于 1845 年创刊，起先是每周出版，后改为每月出版至今。它是美国历史最长的一直连续出版的杂志。该刊物曾从 1979 年至 2005 年出过全文中译本《科学》，目前中国国内有《电脑报》杂志社与之合作的《环球科学》发行。——译注

② 《纽约时报》（New York Times）是一份在美国纽约出版、全世界发行的日报，有相当的影响力。它是美国严肃报刊的代表，于 1851 年创刊，至今仍在全球发行并有电子版。——译注

级将领。有趣的是，反倒是南军有几位更敏感些、对新发明也更有所注重的将军，对焦乐升的行动印象更深刻些。"石墙"杰克逊和罗伯特·爱德华·李都是如此。焦乐升没有陆达到那样有条理，人脉也没有陆达到宽，致使他难以获得进一步发展的财政支持。他最后总算还能再造一只新气球"萨拉托加号"①，但由于自己不够谨慎，刚刚造好，就将它在 1861 年 11 月 16 日的飞天中弄毁了。接下来，他又试图从陆达到的军事飞天特种兵大队那里匀一只过来，但遭到后者拒绝。陆达到说他"干事不择手段，被嫉妒牵着鼻子走；这一点是人所共知的"。或许焦乐升同样有理由这样评论陆达到也未可知。他俩各自都在政府里有人撑腰，彼此的对立不断加剧。在此种相互指责与对立的形势下，麦克莱伦将军在 1862 年 2 月终止了"焦乐升教授与联邦军方今后的所有服务"。[16]

三 军事飞天行动获取情报制胜

自此之后，在 1862 年下余的所有时间里，南北战争中弗吉尼亚战区的气球侦察任务，都只由陆达到的军事飞天特种兵大队独自承担。麦克莱伦将军的基本战略意图，是以钳形攻击方式进攻对方的首都，将己方的波托马克军团运送到门罗堡，然后稳步沿着90 英里长的弗吉尼亚半岛向内地逼近，一路收复汉普顿、约克敦（Yorktown, Virginia）和威廉斯堡（Williamsburg, Virginia），直至兵临里士满城外的南侧。与此同时，北军也要将其他各处的南方反叛部队驱赶至波托马克河西岸，以从北侧靠近里士满，由是形成对

---

① 为纪念萨拉托加战役命名。可参阅第一章第四节有关此战役的脚注。——译注

这座城市的合围。

就这样，一系列规模虽然不大，但却异常激烈的战役，便在约克河与詹姆斯河之间的地域展开了，史称半岛会战。林肯总统曾指望这只是一轮短暂的战事。然而直到 1862 年结束，麦克莱伦的波托马克军团虽然一直保持着威压势态，但始终也未能拿下里士满这个有象征意义并积极发挥作用的反叛大本营。因此，到头来这场战事绝非短暂。直至 1865 年 4 月，里士满才最终陷落，继之是历史性的罗伯特·爱德华·李将军在阿波马托克斯法院向格兰特①将军投降。

在 1862 年 5 月的约克敦攻城战②中，在 1862 年 5—6 月间的费尔奥克斯战役③中，在 1862 年 6—7 月于里士满外围进行的重要战事"七天战役"中，以及 1862 年 12 月的弗雷德里克斯堡血战中，都有陆达到的气球参战。他还亲眼见证到 1863 年 5 月里罗伯特·爱德华·李将军在钱瑟勒斯维尔（Chancellorsville）打败北军的一幕④。他是从该地上空发出南北战争的最后一份军事电报的，电报上注明的时间是 1863 年 5 月 5 日上午 10 时 45 分，电

---

① Ulysses Simpson Grant（1822–1885），美国第 18 任总统，西点军校出身，绰号"猛虎"。1864 年起任南北战争联邦军总司令。1865 年 4 月攻克邦联首都里士满，迫使南军投降，历时四年多的南北战争终告结束。彪炳战功使他于 1868 年顺利进入白宫，但他作为政治家说不上成功。——译注

② 约克敦攻城战（Siege of Yorktown）为半岛会战中的一部分，北军为攻城一方。战事旷日持久，断断续续进行了一个月，但双方均未能取得胜利。——译注

③ 费尔奥克斯战役（Battle of Fair Oaks），又称七松之役（Battle of Seven Pines），是半岛会战中的又一场大型战事，1862 年 5 月 31 日—6 月 1 日爆发于弗吉尼亚州亨赖科县（Henrico County）新建成的费尔奥克斯火车站（Fair Oaks Station）一带，又因最激烈的交锋处在一个长有 7 株大松树的路口得名。——译注

④ 钱瑟勒斯维尔是弗吉尼亚州的一个小镇，它是美国内战期间一场主要战役的发生地。1863 年 4 月 30 日—5 月 6 日，此镇发生了数次战役，最终以北军全面撤退结束。——译注

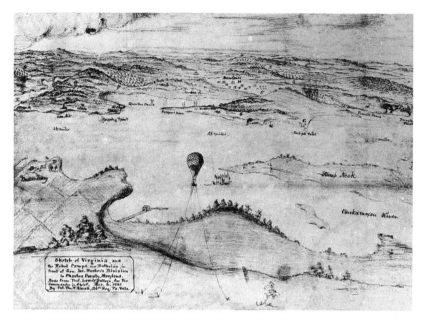

图 6.3　北军的威廉·斯莫尔上校根据陆达到乘气球从马里兰州查尔斯县升空所得的情报草绘的南军布防图

文预测南军即将取胜："此时我无法看到敌军的行动，只看到他们的若干船只沿河上下行走。敌方看来仍守在他们昨天占领的所有阵地上。"[17]

　　陆达到从气球上见证了反映在这场战争中的新特点——迅速、激烈、惊心、爱国（双方均如此），其基本表现为进攻与反攻的快速转换。长时间的包围僵持也不是没有，约克敦攻城战便属此类；不过多数战事都以在广大的开阔地上、步兵和炮兵不断地变换位置的方式进行。双方都在星罗棋布的城镇、工厂、农庄、磨坊、桥梁和铁路枢纽间移来动去，说不定什么时候，其中的某个地点就会突然成为战略要地，结果变成上千人的坟场。速度与不时的佯动成为胜负的关键所在。获取军事情报——有关敌方布防、兵力、火力、后援，以及比这些还更重要的突袭可能及秘密意图的信息——实在是重要之至。陆达到始终相信，通过气球飞天可以提供这所有的一切。

陆达到在这一阶段进行的气球侦察，还提供了近代战争中使用新式武器所造成惨状的最早目击信息。他看到了野战炮射出的炮弹——从 12—64 磅①——的远距离破坏效果，看到了地雷和新型手榴弹的杀伤威力，看到了霰弹在散兵线前沿造成的人员伤亡，看到了新型号斯普林菲尔德来复枪 200 码外的一排射击过后，对方士兵成片地倒下，而且惨象可怖——从这种步枪射出的一颗口径 0.58 英寸的大号枪弹，可以从 1000 码外将人的胳臂或大腿整个卸掉。[18]

他也看到南军对新上战场的北军采取的残酷措施。他手下的一名军官冒着炮火，勇敢地爬上一根电报杆，去修复一根断线。而当他爬下来时，却踏上了一枚南军撤退时埋下的人称"旋风"的地雷，一下子便被炸成了两截。

陆达到看到的是一种血肉与钢铁一轮轮不停交锋的步兵陆战新方式，造成的伤亡是美国历史上从不曾有过的。在第一次奔牛河战役中（1861 年 7 月），伤亡人数为 5000，在弗雷德里克斯堡战役中（1862 年 12 月），这个数字达到了 1.7 万；在钱瑟勒斯维尔一役中（1863 年 5 月），连死带伤的共有 3 万；而在 1863 年 7 月的葛底斯堡（Gettysburg, Pennsylvania）大血战中，阵亡加上受伤的数字达到将近 5 万。

---

① 在炮兵所用的军事术语中，"磅"不单单表示重量，而是表示炮弹规格的一个带有综合性的标指，同时也隐含了其他若干规格参数。比如，12 磅（炮弹）就同时表示它有 10.97 厘米的弹头外径和 691.22 立方厘米的弹头体积等。——译注

不过，陆达到在报告中很少提及自己看到的人文细节，[19]而只限于有关战术的信息，有如报告一场与人无涉的棋局。不过，他也准确无误地报告了传入耳中的战争声响：隆隆的炮声、炒豆般的枪声、伤员的哭叫声，等等。他曾写下这样一句话："这样长时间地观察一场激战，使我感到从未体验过的压抑。"[20]

在进行气球侦察时，陆达到总是主动积极，并能灵活应变。他或用马车，或通过铁路，有时甚至会从码头凭借水运方式，将整套气球装置运送到升飞地点。他还曾以一艘运煤驳船"转轮号"为系"停"点，沿着波托马克河上下侦察。他后来还表示这是第一艘"航空母舰"呢！（其实，他的老对手焦乐升已经在詹姆斯河上有过此举。）在给气球充气方面，他用过煤气管道，也用过"便携式"氢气发生器——所谓便携，其实只是拼凑到一起的硫酸大桶和盛金属碎屑的容器。有一次为了应急，他还干起了"输血"——将小号气球"宪法号"内的气体，通过一根临阵磨枪的输气管（"就地取材的一只壶嘴"）充进大些的"无畏号"。

对于军事飞天特种兵大队在半岛会战初期起到的作用，陆达

🎈 在南北战争中，战场上的有些内容从气球上是看不到的。比方说，在参战的普通士兵中，一半以上是 17 岁以下的未成年男子；在所有有军衔的死亡人员中，将近三分之二并非死于炮火，而是疾病，特别是急性痢疾。或许从气球上最不可能看到的，是为联邦一方英勇作战的黑人部队的命运。在这场内战中，先后捐躯的黑人士兵超过 2.7 万人，真正死在战场上的只不过 3000 人，其他人都死于疾病——他们的处境实在是太悲惨了。气球侦察员们也几乎从不曾提到，导致这一南北大分裂的根本原因是蓄奴制，即便偶尔提上一两句，也并不郑重其事。就以飞天之乡的《辛辛那提时宪报》在1861 年 10 月 22 日刊登的一段有意搞笑的文字为例："焦乐升飞到了天上极高的地方，能够一直看到墨西哥湾（Gulf of Mexico）。他看到（南军的）官兵正在佛罗里达州的皮肯斯要塞（Fort Pickens）开饭……有记者发问，想知道他是否看到有黑人骚乱。他回答说，他的确看到在南卡罗来纳州的位置上有些黑色小点在运动，可后来却发觉是几只爬到了望远镜片上的蚂蚁。"要知道，辛辛那提可是属于联邦阵营的，无疑应当站在反对蓄奴制的坚定立场上呀！

图 6.4　陆达到在费尔奥克斯战役中乘"无畏号"气球升飞侦察

到无疑是肯定的。对此他有个形象的比喻："就是一只老鹰飞到一群鸡的头上，也不会引起比我的气球出现在约克敦上空时更大的混乱"。[21]对此，就连叛军一方似乎也有同感："在约克敦，几乎每天都能看到气球升起在我方的营地、炮位、工事上方，我方的所有防卫手段都明摆在气球上的人的眼前……气球的上天，要来得比所有的前沿进攻更令我们惊心……"[22]

　　陆达到的所有飞天侦察，基本上都是在系停气球上进行的。但也有例外情况。其中有一次很值得一提。在这次侦察中，陆军中将菲茨姜·波特①也登上了气球。不料气球的系停索与电报线都断掉了，"于是气球便长时间飘飞着，从一个个掩体和射手上方掠过，

---

① Fitzjohn Porter（1822–1901），美国职业军人，麦克莱伦将军的爱将。在第二次奔牛河战役中因被认为抗命受到军事法庭审判定罪，多年后才得平反。——译注

最后竟来到约克敦南军大本营的头顶上，好像是要给对方献个大礼似的。"可接下来，它又遇上了焦乐升常会利用的那种"风兜儿"，结果竟然奇迹般地掉过头来，返回到北军的营区，一头砸到了几顶帐篷上。波特中将从一堆帆布中出现，望远镜依然套在脖子上。正好附近有一支军乐队，发现他后便立即向他奏乐致意。只不过究竟奏了什么曲目，却未见诸任何史料。[23]

在陆达到的特种兵大队里，每个野外作业小队通常都会配备两只氢气发生器和两辆设备用车（装着绞盘、系停索、电报线和气球套包等），用 8 匹马拉着，外加 50 名士兵。整个大队的人马中还包括一个野外电报小队和一个送信小队。[24]他设计了两种侦察方法，具体运用哪一种应视当时的风力大小与风向而定。逢上好天气，气球便会直接飞到敌方阵地上空 1000—2000 英尺的高度上，在"高空"上"细作"一番。如果天气较差，或者风向不对，他就采用双索方式系停，原地上升到自己阵地上空 500 英尺上下的高度。在这种情况下，气球侦察的效果也就和传统的瞭望高台方式差不多。无论采用哪一种方式，都免不了会受到枪击的接待，不过从未发生过被打落的情况。只是后一种方式并不受到本大队官兵的欢迎，因为气球刚刚升起到高于树梢的位置，对方便立即会估计出气球的拴系位置而飨之以弹雨。[25]

在气球上使用望远镜是需要技巧的。系停气球很难处于稳定状态。陆达到发现，在 500 英尺的高度上，无论风向如何，气球总是"非常不稳定，弄得我无论想看什么都盯不牢"。至于到了 1000 英尺的高度上，倒是能有方圆 12 英里的视野，整个战场都可一览无余。只不过又总是"不甚分明"——不停运动的大队人马会扬起灰尘、烟雾和蒸腾的热浪。更有甚者，是野战炮的击发会造成一种银灰色的尘障，往往会不时完全笼罩住整个大地。[26]

对于侦察结果，陆达到也使用多种手段进行传递。最理想的方式是从气球吊篮里拍发电报，这样，报文便可通过 5000 英尺长的电报线直接送达麦克莱伦的司令部。但这往往会因条件所限无法实现——比如设备过重无法带着升飞，又比如电报线断折等。这时，陆达到便会将情报写在纸上，放入小罐里，从气球上丢给地上的一名电报员，由后者将这些信息绘成敌方的布阵图，再由通讯员送呈麦克莱伦。有时他也会用信号旗、信号弹，甚至是干脆打手势。如果上述种种方式都不灵光，他便会让下面的人转动绞盘将气球拉回，由他本人去司令部报告侦察所见。这时，他往往会骑着一匹他很喜欢的灰色骒马一路急驰而去。人们能够看出，他很喜欢能赶上这种机会。

陆达到送出过许多特急类侦察报告，其中不少份只有短短三四行字，显系匆匆写就，不过仍标明了当时的时间，而且精准到分钟。[27]当在“无畏号”上进行对里士满的侦察时，他写下了这样的话：“我当即尽可能迅速地升到高处，在下降过程中写下侦察报告中最重要的部分，并在落地后向电报军官口述，作为急件向司令官呈报。在此之后，我又带上电报线和仪器升飞。到达需要的高度后，我便让气球停留在原处，在整个交战过程不断通过电报线

作者惊喜地在美国首都的国家航空航天博物馆里，看到了陆达到当年飞天侦察时使用过的望远镜。这是一具双筒望远镜，筒身很长，灰中透着一种古铜色，看得出是多次使用过的。它被放在一个单独的玻璃柜子内，置于 20 世纪 60 年代所用的若干近代观测卫星展品的下方——这样的安排真是十分得当。这些观测卫星正是陆达到的飞天气球的直系后裔。从这些卫星上摄得的照片（有些出自军事目的，但大部分属于民用性质）效果出色，从中可以看到自上向下看到的地球，细节惊人地清楚，形状也惊人地规整，显然是陆达到当年一心希冀从他那危险兮兮不停动荡的小吊篮上能够达到的水平。

图 6.5　陆达到在南北战争期间使用的望远镜

拍回消息。"[28]

　　陆达到还答应要向麦克莱伦提供有战略重要性的高空瞰察照片，并表示它们是可以用大号放大镜看清的。他自信地保证说，一张 3 英寸见方的底片，便相当于一幅"长宽各 20 英尺的全景图"。他曾带了几位专业摄影师上天，其中有"对军事飞天特种兵大队的工作很感兴趣、还与我们共处过不短时间的著名的战地摄影师马修·布雷迪①"。[29]英国气球飞天员亨利·考克斯韦尔②也曾提到"曾有些摄影师拍摄过（邦联方面的）布防"。[30]只是所有这些空中摄影的结果都未能存留下来。成千上万张南北战争期间的照片得

① Matthew Brady(1822–1896)，美国最早的摄影师之一，以新闻摄影闻名。南北战争期间，他得到林肯总统特许进入战地工作，有时还会在激战中冒险拍摄。——译注
② Henry Coxwell（1819–1900），英国著名气球飞天员，曾多次与格莱舍进行科学飞天，并救了后者性命。他在普法战争期间属意于帮助普鲁士组建气球部队。——译注

图 6.6 骑马的陆达到，
摄于半岛会战期间

到了保留，但竟然都是在地面上拍摄的，没有一张是肯定来自气球的。[31] 也许是因为将照相机、玻璃底片和显影药品都带到小小的吊篮上实在太不容易之故，再不然就是整个过程太费时间，派不上正经用场。结果是气球摄影的实施要等到在巴黎实现。

把握时机是至关重要的一点。这是因为陆达到发觉，战局的变动才是最值得侦察的。这一来，以往那种将气球视为"天使之眼"，俯视的是摊开如地图般的静止下界的传统观念便不再适用了（焦乐升却仍然持有这一观念），代之而起的是不停运动的模式，变换不止的地貌，种种起着暗示作用的线索、秘密、伪装、威胁、机会，都在这一基础上运作，总体形势会在几小时甚至几分钟内大变样。

对眼睛所能看到的，诸如火堆冒出的烟，路上扬起的灰土，盔甲映出的阳光，新掘出的土堆，刚挖成的掩体，攻守皆可用到的胸墙，圆锥形的白色军用支顶帐篷，重型大炮碾压出的痕迹——据陆达到自诩，他曾带着一位将军上了他的气球，一起降低到能够"窥进里士满房屋的窗子内里"的地步。不过凡此种种所见，都还须经过大脑的认真分析。对战场上的景象须得不断观察，并予以正确的解读和归纳，速度还得尽快。[32]

陆达到立下的最辉煌的功绩之一，就是提前察觉到南军打算于 1862 年 5 月 4—5 日之夜，趁夜色从约克敦秘密撤退的意图。这使北军取得了一次半岛会战中最关键的战术优势。北军当时认为南军正要增援约克敦，以继续僵持下去，对抗已经长期围攻了一个时期的北军。陆达到对这次的侦察结果有生动的描述，其中有一个他准确观察到的重要细节。在这份报告中，他先是对整个场面做了叙述："这个巨大的要塞到处都是熊熊的营火，完全是在实施一套大动作的表现，只是这种场面不从气球上是看不到的。一开始时，将军①注意到的是进入要塞的车辆多过了出来的。"

这看起来倒的确很像是明显的增援证据。然而陆达到的观察更仔细，分析也更深入："但是，当我提请将军注意一下，开进要塞的车辆都又轻又快，而驶出的都是满载的，速度也慢些（当它们从营火旁边驶过时，就能看出这两点来）时，邦联一方的意图便没有疑问了：他们正在撤离。"

据陆达到说，他侦察到的这一秘密撤退行动，立即致使最高指挥部作出新的决断："海因策尔曼将军即刻带我去麦克莱伦将军的指挥所面对面讨论。我带着几名传令兵，叫醒了熟睡的各兵团长官，及时在一大早便全军出动，在威廉斯堡追上了邦联的部队。"[33]其结果便是这支经常被不够决断和不够主动所耽

---

① 指塞缪尔·彼得·海因策尔曼（Samuel Peter Heintzelman，1805–1880），美国陆军将领，半岛会战期间指挥波托马克军团的第三军围攻约克敦城。他是气球侦察的积极支持者。——译注

误的北军波托马克军团，取得了一次难得的决定性胜利。到了 5 月底时，麦克莱伦指挥的这个军团已经挺进到距里士满不足 5 英里的地方。[34]

四　军事侦察的诸多史料

陆达到还搞了些别的新名堂。其一便是带着记者一起上天。他知道这样做能够让报纸销路大增。美国画报业的领军人物弗兰克·莱斯利[①]便派他特别擅长描绘战事场面的得力雇员阿瑟·拉姆利[②]去登一登吊篮，画些战况带回来。[35]曾当过《费城问询报》的记者、在打造"纽约城号"期间就与陆达到有了交情的乔治·汤森[③]，也以老友身份亲历了一次自己也出乎意料的气球夜飞之旅。他的一篇有关报道是以这样的浪漫笔调开始的："教授问我：'你想不想今天夜里飞上一遭呢？''去哪里呀？'我惊讶地问他，没弄明白他的意思，'去奔月吗？'"

登上气球不久，汤森便注意到上面的空气有多么凛冽，星辰又明澄得何等不自然，下面的士兵点燃的营火又不断明灭得何等"有如一处处余烬"。而最令他不安的，则是笼罩着吊篮的寂静，只被一种刺耳的磨刮声打破，而这种声音则来自网索滑蹭球皮，以及球

---

① Frank Leslie（1821–1880），从英国移民到美国的版画大师，13 岁时便有出色的木刻作品问世。到美国后，先后为一系列杂志报纸创作图像作品。他的有关反映南北战争的画作被认为极富历史价值。他还是本书中提到的《弗兰克·莱斯利画报》的创办人和初期编辑。——译注

② Arthur Lumley（1837–1912），原籍爱尔兰，少年时移民美国。在艺术院校毕业后，先后为多家报纸作插图。——译注

③ George Townsend（1841–1914），一名美国记者，南北战争期间被派为战地记者，时年他刚过 20 岁，但因有出色表现而声名鹊起，为许多全国性报纸聘用。40 岁后他改行为作家。——译注

皮或胀或缩的变化，听上去简直像是一头巨兽在喘气，给他造成
"球皮不定什么时候就会从某个看不见的地方爆开"的强烈感觉。
尽管在这次飞天中，气球并未遭到枪击，但紧张不安的感觉却始终
强烈非常。[36]

相形之下，来自一名未署名的英国记者在伦敦的《圣詹姆斯杂
志》①上发表的一篇题为《在美国与气球相伴三个月》的文字，就
很少提到与战事有关的内容，只是专注于提供一些煽情的细节：
"邦联一方向气球开火，第一枚炮弹打得偏左了些，落到了一片耕
耘过的田地上。接下来的一颗又有些偏右，在空中便炸了开来。第
三颗离气球实在太近了，当它炸开来时，我的感觉是碎片划到了我
的脸上，耳朵也被声音震得不住地发颤……"[37]

还是《泰晤士报》派出的战地记者乔治·格罗弗（George
Grover）中尉对较晚些时发生在奇克哈默尼河（Chickahominy
River）一带的战役②报道得比较务实。"在双方交战的整个过程
中，陆达到教授的气球一直在联邦阵地上空约 2000 英尺的高度上
飘浮，始终顺利地保持着与麦克莱伦将军地面指挥部的电报联系。
肯定地说，邦联部队的一举一动，从气球上都看得清清楚楚，并
能即刻发出报告。"[38]

1862 年 5 月，北军逼近了邦联首都里士满。鉴于以气球飞天
方式进行的招待次数太多，麦克莱伦将军下令一切记者今后均不得
登上气球。他甚至要求即便是军官要登上气球，也得事先得到他本
人的书面批准。如果是外国记者，本人又有军事背景，运气倒还
能好一些。这便成就了一名英国皇家工程兵部队的军官弗雷德里

---

① 《圣詹姆斯杂志》（*St James's Magazine*），1861 年在伦敦创刊的文学性月刊。——译注
② 奇克哈默尼河在弗吉尼亚州，是前文提到的詹姆斯河的支流，这里在南北战争期间发
生过两次恶战，这里指的是 1862 年的第一次。——译注

克·博蒙特^①上尉，使他写出了一系列出色的报告。

博蒙特上尉的这些报告刊登在 1863 年度的《英国皇家工程兵专业文集》上。文中对现代战争做了现实的分析。陆达到给他留下了很深的印象："[陆达到] 在美国是一位很有勇敢名声的气球飞天员……他的言辞十分真诚，我相信他如今仍然还希望实现自己原来的 [横越大西洋和北美大陆] 的计划……目前只不过因为这个国家的状况不得不暂缓一时。"^[39]

陆达到多次想劝说北军的高级军官登上他的气球体验一番，却遭到大多数人的拒绝，特别是在陆军中将菲茨姜·波特遭遇了那场事故之后。不过例外也是有的。一位勇敢、纤瘦、目光桀骜不驯的骑兵中尉便是这样的人。单看他那金色长发、亮铮铮的小胡子和张扬的举止，便知道此人是个与众不同的人物。这个年轻人便是来自俄亥俄州大平原的乔治·阿姆斯特朗·卡斯特。

就是这个卡斯特，十四年后在与印第安人的战争中死于小大角战役^②（1862），并也因此出了名。他乘陆达到的气球升飞是 1862 年 4 月的事情，当时他 22 岁，刚被麦克莱伦擢升为上尉——不过只是一项临时性任命。那时候，他总是在脖子上围着后来成为其个人标志的红围领，也已经因其在波托马克河西岸的几次冲突中表现出的炫耀勇气的作风受到了注意。不过，即便是

---

① Frederick Beaumont（1833-1899），英国工程师，长期在英国皇家工程兵部队任职。隧道作业的大口径水平钻孔机是他最重要的发明。——译注

② 小大角战役，是北美印第安战争中的一次著名战役，系发生在美国正规军与一支原住民之间的战争。19 世纪，美国淘金热风潮大起，大批白人拓荒者蜂拥至中西部淘金，却时常遭到当地苏族原住民的袭击。在南北战争中闻名的卡斯特——时任第七骑兵团团长——奉命进兵剿灭。1876 年 6 月 25 日，卡斯特亲自带领两百余骑兵，与另外两名军官分兵三路，进攻蒙大拿州黑山山谷。不料后两人因遇阻自行退却。卡斯特所部孤军深入，遭苏族人伏击而全军覆灭。此战役曾被拍成电影《卡斯特将军的最后一战》（*Custer's Last Fight*, 1912）。——译注

这位不管不顾的卡斯特，也觉得乘气球上天是桩并不轻松自在的体验。他是得到陆达到的一名助手詹姆斯·艾伦[①]的邀请飞天的。他将这次体验写成了一份活泼有趣的回忆录，将自己好好挖苦了一通——

> 我装着无所谓的样子，表示要我上去也未尝不可。可老实说，我根本就不想上去。要是非上不可，也希望能跟别人搭伴……吊篮大概有 2 英尺高，横宽 4 英尺左右……我觉得它可实在不怎么结实……吊篮是用藤条编的，篮边和篮底都有缝隙，我觉得这些缝可都够大的，而且我们越往高飞，好像它们也就越往大里变。……我很想站起来。可当时对气球的信任程度还很低，又认为这样做不明智。所以，我还是坐在吊篮里。[艾伦先生]为证明它结实，便开始跳了起来。我的恐惧又加了倍。我想，吊篮底说不定什么时候就会断开，我、也许还加上他，便都会一头扎向大地……

卡斯特向下望去，看到整个弗吉尼亚半岛都伸延在气球西侧，还能一直望见再远些的里士满。这令他赞叹不绝——

> 向右望去就是约克河，还可以看到它尽头的切萨皮克湾。在气球的左方差不多同样远的地方是詹姆斯河……夹在这两条河中间的，是一片无比美丽的风光。而绝不逊于美丽的，是它的值得注意的现状，因为这片土地如今已经成为交兵之场，以空前的规模和空前的威猛相互厮杀。

---

① James Allen (1824–1897)，美国气球飞天员，陆达到的助手。——译注

他还注意到了在气球上进行侦察，是多么难以得到精准结果——

> 只有当气球因不定气流的影响而乱晃时，我才能透过树林中
> 的空隙看到后面的帆布 [帐篷]，而且还要借助于高品质的望远镜
> 才行。就这样，看到的景象也总是一闪而过……地面上挖出的工
> 事，只能隐隐看出些浅浅的轮廓，还因工事有意挖在树木后面被
> 遮挡掉了不少。可以看到大小火炮都已架设到位，炮口从炮眼中
> 阴险地张望着……有不少人 [敌方的官兵] 站在工事旁……盯着
> [我们的] 气球，无疑感到好奇，想猜出上面的人能从这样高的
> 地方看出他们的什么来。[40]

五　作家笔下的军事侦察气球

南军的军力并不足以形成像样的气球队伍，无法在天上与北
军分庭抗礼。不过邦联一方也祭起了自己的一手，而且简直可以
说是同样有效。这就是闻名之至的浪漫创造："绸裙气球"。有传
闻说，这些气球都美丽异常，在里士满保卫战中由邦联飞天员凭
着信念加骑士精神升飞。它们是用各色亮闪闪的绸布块拼制的，
据说每只气球都靠一针针手工缝制，布料来自至少几十袭高雅讲
究的连衣绸裙，本来都是南方淑女们赴舞会时的穿着。传闻还说，
这些绸衣都是里士满和周边城镇妙龄女郎的慷慨捐献，本来是战
前优雅生活的最后纪念，如今甘愿为"迪克西"奉献出来。作出
这一牺牲的不单是大种植园主的高贵妻女，也有贫穷但同样有美
丽的报效之心的女子。换句话说，这些气球的原料其实是南方的
复旧之梦。

对这种气球是否当真存在过是有争论的。当然，它们更像是

适合放入玛格丽特·米切尔①的小说《飘》和由此小说拍成的电影《乱世佳人》里的情节。不过倒确实有一只气球——邦联一方的，尺寸不大，名字很可爱，叫作"羚羊号"。在1862年从5月到7月的里士满围城战期间，出现在受困陷入艰难的邦联军民头上。它的出现，成了南军最后击破北军由麦克莱伦指挥的波托马克军团的封锁而取得胜利的精神象征。

据近年来对邦联官方资料的研究和私人信函的整理，发现这只"羚羊号"确实存在过。它是1862年5月里在佐治亚州萨凡纳市（Savannah，Georgia）的一家倒闭兵工厂的车间里，以最快速度秘密制成的。提出这一要求的，是南军的托马斯·德雷顿②将军，督造人是两名邦联的支持者：一是商人兰登·齐乌斯③，来自弗吉尼亚州查尔斯顿；另一是巡回表演的气球飞天员查尔斯·切沃④，萨凡纳本地人士，曾师从乔大智学艺。德雷顿曾在一封信中问过此事，信上注明的日期为1862年5月9日。这位将军在信中这样催问："这只气球到底何时能够完工？连轴干也无妨嘛。"[41]

"羚羊号"形体很小——简直是气球中的小不点儿，站高只有30英尺——差不多只有陆达到那里普通气球的一半，容积7500立方英尺。不过它很漂亮，由多条色彩醒目的绸布长条——黄色、绿色、白色，还有深红色，有些条是单色的，有些条上还印有种

---

① Margaret Mitchell（1900–1949），美国女作家，生于佐治亚州亚特兰大（Atlanta）。除了获得美国图书奖和普利策奖双项荣誉的长篇小说《飘》外，她还有其他一些著述，但都远逊色于《飘》。——译注

② Thomas Drayton（1809–1891），大庄园主出身的美国南方军人，南北战争期间任南军准将。——译注

③ Langdon Cheeves（1813–1863），美国南方大庄园主，南北战争期间任南军军官，1863年在战斗中遭炮击身亡。——译注

④ Charles Cevor（1820–1880），美国气球飞天员，南北战争期间任南军军官。——译注

图 6.7　一只准备执行侦察任务的军事气球

种图案——拼接到一起，然后再在球皮面上涂敷一层透亮的硫化橡胶，是从老式马车的减震垫上弄下来的，在明亮的阳光照射下，给球皮罩上了一种特有的光色。不过即便有了它，"羚羊号"也还是漏气。

　　此时，北军的船只已经成功地封锁了南方的所有港口，任何真丝或丝织品都无从搞到。不过兰登·齐乌斯在查尔斯顿很有人脉，居然在一家名叫"开利森与雷丁公司"的纺织品批发商行的库房里，找到了20匹已经拆封的绸布料。他便花514美元统统买下来，但仍然拿不准这些绸布能否够用。他在离开查尔斯顿返回萨凡纳后，开玩笑地对他的几个女儿说："萨凡纳的所有绸子都在我这里了，不过可不是给你们女孩子们准备的。"[42]等到制好的"羚羊号"运抵里士满时，这句笑话已经成了南方的一句名言。

　　即将负起整个夏季里保卫里士满大任的罗伯特·爱德华·李将

　　　　　　　　　上穷碧落：热气球的故事

军，责成年轻的炮兵军官爱德华·亚历山大①中校负责"羚羊号"的飞天事宜。这位亚历山大对气球一窍不通，不过对战术知识很是精通。后来在葛底斯堡大血战中，南军的炮兵就是由他指挥的。他和查尔斯·切沃一起升飞，由后者操纵气球。亚历山大认为，这只气球不但要用于侦察敌方，还要用于激励己方的士气。[43]

"羚羊号"一直被不断充气，每天都用系停索拴在行驶于里（士满）—约（克河）线的火车上，能从里士满一直跑过费尔奥克斯（Fair Oaks），接近北军的地盘。里士满的所有人都能看到这只不大的气球，大无畏地面向着敌人驶去，上面还飘扬着邦联的旗帜。至少在这一时期，气球成了铁路的联手战友。就是这样的飞天侦察，使亚历山大得以向南军指挥部报告北军部队在麦克莱伦指挥下，越过奇克哈默尼河进逼里士满的动态。[44]随着麦克莱伦的大部队布置决战的阵势一步步形成，紧张气氛在不断加剧。不过，由"石墙"杰克逊将军率领的援军正在从谢南多厄河谷前来里士满解围的传言，又给南军带来了兴奋的希望。

就在奇克哈默尼河对岸的天空，在离开亚历山大中校和他的"羚羊号"不到 5 英里远的对面位置上，就是"无畏号"和陆达到。这是联邦和叛军各自气球飞天员的第一次直面相向。距离虽然超过步枪射程，但无疑都在两具望远镜的视程之内。陆达到从"无畏号"发出了惊讶的电文："在我的位置以西约四英里处，敌方一只气球出现在约 300 英尺高的空中。"一个小时后，即在 11 点时，对方的这只气球神秘地消失了。这是 1862 年 6 月 27 日的事情。[45]

---

① Edward Alexander（1835–1910），军事工程师和作家。在南北战争期间任炮兵军官。他对侦察气球和在战争中传递信息的见解很受后世军事界的推重。——译注

陆达到的军事飞天特种兵大队驻扎在一处战略要地，地名为盖恩斯米尔（Gaines Mill），[46]是一位姓盖恩斯的医生（Dr. Gaines）的田产。这位医生是支持邦联的。对北军的这支部队强行占用耕地，盖恩斯医生倒还有勇气抗议自己的收成受到了北军的影响，陆达到也不失风度地表示歉意，并答应派人防范抢劫事件的发生。这两种做法都颇符合当时的风尚。盖恩斯医生有个女儿范妮（Fanny Gaines），是个精力旺盛的十多岁的少女。她对这支北军的部队在她家草场上支起的气球大感兴趣，也不怵与陆达到打交道，唯有的一点点戒心，表现为她称陆达到为"将军"——

> 这帮北佬每天都在我家房子前面放飞气球，为的是探知里士满那里的情况。陆达到将军是在气球里面往上面飞的人。他告诉我好多他在里士满看到的事——人们去教堂做礼拜，从里士满撤退，大篷车队通过马约大桥什么的，听起来真带劲。[47]

陆达到显然向范妮夸了口，告诉她麦克莱伦和北军的波托马克军团马上就会拿下里士满。当范妮向她们的老邻居伍迪太太（Mrs. Woody）学舌时，这位一大把年纪的老太太表示了地道的南方式轻蔑："是啊，摩西也看见了应许之地，可他到头来不还是没能进去吗？①"[48]

---

① 摩西是《圣经·出埃及记》中所记载的犹太人的民族领袖。他遵照上帝之命，率领被奴役的希伯来人逃离埃及，前往上帝应允给他们的"流奶与蜜之地"。在历经了四十多载的艰难跋涉后才到达目的地。耶和华指着应许之地对摩西说："我必将这地赐给你的后裔。现在，我使你眼睛看见了，你却不得过到那里去。于是，摩西死在了摩押地，正如耶和华所说的。"参见《圣经·申命记》第34章。——译注

没过几天，这两位气球侦察员便都报告起发生在从奇克哈默尼河以北的盖恩斯米尔到以南的费尔奥克斯一带的血腥冲突来。双方都打得很艰苦，战局也不明朗，从6月底直打到7月初。这便是后来史称的"七天战役"。南北两军的气球飞天员都各为其主，向地面上的指挥部报告他们所见到的兵力的迅速调动、增援情况、突袭、紧急撤退、进攻与反击等战况。不过看到并不等于理解，甚至也未必能一一看到。亚历山大中校相信，自己是一名"训练有素的军官"，干侦察一行自然会胜过对手。他以南方人的骄傲口气，嘲笑陆达到不过是个"只会摆弄气球的门外汉"。[49]其实陆达到也很懂军事，又有从"无畏号"吊篮上直通司令部的电报线这一巨大优势。他后来写下了这样的一句话："我一下子便升到1000英尺的空中，在这个位置上见证这场惊心动魄的战事。我能一点儿不漏地看到整个战场，并不断报告战况，直至夜色盖住了下面这幕宏大的骇人场景。"[50]

得到"石墙"杰克逊增援的南军，在罗伯特·爱德华·李的高明指挥下，从里士满突围，渡过了奇克哈默尼河，在盖恩斯米尔包围了麦克莱伦的北军部队。战事异乎寻常的激烈，仅在一个长满树木的小山包上，几小时内便有超过1.5万人伤亡。从父亲的农场路过的范妮永远也忘不掉她看到的场面："无论向哪里看都有死人。我只好一路上都闭着眼，不去看这种可怖的景象。"[51]

本土的南军部队先是在"石墙"杰克逊指挥下作战，后来又加上了由最南部的得克萨斯州派出、得名为"得克萨斯旅"的一支骁勇大军的支援，接连经过若干次"艰苦卓绝的"仰攻战后，终于夺下了这个地带。北军开始从里士满城外撤军，陆达到急忙将所有的气球装置拆卸打包运走。他一直相信，他最后的几份侦察报告，使得数百名北军官兵避免了滞留在原地、因没能随大军一起渡过奇克哈默尼河而遭惨杀的命运。他还认为，这场撤退之所以没有演变为灾难，自己是起了作用的。[52]

可是，陆达到的气球大队，并没能让麦克莱伦取得这场战事的胜利。北军大部队被人数少得多的罗伯特·爱德华·李将军麾下的南军打败，联邦取胜的希望也落了空。里士满没有陷落。"七天战役"给李将军带来了关键性的转机，逼使麦克莱伦放弃他长期精心策划的、以拿下邦联都城为中心的战略，全军向詹姆斯河下游方向撤退。麦克莱伦的司令当到了头，他积极支持建立的军事飞天特种兵大队不久也被裁撤。

陆达到受到的打击可是不小。战场上的经历将他弄得心力交瘁，结果患疟疾病倒，好多月后健康才完全恢复。在生病和养病期间，他的气球大队也在首都坐着冷板凳。然而，邦联那里的形势正好相反。亚历山大中校和"羚羊号"气球马上便接到了罗伯特·爱德华·李将军的一项新的历险委任。"绸裙气球"显然已在双方的军队里都有了名气。因此，这一新委任就更具有军事行动和思想宣传的双重意义。"羚羊号"这一次不是系在火车上，而是与船结成了伙伴。

1862年7月3日，"羚羊号"在天黑后被秘密运至沿詹姆斯河的一座码头，系到了一艘支持南方的拖轮上。拖轮有个挺适合这一使命的名字："促狭号"。它接到对北军的撤退执行"突袭侦察"的命令，黉夜徐徐开往北军驻地，用意无疑是要更大地羞辱一下这些"北佬"。第二天拂晓前，亚历山大中校成功地升到空中，在清晨的阳光陪伴下飞行，彩色绸布的闪闪亮光一定是方圆好多英里之内的人都能看到的。"羚羊号"虽说漏气，仍然炫耀了自己的存在，也令中校看到了北军的撤退。可是接下来，事情就有些不对头了。由于落潮，"促狭号"陷进了河滩上的烂泥无法动弹，这里离北军的阵地很近，因此船和气球都处在危险中。

在这种形势下，亚历山大中校是有可能让"羚羊号"气球脱离陷住的"促狭号"自行飞走的。这会是个大胆的行动，但有可能球毁人亡。于是他决定将所充气体放光，然后坐等涨潮，并期望在此期间不被发现。这段坐等的时间对他一定显得十分漫长。等了8个小时后，时间已是大下午，又到了涨潮时间。正当河面上升时，北军的一艘炮艇"玛拉坦札号"快速驶了过来，见状立即发射了两颗百磅级的炮弹，都命中了目标。亚历山大和"促狭号"船员先是试图将船沉入河里，然后又弃船跳水游向岸边。"羚羊号"是不可能被救出来的了。亚历山大从树上看到了它的结局。他事后悔恨交加地回忆说："'玛拉坦札号'［将我们的船］从泥里拖了出来，连气球什么的统统弄走了……我同那些船员们分了手，找路回我的部队，没多久便得以归队，又面见了李将军，呈交了我的最后一份气球报告。"[53]

不过在某种意义上，这并非是"绸裙气球"的终结，倒是它的真正开始。爱德华·亚历山大中校和罗伯特·爱德华·李将军不久便意识到，"羚羊号"作为物质虽已不复存在，但其形象却不可思议地不会磨灭。由此看来，它对南方实在是个无价之宝，永远高飞在对方头上，向其挑战却又不会被摧毁。事实上，现有资料表明，最早以文字形式提到"绸裙气球"的人，反倒是"玛拉坦札号"的北军军官，结果是不明智地正式坐实了这只气球的存在。他在1862年7月16日呈交给上司的报告中写道："邦联方面的军官和船员……什么也没能带走。我们缴获了军官制服、佩剑、皮带、手枪、步枪、银制链条、床单、衣物、信件……我们还发现了一只气球，是用女人的连衣绸裙做的。"[54]

陆达到也相信"绸裙气球"并非传闻而是实事，并对它留下了深刻印象。他在《我在和平年代与战争岁月中的气球飞天生涯》一书中，特别写进了一段对他而言很少有的不一定客观的文字，是否真确很难考证："在那个时期，绸裙讲究华丽的式样，流行大花、大方块、大格条纹的图案，多用蓝、绿、大红等颜色，布料以质感厚实的波纹绸用得最多。那只'绸裙气球'可真是个靓丽之物，一块名符其实的调色板。它被送往首都华盛顿，剪成好多小块，分送给议员和其他一些人作为纪念。"[55]于是乎，这个谜样的存在——一个代表神圣的、美丽的、优雅的、无私奉献的，但注定要完结的老派美国南方的陈迹——很快便破碎无存了。♥[56]

南北战争结束30年后，当年曾与"石墙"杰克逊和罗伯特·爱德华·李将军共同保卫过里士满的前邦联将军詹姆斯·朗斯特里特①，以轻松的心情再次讲述了这则已经众所周知的绸裙气球故事，而且不无渲染，邦联南方的韵味仍然十足——

♥ 陆达到在他一生的最后时日里，又在加利福尼亚的住处给自己的那本带有回忆录性质的书中添上了这样一段文字："我在写这段话时，面前的桌子上就放着来自它的一块齐齐整整的绸料，由于年代的关系，已经不很结实，也褪了颜色。"不难想见他的手指轻轻触摸那只"绸裙气球"留下来的最后一块布的情景。当我2010年在美国国会图书馆文档部看到曾被陆达到保存过的这块布料时，心中同样感触莫名。这块绸布大小和一张扑克牌差不多，颜色是深红的，折叠着放在一封陆达到当年所写的信中。"绸裙气球"无疑给人带来了灵感，还至少促成安妮·里纳尔迪写出了一部近代的浪漫小说《最后一条绸裙》（1988）——后来又改名为《蓝衣女谍》。在这本书中，一块块绸布甚至都找到了捐献的女主人们，好像气球也有了生命："码头上男人们将绸料摊开展平。可以看到一块块艳丽的绸料在一上一下地抻动，还泛着气泡……这个摊开在码头上的大块头好像是活了似的。男人们吃力地控制住它，好让咝咝作响的气体从里面逸出……我们站在一旁，看着这只气球在一处接一处地放出气体后，收缩成闪闪发光的绸布……康妮兴奋地连声大叫，指出这一块原是弗朗茜的绿裙，那一块本是露莉的粉色条裙……所有的其他绸块也都被认出原来都属于谁……这只气球有它自己的生命。"

① James Longstreet（1821–1904），美国职业军人，南卡罗来纳州人，西点军校毕业生，南北战争期间为李将军的得力部下，参加过本书中提到的南北战争期间的几乎所有重大战役，后随李将军一起向联邦投降。——译注

联邦那边厢笃定会用气球盯察我们的布防。它们从天上飘呀飘的，高得咧，我们打勿到。这一手活计干得交关来事咯，看得我们眼红得紧。我们也想弄弄气球出来，可又穷得办勿出。还是有个能人想出名堂来，说快快派人全邦联里四下找找看，将女人们穿的绸布长裙统统敛来造只气球……没花多少辰光，就搞来了老多，啥个样子、啥个颜色的都有……这只气球造是造出来了，就要用于七日之战略，可那辰光除了里士满，啥个地方都没的煤气。那么好啦，就在里士满充好气，然后放上约克河铁路（里—约线）的火车，绑绑停当，运到我们想让它去的地点放上天好啦。有一天，它被放上一只汽船，沿着詹姆斯河下行，介末赶上落潮，连球带船一道困在了干河滩上。联邦那边将船拖跑，将邦联的最后的绸裙也一道劫去了。这样的缴获，当真是战争中顶顶不讲理的一招，我到今天都还勿肯释怀咯。[57]

图 6.8　美国南北战争期间，一位穿紧腰连衣绸裙的佚名女郎的照片

在这位朗斯特里特前将军看来，联邦的炮艇在詹姆斯河上将"羚羊号"缴获，并不是战争中的一步行动，而是一种有失高尚的行为，几乎是一种公开侮辱，形同一个借联邦胜利之机来南方发不义之财的北佬毡包党① 分子，占了南方一位淑女的便宜后便又将她遗弃。

气球造成的诗意也为沃尔特·惠特曼② 捕捉到了。南北战争期间，他正在首都华盛顿的一家医院里当杂工，时常在天边看到陆达到的气球，不过从不曾有飞天的亲身体验。然而，他在想象中让自己登上气球、进入吊篮，静静地凝视下方弗吉尼亚半岛的大地与河流。他的想象中并没有出现战场，而是与之无关的超现实的视像。他将这种想象写进了他的《我自己的歌》：

> 在那里梨形的气球在向上高升，
>
> （我自己也在那里飘浮，安详地朝下探看，）
>
> …………
>
> 在那里的汽轮的尾部拖着长长的一面烟幡，
>
> 在那里鲨鱼的鳍翅像出水的一个黑色薄片似的划破水面。③[58]

以南北战争为题写过大量作品的斯蒂芬·克莱恩④ 也描写过气

---

① 指美国南北战争后一大批涌入南方，利用当时的不稳定局势和物资匮乏的局面发不义之财的北方商人和投机者。这些人往往随身携带着一种大而结实的拎袋，多为毡制，故而得到仇视他们的南方人的这一蔑称。——译注

② Walt Whitman（1819–1892），美国文坛中最杰出的诗人，有自由诗之父的美誉。他的最著名诗作为诗集《草叶集》（有多种中译本）。——译注

③ 《草叶集·我自己的歌》，第33节，赵萝蕤译，上海译文出版社，1991年。此诗约创作于1867年，部分诗句是与美国南北战争有关的。——译注

④ Stephen Crane（1871–1900），美国作家、小说家、诗人，属于写实主义风格。本书中提到的《红色英勇勋章》（*The Red Badge of Courage*）是其代表作，有多个中译本，有的译为《红色的英勇标志》。——译注

球，不过是从地面上看到的。故事情节是一支即将投入一场战役的步兵，看到了天空上的一只气球。虽然它是自己方面的，但仍给这些官兵一种不安的感觉，简直到了令他们反感的程度，似乎是一个化外异物，为主持一场以人为牺牲的献祭，前来发出开始屠杀的信号——

> 那只军事气球——一个摇来晃去的黄色臃肿的东西在最前面的位置上，一如什么新鼓捣出来的战神。它的庞大形体在树梢上面闪着亮光，附带地起着向后面的人知会大队伍正在行进的作用……战斗即将开始的不祥信号出现了，这就是士兵们听到了"拉大距离！没命令不准开枪！"的命令。只听得一阵枪栓响声。所有人都明白，那个时候马上就要到了。[59]

上面这段文字是克莱恩根据他本人 19 世纪 90 年代在古巴当兵的经历写成的。在他的历史小说《红色英勇勋章》里并没有出现气球。克莱恩出生于 1871 年，此时南北战争已经结束多年，不过书中开篇的那段河边（很像是波托马克河）部队营地景象的大场面描写，倒很像是得自气球飞天员的空中视角。在作者的笔下，整个大部队就像是从冬眠中苏醒过来、刚刚睁开"眼睛"似的（书中不止一次出现这样的描写），对官兵、马匹和车辆也都没有个体性提及。如果视角来自气球，看到的就会是这样的整体运移形式。在这种形式下，人和大自然都只是无名的作战力量而已。陆达到在 1862 年春在气球上看到的联邦军队，大概也是克莱恩在他的书中所描写的这个样子的罢：

> 寒冷依依不舍地从大地上退去，雾正渐渐散开，一支分布在

山上的部队出现于眼前，军人们休息着。在这片地方由暗褐色转成绿色的时候，部队醒来了，怀着渴望开始为各种嘈杂的传闻焦虑不安。战士们往路上看去，道路先是一段长长的泥泞沟槽，然后才是真正的大道。一条河流在堤岸的掩映下呈现出琥珀色，在军人的脚下潺湲。夜晚，河流可悲地变得一片黑暗，这里你可看见在河对岸远山处低矮的地方闪耀着敌人的营火，红红的火光像从眼睛射出的红光一般。[60] ①

北军的军事飞天特种兵大队对后来的战事的确产生了重要的影响。在派往联邦军队任观察员的各国军人中，有一名年轻的普鲁士军官，曾体验到 1863 年发生在弗雷德里克斯堡外围的战斗，因此看到了陆达到最后的气球侦察行动。后来，他还在明尼苏达州（Minnesota）的圣保罗市（St. Paul）乘过约翰·斯坦纳的非军事侦察用的气球飞到密西西比河上空。这番体验在他是极大的成功。他欣赏这条大河两岸的壮美景色，不过更多的是注意到气球的"军事观察"价值。他是这样认为的："从气球居高临下的位置上，可以完全看清（防卫部队的）兵力配置情况……以快速查明敌军在其所占地区的未知情况而论，再没有比这更好的手段了。"唯一的问题在于无法驾驭间谍气球的去从。由这一点出发，经过一系列构想，最终导致经过变化的气球，在第一次世界大战期间发挥了不小作用。这名普鲁士军官名叫费迪南德·冯·齐伯林②，当时是一名上尉。

---

① 《红色英勇勋章》，刘荣跃译，中国致公出版社，2012 年。——译注
② Ferdinand von Zeppelin（1838–1917），贵族出身的德国工程师和飞行员，曾多年服务于军界，官至中将。他在他人基础上实现的飞艇取得了巨大成功，致使人们将所有的飞艇都称为"齐伯林"。此类飞行器在军事上和民用上长期大显身手，20 世纪 40 年代后才被飞机取代。——译注

六 同途殊归的美国三位飞天员

美国气球飞天的黄金时代，就在南北战争的硝烟中结束了，而且几乎无声无息。在 19 世纪的四五十年代的短暂期间，气球一度被看成有希望打开沟通整个北美大陆门户的"魔法钥匙"、实现"洋迄彼洋碧已"①的一路坦途。然而，战事对后勤供给的需求，使得建立一个由电报、铁路和汽船共同构成的现代交通通讯网络成为必要之举。由气球承当商业重任的机会消失了，它所展现出的美好前景也就此烟消云散了。

飞天员们对这样的结果反应各不相同。勇敢有余而人脉不足的焦乐升，还一如既往地弄他的飞天表演，但装备日见敝旧，财政每见拮据。1869 年，他在密歇根州贝城（Bay City）的一次表演中，因使用多次的破旧气球发生爆裂，使他险些送命。回到纽约州后，他又小试过若干种商业行当，后于 1878 年默默无闻地死去，仅得年四十八寿。[61]

南北战争结束时，乔大智已年近六十，基本上只是再做些介绍气球飞天史的口头性工作。1873 年，他出了一部很不错的书，既是历史，也是自传，书名是《我的空中行：讲述四十年的飞天经历》。他也身体力行地再去飞天，但结果很不理想。1879 年 9 月，为纪念"大西洋号"20 年前的那次著名飞天，他以 71 岁的古稀之躯，从圣路易斯乘一只名为"探路号"的新气球升空。他无疑打算沿着向东的方向飞上至少 1000 英里，最后在纽约市或者波士顿市

---

① 这是美国基本无人不晓的著名歌曲《美丽的阿美利加》（*America the Beautiful*）中的一句歌词，全曲中一再出现，并为全歌的收束句，意为"从此洋、迎朝阳，直达彼洋"。（"此洋"和"彼洋"分别指临接美国西端的太平洋和东端的大西洋。——译注）

降落。然而，这一次他的路线却偏得更厉害，又一次拐折北向，再次来到了五大湖区，随后又赶上一轮强风。人们在芝加哥附近最后一次看到他，他被狂风卷着疾飞过水阔浪急的密歇根湖上空，将自己的命运完全交给上帝安排。他也好，他的气球也好，便再也无人看到。这是不是他希望得到的归宿，正如他在他的书里所说的"以星辰为栖所，赖神明指路程"呢？

陆达到虽说得了那场大病，病愈后健康状况长期欠佳，但仍然在事业的调整转向上最为成功。懂科学、会经营、敢冒险，再加上出色的飞天技术，使他能立于强势地位。先是巴西希望他去圣保罗（São Paulo）组建一支军事气球部队，而且是该国国王佩德罗二世（Pedro Ⅱ）亲自发出邀请，言辞美妙不说，还附带一大堆承诺。但陆达到认定此事注定不会成功，因而明智地拒绝了，同时将这一邀请转给了与自己共过事的飞天员艾伦两兄弟，还意味深长地微笑着说："我知道自己的冒险年龄早就过了一大截了。"[62]

接下来，他在纽约市搞起了一个"空中巡游场"，为期不长，但相当轰动。在此期间，他进行了本人的最后一次飞天，是在1866年将一对富有的蜜月情侣带到空中游历了一番，用他自己的话来说，是将他们"带到牧师都未必能带到的天堂高处"。这次飞天持续了几乎整整一个夏日后，以充满牧歌情调的气氛完美收场："我们高高地飞越了一座座城市、山峦、峡谷和江河，然后伴着落日回到地面。"[63]

不过陆达到的事业远未终结于斯。探看广阔的北美大地，仍是他驱之不去的念想。于是他来到洛杉矶（Los Angeles），在这座美国最西端的城市寻找机会。他利用有关氢气的知识，发明了一种制冰的机器，结果获得辉煌成功。这种机器还处于雏形时，就被安装到了一艘冷藏货船上，从旧金山出发，绕过合恩角（Cape Horn）驶到纽约市，以另外一种方式圆了陆达到的穿越北美大陆之梦，只是以食品代替了信函，但同样是从北美大陆的西端来到了东头。后来，他的"陆氏压缩制冰机"经过改良后，为加利福尼亚全州的所有新型商店和旅馆购置，他也因此成为百万富翁，还赢得了本杰明·富兰克林工业学院 1887 年颁发的荣誉大奖章。[64]

还是在同一年，55 岁的成功实业家陆达到，同他的忠贞妻子利昂蒂娜，还有一大帮子女，定居到了帕萨迪纳（Pasadena, California）。他们在市北的圣加布里埃尔山（San Gabriel Mountains）建了一处西班牙风格的豪华庄园，继而又将积蓄花到了另一个有高度的项目上：高山观光有轨缆车。这是从阿尔塔迪纳（Altadena）铁路向山里的延伸，终点是名为"高山精舍"的豪华饭店，内设 40 个带观景平台的房间。这套建在山顶上，有如筑在空中的大型建筑，于 1893 年 7 月正式开放待客。它被人们称为"云中白城"。说不定陆达到就是将它看作自己心目中的最后一只巨大的系停气球呢。[65]

陆达到始终与史密森学会有科学上的联系，并一直保持着与约瑟夫·亨利的书信往来。他还写了一本很厚的飞天回忆性著述，文笔活泼不羁，题为《我在和平年代与战争岁月中的气球飞天生涯》。写是写完了，但他还是那股老脾气，不在乎出版与否。他的家里人倒是很在乎，将手稿一直妥善保管，后来由他的孙女奥古斯丁·陆·布朗贝克（Augustine Lowe Brownbeck）在 1931 年捐赠给了美国国会图书馆。

陆达到在帕萨迪纳安适地活到了 80 岁，于 1913 年安然作古。他在有生之年看到了齐伯林飞艇和飞机的出现，也从不曾忘掉自己的梦想。他还创建了一家"陆达到空中船艇营造公司"。这几乎就

是他所做的最后一件大事。[66]

陆达到、乔大智和焦乐升都念念不忘的横跨北美大陆之举，始终未能在 19 世纪实现。❂不过，这一设想倒是在一些文学作品中做到了，而且往往是以气球为其实现手段的。儒勒·凡尔纳①所著《神秘岛》②（1875）的开篇情节，便是五个人（再加上一只狗）乘气球于 1865 年春逃离遭到围城的邦联都城里士满。他们所乘的气球容积为 5 万立方英尺，比"羚羊号"大出不少。这五个人都是被俘关押的联邦人士。为了增加一种真实感，其中一人还是《纽约先驱报》③的战地记者。

他们利用一次月黑风高的机会，偷来一只邦联的气球，并在险恶的暴风中升飞。凡尔纳以生动的笔墨，描写了他们的这一艰险历

❂ 这里正式说明一个事实。真正可以近似视为完成横跨北美大陆不间断气球飞天的成就，是直到 1980 年 5 月才取得的。这只气球叫"基蒂霍克号"。（以赖特兄弟 1903 年首次进行飞机飞行的美国小镇基蒂霍克命名。——译注）正如亨利教授和乔大智一向预期的那样，是由西向东飞的。飞天员是一对父子，姓安德森（Anderson），父亲叫梅克西（Maxie），儿子叫克里斯蒂安（Kristian），升飞点是加利福尼亚的贝克堡（Fort Baker），终点在加拿大魁北克省的圣费利西泰（Sainte-Félicité），历时 4 天 4 夜，行程 3313 英里。梅克西·安德森也是最早实现横跨大西洋之梦的人。他在 1978 年与本·阿布鲁佐（Ben Abruzzo）和拉里·纽曼（Larry Newman）一道，乘"双鹰 2 号"气球，从美国缅因州飞到了法国北部的皮卡第大区（Picardy），行程 3107 英里。这只气球下面的长方形吊舱是有保温性能的，目前陈列在华盛顿杜勒斯国际机场的史蒂文·乌德沃尔-哈齐中心。梅克西·安德森和本·阿布鲁佐如今仍被人们记得——以美国最宏大的气球节而知名的新墨西哥州阿尔伯克基，那里新落成不久的阿尔伯克基国际气球博物馆，也被称为安德森-阿布鲁佐·阿尔伯克基国际气球博物馆。安德森还创建了一家"安德森谷地葡萄酒厂"，生产一种著名的桃红葡萄酒，品牌叫作"气球一抹红"，是糖分非常低的超干葡萄酒。
① Jules Verne（1828–1905），法国著名科幻作家，一生写了六十多部科幻小说。他最著名的作品包括本书中提到的几本，均有中译本。——译注
② 有不止一种中译本。——译注
③ 《纽约先驱报》（New York Herald）是创办于 1835 年的一份报纸，创办人便是本书第十一章中提到的小戈登·贝内特。此报于 1924 年与《纽约论坛报》合并，成为著名的《纽约先驱论坛报》。可参阅第五章第四节有关《纽约论坛报》的脚注。——译注

程，大有乔大智和焦乐升一行飞越五大湖区的味道。只不过他们遭遇的风暴是从东向西刮的，结果是被时速 90 英里的狂风卷向另一个方向，先是经过北美大平原地区（Great Plains），再越过沙漠地带和落基山脉（Rocky Mountains），来到了太平洋上。最后，气球将他们带到了一个荒岛上。可惜的是，由于是在狂风中飞行，他们对脚下的北美大陆一无所见。

第七章
气球视野更见扩展

一　上天入地的摄影大师

在记录美国南北战争的摄影作品中，竟然找不到从空中拍摄的——就连一张也找不到。这委实怪得不寻常。因为早在 1858 年，最早的空中照片已经出现了，而且就是在气球上拍摄的。鼓捣出这张照片的是个巴黎人，又是位大胆的怪人，名费利克斯，姓纳达尔——纳达尔这个姓氏是他给自己起的（也是他为数不少的发明中的一项）。后来，他说动自己的朋友、著名艺术家奥诺雷·杜米埃[①]画了一幅漫画以资纪念这一成就。此画发表在 1862 年的一期大众化杂志《林荫道》上，成了纳达尔特别珍爱的收藏品。

在这幅漫画中，纳达尔那一望可知笨拙不灵活的身躯压在一只小小的气球吊篮上，下面是巴黎的屋顶。他正在紧紧地抓着固定在三脚架上的相机，头上的大礼帽却正在飞走。印有他的姓氏的气球

---

① Honoré Daumier（1808–1879），法国著名画家、讽刺漫画家、雕塑家和版画家，是当时最多产的艺术家。——译注

吊篮悬乎乎地在一片巴黎的街景上空摇晃着。可这片街景却不像是真的，看上去只是一家家照相馆。漫画的标题一语双关："纳达尔的摄影艺术实在是高。"

　　纳达尔是一位很会拔高的天才，堪称形象包装这一19世纪新兴技艺的大师。他能将无名之辈造就成名流大腕，能让新概念家喻户晓。而他的主要手法便是借助入眼生根的图像。就连"纳达尔"这个姓氏——Nadar，也被他用来做成图像，用以扩大自己的影响力。那个开头的字母N，被设计成向前斜倾的样子，而且拉得长长的，表示他本人精力过人、热情高涨。他还给这一表现方式申请了专利，甚至还为了保护这一专利打过官司。凡是他写的书，封面上都印上这个图符。他又一领风气之先，请安托万·吕米埃[1]按照这一图形制成红色的霓虹灯招牌，立在了巴黎他的摄影工作室外面。[1]

　　纳达尔本姓图尔纳雄（Tournachon），全名则是加斯帕尔-费利克斯（Gaspard-Félix），1820年4月6日出生于巴黎，父亲在印刷业界事业有成，不久前才将开业地点搬到时尚的圣奥诺雷路（Saint-Honoré），传授印刷新技术的知识和以印刷方式做广告的手段。加斯帕尔-费利克斯从小便自信心强、善于交际，而且特立独行，凡事总有自己的一套。他不顾家里人的反对，进了一群放荡不羁的文人的小圈子，而且很快便因想法活跃得不同于众人、身材高得不同于众人、胡萝卜色的头发也不同于众人而有了名气。他的形象就是他本人的活广告。纳达尔积极投身于激进的政治活动，发表尖刻的文字，还参加了1848年的巴黎街头暴乱[2]，并一生持坚定的共

①　Antoine Lumière（1840–1911），以经商为生的法国画家、摄影师。他的两个儿子奥古斯特（Auguste Lumière）和路易（Louis Lumière）拍出了最早的电影片。——译注
②　指法国推翻以波旁王室的庶支路易·菲利普（Louis-Philippe，1773–1850）国王的七月王朝，建立法兰西第二共和国的法国二月革命。——译注

图 7.1　纳达尔的摄影艺术实在是高

气球吊篮上的字为"纳达尔摄影馆"，Nadar 就是用他本人申请的专利图印出的

和立场。不久，他的独具之眼的观察天赋和商业才能开始显现，30岁后便确立了自己有创见的出色漫画家和商业艺术家的地位。

　　1852 年以后，法兰西第二帝国治下的巴黎出现了办报高潮。各种报纸、画报和讽刺杂志纷纷问世。比较有名的有《剪影报》[①]《喧哗》《笑谈》[②] 和《博粲》[③] 等（相当于当前的《鸭鸣报》[④] 和《查理周刊》[⑤]）。纳达尔以超人的精力和高明的鉴赏力一一研究了这

<hr />

[①] 《剪影报》（*La Silhouette*），法国巴黎一家自由度较高的报纸，创刊于 1839 年，发行两年后便在政府的打压下停刊。——译注

[②] 《笑谈》（*La Revue comique*），巴黎的一份讽刺小报，1848—1849 年间发行。——译注

[③] 《博粲》（*Le Journal pour rire*），从 1848 年至 1855 年在法国发行的插图讽刺杂志，后改名为《开怀一笑》。——译注

[④] 《鸭鸣报》（*Le Canard enchainé*），法国著名的讽刺报纸，经常爆出政坛、商界猛料，擅用隐喻、俗语和双关语，颇受法国读者欢迎。它自 1915 年创办，至今已有逾百年历史。——译注

[⑤] 《查理周刊》（*Charlie hebdo*），法国的政治性讽刺杂志，即在 2015 年 1 月，其总部遭恐怖袭击的期刊，1970 年创刊。——译注

些报刊。在巴黎报界的顶尖编辑查理·菲利庞[1]等人的财政支持下，他将当代的名流人物一一画成漫画。这时他已经有了"自上览无余"的意识，因此从巴黎所有为世人知晓的领域里——绘画、音乐、戏剧、文学等，逐一挑选作画对象。在他的这些早期的"呵痒肖像"上，他都逐一附上了自己的招牌签名，不过是早期的版本，不是后来的那个又前倾又拉长的图符，而是由他的本姓图尔纳雄经过改造后的一个标志，写出来是 Tournadard，读音是"图纳达尔"，听上去很接近法文的"倒钩刺"——其实，他的这些漫画都很温和、风趣，简直还带有些夸赞意味，令他的作画对象，都会要求得到他的原作以资收藏呢！

接下来，纳达尔又聪明地将这些漫画整理成一本大画册，给它起名为《纳达尔名人众生相》。这本画册当真表现出"自上览无余"的特色。1854 年，它以单行本的方式印行出版，成了他的宣传机器，虽然价格不菲，但让他有了极好的人缘。他的名声响亮了，招牌签名也为人们知晓了，几乎成了一位超级名流，文坛上更是无人不知。查理·波德莱尔[2]、雨果、泰奥菲勒·戈蒂埃[3]、热拉尔·德内瓦尔[4]、大仲马[5]、龚古尔兄弟（Edmond de Goncourt，Jules de

---

[1] Charles Philipon（1800–1861），法国漫画家和报人，本书中提到的《喧哗》《笑谈》等刊物都是他一手创办与经营的。《博粲》也是经他手改造为《开怀一笑》的。——译注

[2] Charles Baudelaire（1821–1867），法国诗人和艺术评论家，散文诗体的创造人，代表作有诗集《恶之花》和《巴黎的忧郁》（均有中译本）。他特别喜欢爱伦·坡的作品，并将其多部作品译成法文出版。——译注

[3] Théophile Gautier（1811–1872），法国 19 世纪诗人、小说家和戏剧家，还是很有影响的文艺批评家。——译注

[4] Gérard de Nerval（1808–1855），法国作家、诗人、散文家和翻译。代表作有诗集《幻象集》（有中译本）和散文《东方游记》等。——译注

[5] 大仲马（1802–1870），善写通俗小说的法国文坛巨星，一生著作多达三百多卷，最著名的有《基督山伯爵》和《三剑客》等（均有多个中译本，但译名不尽相同）。——译注

Goncourt）[1]、乔治·桑等许多人，都成了纳达尔的知交，也都让纳达尔给他们拍过照。这里还特别应当再加上一位：儒勒·凡尔纳。

纳达尔对技术领域的种种新发展都很感兴趣，因此看到了将摄影技术用于反映实在事物，并因之扩大包装效果的新的可能性。这也就是他自己所说的"以光为笔"。19 世纪 50 年代初，湿珂罗酊照相法出现了，这就有可能在不到 30 秒的时间里得到一张照片，不但比过去需要若干分钟的达盖尔银版法便捷得多，更可以使摄影的结果不再"形似而神非"。这样一来，通过形象反映性格便有了可能。纳达尔看到了这一新技术所开拓的可观的艺术前景和巨大的商业潜力，便迅速掌握了它，从此"纸笔换成了相机"。1855 年 1 月，他在巴黎的伽布希诺林荫道（Boulevard des Capucines）35 号开设了一间时髦的摄影馆，同时又为保持自己仍是"纳达尔"这一姓氏图符的唯一有权使用者，跟自己的弟弟阿德里安（Adrien）打了一场官司并且胜诉。结果是将做成霓虹灯的这一标识，安到了自己新开张的摄影馆的外面。[2]

这是很精明的一步棋。纳达尔很快就成了全法国最有名的人像摄影师。1854—1860 年期间，他几乎为自己的所有知名朋友拍了照，又将它们汇集成风格独步的《纳达尔相册》。当时流行着这样一种说法，就是安德烈·迪斯德利[2]是专为"肃静回避"级人物

---

[1]　龚古尔兄弟，即 19 世纪法国作家爱德蒙·德·龚古尔（1822—1896）和他的弟弟朱尔·德·龚古尔（1830–1870）。永远以单数形式的"龚古尔"发表著述。其重要作品有《热曼妮·拉瑟顿》《勾栏女艾丽莎》（均有中译本）等。他们的另一重要贡献是他们坚持写作数十年，多达 22 卷的《龚古尔日记》，为研究法兰西第二帝国和第三共和国时代文艺界情况的宝贵史料。他们在遗嘱中宣布以自己的全部财产成立龚古尔学院，并设立龚古尔学会，逐年颁发著名的龚古尔文学奖。——译注

[2]　André Disderi（1819–1889），法国摄影师，因发明将人像印到名片上的做法，并为拿破仑三世制造了这样的名片而声名大噪。——译注

（政要、将军、贵族、命妇）拍照的钦定摄影师，而纳达尔则是给"击节叫好"级人物（作家、演员、画家、美人）照相的热门摄影师。雨果——也是共和理念的信奉者——无论是从比利时还是从海峡群岛（Channel Islands）① 给他写信时，信封上都只写"巴黎，纳达尔收"，可这也就足够了。[3]

纳达尔下决心成为摄影领域的全才，故而从 1855 年起就钻研起空中摄影来。他是断断续续地进行的，而且尽量不让外人知道。他用的是一只不大的系停式氢气球，由戈达尔飞天家族成员路易·戈达尔提供。飞天摄影试验的场地是巴黎郊外小比塞特村（Petit-Bicêtre）的一处苹果园。[4]使用湿珂罗酊法，需要在拍照前于拍摄现场在玻璃底片上涂敷一层感光乳液，这就是说，涂敷过程需在空中进行。这便给纳达尔造成了极大的困难。最难之处倒不是容易将玻璃片搞碎，而是化学方面的麻烦。有好长一段时间，从气球逸散出的气体都会与感光液作用，致使底片在显影后一概漆黑一片。在经过无数次实验后，他灵机一动，悟出了办法，就是在吊篮顶上加装一层厚实的棉布顶盖。[5]这一来便成功了。他在一篇题为《当我还是一名摄影师时》的回忆录中这样描述了当时的成功给他带来的狂喜——

> 这只不过是玻璃底片上的一张反转正片，图像因雾气显得弱暗，而且因前面的多次不成功的拍摄弄得有些发花②，不过这有什

---

① 海峡群岛位于英吉利海峡中，离法国最近的地方距离诺曼底只有大约 10 海里，历史上曾属于法国，但 13 世纪后一直是英国的皇家属地。1851 年拿破仑三世称帝后，雨果便离开法国，在这里的根西岛上长期寓居，直至 1870 年第三帝国垮台才返回法国。书中第十章有相关内容。——译注

② 指纳达尔用同一张玻璃底片反复涂敷照相乳液多次使用，以致有些以前的失败结果未能彻底清除留了下来。——译注

么要紧呢？结果是明摆着的。照片上就是我脚下的这个小村庄，只照上了三幢房屋：一家农舍、一个小旅店、再加一处警所。可以看出就是小比塞特村。绝对没错。道上停着一辆运货的手推车，推车的人就站在气球的正下方。还有两只刚刚飞上屋瓦的小白鸽。它们都是可以明白无误地看出的。是的，我成功了！[6]

纳达尔很注意保持自己在这一发明上的商业优势，为此在取得这一技术突破的具体日期上有些过头，曾声称这是他在 1855 年秋季发明的。其实，有法律效力的书面材料只有一份，就是他申请到的法国专利证书，上面给出的初次登记时间为 1858 年 10 月 23 日，登记内容为可以携带到气球上的"特殊仪器组合"，使用该组合，可提供"对地形测绘和土地丈量所需的察探，以及对执行战略性军事行动、规划军事要塞的营造和探知部队行进调动方面的调查"。该证书上还提到，摄影器材须"直立置于气球吊篮中"，具体位置可"沿吊篮壁的外侧"固定，也可"放于底部的开口处"。

纳达尔还为几种发明登记了专利。"滑动式透镜遮窗"可用于实现相机的自动拍照；棉布黑篷罩可用于准备感光底片；还有一顶黄色篷罩，用于拍照后的显影。有了这些，全部摄影过程便可在气球吊篮内完成。等到飞天员下来时，手边已经有了完成的玻璃负片。自然，此时的纳达尔还没有杜米埃在他的漫画里为纳达尔"提供"的那种高级的活腿三脚架。[7]

第二年，也就是 1859 年，纳达尔在春季时节又宣称已经准备好了下一个历史性的大动作：从塞纳河右岸上空数百英尺处拍摄巴黎。他只是简单地提了几个地名，说其中"有布洛涅森林（Bois de Boulogne）和凯旋门（Arc de Triomphe）的各几张照片，有不同角度下的岱纳广场①"。这些照片的摄影质量虽不是很高，但一直向北延伸，将岱纳广场、蒙梭公园连为一线，远处的蒙马特尔高地（Montmartre）也遥遥可见。这样的巴黎景象的确令人难忘。[8]

只是纳达尔给出的时间又是一个闷葫芦。如果他拍得第一张空中照片的时间确实是 1858 年，那么杜米埃的那张漫画何以在 1862 年才发表，似乎就不好解释了。1868 年，纳达尔再次搞起了空中摄影。这一次的照片质量就好得多了。凯旋门的照片十分清晰。这一批摄影的创作日期是有明确记载的。这就带来了一个问题，即到底谁才是最早从气球上摄得空中照片的人。1860 年 10 月 13 日，美国人詹姆斯·布莱克②和塞缪尔·金③乘"空中女王号"气球飞临波士顿港，摄得了下方房舍和船只的若干高质量照片。其中最好的一张，后来被定名为"雄鹰和大雁看到的波士顿"镶入椭圆相框内广为行销，很快便博得"1860 年：第一张空中照片"的美誉，而在随后五年的南北战争期间，却无人知晓是否有这方面的气球摄影结果。

纳达尔一向特立独行，因此不久后又突然来了个鹞子翻身，从上天改为入地，拍摄起巴黎的下水道和地下陵墓来。1861 年 2 月 4 日，他申请了第一份内容为"以人工照明方式摄影"的专利。1866 年 10 月 25 日，他将题为《巴黎的天上与地下》的一套 8 张照片卖给了布鲁塞尔的一家小出版社，可知此时他的空中摄影已经有了名气。有一幅笔名为卡姆（Cham）④的艺术家画的漫画，画面上有两个巴黎人在一条街道上，一个人向下冲着一个打开盖子的检修井张

---

① Place des Ternes 是凯旋门以北的又一座广场，周边为著名的购物区。——译注
② James Black（1825–1896），美国摄影师，曾为许多美国名人拍过肖像照片。——译注
③ Samuel King（1828–1914），美国早期飞天员，主张将气球用于气象研究领域。——译注
④ 卡姆的真实姓名为查理·阿梅代·德诺埃（Charles Amédée de Noé，1818–1879），是法国的一位漫画家和版画家。——译注

图 7.2　巴黎的鸟瞰照片

望，另一个人则仰面朝天上瞧。前者告诉后者说："你要找纳达尔先生吗？他不在上面那里。他在下面这里呢！"[9]

　　纳达尔并不喜欢单打一的工作方式。就在搞地下摄影时，他那活跃的大脑已经转向了又一个能促进公关效果的新挑战。这一次，他的念头就是气球飞天本身，并进而考虑可持续的和可导向的飞行。这样的目的能否达到呢？他对气球一向很着迷。在 1829 年巴黎主显节①的节庆日，不到 9 岁的小纳达尔第一次见到了气球。他

---

① 主显节，又称洗礼节、显现日，是基督教的重要庆日，以纪念及庆祝耶稣基督在降生为人后首次向外人露面。主显节为每年的 1 月 6 日。——译注

看到的是一只在香榭丽舍大街上低低飘飞的气球，一路从树梢上拂过，后面跟着兴奋、大呼小叫的人群。观众的反应给他留下了深刻印象，也让他后来悟出这样的事件会有很强的公关效力。[10]

　　纳达尔以并不稍减于儿时的热情，专心研究起有关飞行的问题来。在这个领域中有一个陈年老问题，就是在气球这个"比空气要轻"的浮飞装置上，到底能否实现自主导向的飞行？如果不能实现，那么又得发明什么样的"比空气要重"的非浮飞型装置取而代之？对这个问题，他以自己特有的方式，兵分三路地做了探讨，每一种都有助于扩大公众影响。第一种比较常态，是成立一个名为"沉飞器促进会"的研究学会，于1863年7月在他的摄影馆首次聚会，儒勒·凡尔纳是该学会核心组的成员之一；二是过了一个月，纳达尔便推出了一份有精美插图的杂志《凌空人》，以探讨飞行所

图 7.3　雄鹰和大雁看到的波士顿

面临的一应挑战为主旨，第一期的封面由古斯塔夫·多雷设计；第三种便是他定制了一只格外硕大的燃气球"巨人号"，用以探知浮飞活动的种种能力与局限。[11]

　　纳达尔还对外分发了一组他自己以气球飞天员形象出现的照片，现身说法地出现在这一促进行动的前沿。照片并非冒险地摄于空中，而是优哉游哉地得自他开设在伽布希诺林荫道上的摄影馆内。照片上的纳达尔头戴大礼帽、身穿燕尾服，一块厚实的方格呢毛毯潇洒地搭在一只肩膀上，手里握着一柄观剧专用的华贵望远镜，与飞天员的形象并不搭界。他的硕大身躯在小小的藤编吊篮里摆出优雅的姿势，后面的背景是精心画出的白云，总体效果出乎意料的滑稽，不过这也正可能是他本人希望达到的。它本身就是一幅漫画风格的摄影作品：浪漫不羁的气球飞天帅哥，云端中的绅士，进行着在已知和未知世界中的奇妙漫游。

图 7.4　坐在气球吊篮内的纳达尔，摄自他本人在巴黎的摄影馆

在 1862 年冬季的一期《新闻报》①上，纳达尔还是以他平素的作风，公布了一则轰动的"御空宣言"，宣布了他的"巨人号"计划。从宣言的文字来看，他的这一完全由自己个人出资的计划，在科学上鲜有价值，而提供商机的意图则是很明显的，并且是面向全世界（有投资意愿的人）的。在此宣言中，纳达尔巧妙地用了夸张的文字，让它看上去宛如既动人又逗趣的广告——

> 我将要造一只气球——并创造打造气球的绝对纪录。它将是只巨无霸：比目前为止已知的最大者大上 20 倍。它将实现以往只在美国报刊杂志中出现过的梦想，并吸引来自法国、英国和美国巨大的人流，前来一睹最令人叹为观止的飞天。
>
> 为了增加观看的乐趣，我这里还提前宣布一项安排、一项人们所能欣赏到的最美好的情景，而并不担心被人抢了先手——我将在这只大气球下面加装一只小气球（也可以称之为气球崽），用以装盛大气球膨胀时挤出的多余气体。这样，以往一向因这种原因逸散排出的气体，如今会让我的气球真正能飞行很长的时间，不同于它的前辈们那样，只在空中悬上区区两三个小时。
>
> 执行这一令公众关注，又具有重大科学意义的计划，我并不指望获得任何私人投资，也不企盼来自政府的资助。我将倾个人全力，斥 20 万法郎巨资造出这一气球。一旦打造完毕，便定将投入一系列飞天使命。这些使命都已经公布于众：巴黎、伦敦、布鲁塞尔、维也纳、巴登、柏林、纽约市（以及别的我能想到的许多地方），以此吸引来 10 倍的资金，用于实现我的下一个计划——第一台带动力的真正 [比空气重] 的空中自主飞行器。[12]

---

① 《新闻报》(La Presse)，法国 1836—1928 年间发行的一份经济日报。——译注

二 九死一生的"巨无霸"

"巨人号"的设计者为法国顶尖级的飞天员家族戈达尔家的路易和朱尔两兄弟。他们也是这只气球的飞天员。[13]纳达尔在公布气球的准确财政数据和技术指标时很谨慎，因为他知道，这样的花费肯定会引起法兰西第二帝国的注意。这只气球用了2.2万码丝绸，单是购置绸料的花费，折合成英镑就是6000镑。这些绸子被裁成118条瓜皮块，全部用手工缝到一起，而且都是折成双道褶缝制的，用了200名女工，花了一个月的时间，才缝成一个完整的球体。为了增加强度，球皮做成了双层。这就是说，它实际上是两只一样大的气球，一里一外套到了一起。这个大肚汉能容纳21.2万立方英尺的燃气，充足气后，立高约达196英尺，超过了12层楼的高度（差不多相当于后来于1887年开始建造的埃菲尔铁塔的第一层高台），看上去委实壮观之至，它那高出巴黎大多数建筑的形象，从好多里之外都能望见。它也是纳达尔本人所能设想出的最大的公关招牌。[14]

纳达尔将气球的制造过程叙述成一则扣人心弦的戏剧，并穿插了所有真实具体的细节与数字，构成了以他为主角的故事，吸引了读者的关注与同情：

> 我立即开始动手。种种巨大的困难总是如影相随，将我弄得白天犯愁、入夜无眠。天天如此。具体细节我目前且不多说，不过一旦这个冬天结束、此项工作最急迫的部分完成后，我会一一讲给读者诸君知悉。我已经成功地造好了我的气球，同时也办起了刊载本文的这份刊物《凌空人》。它将成为动力化飞行不可或缺

的指导读物。我还行将为一个领域打下基础，而这个领域或许会在将来成为当代最宏大的财政舞台。凡是看到并赞同我的这些努力的诸位，请你们原谅我此时从额头抹去汗水的有失优雅风度的动作，以及不无骄傲的表情吧！不出一个月——再过区区不到一个月的时间，我就会向人们宣布："C'est fait!——大功告成！"[15]

纳达尔又打造了一只有模有样的藤编吊舱，好为前来出资体验的客人提供尽可能舒适的飞天环境。这只吊舱多少也反映出纳达尔那童稚式的热情与愿望。它看上去并不像通常为气球配置的吊篮，倒像是一个画在儿童画册的一则童话故事里的小草房。（有的评论界人士的确发表看法，说它就像是个搭在花园里的小棚屋。）它长13英尺，宽8英尺，高10英尺，不过不知道是什么缘故，看上去似乎更大些，也更神秘些。它是个复式结构，上面是敞开的，像是个阳台，下面则是封闭的，有如船上的舱房。

吊舱的侧壁上开有几眼窗，又在一面侧壁的正中开了一道门，内部可按需要灵活分隔，最多时可分成六块，按不同的飞天需要配上多种设施。飞天长的舱室里放了航行工作台，其他舱室里则视需要，有的放置叠层床，有的安放小型印刷机，有的辟为摄影暗室，有的设计成带葡萄酒储藏间的小厨房，最后还有一个可以说是豪华级的重要设施：小小的活动卫生间。从下层可顺着一道梯子爬到上面的露天阳台。纳达尔告诉人们，这只"巨人号"最多可搭载20人，浮升力达4吨半。它如今陈列在巴黎东北郊勒布尔歇（Le Bourget）的法国航空与航天博物馆内。[16]

1863年10月4日下午5时，这只"巨人号"载着15名飞天人和许多箱香槟酒，从战神广场开始了它的处女航。此次飞天未能按原计划飞行一整夜，而只是在进行了5个小时后，便于子夜前在号称芥末之都的莫城（Meaux）降落。不过这已经是纳达尔的商业才能和公关技巧的一大杰作了。每名飞天客都同意支付 1000 法郎。虽然有一条"概不接待妇孺"的规定，精明的纳达尔还是在快要飞天前，同意接纳一位有魅力的时髦贵族女子、年轻的奥弗涅女大公（la Princesse de la Tour d'Auvergne）。他还向一大批付费的参观者分发了 10 万份有特殊编号的《凌空人》，单这一项便使他入账 3.7 万法郎。只是这些都加起来，也还不及他所付出的一半。不过这也是意料之中的，而媒体的报道却是世界性的，甚至上了《科学的美国人》杂志呢![17]

这次飞天立即产生了巨大的公关效果。这便使纳达尔决定再接再厉。他宣布将于两周后的 10 月 18 日再次令"巨人号"升飞。这一次的飞行将为一次向东的长途征程，德国、奥地利、波兰甚

图 7.5 "巨人号"的大吊舱

至俄国都可能是经由之地。气球再次补足一应物资，不过飞天客减为 6 人。这一次是个比较专业化的阵容，成员为"巨人号"的设计师路易·戈达尔和朱尔·戈达尔两兄弟、蒙戈尔菲耶家族的一位后裔、一名叫作特奥巴尔德·圣费利克斯（Théobald Saint-Félix）的记者，纳达尔本人，再就是——这可是有些出人意料——纳达尔的年轻夫人。纳达尔的公关本领确实不凡，法国皇帝拿破仑三世①和希腊国王都亲临现场，从专设席上观看气球在日落时分升飞的壮观场面。[18]

"巨人号"向东北方向迅速飞去，穿过巴黎市上空，一路接近比利时边境。据纳达尔所记，他们在露台上用了晚餐，开了至少 6 箱不同的葡萄酒，都是一位姓库尔默洛（Courmeaux）的巴黎酒商"敬请笑纳"之贡（又一次证明纳达尔极富与市场打交道的本领）。夜色降临后，他们也如格林一行在"皇家拿骚号"上所做的那样，忘情地观看比利时钢铁厂区的工作场景。[19]

拂晓前，他们来到了荷兰上空。面临可能飘到北海的前景，他们多少有些担心。不过风向有所改变，偏向了南方，将气球又带向内陆，进入德国，向汉诺威（Hanover）方向飞去。此时的风力也有所加大，不过这在 4000 英尺的高度上不大能觉察得出。太阳出来后，他们在露台上安静地用了一顿咖啡加牛角面包的早点。经过一番讨论，戈达尔两兄弟决定在到达汉诺威之前便找一处开阔地降落下来。纳达尔后来声称自己当时对此是持严重保留态度的，主张按原计划继续向东飞，等到风速小下来再说；就是要降落，也应当在越过莱茵河之后。

---

① Napoleon Ⅲ，Charles Louis Napoléon Bonaparte（1808–1873）。他是拿破仑·波拿巴的侄子和继承人，法兰西第二共和国的唯一一任总统及法兰西第二帝国的唯一一代皇帝。他在普法战争中被俘投降继而退位。——译注

他们放掉一些燃气，使气球降低了高度。在这个位置上，大家才看出，"巨人号"的飞行速度竟然高得惊人。此时的形势颇像当年乔大智一行人飞临安大略湖——不过结局还是不一样的。由于戈达尔两兄弟并不特别了解超大气球的动力学知识，放出的燃气过多，致使所余的压舱物不够让气球重新升到希望的高度，结果只好决定在一个名叫尼姆布格（Nimbourg）的村庄附近强行着陆。气球上的几个人都按要求走上露台，牢牢把住安在藤舱壁上的特制皮扣带，然后抛出两根巨大的锚钩，看看能否有钩住地面的好运道。

硕大的"巨人号"擦蹭到地面，随即又弹向空中。强大的冲力立即将两条锚索绷断。气球遂在田野上以大约30英里的时速奔驰起来。这样的奔驰或许还算不得高速，不过已经足以令纳达尔和其他飞天人觉得，有如被发了狂的野兽拖着飞奔一般。

由于戈达尔兄弟没有设计裂逸瓣，结果是虽然放了气，但球皮内还有不少存留，气球的高度也还差不多有200英尺。就这样，它便不断地弹跳到空中，一跳就是50英尺高，然后又重重地跌落回地面。如果坠落的路上遇到树木，它就老实不客气地将树枝砸断，自己也被戳透。气球上的人都吓得动弹不得。从他们脚下的舱室那里，传来了餐具、家具和设备碰撞毁坏的声响。露台的一边被扯坏了，结果是他们只好攀附在头顶处的气球网套上。紧张忙乱中，放气的阀门拉绳从纳达尔的手中松开。朱尔·戈达尔想爬到吊舱顶圈上将它再拉回到下面，前后试了三次。在此期间，这场噩梦般的"蛙跳"一直在进行着。

后来的经过一定是儒勒·凡尔纳会在自己的作品中极力追求的。气球被风卷着，直直地冲向一条铁路线，而一列快车此时也正行驶过来，与气球的路线形成直角。火车司机发现了这个从西面的田野上一蹿一蹿前来的怪物，正确判断出要避免相撞出大事故，火车必须减速而不是加速。于是他紧急制动，使列车及时停了下来，结果是气球从火车头前面不远的地方冲过铁道。二者的距离是如此之近，以至于气球上的人透过火车头喷出的白雾，听到了司机的喊叫声。司机喊的是德语，纳达尔听出他是在发出警告，说："注意电报线！注意电报线！"[20]

确实应当小心。气球吊舱当时正在冲向与铁轨平行的一组电报线。等纳达尔发觉时，它们正位于自己这帮人头部的位置。当时他脑海里闪过的念头便是："四根电报线——四架断头台！"当下便一把抓住了自己的夫人：

> 我们都低下头，也都猫下身子……真是太走运了——就在穿过铁路时，气球贴着地面扫了一下，结果是电报线从我们的头顶上一拂而过，切到了吊舱顶圈与吊舱相连接的地方，结果是只将一根——也许是两根主吊索切断，就像是用快刀斩过似的。它们被拖在气球后面跟着跑；气球像一颗疯狂的彗星，它们就有如拖曳在后面的彗尾……[21]

纳达尔惊讶地看到，气球经过时，将一左一右的两根电报杆都拔了起来，电报杆和电报线也都被拖着，"嗖嗖"地呼啸着，又跟着跑了好几秒钟。摆脱掉它们后，"巨人号"还在不住地奔跑，其间仍不断地上蹿下跳，令吊舱一次次砸到地面，这样跑了10英里，最后才停了下来，结束了这场令人胆寒的奔驰。这帮飞天客一个个跳出来——也许说成摔出来更贴切些，只是没见到纳达尔夫妇。原来他们还留在露台上，相互搂抱在一起，缩在一个角落里，都还团着身子，好像在娘胎里的样子，手里都还紧紧攥着残存的吊舱藤条碎块。

"巨人号"最后总算停在了一片茂密的林地上，但已不复为什么气球，只能说是一堆凌乱的缆索和不少被树枝划得支离破碎的绸片。它们在若干棵树的枝干上撑开，破损的吊舱也侧翻在一边，藤条碎片沿途撒了一路。"巨人号"共飞行了 14 小时，行程 400 英里，时速高时达 60 英里，低时为 20 英里。每名飞天人都受了伤，不过居然都大难不死。

有关这次飞天的报道通过电报传到世界各地，得到了广泛报道，登上了《巴黎生活》①周刊、《伦敦新闻画报》和新创办不久的《纽约时报》。《科学的美国人》杂志也将此事故作为突击报道发表，内容很是轰动（但有些失准）："'巨人号'再度上阵，17 小时飞行 250 里格②，在汉诺威公国尼尤堡（Nieubourg）降落，被拖行数小时之久。纳达尔双腿骨折，夫人喉部受创。"[22]

真是塞翁失马，这场灾难倒正是纳达尔大搞公关的好本钱。和妻子一道返回巴黎后——是乘火车返回的，他便开始撰写一本回忆录，题目定为《"巨人号"往事》，于 1864 年出版。其中的冲猛着陆部分，他足足写了 32 页，最后还动情地告诉人们，事故刚刚开始，他便想到要怪自己将夫人带上了这条不归路。其实，他的太太只是受了些小小的轻伤——下巴那里被勒了一下，如此而已。[23]相形之下，纳达尔自己的腿伤要严重得多，养了好几个月。他一面养腿伤，一面写这本回忆录，附带还打了一场官司，指控朱尔·戈达尔操作不当，不堪职守。说来也怪，其他参加此次飞天的人倒是

---

① 《巴黎生活》(*La Vie Parisienne*)，法国的一份休闲性周刊杂志，内容多元化，创办于 1863 年，1970 年停刊。目前法国仍有一份同名杂志，但内容、出版周期与出版商家均与原先不同。——译注

② 欧洲和拉丁美洲古老的长度单位，在英语世界通常定义为 3 英里（陆地）或 3 海里（海上）。法国也使用过类似的单位，定义为 1 万—1.44 万法尺（约 3.25 公里—4.68 公里）不等。——译注

图 7.6 "巨人号"遇难：在尼姆布格拖行着陆

图 7.7 "巨人号"在尼姆布格附近飞向一列火车

谁也没有状告纳达尔。

纳达尔看出，以情节而论，当属气球与火车相遇的一幕最是高潮。因此，他让自己的弟弟阿德里安将这一事件的所有有关情节都设法画入同一个画面，并定格在最紧张的一瞬间，弄得颇带有记录文献色彩。这张画绘成了，很有冲击力。视角来自上方，像是正从另外一只气球上向下瞰视。占据了好大一部分画面的，是歪斜着悬在空中，被强风弄得大大变了形的"巨人号"深色形体，好似一只瞎了眼睛的怪物，正疯狂地冲向下面的田野，将巨大的阴影罩在受惊的羊群和马匹上方。吊舱无可奈何地拖在气球尾部，一路折损着树木前行。前方的下面是一列蒸汽机车，与硕大的气球相比之下显得很小，正沿着铁路线轰轰隆隆地前进，一路喷出长长的白烟。那几根马上就要遭到不幸的电报线，只在气球行进的方向上依稀可见。

纳达尔特别精心地给这幅画登记了版权。1863 年冬天，它登上了全欧洲的报刊。他的那本回忆录在第二年春天出版时，卷首插页上也用了这幅画，简直成了这次飞天的一种象征、一个代表。纳达尔又找人将气球和吊舱都修理好、恢复了原样。在后来的四年里，"巨人号"又继续飞天，在布鲁塞尔、海牙、汉诺威、莫城、里昂（Lyons）等地都升飞过。当他在阿姆斯特丹表演时，宣传海报甚至都张贴到了日内瓦和马赛。[24]纳达尔和戈达尔两兄弟闹翻了，后来便雇用了一位名叫卡米耶·达图瓦①的人操纵气球。后来的飞天一直平安无事。1865 年 7 月 2 日，他不顾太太心有余悸的反对，自己又登上里昂赛马场再次飞天。

———————————

① Camille d'Artois（1838–1917），法国职业气球飞天员和气球营造人，曾在巴黎围城期间（第十章），在戈达尔兄弟手下制造了 27 只反围城气球。——译注

三　雨果一展"预言的翅膀"

在"巨人号"的事故之后，纳达尔确实表现出自己的远见卓识。他想到应当通过对"巨人号"的宣传，宣示借助气球在空中运动的概念已然过时。气球这个"浮飞器"，应当为推介"沉飞器"开路。于是，这位不知疲倦的纳达尔，又撰写了一种有别于他先前所写内容的宣传册子，题目叫作《飞的权利》。在这本小册子中，他提出了与气球飞天不同的"空中自主飞行方式"。从该册子的标题便不难看出，纳达尔认为飞行已经无形中上升为一种人权。[①]他请乔治·桑为它撰写序言。这位女作家果然洋洋洒洒地挥写了一篇文字。不过，她又在1865年9月28日写给纳达尔的私人信件中说："亲爱的纳达尔，千恳万求您，别再耍这一套吓人的气球把式啦！它给你的朋友们带来的麻烦，你可是不曾意想到的呀。拜托你，还是回到人物摄影上来吧。不妨就以我为模特儿嘛……"

纳达尔的新信念——要使飞行真正名符其实，须得先创造出带有动力装置的"航空器"——通过《飞的权利》得以为公众知晓。这样的机器将以蒸汽、电气乃至燃气为动力，故而一定会重于空气。气球飞天员们一百多年来一直希望能在空中自由遨游的憧憬，总有一天将由它们来实现。船只在海洋上是靠水中的船舵操纵的。航空器也同样要靠在气流中动作的同类设施实现自主运动。一个表示能有如船只一样在空中自主移动的设施的新词语——"飞艇"

---

① 纳达尔的这本册子的标题源自启蒙运动的指导作品之一的书名《人的权利》。作者托马斯·潘恩（Thomas Paine，1737–1809）是英裔美国思想家、作家和政治活动家。美利坚合众国的国家名称（The United States of America）也是他提出的，因此也被广泛视为美国开国元勋之一。——译注

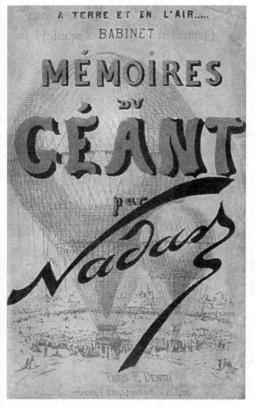
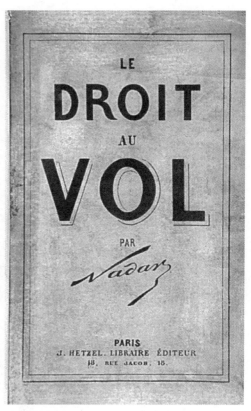

图 7.8 纳达尔所著的《"巨人号"往事》和《飞的权利》两书的初版封面

便由此诞生，这就是在法文中和英文中通用的 dirigible。事实上，如果有了舵，再加上升降设施，就可实现前后、左右和上下的移动。装有此等设施的飞艇将会是什么模样，此时还没有谁能准确构想出来，不过总应当与"巨人号"气球并不相类。

　　纳达尔又向全法国最有名、也最受争议的人物维克多·雨果寻求精神支持。当他还在编撰《纳达尔名人众生相》时，便已成为雨果的忠诚朋友。因此，他便致函这位大文豪，请他发表一份类似于公开声明的文字，以示对《飞的权利》的支持。雨果能否愿意发表一些对未来人类飞行的见解呢？他毕竟不也曾发表过描写空中观察的文字——在其皇皇巨著《巴黎圣母院》的第三卷第二章中，描绘了中世纪的巴黎"从空中俯瞰的景象"，而且这一章的标题不就是"巴黎鸟瞰"吗？[25]不久前，他的形象不也出现在《开怀一笑》①杂志的一幅插画上，表现为乘着一只名为"人类号"的气球飞上苍穹，去与上帝推心置腹吗？

雨果之所以成为有争议的人物，是由于他一贯坚持共和立场，反对法兰西第二帝国统治下的一应作为，并且敢于直言不讳。为了表明这一"永远的"对立态度，他自我放逐、离开法国，到英吉利海峡属于英国皇家属地海峡群岛上的根西岛（Guernsey），在他称之为"海浪洗刷的岩石"上栖居，这就是他那闻名的"绝壁小筑"。他的出走海外，引来的是更多国人的景仰和更大的读者队伍。雨果本人就熟谙公关技巧，因此自然是纳达尔的理想人选。

雨果作了回复，还是在信封上只写着"巴黎，纳达尔收"这几个字。[26]在信中，他对纳达尔勇敢乘气球历险表示赞赏："这是何等的勇气、大胆与无畏！"诚然，"巨人号"是法兰西帝国浮华、夸张、造作的典型产物，不过"你本人甘冒风险却很了不起！是十足的探险榜样"！他在信中并没有提及纳达尔的夫人及其他飞天客。

雨果表示愿意为这位无畏的老友一展"预言的翅膀"。他先是指出，飞行是个民主的、进步的概念，是"无处不在的"憧憬。在这番开场白后，便是一封以公开信形式发表的长文，由纳达尔

---

① 《开怀一笑》（*Journal amusant*），法国的一份讽刺周刊，于 1856—1933 年间发行，创办人也是本章正文中提到的查理·菲利庞。纳达尔是此杂志的主要图片提供人。——译注

以《凌空人》杂志的名义印发了单行本《谈飞行》。此信文笔豪迈、动人心扉。雨果还以自己惯用的语气，称此信是在"寄语整个世界"。

《谈飞行》的内容十分激进，不过措辞总体上又极富技巧，能够最大限度地吸引读者。雨果像是现今的一位擅长搞文摘的编辑，机敏地想出了醒目的口号、凝练的警句和震撼的标题，将这封信既写成了公关经典，也造就出将飞行推介成兼科学与艺术为一体的广告杰作。正如他本人在这封信中所说的："将人类从亘古以来便无处不在的严苛桎梏中解放出来！有人要问，这种亘古以来便无处不在的严苛桎梏是什么呢？自然是亘古以来便无处不在、处处掣肘的重力！"[27]

雨果以一段爱国主义的内容开场，历数了自皮拉特尔·德罗齐尔以来法国飞天人的自我牺牲事迹。气球飞天真可谓法兰西民族献给整个世界的大礼。打开这一新世界、建立这一全新旅行方式的，也应当还是法国人自己——信中不曾提及其他国家的飞天人，就连查尔斯·格林也只字未提。雨果祭起的激励人心的词语真是奔涌而来："蓝天高不可测，曾为铁闩深锢，今始轰然洞开""上行下移已然成为可能，人类行将把握古人设想的第四元素"①、进而"成为高逸空气的主人"；人类即将成为飞鸟，成为鹰雕，成为"有灵魂、能思维的大鹏"。[28]

雨果又告诉人们，明确作出论断，认定"轻于空气"的飞天器永远不可能达到真正飞行目标的人正是纳达尔。"巨人号"在汉诺威附近的可怕坠毁，永远地证明了所有的浮飞器都有着本质性的缺陷——

---

① 指亚里士多德最先归纳出的构成地上万物的四种"元素"——土、火、水、气——中的气。亚里士多德本人并未给出这四种元素的排序，而且他认为这样的基本构体共有五种，但第五种（以太）只存在于大地以外的恒星。——译注

如今已有定论，气球的确力有不逮……从地上升起时有如一片飘零的树叶，在空中时无能为力，一任旋风摆布，这如何算得上真正的飞行！怎样实现真正的飞行呢？装上翅膀！……化飘翔之梦为翻飞之举，仅须实现小小一件相对并不很难的技术突破：造出第一台真正能在空气中航行的载体来……

敬请本宣言的读者抬头仰望！请问诸君看到了上方的什么？有云朵，还有鸟儿。好的。它们正是飞行的两种基本进行方式。请从眼前所见的这两种方式中选取一种：气球所用的方式正有如云朵；而鸟儿的方式，则正是旋桨器所应当采用的。[29]

这里所说的"旋桨器"，就来自纳达尔和凡尔纳已经在《凌空人》上发表，并在 19 世纪 60 年代得到普遍接受的一种构想中的存在。飘行的气球（一如云朵）和能动的飞行器（一如鸟儿）这两者的根本不同，则是雨果晓谕大众的。不过，自主行动又要靠什么实现呢？什么是它的"翅膀"呢？设想之一是，由发动机带动的某种形式的"空中转桨"。它们能像鸟儿的翅膀一样起作用，而且还有效得多。此类由若干个形成一定角度的翼片（或说桨叶）会搅动空

图 7.9 "旋桨器"，古斯塔夫·德彭东·达梅古设计

气，从而带动飞行器从中通过，恰如船只在旋转螺旋桨的驱动下从水中通过一样。纳达尔在1863年便给这样一项设计拍过照片，设计者是古斯塔夫·德彭东·达梅古①，得名就是旋桨器。

该旋桨器由两组桨叶构成，不难看出，它们分别提供着水平运动的驱力和垂直移动的升力。此外还另有一柄又像阳伞、又像降落伞的器件，看来是出自设计者对桨叶的效果不无担心而额外附加的。照片上看不到为桨叶提供驱动力的发动机，但无疑是摒弃了被沿用已久的"扑翼"概念，向着靠螺旋桨驱动的飞艇迈进了一步。◈

接下来，雨果又在《谈飞行》中谈到，可导向飞行一旦成为现实后，势必对科学和社会发挥重大作用。他鼓足雄辩的风帆，赞美着这样一个他所设想的未来——

> 它将带来对界限——所有种类的和一切地方的界限——的突破；突破将是立即的、绝对的、迅速的、普遍的和持续的……重力的亘古难关将最终被攻克……军队将不复存在，恐怖的战争、无情的盘剥和残酷的镇压也都将随之失去踪影。它将带来革

---

① Gustave de Ponton d'Amécourt（1825–1888），喜欢博物学的法国贵族。——译注

◈ 事实上，在此之前，真正的飞艇已经被法国的天才工程师亨利·吉法尔造了出来。1852年9月，他成功地实现了装有旋桨器的飞行器飞行。他的飞行器呈长棒形，内充氢气，下方装有功率为3马力的蒸汽机。蒸汽机带动旋桨器，飞行方向由一具直立式舵叶控制，由巴黎赛马场起飞，最后到达南部16.8英里远的特拉普（Trappes）。不过，它的飞行速度很低，操纵也很不灵活，风力稍大便控制不住导向。虽然这一成绩使吉法尔得到了1863年的法国荣誉军团勋章，但由于资金不继，他中断了这一研发，走上了回头路，又搞起系停式氢气球来，而且固执地不肯罢休，气球的个头越搞越大。同样可叹的是，他同时还将他的蒸汽机"贬谪"到地面上，只用来转动气球绞盘。他最后弄成的气球硕大无朋，成了气球世界的金刚。在过了50岁后，吉法尔的视力不断减退，又看不到事业前景，便以自杀了结一生。但他的设想给了查理·勒纳尔启迪，有助于他造出"法兰西号"飞艇，于1884年进行了处女航；该设想随后也被萨洛蒙·安德烈用于北极探险（后文第十一章）。

命——壮阔的、全然和平的革命。它将带来黎明乍现的黄金时代，带来千年历史牢门的轰然洞开，带来倾泻而入的耀眼光明。这意味着它将使全人类得到解放。[30]

信中同样狂放不羁的壮美言辞还有许多。雨果的预言实在是错误得离谱——也许应当说是天真得动人，不过委实都是惊人之语。他的一旦征服天空，"普遍的和平与自由"便会接踵而至的设想，出自他本人对伊拉兹莫斯·达尔文和珀西·雪莱等一干诗人所发断言的盲信，也与 18 世纪 80 年代形成的"气球狂热"颇有渊源。可是话说回来，这一"使全人类得到解放"的预言，或许只是宣布的时间和地点没能搞对而已。航空及人造卫星，都是眼下全球文明的要素，而航天正有可能提供解决文明发展方向的最终手段。如果将这封公开信拿到 20 世纪 60 年代执行"阿波罗计划"和近年来发布的火星着陆计划的场合发表，是不是就得当了呢？值得探讨。

对此姑且不论。反正雨果是得到了海阔天空、信马由缰的机会。他不无夸张地将纳达尔从巴黎到汉诺威的空中之行，比作哥伦布发现美洲的海上征程，更将纳达尔在公众面前的勇敢表现（其实并不明显）与伏尔泰① 不惧强权的气节和马丁·路德② 挑战教会的大无畏精神相提并论。如果说，雨果提出这几位强人的目的，都不外乎意在实现自我和博取公众支持，不外乎意在"弄出个动静来"的

---

① Voltaire（1694–1778），本名弗朗索瓦-玛利·阿鲁埃（François-Marie Arouet），法国启蒙时代思想家、哲学家、文学家，启蒙运动公认的领袖和导师。他的论说以讽刺见长，也因言辞犀利多次得罪权贵和教会，曾被关入监狱，又两次遭流放，但始终不改其斗争精神与犀利文风。——译注

② Martin Luther（1483–1546），德国基督教神学家，宗教改革运动的主要发起人，基督教更正派信义宗教会（即路德新教）的开创者。他因坚持自己的信念，常年受到宗教势力的迫害，直至革除教籍、著述被焚。——译注

话，纳达尔的气球冒险倒也确乎能与他们相提并论。而且他们这几个人倒也的确都在支持值得从事的大业。正是从这一点出发，雨果全力吟唱起了一阕飞行礼赞之歌——

> 纳达尔呀，有人指斥你"就是想弄出个动静来"。其实，此类嘲讽都是些陈年旧货。以置之不理的缄默来蔑视言论，用茫然的麻木来对抗表达，靠造成空白的扼杀去威压多产，祭怀疑一切的大旗去围剿创造，泼嫉妒之醋波毁损杰作，举自私自利之刀杀伐善举，吹鸽哨以求掩盖嘹亮的号角，逼流产以期断绝新生命问世……对此我要说一声：你可是用你的"巨人号"，弄出了一个好大的动静耶！[31]

在《谈飞行》的收束部分，雨果还写进了一段与他本人和法国著名科学家弗朗索瓦·阿拉戈①的逸事。阿拉戈是当代的杰出天文学家与物理学家，也持坚定的共和立场，还是支持法国为科学目的开展气球飞天的领军人物。这位已在十年前辞世的科学家，被后人普遍视为全法国最有科学远见卓识的人物，一位能预见未来的大师，还被推崇为宗教界之外的圣人。月亮和火星上都有以他的姓名命名的环形山。

据雨果在信中所说，有一天天色将晚时，他与这位科学家在巴黎的卢森堡公园散步，走到了被称为"天文台路"②的小道上。那一天是个假日，还赶上有个庆典。也真是巧得很，他俩谈兴正浓

---

① François Arago（1786–1853），法国物理学家、数学家与天文学家，曾任巴黎天文台台长和法国第 25 任总理。在磁学和光学领域都有重大建树。他有强烈的共和观念。——译注
② 天文台路位于卢森堡公园南面，再向南不远就是当时著名的巴黎天文台的所在地，故得名。——译注

图 7.10　作曲家沙尔东为纳达尔的"巨人号"飞天所创作的四组交际舞曲曲谱封面

时，一件颇带象征意义的事情发生了———一只从战神广场放飞的硕大气球，蓦地出现在他们的头顶上。它胀得圆滚滚的，恰像怀孕足月的肚腹。日落时分的太阳，给它染上了一层金色，看上去"无比庄严"。此情此景，给了他们无言的强烈震撼——

> 我对阿拉戈说："这是一枚飘浮的鸟蛋，而鸟蛋注定了是要变成飞鸟的！眼下鸟儿还在蛋里面，但它很快就会出来！"阿拉戈伸出双手抓住了我，一双大眼睛炯炯放光地盯着我，喃喃说道："那一天到来之日，便是世界得到民主之时！"[32]

这封信的结尾是这样的："勇敢的飞天人纳达尔啊，我无须私下里再向你说什么了。但凡我想说的，你都无不知晓。因此，在此我谨将此信托付给向四面八方吹拂的风，信封上写的是：'寄往整个世界！'"[33]不过，雨果与气球的缘分并没有终于1865年的这封信——远远未能。他所说的四面八方的风，很快就给他送来了未曾料想到的回复——来自巴黎上空的、象征着自由的回复。

在随后的三年里，纳达尔继续将修理过的"巨人号"带到中北欧的各个城市升空，既有系停式陈列，也有无根的飘飞表演，大体上各占一半。陈列也好，表演也好，每一次都会向观众分发雨果的《谈飞行》和他本人的《飞的权利》。纳达尔还将这只气球运到伦敦，放在"水晶宫"（Crystal Palace, London）里展览。那只知名的双层吊舱，是观众最喜爱的拍照目标。"重于空气"的飞行，也是引起纷纷探讨的议题。

纳达尔在进行他的流动飞天宣传时，会见了许多作家和反对帝制的政界人士，其中不乏雨果那样在第二帝国治下处于流亡状态的人物，如旅居比利时的查理·波德莱尔①和阿尔芒·巴尔贝斯②——都是纳达尔在编撰《纳达尔名人众生相》时结识的老朋友。纳达尔的飞天名气，使他有了较大的自由度。于是，当他被引荐给比利时国王利奥波德二世（Leopold Ⅱ, Léopold Louis Philippe Marie Victor）时，两人便有了如下的对话——国王："纳达尔先生，听说你主张共和，是吗？"纳达尔："是这样。陛下您呢？""噢，

---

① 前文已经提到过的这位诗人并不是被流放的，只是在比利时生活过一段时间。不过他的作品在国内是很受争议的，包括官方所持的否定态度。正因为如此，他后来拒绝成为法兰西文学院院士。雨果是支持他的创作方向的。——译注

② Armand Barbès（1809–1870），法国共和党人、法国七月王朝及其国王路易-菲利普一世的坚定反对者。法兰西第二共和国期间曾任国民议会代表。后因被怀疑参与政变被捕入狱，多年后才获释放，遂在欧洲大陆其他国家辗转生活，并客死荷兰。——译注

图 7.11　在伦敦"水晶宫"展出的"巨人号"吊舱

我的职业就是坚决禁止它。"[34]不管这位国王是否心口如一，总之是没有登上这只大共和派代表人物的气球。

　　有些奇怪的是，"巨人号"竟无声无息地走完了自己的最后里程。或许，对一个曾大肆宣传过气球本应让位的样板来说，这倒也不失为一个适宜的结局。它的最后三次飞行都在 1867 年的巴黎世博会期间进行，都由纳达尔执飞，也都从荣誉军人院升空。观众成千累万，喜庆气氛十分热烈。但这位带着多次放飞造成的累累伤痕叽叽咕咕响着上天的老斗士，最多只能刚刚飞出巴黎市郊。

　　曾参与"巨人号"最后飞天的威尔弗雷德·德丰维尔属于新一代

飞天员。他以玩笑口气谈到了"这一伟大'巨人'的最后三口气"。[35] 这只巨大的气球,"众多的伤口上"包着一圈圈白绸长绷带,用黑线粗针大线地缝着,看上去像"一头斑马"。德丰维尔本指望乘它飞到多瑙河一带,岂料只飞到舒瓦西勒鲁瓦①便止步不前了。一路上,"巨人号"不停地漏气,而且漏得厉害。白色的雾气从气球顶部的缝合处逸出,"一如火车头上喷出的蒸汽"。有人开玩笑,说这位老巨人"是在抽烟斗"哩,可德丰维尔无法分享这一幽默:"可这是在一桶火药上抽烟斗呀!"因此,当看到这只气球最终将气放光,层层叠起,装入套包后,他才真正松了一口气。纳达尔精心制造的、完成过传奇事迹的"巨人号",看来是以沦为一团破布作为归宿的。不过德丰维尔还是认为,它终归是"对浮飞事业做过一些贡献的"。[36]

四　气球为凡尔纳铺展科幻路

其实,纳达尔的超大气球和它的公关效果,在启迪想象力上所起的作用,要远为潜移默化,影响范围也更广阔。它们提升和改造了人们对旅行本身的观念。儒勒·凡尔纳从一开始便步步紧跟着纳达尔的所有行动。1863 年 12 月,他在《家庭知识博物》②上发表了一篇长文,题为《空中飞人纳达尔》,盛赞了纳达尔的勇气与眼界。在凡尔纳看来,纳达尔证实了一件事,就是单单做到被动地"飘浮在高空"是不够的。实现能动地"飞来飞去"、既具备自主的驱动力,也有明确的目的地——真实的也好,发明出来的也好,但必须是既定的,这才是实现真正的伟业,否则就只不过是历险而已。[37]

---

① Choisy-le-Roi,法国小镇,在巴黎东南方约 15 公里处。——译注
② 《家庭知识博物》(*Musée des familles*),法国的一份文学杂志,发行期为 1833—1900 年间。主要撰稿人有巴尔扎克、小仲马和本书正文中提到的戈蒂埃等。——译注

儒勒·凡尔纳来自南特（Nantes），于1862年结识了纳达尔。在此之前，他只是一名默默无闻的自由撰稿人，以给报刊写些涉及科学知识的文章为生，已经年过三十，还兀自在巴黎的文坛上为出头而苦苦奋斗。除了撰写科学文章，为了生计，他也参与一些法律事务，又写过些剧本，偶尔还编些谈旅行、讲发明的小块文章。曾有好几年，为了能给杂志写出真正带有探险味道的"名符其实的故事"来，他往往会从打工的巴黎证券交易所溜号，跑到法国国家图书馆去钻研。在他的心目中，这座国立图书馆真是个"无穷无尽的宝库"。[38]

凡尔纳浏览各类旅行书刊，其中又特别关注有关气球飞天的内容，认为这方面的材料能提供无比丰富的素材。比如，在1849年，就有一位年轻的法国飞天员弗朗索瓦·阿当①成为第一个乘气球翻越过滨海山脉②的勇敢者。他从法国的马赛升飞，在意大利的都灵附近降落。[39]凡尔纳不但记住了这个姓氏，还将它给了他的科幻小说《从地球到月球》一书中天不怕地不怕地跑到了月亮上的主人公，给他起名为米歇尔·阿当。

凡尔纳还对朱里安·图尔戈③于1851年问世的《御空而动的气球》下过功夫。此书由见地超群的法国诗人热拉尔·德内瓦尔作序，还配有描绘气球翱翔场面的版画。另外一种影响也同样重要，就是凡尔纳与弗朗索瓦·阿拉戈的弟弟、经验丰富、见多识广的游记作家雅克·阿拉戈④成了朋友。这将他引向了以走南闯北为题

---

① François Ardan（1815-1849），法国气球飞天员，17岁时便开始飞天生涯，用8小时飞越阿尔卑斯山。34岁时在飘飞于地中海上空时失踪。——译注
② 滨海山脉是欧洲的一道山脉，又称滨海阿尔卑斯山脉，是阿尔卑斯山脉的西翼部分，横跨法国和意大利两国边界。——译注
③ Julien Turgau（1824-1887），医生出身的法国作家。——译注
④ Jacques Arago（1790-1855），法国作家，曾于1817年乘船环游世界。他于47岁时患眼疾失明，但仍坚持旅行和写作不辍。——译注

材的创作道路。他的几篇早期文字如《气球上的旅行》（1851）和《冰上过冬记》（1853），都是这些影响的产物。到了 19 世纪 50 年代结束时，他已经与小仲马①通过共同探讨，形成了一种新的文学体裁的概念，并称之为"科学小说"。[40]

　　1862 年的秋天，凡尔纳在结识了纳达尔，又认识了也在《纳达尔名人众生相》榜上有名、因出版了巴尔扎克②、雨果和乔治·桑的著述而声名鹊起的出版商皮埃尔-朱尔·埃策尔③之后，其事业出现了重大转折。他抛开了正在致力撰写的一本以巴黎为背景的题材灰暗的作品，同意创作一部气势昂扬的气球历险小说。这就是《气球上的五星期》。他与埃策尔签了合同，时间为 1862 年 10 月。[41] 凡尔纳兴奋地写信与巴黎证券交易

① Alexandre Dumas, fils（1824–1895），法国剧作家、小说家，世界文学名著《茶花女》（有多个中译本）的作者。他的父亲是文坛上与他同名的另一颗巨星，人称大仲马。——译注

② Honoré de Balzac（1799–1850），法国 19 世纪著名作家，法国现实主义文学成就最高者之一。他创作的套书《人间喜剧》共 91 部小说，写进了 2400 多个人物，是人类文学史上罕见的文学丰碑，被称为法国社会的"百科全书"，其中最著名的均有中译本。——译注

③ Pierre-Jules Hetzel（1814–1886），法国出版商与文学编辑，为法国诸多文坛巨匠出过书，又拥有数份杂志。他对凡尔纳的出道起了很大作用，并一直是他的出版商。——译注

　　人们往往忽略了一个事实，就是此时的儒勒·凡尔纳，其实对于科学和技术的前景还是深有怀疑的。也是在这个 1862 年，他还写了一篇情绪悲观的短篇小说，题为《20 世纪的巴黎》。文中提到一名年轻的诗人米歇尔·迪弗莱诺瓦。他住的是高楼大厦，出入有高速火车和燃气汽车，打仗时使用的是化学武器，电报网使他与全世界建立了联系，甚至人死了，也还可以靠电击复生。但面对当前物欲横流的社会现状，这位诗人很不幸福，他读不到严肃题材的书籍，听不到优美的古典音乐，他厌恶靠从煤炭中提炼出的合成食品果腹。由于新的一轮冰河时期降临，整个欧洲都被冰雪覆盖，米歇尔死在了拉雪兹公墓墙外，死时怀里还揣着他写下的未出版的诗集《希望》。凡尔纳将这部惨兮兮的手稿初稿送给埃策尔过目，但被拒绝了："等过了二十年后再来考虑出版吧。今天的人们是不相信你的这些预言的，也没人会拿这些预言正经当回事。它会毁掉你的名头的。"埃策尔又建议凡尔纳以气球为题写些什么。又过了一百多年后，这篇短文的手稿才于 1989 年被这位科幻大家的曾孙找到，并于 1994 年出版。而此时它的悲观基调，倒是更加确立了凡尔纳的声名。

所的几位朋友告别，又说自己正在写一部小说，并用带着商业情调的语言预言："这是一种全新的、为本人所独有的体裁，一旦成功，就会是一座金山。"[42]

事实上，一篇梗概内容大致平行的故事此时已经问世了。这是发表在一份瑞典杂志上的文字，标题是《非洲上空的热气球》，但从未被译成其他语言。据凡尔纳的夫人说，她丈夫曾打算将这篇东西扩展一下，改写成新的故事，还为它起了个临时标题，叫作《空中行记》，不过这一努力并不成功，反倒弄得他好生绝望，甚至打算将它一焚了之。[43]

在与埃策尔和纳达尔多次商讨后，凡尔纳采用他自己想出的"全新的、为本人所独有的体裁"重新创作。有了纳达尔的鼓励，再加上埃策尔的编辑本领，原来的那种平铺直叙的"杂志味"一变

图 7.12　儒勒·凡尔纳的《气球上的五星期》的卷首插图

而成为清新活泼的娓娓而谈。在他的笔下，一章章的文字都简洁明快，一共写出了 44 章，加进了大量真实的科学知识和惊险的气球经历：风暴、与鹰鹫的冲突、大象群、火山喷发、干渴、幻觉、海市蜃楼、野蛮人部族等。冲撞着陆的情况自然更是少不了的。

不过更精彩的是，凡尔纳写进了不少气球飞天人之间鲜活有趣的对话。他意识到，气球吊篮（还有后来《从地球到月球》里阿当奔月用的火箭和《海底两万里》及《神秘岛》中尼摩船长的潜水艇）这样的封闭空间，正是可供展现种种情节的理想环境，让不同性格的人物在压力前一一表现出各不相同的本色。这正是纳达尔特别体验到了的。飞天的气球——每一次，不过尤以长途为最，简直就是上演戏剧的舞台。为了充分显现戏剧效果，凡尔纳给气球找来了三位性格截然不同的主角，而埃策尔也很快给这本书加了一个助力的副标题，使它的全名成了《气球上的五星期：三位英国人在非洲的发现之旅》。这部小说迅速完稿，于 1863 年 1 月末发行，时值纳达尔的那篇"御空宣言"发表三个月——正是"巨人号"火得不得了的时候，因此发行时机真是再好不过。

五 凡尔纳科幻作品中的探险人物

《气球上的五星期》是儒勒·凡尔纳的第一部真正的科学幻想小说——也就是他自己说的"科学小说"。这本书给他的事业带来了突破，使他成了大众化的作家。书中讲述了一只气球，从非洲东部印度洋上的桑给巴尔群岛（Zanzibar Archipelago）——当时是英国的殖民地桑给巴尔（Zanzibar），现属坦桑尼亚（Tanzania）——出发，一路向西飘飞，横跨整个非洲大陆的故事。气球是纯粹虚构的，但故事里却提供出极真实的细节和统计数据。这是凡尔纳不断发展并多次沿用的创作模式。书中有三位主要人物，都是英国人，也都颇表现出英国绅士那种我行我素、冷静如恒的典型形象。这样的性格，也形成了凡尔纳笔下许多人物的定式。

第一位人物是性格古怪的萨梅尔·费尔久逊博士①，是个喜好探险、耽迷幻想的人物。他曾在孟加拉工兵团②服役，是这次气球历险的负责人。他瘦长精壮、面色红润、气度安详、清心寡欲、百病不侵、吃苦耐劳，只是对有所发现的追求"怀着中了邪般的热情"。费尔久逊的足迹遍踏印度、澳大利亚和美洲等地，"幻想得到像蒙哥·帕克③、詹姆斯·布鲁斯④那样的荣誉，他似乎并不轻视塞尔扣克⑤这样的鲁滨逊型人物，甚至还有点羡慕他呢！"对于费尔久逊来说，气球飞天就是进行纯粹科学研究的行为。此人正是凡尔纳所创造的所有理性探险家的原型。

第二位是费尔久逊博士的朋友狄克·凯乃第。这是个天不怕地不怕的鲁莽汉子，还是个出色的猎人，专门喜欢狩猎凶禽猛兽，

---

① 本书中有多处《气球上的五星期》一书的引文，这里的译文都沿用了中国青年出版社的中译本（王汶译，1957 年 10 月北京第 1 版，1991 年 12 月北京第 6 次印刷）。除虚构人物外，真实人名和地名等均按当前标准译法译出。有些与现行数据不一致的统计数字也按当前资料更改。——译注

② 英国印度军（British Indian Army）的一部分。所谓英国印度军，是印度和巴基斯坦（包括孟加拉在内——当时称东巴基斯坦）均为英国殖民地时期（1858—1947）的英属印度武装部队，由印度人及英国人分别组成，前者募自印度本土的印度人；后者则是出生于英国、被派往印度服役的英国军人。——译注

③ Mungo Park（1771–1806），英国探险家，被认为是第一个考察非洲尼日尔河的西方人。1793 年经英国皇家学会会长约瑟夫·班克斯的举荐，两度前往非洲考察，对查明尼日尔河源头甚有贡献。1806 年，他在第二次赴非考察时遇袭，溺死于尼日尔河。——译注

④ James Bruce（1730–1794），英国旅行家和游记作家，曾在非洲生活多年，并沿尼罗河的主要支流之一青尼罗河上溯到其源头。——译注

⑤ Alexander Selkirk（1676–1721），苏格兰水手。他曾漂流到一处荒无人烟的岛屿并独自生活四年之久。丹尼尔·笛福（Daniel Defoe, 1660–1731）的小说《鲁滨逊漂流记》，很有可能就是由此人的经历提供了创作灵感。——译注

是个"地地道道的苏格兰人，坦率、果断、固执"。他和博士是在印度结识的。当时凯乃第"去猎虎、猎象，费尔久逊采集植物和昆虫标本"。凯乃第为人精明而务实，觉得费尔久逊要乘气球在非洲飞一遭显然是在发疯。不过，一旦他看出此举已成定局，便表现出对朋友的绝对忠诚，毅然决定加入。"'你就信任我吧，'费尔久逊说，'让我的座右铭"Excelsior！"也变成你的座右铭吧。''那好吧，Excelsior！就 Excelsior！'这位猎人回答说，其实他一个拉丁字也不识。"自然啦，Excelsior 这个拉丁词的意思就是"永远向上"。

第三位主角是——凡尔纳放在这两个人中间——起着催化作用的人物。此人被给予了一个伦敦下层人的身份，在小说中充当着仆人的角色。按照维多利亚时代的习俗，对仆人只指名而不道姓，因此他只以"乔"的面目出现。虽然地位只是仆佣，但此人在书中起到的作用绝非一个影子般的存在，或者也可以说，并不是偶尔用一下而已的压舱物。（看来大概能够认为，乔这个人正是《八十天环游地球》里那位路路通的早期版本。）他聪明、能干、脑子灵、舌头也快，他还是位了不起的体操运动员，天生就是在气球吊篮里生活的料。"跳跃、攀缘和做各式各样的把戏，他都能来一手"。除此之外，他还热爱大自然，科学令他入迷，气球尤其是他之所爱。（"这玩意儿多漂亮呀！"）最重要的是他忠于自己的主人。"假使说，费尔久逊是头，凯乃第是臂，那么乔就是手"。

小说的一开始，给出的是一段对伦敦的英国皇家地理学会会场的逼真描绘。费尔久逊应召来到会场，申请一笔财政资助。刚一提出，讽刺挖苦便纷至沓来。凡尔纳的描写，令人想到爱伦·坡在将近二十年前所写的那段气球大牛皮的故事，看得出来，他是阅读了足够丰富的背景资料的——

"说不定这个令人难以置信的计划只不过是个骗局，"一个半身不遂的老船长说。

"也许根本没有费尔久逊博士这个人！"有人用讥笑的声调喊了一声。

"那就得想法子把他发明出来。"这个严肃的学会的一位会员竟开起玩笑来了。

"请费尔久逊博士进来吧。"弗朗西斯爵士吩咐道。

萨梅尔·费尔久逊便在雷鸣般的掌声中走进会场。……博士的整个外貌都洋溢着安静与严肃，人们一看见他，就从心眼里不会想到他能够干出欺骗的勾当——即使是无意识的欺骗。

接下来，凡尔纳给出了一大堆历史的、自然科学的和统计学的数据，以增加必要的真实成色。在提供数据上，他的技巧不断提高，做到了以生动活泼、有时还相当调皮的方式进行。第四章是欧洲人对非洲探险历史的一个简洁的回顾，从詹姆斯·布鲁斯一直写到约翰·汉宁·斯佩克①。在第七章里，凡尔纳又形同写出了一篇论文，介绍了气球的制作方法，以及利用由东向西吹送的信风实现定向飞天的根据。（乔大智要是能读到的话，一定会表示赞同。）有些地方，他是照本宣科式地罗列的："气球的容积等于44847立方英尺，把气球里面不装上空气，而装满的氢气约是空气重量的1/15——这样，容积虽然还和原来一样，重量却只有276磅了；这样，我们使气球和周围的空气不再保持平衡，也就是说，使它们的重量相差了3780磅。这便是气球的升力。"

---

① John Hanning Speke（1827–1864），英属陆军军官及探险家，曾经三次于非洲探险，当中以搜索到尼罗河的源头最为知名。——译注

除了这两章，余下的部分便都是实打实的故事了。费尔久逊用乘气球飞天的美好与方便打动凯乃第的一段，读时简直可以感觉得出，这是一名对气球痴迷到极点的人在动情倾诉。这番话既是受了纳达尔感染的结果，也是对 18 世纪欧洲出现的气球狂热的真实回溯：

> 我打算一直飞到非洲西海岸，再离开我的气球。只要在气球上，一切就有办法！在气球上，不怕酷暑、不怕山洪、不怕风暴、不怕沙漠热风、不怕对人有害的气候、不怕野兽、甚至不怕人！如果太热，就升高一些；如果太冷，就降低一些；遇到高山就越过去；遇到深川大河就飞过去；如有狂风暴雨，就逃到雨云的上头去；碰见山洪，就像鸟儿一样在它上面飞行。我前进着，不知道什么叫疲劳；我停下来，也根本不是为了休息。我在没人知道的境界上空翱翔……我用刮风的速度一会儿在高空里，一会儿又紧贴着地面；非洲的图景像一页巨大地图似的铺展在我的眼前……

气球从桑给巴尔升飞后，他们三个人确实在"像一页巨大地图似的"的非洲尼罗河上游地区向西而行，进入了非洲内陆。然而，其他情况却与费尔久逊原先设想的都大不相同。承载这三个人的气球"维多利亚号"遇到了诸多麻烦，陷入了不少险境，一个紧接着一个，简直没有工夫让人喘口气——更不用说给气球充些气了。凡尔纳以他出色的想象力和大胆的构思，赋予了悬念这一创作手法以新的内容。书中的情节有生病发高烧，被狂野的大象拖着飞跑，遭到大群兀鹰的攻击，受到土人巫祝的顶礼膜拜（以为是月神下凡）。他们还从有食人习俗的土人手中救出一名传教士，穿过冰雹的袭击，逃过一场巨大的雷暴，闯过喷发的火山口，躲过如云的飞蝗，驱散"尾巴上拴了燃烧物的鸽子"。他们还看到了尼罗河的源头。当然，这些经历并不是按照这里所给出的顺序发生的。最后，"维多利亚号"的球皮里没了氢气，他们便又将它变成了热气球，在球皮下方烧起干草来，从而躲过了最后一轮"愤怒若狂的"土人，顺利地飘过一道河后，进入了法国的殖民地塞内加尔，进入了安全地带。

在这部作品中，非洲原住民会不断出现，而且总是怒气冲冲的。其实好早之前，雪莱便已经设想过，"当第一只气球将其影子"投到非洲大地时，便将成为带来解放和觉悟的利器。然而在凡尔纳心中，气球更主要的是殖民统治和科学优势的象征。🎈[44]《气球上的五星期》固然是在谈历险，但也无形中宣扬了殖民统治。这本书从头到尾都吹拂出虽则几近天真，但又十分浓厚的种族主义气息，说非洲原住民"跟猴子一样"的议论不时出现。

气球位于高处，不仅给了飞天人安全无虞的地位，也给了他们自诩道德高尚的错觉。他们认定非洲部落的民众都是野蛮人。野生世界里的生物，无论是大象还是蓝羚①，也一概被放在想杀就杀的地位。居高临下给了这三个人以高不可攀的自我感觉。非洲大地也好，非洲人也好，无非只属于"风景"一类。将整个非洲视为野生动物园的概念，恐怕就是从这本书开始的吧！当然，凡尔纳是个法国人，却将这几名飞天的殖民主义者都写成英国人、气球也以英国

🎈 比凡尔纳早五十年的雪莱对气球所发表的言论是这样的："它预示出卓绝的交通能力，代表着方便快捷地穿越巨大距离的手段，提供了轻松探查未知疆域的工具。大家为什么对非洲内陆所知无几？是不是应当派些勇敢的飞天员前去那个大陆，沿不同的方向深入，并争取用数周时间探查一番？第一只在这块不幸大地上飘行的气球，它那被位于头顶正上方的太阳垂直投到正下方地面的影子，将会解放那里的每一个奴隶，并永远消除这个制度。"这样对比一下，则褒贬之意自不待言。

① 南非的一种大羚羊，毛色本是灰的，但在强烈日照下会呈现一种蓝灰色，以致得到蓝羚的名称。但也因此种特点，使它们遭到大量猎杀，致使该物种于 18 世纪末灭绝。——译注

女王的名字命名，或许是别有用意在内：

> 现在，"维多利亚号"从一个村庄旁边飞过；博士根据地图知道这个村庄叫高列村。土人们一看见气球，便发出愤怒和恐怖的喊声。他们向这空中怪物放箭，还好，他们射不到气球；气球照常大模大样地在这些无能为力的土人头上摇摆着。风往南方吹了，但是这丝毫也不使博士着慌，他甚至还挺高兴，因为这样可以让他考察一下理查德·弗朗西斯·伯顿①和斯佩克走过的道路。凯乃第变得和乔一样唠叨了。他们两个人你一言我一语，兴高采烈地交谈着。
>
> "用不着公共马车了！"一个人感叹道。
>
> "用不着轮船了！"另一个人随声附和。
>
> "请问，和这比起来，火车还算得了什么呢？"凯乃第响应道，"你坐火车走过这些地方，什么也看不见。"
>
> "我们的'维多利亚号'可不是那样！"乔插了一句，"你觉不出在移动。大自然自己就在你面前展开了。"
>
> "多么美的风景啊！美景啊！真叫人惊奇！叫人喜欢透了！简直是睡在吊床上做梦！"
>
> "咱们该吃午饭了吧？"乔突然问道，清新的空气使他的胃口好起来。

不管怎么说，反正凡尔纳用气球打开了一个新奇世界的大门，讲述了地理学、人类学、自然历史、地质学和气象学的种种知识，不但很准确，而且讲得绘声绘色。此书使他一下子成了拥有广大读

---

① Richard Francis Burton（1821–1890），英国军人出身的探险家、最早到达中非坦噶尼喀湖（Lake Tanganyika）的欧洲人。——译注

者的畅销书作家。《气球上的五星期》很快被译成欧洲的各种文字。他已经找到了适合自己的门道，以后便是轻车熟路了。自此，他便以不得了的速度干了起来，差不多每年都有作品问世，往往是两部甚至更多，并一直保持了多年。

这样的产量委实惊人。其中最优秀的都译成了英文，在英国也受到同法国一样的欢迎（拍成电影后亦然）。《地心游记》（1864）、《从地球到月球》（1865）、《海底两万里》（1869）和《八十天环游地球》（1872）就是其中的几部①。埃策尔立即从这些作品中看到了巨大的商机，因而迅速将它们组织成一套丛书出版，丛书的总标题为"非凡的航行"（*Voyages Extraordinaires*）。这套丛书更是奠定了凡尔纳的名气，使他成了专业作家。

凡尔纳还继续在纳达尔创建的"沉飞器促进会"工作，而且最后当上了常务负责人。他也很快在 1864 年写了一篇题为《埃德加·爱伦·坡及其著述》的研究论文，篇幅不长，但以此还上了因气球所欠这位美国作家的人情债。不过单以幻想性的气球飞天而论，凡尔纳还是胜出爱伦·坡一筹的，也许更是整个 19 世纪里无出其右的人。气球后来还再次被凡尔纳用于他在 1875 年写出的《神秘岛》中，让它进行了一次太平洋上空的飞天。只不过从某种角度来看，《气球上的五星期》在风格上并不与他的其他"科学小说"完全一致。诚然，在想象力和情节跌宕的铺排上，此书是同样出众的。显然也正是这种能力，使埃策尔看重他，认定他能写出跌宕百出的故事来。

在《气球上的五星期》这部作品中，预言到科学与技术前景的地方委实寥寥。这不是一本"未来型"小说。"维多利亚号"的探险和"巨人号"的一样，是以当代奇迹的形象出现的，简直是个

_____

① 都有不止一种中译本。——译注

特大号的新闻报道内容，被说成是"1862年度的优秀探险"。萨梅尔·费尔久逊倒也为提高气球的升力做过种种发明（如使用"本生电池"的燃烧嘴加热氢气以提高温度——这是20世纪60年代丙烷热气球雏形之闪光乍现）。不过，他仍然一得到机会，便攻击向来在陆地的热带地区所施行的交通方式，宣传"现代"的气球手段。比如书中便说，如果这几名飞天人也像蒙哥·帕克或者斯佩克一样，采取陆地跋涉方式的话，就一定会被灾难折磨倒了——

从我们离开桑给巴尔岛到现在，我们的牲口恐怕会累死了一半。我们自己的样子也就会三分像人，七分像鬼，而且面临绝境。

图7.13　儒勒·凡尔纳"非凡的航行"科幻作品丛书之一《勃拉尼肯夫人》(1891) 的封面

我们一定跟我们的向导和脚夫冲突过多少次，我们也一定受了那些放肆的粗人不少气。白天，那潮湿的热气会把我们熏个半死；夜里，那无情的寒冷会冻得我们吃不消；还有一种苍蝇简直会把人叮得发疯，据说这种苍蝇的口器连顶厚的帆布都能穿透。就这些便已经够受的了，更不必再提什么凶猛的走兽和野蛮的土人了。

"我可不想尝这种滋味。"乔坦白地承认道。

不久后，又有新的小说体裁出现了。这就是所谓带有复古情调的"失落的桃花源"体裁，其中最热门的是英国的《半大小子》①杂志推出的多种丛书，赖德·哈格德②的《所罗门王的宝藏》（1885）和《她》（1887）就是他最畅销的代表作。虽然如此，凡尔纳自成一家的科幻小说仍然风行不衰。《气球上的五星期》的结尾是一段故意弄得干巴巴的陈述："费尔久逊博士此次探险旅行的伟大成就主要在于，最为详细地确认了巴尔特③博士、伯顿、斯佩克和其他探险家探察过的各种情况和测定的地理位置。斯佩克和格兰特④先生目前领导的两支探险队正……不久我们将能验证费尔久逊博士在东经 14°到 33°之间的广大地区所进行的考察发现。"不过他还是忍

---

① 《半大小子》（*The Boy's Own Paper*），英国从 1879 年发行到 1967 年的一种专门面向中学男性少年的一种寓教育于陶冶的周刊，它还以不定时方式推出多种适合男孩子性格与追求的书籍。这些书籍多加入大量插图。——译注

② Rider Haggard（1856–1925），英国维多利亚时代受欢迎的小说家，多以浪漫的爱情与惊险的冒险故事作为写作主题。这里所提到的他的两部小说均有中译本。——译注

③ Heinrich Barth（1821–1865），德国探险家和学者，曾在非洲生活五年，并掌握了当地人的语言，将当地口头流传的资料收集并编成书，成为撰写非洲史的最早学者之一。——译注

④ James Augustus Grant（1827–1892），苏格兰探险家。他于 1860 年与斯佩克同队赴非洲探险，又于 1863 年后各率人马在非洲各地进行地理考察。——译注

不住又加上了一句花边统计，声称伦敦的《每日电讯报》[①]为这一气球历险发了专辑，第一天便"销售了 97.7 万份"。

这样的结尾造成的结果之一是，这部小说在大受欢迎之余，也有不少热心读者认为它是在讲述一件真实的经历。由于人们早已知晓格林、戈达尔家族和纳达尔等气球飞天员的事迹，使得这一在非洲最荒蛮地带的空中游历显得像是未必不可能之事。或许凡尔纳写的就是并非虚构的报告文学作品也未可知呢！不久前创刊的巴黎报纸《费加罗报》[②]的书评，便对此种可能做了客气的评述："费尔久逊博士的这番旅行是不是真的呢？对此我们只能说，此书既有小说的娱乐价值，又有科学书籍的指导作用。历来所有大旅行家的真实发现，都在这本书里得到了最好的介绍。"

---

① 《每日电讯报》(Daily Telegraph)，英国主流报纸之一，自 1855 年创刊后一直发行至今。澳大利亚也有一家大报与它同名，因此有时分别称之为《伦敦每日电讯报》和《悉尼每日电讯报》以资区分。——译注

② 《费加罗报》(Le Figaro)，法国目前行销量最大的报纸，因其出版宗旨为法国著名剧作家博马舍 (Pierre-Augustin Caron de Beaumarchais, 1732–1799) 写进他的剧本《费加罗的婚礼》中的一句名言，"倘若批评不自由，则赞美亦无意义"而得此名。——译注

❧ 值得注意的是，在气球飞天这个领域里，事实与虚构之间往往真假混杂难分。1962 年夏，一次真实的横越非洲气球飞天发生了。它是为纪念凡尔纳的《气球上的五星期》问世 100 周年举行的，因此也是从桑给巴尔升飞，气球上也载了三名英国人。这次现代化的行动是安东尼·史密斯在他 1963 年所写的可读性很高的气球飞天名著《赶快一手一把扔出去》(意指丢掉一些压舱沙以保持氢气球的高度)中，以在空中逛野生动物园的形式介绍给读者的，而且特别注重对自然环境和野生世界的保护。气球飞越恩戈恩戈罗火山 (Ngorongoro) 的一段使人联想到《气球上的五星期》中也有飞越火山的情节，只不过在这本书里火山没有喷发。《星期日电讯报》(Sunday Telegraph，《每日电讯报》的姐妹刊，二者均由同一报社出版。——译注) 对此次飞天提供了部分赞助。史密斯和他的两位飞天同伴、摄影师道格拉斯·鲍廷 (Douglas Botting) 和艾伦·鲁特 (Alan Root) 得到了不少技术支持。他们还特别感激——不是痛恨——非洲原住部族人的协助。可以将这本书看作殖民时代结束后的友好沟通。气球的名字是"金波号"——"金波"是非洲斯瓦希里人见面时的相互致意语，飞天也只是把它作为欧洲人的一项运动癖好介绍给非洲人，而不是霸气十足的炫耀。又过了一年，史密斯又乘气球翻越了阿尔卑斯山中麓，成为第一个这样做的英国人 (在此之前则是纳达尔的化身、凡尔纳虚构出的人物米歇尔·阿当)。

六　飞天作品进入教育领域

到了 19 世纪 60 年代时，去空中体验"奇妙的漫游"已经扩大成为鼓动性的，甚至简直可以说是教育性的目标了。埃策尔当初出版凡尔纳的作品，本是面向成年人这个大群体的，不过形势很快便发生了扭转。"非凡的航行"丛书后来的多次再版，插图便越来越多，表明目标读者越来越年轻。《气球上的五星期》尤其如此。它成了教育书刊中流行体裁的代表，气球成了育人的工具。还在 19 世纪 50 年代，这一苗头便已在法国和英国出现。气球以其"自上览无余"的特点和360°角环视的能力，再加上可以带着人们体验多种景观的便捷，成为获得全面知识的手段，甚至进而上升为使知识得到综合的象征。只要掌握好，登上气球便是接受教育哩。

美国的多产儿童作家彼得·帕利①便是最早尝试以气球飞天作品为教育手段的人中的一位。他写了一本带插图的地理书，书名是《罗伯特·梅里和年轻伙伴们的气球游历记》（1857）。此书为波士顿一家名为《罗伯特·梅里博物馆》②的杂志推出的系列教育类探险丛书中的一种。彼得·帕利是个笔名，他的真实姓名是塞缪尔·格里斯沃尔德·古德里奇（Samuel Griswold Goodrich，1793—1860），不过他更愿意被人称为"写书的魔笛手"③。据他自己声称，

---

① Peter Parley，美国作家和出版商，以写面向儿童和青少年的作品为主，作品可读性和教育性都很强。他出版的书籍也有类似特点。——译注
② 《罗伯特·梅里博物馆》（*The Robert Merry Museum*），美国面向儿童的一份图画杂志，1841 年创刊。——译注
③ 魔笛手是一则德国民间故事中的人物。他因报复不守信用的村民吹起笛子，结果村子里所有的孩子都被笛声吸引跟着他走。自然，帕利这样自称只是以吸引力大自矜，并无存心报复之意。——译注

他写过和编过的书籍共达 170 种，总销量 7 百万册。他的教育系列丛书从 1827 年开始推出，前后覆盖了地理、人物、历史、科学等多种领域。1851 年，他成为美国派驻法国巴黎的外交官。他在那里又将自己的不少作品译为法文，供法国儿童阅读。此举被埃策尔注意到了。

《罗伯特·梅里和年轻伙伴们的气球游历记》是彼得·帕利晚年的作品，很有些谨以此向他的年轻读者们告别的意味。书中对全欧洲的地理景观做了详细而又出色的巡礼，还给每处景观附了一幅空中鸟瞰的版画。卷首插图是北爱尔兰安特里姆郡（Antrim）的著名自然景观巨人石道岬（Giant's Causeway）。画面上，一只气球正令人瞩目地悬停在空中，下面是海岸上连绵有序的玄武岩六角形石柱的露头。书中的那几位年轻的旅行家们得知，原来有关爱尔兰的这些石柱的传说，竟然是与苏格兰的芬格尔岩洞（Fingal's Cave）有关的。① 就这样，"空中视观"对历史学和地质科学都提供了新的视角。

1869 年，又一本与气球有关的书问世了。这本书情节更吸引人，是法国人让·布鲁诺②的作品，书名是《气球人质保罗历险记》。此书有两个特点：一是有 12 幅精美插图（初版时为水彩套印）；二是幼稚地赞美了殖民主义。保罗的气球飞天可谓一波三折，

---

① 巨人石道岬又称巨人堤道，芬格尔岩洞又称英雄洞——芬格尔（Fingal）是古爱尔兰语，意为英雄。两地一南一北，相隔 100 公里，中间是北海海峡。两处地点都是玄武岩结构，也都有因火山喷发骤冷结晶形成的大量美丽而奇特的六角截面岩柱群，对研究英国、爱尔兰和北海海域的地质构造与演变很有意义。在传说中，巨人石道岬是由一个爱尔兰巨人想与苏格兰巨人对手较量、为能去到海峡对岸一决高下，将岩柱作为踏脚石一个个搬到海底建造的。他的对手自忖不敌，找机会将部分石道岬损坏，以阻止对手前来，结果相同的构造只剩下两端的残余，南端为巨人石道岬，北端为芬格尔岩洞。这正反映出两地有相同的地质结构和共同的自然成因。——译注
② Jean Bruno（1821–1899），法国作家。——译注

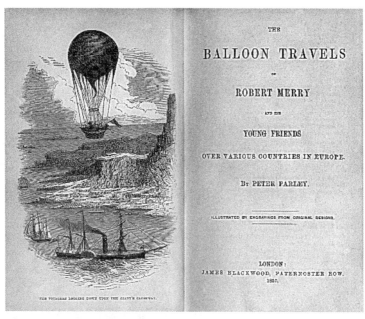

图 7.14 （上）《罗伯特·梅里和年轻伙伴们的气球游历记》扉页；
（左下）《气球人质保罗历险记》一书封面；（右下）"海怪号"载着保罗升飞

一开始是他在法国南部的一个夏日里，偶然进入了一只硕大的气球吊篮。气球叫作"海怪号"，当时气球上的三个大人都在地面上忙着将它拴系住。突然一阵疾风刮来，将大人们都吹得站不住脚，锚索也被大风拔起，结果是保罗被吹走。先是翻过一座山包，接着又接连飞越了地中海、阿尔及利亚和北非大陆的另外一些地方。

后来，保罗又一路连飞带旋转地见识到非洲的各种不同地貌。从他脚下驶过的莽莽丛林、浩瀚大漠和稀树草原都令他大开眼界。狂风暴雨、凶猛野兽和更为凶悍的土人也增加了他的识见。有的土人部族友好地向他招手，也有的高声呐喊加上挥舞长矛。有一幅插图上画着一群狂怒的土人将手中的武器向上面的气球投掷，图解文字是"看着这些人在做什么，保罗就知道如果下来会有什么在等着他。"

这种站在殖民者立场上描述殖民时期气球飞天的作品，在整个

图 7.15 "保罗受到非洲不同原住民的不同接待"

　　　　　　　　　　上穷碧落：热气球的故事

图 7.16 《大象巴巴》
的初版封面

19 世纪都长盛不衰。马克·吐温[①] 在他 1894 年的作品《汤姆·索耶
在国外》中，让哈克贝里·费恩和汤姆·索耶去欧洲游历。小说的
主线，是他们乘坐的一只热气球一个劲儿地出乱子，初版时的醒目
猩红色封皮上便印上了这只气球。看来马克·吐温有意要与凡尔纳
唱唱对台戏，于是将一位疯疯癫癫的教授放到了飞天员的位置上。
这位教授非要将气球飞到非洲去不可："他说他要让气球绕着满世
界兜上一圈，就是因为要证明他能做到这一点。"始自凡尔纳的这
种让欧洲人高高飞在非洲大地上的形象，直到七十年后（1932）才
被让·德·布吕诺夫[②] 的《大象巴巴》扭转。布吕诺夫以聪明的和缓
手法，表明自己对凡尔纳的不肯苟同。这一次高高在上坐进气球吊

[①] Mark Twain（1835–1910），美国著名小说家和演说家，著述以幽默见长，且美国风情
  十足。他的重要作品均有中文译本。——译注
[②] Jean .de Brunhoff（1899–1937），法国作家。《大象巴巴》一书是他最重要的作品，共
  有 7 册。书中的插图也为他自己所绘。此书有多个中文译本，译名不尽相同，但都有
  "大象巴巴"的字样。——译注

篮的角色，家乡都在非洲，飞去的地方则是法国的热闹街市。飞天者共有两位，均系来自非洲丛林的贵客——年轻的象王巴巴与新婚燕尔的王后西西。它们乘一只明黄色气球去法国度蜜月。这才称得上是"奇妙的漫游"咧。

以小男孩被失控气球带走为题材的故事有过不少，以至于像伊卡洛斯的神话一样广为人知。就在不久前即 2009 年，就有传闻说，美国科罗拉多州一处农场的一个小男孩被一只私人打造的气球带走了。只不过——这一点值得关注——后来被证实是这个孩子父亲的造假炒作。伊恩·麦克尤恩在他写于 1997 年的小说《爱无可忍》一书的第一章里，颇有新意地以失控的气球象征只能以死摆脱的情感（包括爱的情感在内），出色地演绎了全书的主旨。气球在书中两名主角心中的作用，就带有此种物体必然有短命归宿的寓意，而且既是外在的，也是内心的。书中人物约翰·洛根试图救出气球上的孩子而被悬吊在气球上，最后又摔到地上身亡，正是一则不幸的上穷碧落的例子。这一悲剧令见证者饱受良心的煎熬，而那个小男孩最后却安然无事地回到地面上。麦克尤恩更在为戴维·汉普曼-亚当斯所著的《听风由命》（2001）一书所写的序言中，进一步阐发了气球先天就有致命缺陷的认识。显然可以看出，麦克尤恩也同当年的狄更斯一样，出于同样的感觉，对气球强烈地不信任，即便只在务虚的想象中也是如此，这才导致他写出了当代小说中悲惨印象最令人挥之不去的情节。

第八章

大力挺进苍穹深处

一 老一代飞天人的追悔

1864年10月，苏格兰的文学期刊《布莱克伍德氏杂志》上发表了一篇文章，讥讽了维多利亚时代的种种奢靡嗜好，极限运动和无端冒险是它抨击的重点，明知不可为而为的态度更是首当其冲。此文在对当时特别为一些人热衷的登山运动猛轰一通后，又明确地发出了如下的指摘："在'纯系无用之举'的座次名单上，紧挨着'阿尔卑斯俱乐部'会员登山一项的，便是有人爬进气球到上面走上一遭，然后下来告诉大家说，那里的温度、气流和气压如何如何，云的形状又怎样怎样，可我们既不打算去那里，也压根儿没兴趣听那里的情况。"[1]

事实上，这篇文章正是对面向科学研究的气球飞天在19世纪60年代的英国出现明显复兴的最好归纳。自从英国皇家学会在18世纪80年代对气球飞天做了结论，认为它前途有限后，除了盖-吕萨克于1804年在巴黎进行过两次勇敢的高空飞天之外，无论在欧洲，还是在北美，这些年来都再没有出现过专门以科学研究为目的的气球飞天。此时的人们只是将注意力放在用各种设施改良长距离地面旅行的目标上，而通过气球沿竖直方向的运动，以实现对上层大气和高空气象因素的研究，却都根本无人问津。就连查尔斯·格林、乔大智和纳达尔等人，也都从不曾对此表现过有兴趣。

诚然，在1850年6月，有两名法国科学家宣称，他们将执行当年由杰出的弗朗索瓦·阿拉戈拟定的研究项目。他们一个是化学教授让·巴拉尔①，一个是将自己定位为"农学作家"的雅克·比克肖②。说来也怪，他们都不曾有过任何飞天经历，却天晓得用了什么办法，居然拿到了法兰西科学院的资金、一组气压仪器，外加阿拉戈本人的公开支持。其实，他们的主要目的并不在科学方面，而是关乎民族情感。他们是打算挑战英国人查尔斯·格林1838年乘"皇家拿骚号"气球在英格兰的刘易斯（Lewes）创造并一直保持的升高纪录——2.1万英尺。格林当时是为一位朋友测试一种新型的干式气压计飞天的，在这一高度上，格林并没有感到严重不适。[2]巴拉尔和比克肖声言自己的目标是1万米（超过了3.2万英尺）。只是他们不曾料想到，在这个高度上，如果没有特殊装备，任何人都无疑会死于窒息。

他们在阿拉戈任台长的巴黎天文台好一番兴师动众，在它那堂皇建筑正前面的草坪上架设好气球，又搞成一套强大的氢气发生器。6月29日早晨，气球在一大群学者的注视下，将氢气充入球皮，然后"也不测试一下气球的升力，便跨进吊篮，如飞镝一般冲

① Jean Barral（1819–1884），法国化学家、物理学家与科普作家。他和比克肖一起参与了两次气球飞天。——译注
② Jacques Bixio（1808–1865），意大利裔法国医生，他和巴拉尔一起参与了两次气球飞天。——译注

图 8.1　绘有让·巴拉尔和雅克·比克肖乘氢气球从巴黎天文台升飞的装饰瓷盘

入空中"。没过多久，他们便上升到了 2.3 万英尺的高度，打破了格林的纪录。然而，他们给气球充的气太足了，还没等到进一步读出仪表上的读数，球皮就大大膨鼓起来，挤出了套在球皮外围的网索，"不幸的是，系吊篮的绳子太短了"，结果是球皮齐齐地捂在了吊篮上，将两个人都罩住了动弹不得。他们都吓坏了，认定气球会一直往上升，直升到气球胀爆裂开为止。他们试图拉开排气阀，结果是将球皮底部扯破，涌出的氢气将两个人都弄得失去了知觉。等过了一阵子他们醒来时，已经躺在洛林地区的一片葡萄园里，原来竟是到了盛产香槟酒地区的边缘，而且居然平安无事。只是他们不得不承认，这次飞天并没有给阿拉戈取得哪怕是一星半点的科学数据，只搞了些酒带回来——不过可都是好酒。[3]

在既没有纳达尔也没有戈达尔兄弟的英国，飞天活动更是大失水准。自从查尔斯·格林在沃克斯豪尔游乐场和克里莫纳游乐场表演了名动一时的焰火飞天，以及亨利·吉法尔[①]将系停气球从法国弄到伦敦后，英国的浮飞活动便止步不前，越来越为江湖班子和噱头把式们占据，为民众茶余饭后的闲谈增加些猛料。它也成了新杂志《喷趣》拿来搞笑的源头，还被编成了打油诗，又编成曲子传唱四方——

> 爬上气球飞上天，
> 四下张望真好玩。
> 月亮就在身边照，
> 还有星星来做伴。[4]

飞天被视为"真好玩"，真可谓是气球上天、声名委地。

此时的格林早已绝对退休，用他自己的说法是"将锚钩抛了下来"，钉牢在他的"近天舍"上。话虽这样说，但全欧洲的飞天界仍视他为这一领域内的预言家。正因为如此，法国作家兼飞天员德丰维尔在乘纳达尔的那只残破不堪的"巨人号"上过天后，便来英国拜谒这位自称是"一名以苍穹为海洋的老水手"[②]。

这一年德丰维尔44岁，正在寻觅创作灵感。前一阶段，他因激进的共和信仰，不得不去阿尔及利亚躲避一阵，日前才返回法国。他一向对英国抱有好感，如今，政治上的理想主义色彩，又将他的注意力引到了气球飞天上。他本是指望看到，这位预言家的"近天舍"是一栋立于巍巍高地上的精美建筑，从那里可以临风俯

---

① Henri Giffard (1825-1882)，法国工程师，擅长设计与制造大型飞天气球，还先于齐伯林造出飞艇。——译注
② 典出柯尔律治最负盛名的长诗《老水手行》。——译注

瞰著名的汉普斯特德原生态公园（Hampstead Heath）[①] 的景致。可来到后他才发现，格林的住处只是霍洛韦区北端的一处"简朴的小房子"，建在一个草木葱茏的徐缓山包上，后面紧挨着一片小树林。这位一头白发但精神矍铄的老飞天员，郑重其事地招待了这位法国客人，以法国名酒飨客，又打开了一只鼓鼓囊囊的公文包，里面都是有关气球的文章、信函、图片和纪念物品。[5]

有人自法国来访，能流利地讲英语，又能侃侃而谈纳达尔飞天的趣事逸闻，显然让格林很高兴。他便痛快地敞开了自己的记忆大门，滔滔不绝地讲到很晚。他提到自己的最大一件憾事，便是未能如愿飞越大西洋，不过除此之外，他对自己的成就还是很自豪的："我飞天共达六百多次，曾三度飞越英吉利海峡，前后搭载上天的超过 700 人次。其中很有些名人，还有 120 位女士呢！"

让德丰维尔觉得有趣的是，格林大大地强调了一番今后女子参加飞天的重大意义："在这个领域里，女士们一直是表现出非凡勇气来的。要想让飞天在法国成为时尚，就应当让妇女们登上气球。这样一来，男人们肯定就会跟上来。相信我、一个老人——一名以苍穹为海洋的老水手的忠告吧！"[6]

随后，格林又将德丰维尔领到"近天舍"房后的一个窄窄的小院落，一言不发地打开了一间小仓房的门。哇塞！里面是那只鼎鼎大名的"皇家拿骚号"气球呀！虽然残缺不全了，却仍叠得平平整整的，球皮上还能看出代达罗斯的那句"天上还有路，何不凌空去"的拉丁文名言。那只毁得不成样子的吊篮和那盘又粗又长的马尼拉麻拖曳索也都精心地吊在椽子下面。这位老飞天人站在这具了不起的浮飞器前，"心潮澎湃"，以一脸的庄重神色抚摸着它们说

---

① 伦敦一公园名，地处北郊，伦敦最高地势在此公园内。——译注

图 8.2　两张宣传格林在
克里莫纳游乐场表演气球
飞天的海报

道："这就是我的车、我的船、我的翅膀。如今也像它的老舵手一样，完成了漫长而努力的历程后，静静地停歇下来了……这里就是'皇家拿骚号'货真价实的存在。可怜的老气球啊，我爱它，就像爱自己的孩子一样。"[7]

在饮下又一杯酒后，格林再度说出了一番很令德丰维尔感慨的话。他说，他很为自己将飞天搞成了商业运作遗憾，后悔未能将它用来发挥真正的科学"职能"。他攀住德丰维尔的手臂说："你有多么幸运，能够将空中的科学和艺术事业继续下去！我自己也很想能这样做，可事与愿违呀。飞天是我的行当，只能靠这一手找饭辙。由于没有钱，我没有办法搞我想搞的好多实验……我来握握你的手吧，祝你万事如意。在那高高的天空上……还有那么多事物有待发现呢！"

德丰维尔在离开"近天舍"时，觉得仿佛看到"这位老明星的眼里有一颗大大的泪珠在闪亮"。格林回转身去，缓步走向那间用德丰维尔的话来说是"存储着他四十年前所有勇敢经历"的仓房。[8]受到格林鼓励的德丰维尔回到法国，立志要继续飞天，并以它作为自己的事业。然而，在英国也好，法国也好，还有没有人打算接受格林的挑战呢？还有没有人有能力向高空进发，从事认真严肃的"科学和艺术事业"呢？

二 科学界意识大气研究的重要性

1862 年，英国科学促进会经选举产生了一个委员会，负责研究"高空大气的含水状况和其他情况"。该委员会决定组织一系列科学性气球升飞。在它的 14 名委员中，有多位英国科学界翘楚，如任皇家天文学家职务的乔治·艾里[①] 勋爵；为牛顿作传的戴维·布儒斯特[②] 勋爵；全英国人气最旺的约翰·赫歇耳[③] 勋爵；接替汉弗莱·戴维[④] 任英国皇家研究与教育院院长的约翰·丁达尔[⑤] 等。[9]接受委任

---

① George Airy（1801–1892），英国数学家和天文学家，曾任第七任皇家天文学家近五十年。他一生对科学贡献甚多，包括确定诸多行星的轨道、测量地球的平均密度、固体力学中双体问题的解题方法，以及确立格林威治本初子午线等。他也因延误回复同胞约翰·亚当斯（John Adams，1819–1892）对天王星运行数据与理论不符的解释，致使法国人于尔班·勒维耶（Urbain Le Verrier，1811–1877）抢得发现海王星的先机，而令英国人大为不满。——译注

② David Brewster（1781–1868），苏格兰数学家、物理学家、天文学家及科普作家，以对光学领域的贡献最大。他还花了二十多年时间，对牛顿的手稿等资料进行搜集与综合，写出了最早的牛顿传记《艾萨克·牛顿勋爵的一生》，出版后大受欢迎，之后几经扩充，最终定名为《艾萨克·牛顿生平、著作及发现之怀思》。——译注

③ John Herschel（1792–1871），著名天文学家、数学家、化学家及摄影师，天王星的发现者威廉·赫歇耳（William Herschel，1738–1822）的独生子，在天文学、数学和摄影术方面都有第一流的贡献。——译注

④ Humphry Davy（1778–1829），英国化学家。他是发现化学元素最多的人［钾、钠、钡、锶、钙五种，以及证明瑞典化学家舍勒（Karl Wilhelm Scheele，1742–1786）发现、但误以为是化合物的氯也是元素］，还是安全矿灯的发明者。他曾任英国皇家学会会长凡七年（1820—1827）。——译注

⑤ John Tyndall（1820–1893），英国著名物理学家和科普作家、抗磁性的发现人。以他的姓氏命名的"丁达尔现象"，是所有研习胶体化学的人熟知的。——译注

在气球上执行研究使命的，是 53 岁的气象学家詹姆斯·格莱舍。

说起来，格莱舍这个人未必十分符合这一工作的要求。他是个少言寡语、家庭观念很重的人，身材高大魁梧、蓄一排浓密的络腮胡子，本人是英国皇家学会会员，学术专长是磁学理论，接受这一委任前，已经在英国皇家气象学会担任了十年的常务负责人。他和他的一大家子人舒舒服服地住在南伦敦布莱克希思区达特茅斯墩（Dartmouth Hill）22 号。这是一栋很讲究的大宅邸（如今仍在，而且门前装了一块蓝色的标志纪念牌①）。他每天都会大步流星地穿过布莱克希思区段（Blackheath），去离家不远的格林威治皇家天文台工作。此公是维多利亚时代一家之主的模范代表，事事按部就班、做事脚踏实地。他共有 10 个儿女，其中最小的一个正在他的培养下向数学家的目标迈进。[10]

其实，格莱舍还有些不大为人所知的作风。比如说，他在科学工作上非常细致入微。在接受英国科学促进会的指派后，他便拟定出一份详尽的研究大纲，列出一组"授权研究范围"共 13 点，规定了研究的若干主要方向——很像是阿拉戈的做法。这些规定又细致又复杂，将所需研究的现象——地球磁场、太阳光谱、露点、大气含氧量的变化、大气电、气压、云密度、气流等都一一列入，连测量应当达到的精确度也写了进去。大纲还指出，所有工作的关键，在于使用最新型的科学仪器进行精确测量并持之以恒。这也就是说，关键是获取数据。他的授权研究范围规定，探测的高度上限

---

① 标志纪念牌是一种安置在公共场合的永久性标记，以纪念一个地方与某个有名事件或人物之间的关联，作为一个历史标志得到人们的铭记。世界上第一个这样的标志纪念牌于 1867 年在英国伦敦（诗人拜伦的出生地）竖起，目前已经有多个国家采用相同或者类似标识。最早的纪念标志牌的底色是亮蓝色，故也俗称蓝色纪念牌或蓝色牌匾，但后来也有采用其他底色的。——译注

为 5 英里，即不超过 2.6 万英尺。[11]

　　格莱舍赞成英国科学促进会有关监督执行一系列高空飞天探测的决定，并亲自调配适用的科学设备。不过他并没有表露要亲自上阵——显然知道自己并不是飞天的材料。在征求过查尔斯·格林的意见后，他选定了比自己小 10 岁的亨利·考克斯韦尔。这位职业飞天员已经飞天四百多次，相当一部分还是在英国以外的地方。他为人谦虚、冷静，曾经是位牙科医生，因此会开玩笑说，他与"气"打交道的经历，只在于他曾经在拔牙时用过笑气。

　　格莱舍和考克斯韦尔都看出，查尔斯·格林当年所用的那只著名的"皇家拿骚号"，如今也同它的年迈主人一样不堪大用了。因此，英国科学促进会便同意考克斯韦尔负责营造一只坚牢的新气球，而且应当能够经得住高空飞行。这只气球得名"猛犸号"，容积 9.3 万立方英尺，球皮选用的是质量上乘的美国织料，吊篮也

图 8.3　詹姆斯·格莱舍（照片，大约摄于 1860—1867 年）

造得合乎要求，能够安放和使用迄今最复杂的上天设备。据估算，如果配上适当的压舱物，"猛犸号"可以飞到3万英尺以上的高度并有可能大大超过。制造这只气球耗时数月。在此期间，考克斯韦尔对几名年轻的气象员进行了培训，准备让他们同自己一道飞天。继盖-吕萨克之后的第一次严肃认真的科学考察飞天，就这样在经历了策划、拨款的种种努力后，终于行将飞上天空。[12]无论格莱舍意识到与否，事实上他成了从格林手中接下了飞天接力棒的传人。♨

刚一开始时，格莱舍只是将气球刻板地描述为"沿垂直方向进行探索的设施"。[13]不过他后来发觉，自己其实已经突破了这种单一维度的方向规定。格莱舍认识到，弗朗索瓦·阿拉戈和安托万·拉瓦锡都曾抱有将气球用于科学的未竟热望，而如今该是付诸实施的时候了。最先应当进行的，是对包围在地球这颗行星的表面、并使生命得以存在的包层形成新的全面认识。这个包层就是大

♨ 1870年3月查尔斯·格林在自己"近天舍"的家中正常辞世，生前看到了格莱舍的种种努力。在位于伦敦东部的海格特公墓内，有一座被指称为"格林之墓"的墓葬，立着一块石碑，碑座上刻有一块浮雕，是一只充得很足的气球。然而，它并非查尔斯·格林的墓地，而是属于另外一位也是飞天员、名字又相近的人查尔斯·格林·斯潘塞（Charles Green Spencer）。此人比查尔斯·格林晚二十年辞世，但这两个人之间有着感人的关联。查尔斯·格林·斯潘塞的父亲爱德华·斯潘塞（Edward Spencer）曾是查尔斯·格林的飞天助手，因此当长子降生后，便将他敬爱的这位头领的全名给了自己的孩子。这位小斯潘塞本人显然也以父亲与格林的关系为荣。长大后，他创办了一家制造气球的企业，并起名为"查尔斯·格林·斯潘塞父子公司"。他于1890年去世，墓碑刻上了"霍洛韦的飞天员"（霍洛韦为伦敦的一个区段，查尔斯·格林和查尔斯·格林·斯潘塞都住在这个区域。——译注）的字样。结果便是一座墓葬成了纪念两个人的处所，一如气球吊篮往往能容纳两个飞天人那样。查尔斯·格林还得到了另外一种形式的纪念，就是当他去世后，亨利·考克斯韦尔得到了"皇家拿骚号"的存留实物，虔敬地将它完全修复后，将它带到格林生前居住的霍洛韦区段，放飞到1万英尺的空中以示纪念。格林本人从未将自己的回忆整理成书出版，但当年德丰维尔在拜访他时曾见到的那只公文包中的大部分内容，目前都陈列在汉普郡法恩伯勒国家航空资料馆的卡斯伯特-霍奇森文档室。

气——"这个充满着变化的巨大实验室，我们将来的所有发现都将在这里萌发"。

如果将这些实验坚定地进行下去，势必会得到对"动物生命与不同高度的关联情况，以及生命会在一定高度上结束时的死亡形式"的认识。这就是说，如能正确使用，气球至少会成为英国的实验科学家手中"进行探索的自然哲学工具"。

此时的格莱舍，已经开始认识到气球飞天所能提供的无限的机会："在空气这个有着一处处无名边岸的大洋里，不是有成千上万桩发现，在等待着化学家、气象学家和物理学家前来吗？我们不是应当研究种种生命机能在不同高度上的运作状况，以及生命被带到更高的高度后的终结方式吗？"

这样一种视空气为有着"一处处无名边岸"的大洋，而在大洋中的"不同高度上"，存在着重要的生死界限的设想，的确是一种很有启发作用的全新观念。它势必将产生重要的影响。[14]

图 8.4　伦敦海格特公墓内刻在查尔斯·格林·斯潘塞墓碑上的气球浮雕

三　气球成为实验室，科学家当飞天员

詹姆斯·格莱舍是如何形成此等远见卓识的呢？1809 年，他出生于伦敦罗特希则（Rotherhithe）区段的一个钟表技师家庭，从小便养成了对精密仪器的浓厚兴趣，对追求精确更是带上了近乎宗教的虔诚。他年轻时曾进入英国测绘总局，一度被派往爱尔兰工作①。在那里的多尼戈尔郡（Donegal）干活时，他在经常的翻山越岭中体验到的各种天气，使他对云发生了浓厚兴趣，而云又是最不精准、最难确定的存在。这促使他去考虑如何精准地测量这种变化无穷、复杂无比的东西，又如何将其产生的微妙作用，通过数学方法作出精确的表述。

回到英格兰后，格莱舍进入剑桥大学天文台任助理员。他的技术能力和工作热忱很快引起了乔治·艾里勋爵的注意。在后者的栽培下，格莱舍在 29 岁时便得到委派，去主持格林威治皇家天文台新成立的磁学与气象学部的工作。他在这个岗位上一干就是 36 年（1838—1874）。[15]

格莱舍对数学充满仰慕之情，对测量更是情有独钟，深信大自然中绝无不可测量之物。他开始考虑，如何将在天文学研究中不可或缺的精确数学计算和统计学方法，施之于尚处于褴褓阶段的气象学研究，得到的结论是，在这一领域里，当前最关键的所在是**数据**——精确而系统化的数据，而且还必须是大量的。至于如何获

---

① 当时的爱尔兰为英国——当时的正式名称为大不列颠及爱尔兰联合王国——的一部分，1921 年独立为爱尔兰自由邦，次年正式定名为爱尔兰共和国，大不列颠及爱尔兰联合王国也缩了水，改名为大不列颠及北爱尔兰联合王国（因爱尔兰岛上还有东北部的六个郡决定不改变归属）。——译注

取，他也像美国史密森学会的约瑟夫·亨利一样，一下子想到了应用新出现不久的电报通讯手段。正是这一发明，使得有史以来第一次出现了在全英国范围内建立统一天气报告系统的可能性。

用了将近十年的时间，格莱舍建立起了自己的业余天气报告系统，在遍及英格兰的多个地点吸收了 60 名左右的志愿者，使用准确调校好的仪器进行天气报告。这支精神高尚的气象队伍，基本上由医生和神职人员组成，他们都固定在特定的区域工作，也都有条件在每天早上 9 时准时对当地的温度、气压、风速和大气环境（云层、降水、阴晴）进行跟踪。

各处测知到的结果都将在中午前通过电报传送到格林威治皇家天文台。经格莱舍汇总后，便可得知当天构成天气的诸多体系共同形成的英国气象总体形势和发展过程。从 1848 年 8 月起，他开始向在全国发行的报纸《每日新闻报》①提供全国气象报告。1849 年 6 月，他被遴选为英国皇家学会会员，1850 年又当上了英国皇家气象学会的常务负责人，编纂的气象图也入展 1851 年的第一届世博会。他做到了跟踪天气，不过仍然没有试图进行预报。[16]

1852 年秋，查尔斯·格林在沃克斯豪尔游乐场进行"惜别之夜"的飞天表演时，格莱舍在格林威治皇家天文台的楼顶上，用望远镜观看了其中的四场。也许是要与巴拉尔和比克肖斗一斗法，格林也特别再次向高度冲击。他宣称自己到达了 22930 英尺的高空。这启发了格莱舍，想到或许能够通过飞向高空的气球，实现气象研究的重大突破。不过此时艾里给他的工作太多，令他无从在这个方面分心。[17]

---

① 《每日新闻报》（*The Daily News*），英国于 1846 年创办的报纸，狄更斯为创办人，他亲任最初一个时期的总编。进入 20 世纪后，该报几经与其他报纸的合并，最后于 1960 年停办。——译注

年届五十后，格莱舍在气象学领域的地位已经确立，不过看来也不大会再有重大建树——也不妨说不大会再向更"高"处发展。此时，他将精力用到了一些细微层面上的探讨，如每一片完美地体现大自然的数学对称性的雪花是如何形成的之类。不过，当英国科学促进会征求他的意见，问他是否有意同考克斯韦尔一道制定将气球用于气象研究的计划时，他终于敞开心扉，吐露了自己"一直想去探究高天"的心曲。[18]是不是青年时代在多尼戈尔翻山越岭时的昂扬神色，此时又浮现在这位胡须满腮的老家长脸上了呢？

格莱舍这个心愿后来居然得以顺遂——原来的一名比较年轻的格林威治皇家天文台的气象研究人员，本是被选来陪同考克斯韦尔一起飞天的，却在进行一场飞天训练时打了退堂鼓，弄得别无选择，只能由格莱舍披挂上阵。他是将这一决定作为"不得已之举"知会给英国科学促进会——或者还这样讲给他的夫人听的："虽说我未必适于此行，但我已经向全体公众和英国科学促进会作过保证，花费了资金，就必须取得成果。因此我自告奋勇前去飞天。"[19]其实几乎可以肯定，身为英国皇家学会会员的詹姆斯·格莱舍是很高兴得到这个机会的，只不过将这种心情藏之于心而不形之于色罢了。

云和上层大气是格莱舍称之为"充满着变化的巨大实验室"，也是他视为自己所有地面工作的自然延伸范围。这样，气球吊篮便必定应扮演小型空中实验室的角色。按照格莱舍的设计，吊篮中央是一个木制的大控制台，台面有些倾斜，上面安放了足足24件仪器，都是专为高空研究特别设计的，其中气压计（用于指示高度）有五种——有无液式的，也有水银的，温度计四种，湿度计两种；此外还有罗盘、精准钟表、磁铁、小型双筒望远镜等，外加一把"用于剪断线绳的剪刀"。[20]

上穷碧落：热气球的故事

格莱舍给自己选择的主要任务，是在整个飞天期间，在精准钟表给出的严格时间框架内，连续不断地记录和比较各个仪表的读数。这一工作需要高速，还需要高度自觉。事实上，在每一次飞天中，格莱舍都表现得超常勇敢，观测任务也执行得一丝不苟。

在 1863 年 7 月的一次飞天中，他有特别出色的表现——在 60 秒内记录下几只不同的无液式气压计的 7 个读数，精确到百分之一英寸，还记录了温度计的 12 次读数，精确到十分之一华氏度。这就是说，他每 3 秒钟内就读写一次。在又一次飞天中，飞行时间延长到 90 分钟左右，他将这段时间分成 165 个间隔分别予以记录，速度也达到了每 9 秒钟读写一次。[21]这些又多又准确的数据，构成了他后来为英国科学促进会编纂的详尽报告的基础；而这份报告，又是他进一步编成堪称维多利亚时代飞天研究的经典著作《空中行》① 的基本依据。[22]数据中很值得称道的一个方面，就是他对每次飞天，都会绘制出一张"路线图"，其精确程度至今仍无人超越。

速度快和读数准并非是仅有的要求。保证空中的仪器在任何情况下都安然无恙也至关重要。这些仪器上大多有玻璃部件，如何避免它们在降落时因冲撞地面遭到损毁，便成了一个很大的问题。格莱舍想出了一记高招，就是用一些细绳将每件仪器拴系在台面上，形成一个快速卸载系统。这一系可以凭借剪刀运作：如果降落前预感到着陆时可能会冲撞地面，格莱舍便会将这些细绳迅速剪断，于是仪器便会一一沿倾斜的台面滑下来，落入若干只铺着软垫的盒

---

① 此书多次再版，每次内容不尽相同，又由英、法两国各自以不同文字出版，故书名、署名作者和署名顺序也不尽一致。最详尽的版本系由格莱舍、德丰维尔、加斯东·蒂桑迪耶和弗拉马利翁共同撰写，并由格莱舍校阅全书的英文版，出版于 1871 年。在本书中，此书的书名统一为该 1871 版本的书名，但在有关的尾注上，不同作者贡献的部分则分别按贡献者的姓氏给出。——译注

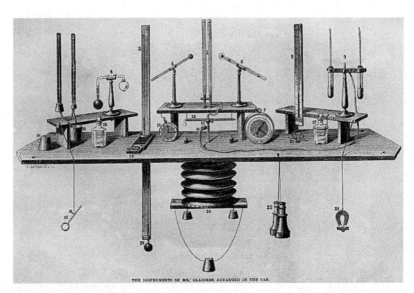

图 8.5　格莱舍先生在吊篮里安放的仪器

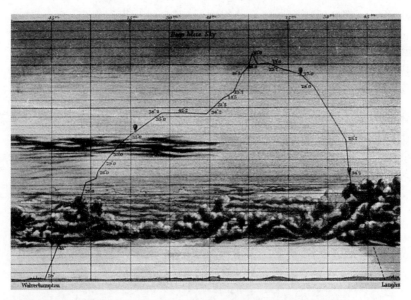

图 8.6　格莱舍和考克斯韦尔 1862 年 7 月 17 日从伍尔弗汉普顿到兰厄姆的飞天路线

　　　　　　　　　　　　　上穷碧落：热气球的故事

子里，盒子又都卧在一个衬着厚厚防震垫的箱子内，箱子又牢牢地固定在吊篮中央。这一办法看似简单，实际上却非常有效。（从一定的角度看，这也可以说是飞机上"黑匣子"的前身哩。）

从 1862 年到 1866 年，格莱舍和考克斯韦尔一起进行了 28 次试验飞天，地点多选在工业小镇伍尔弗汉普顿（Wolverhampton），后来也在伦敦进行过。[23]伍尔弗汉普顿地处英格兰和威尔士两地合起来的几何中心，是离外围海域最远的地方，因此地理上特别合适。加之此镇上有一家煤气工厂，该厂的总工程师普劳德先生（Mr. Proud）又是格莱舍的最热情的支持者中的一员。[24]

他们的第一次飞天于 1862 年 7 月 17 日从伍尔弗汉普顿开始，升空时间 2 小时，上升高度略为超过 2.2 万英尺。气球降落后，格莱舍便马上写下了自己在高处时的自主感觉。这虽然是他的初次体验，但从后来他报告的文字中所表露出的冷静和叙述的准确来看，这已经显现了其一贯的特点。有一点特别令人难忘，就是他在记录仪表上的读数和他本人的体温时，都是同样地客观——

> 高度为 18844 英尺时，水平位置的磁针往复摆动 18 次，用时 26.8 秒；我的脉搏是每分钟 100 跳。高度达 19415 英尺时，心跳变得可以自我感觉出来，钟表的嘀嗒声显得很响，呼吸也带上了喘息声。在 19435 英尺的高度，双脚……双手和嘴唇都泛出青紫色，但面色没有改变。当处于 21792 英尺的位置时，我产生了一种类似晕船的感觉，但此时气球既无上下晃动，也无左右摇摆。由于这种眩晕感，我在观测露点 [读数] 时，因无法持续足够长的读数时间而未能成功。在这一高度上，天空呈现出很深的蓝色，云朵都在远远的下方。到了 22357 英尺时，我想拨动磁针使之摆动，可无论如何也做不到……上午 11 时过后不久，我们开

图 8.7　带着科学测量仪器飞天的
格莱舍（左）和考克斯韦尔

始下降。考克斯韦尔先生对气球正接近沃什海湾（The Wash）表现得有些不安。[25]

四　气象研究史上的一段插曲

格莱舍在 19 世纪 60 年代的飞天之行，结束了长期以来人们对高层大气本性的认识一直严重模糊的历史。多大高度以下的大气可供呼吸？"上"是"接近"太阳的方向，那么是越高越热还是越高越冷？以伊卡洛斯的传说而论，自然应当是越高越热。这样一来，如果有人（或者有鸟）能一直向高飞，那么到头来，他（她或它）会是憋死、热死还是冻死？也许还可能是被高空云朵中的静电劈死？再说，在这些致命结果成为事实之前，在天上还会遇到多少潜伏的其他不利因素？

人们早已知晓，高度一旦达到 4 英里，亦即 2.1 万英尺，对人而言就很危险了。再高一些，就进入了高空大气中的"未知之境"。诚然，盖-吕萨克、巴拉尔、比克肖和查尔斯·格林都各自进入过 2.2 万—2.3 万英尺的高度范围之内，只是他们所用的气压计都不及格莱舍精准，宣称的达到高度也可能有所夸大。不过最重要的一点是在格莱舍和考克斯韦尔之前，人们并没有形成"平流层"这一概念。这个平流层从 6 英里即 3.2 万英尺高处开始，该地带的空气已经不能供人呼吸，因此也不能维系人的生命。人们对这里的情况只确知一点，就是大气气压会随着高度的不断上升而逐步下降。

有关天气情况记录历史的信息也同样语焉不详。对天气的研究一向都完全在地面进行，又都只是经验性的。对气象的记录已经有数百年历史，但所记录的都是观测人所在地的局部情况。英国从 17 世纪以后，许多气象观测的工具都达到了相当普及的程度，这样，观测工作便可由乡村的教区牧师和有文化的乡绅来做。汉普郡（Hampshire）的吉尔伯特·怀特[①]和诺福克郡的詹姆斯·伍德福德[②]是这批人中的佼佼者。只不过，此时的"气象学"，几乎只是对温度、气压、风速和降水量等最简单数据的日复一日的积累。[26]

最早的气压计是 1644 年由意大利人埃万杰利斯塔·托里拆利[③]

---

① Gilbert White（1720–1793），英国教区牧师、早期的博物学家和鸟类学家。他坚持记录当地的气象情况凡 25 年。——译注
② James Woodforde（1740–1803），英国的一名普通乡村牧师，不辍地记日记，凡 45 年，忠实地记录了 18 世纪英国农村的状况与风貌。他的这些日记后来以《乡村牧师日记》的总标题分 5 卷，在 1775—1787 年间出版，其中包含有当地的长期气象记录。——译注
③ Evangelista Torricelli（1608–1647），意大利物理学家和数学家、伽利略的弟子。他发明的水银气压计不但是最早的气象仪器，更一举推翻了亚里士多德所主张的"自然不允许真空"的纯推理性说教。大气气压的单位"托"就是他的姓氏的缩称。——译注

发明的。这是一种将水银封入一根玻璃细管内、并在细管上标上刻度的装置。17世纪70年代里，英国皇家学会的罗伯特·胡克①发明了无液式气压计，也就是人称"转针钟面气压计"的仪表，以波纹面金属盒和弹簧代替了水银。他还对温度计和湿度计都做了改进。保持定时观测，经过长期的积累，固然可以反映出季节状况和平均情况，然而纯属经验性，无助于得出有关气象形成的理论，也不包含任何天气构成因素的概念。[27]而更大的缺陷，是这样的积累本身并不包含预报天气的动机。因此，到此时为止，对天气的推测基本上只属于局部性行为，靠的只是本地的经验和记忆：传统归纳、民间经验，加上源远流长的迷信传说。◈

以往的气象学理论一向进展缓慢。1637年，哲学家兼数学家勒内·笛卡儿②在他的《方法论》③一书中的第五章里撰写了一段有

---

① Robert Hooke（1635–1703），英国博物学家、发明家。有关固体弹性的胡克定律是他最为今人所知的发现。他还对抽取真空、显微观察和城市设计等许多方面有重要的建树，但其性格上的缺点使他不得人望，又因与牛顿的长期敌对越发声名不佳。——译注

◈ 有些关于天气的民谚，人们今天还在沿用。"落日红，喜牧童"和"七月十五是好天，接连四旬不用伞"，就是很多今天的英国人都还知道的。在法国则有个说法：如果拿破仑生日（8月15日）那一天有雨，夏天过后就会有个秋雨连绵的季节。不少涉及天气的民谚都是有科学根据的。比如说，"落日红"是指西部的天空的高处停有卷云，表明那里处于稳定的高气压区，亦即反气旋区，意味着24小时内会保持晴朗的天气状态。7月15日在英国本是一个宗教纪念日。如果墨西哥湾暖流从大西洋来到英伦三岛，便正会在这个日子前后。它的到来会导致一个高气压反气旋区的形成，并持续一段较长的时间，使晴朗天气维持到9月初，大约正是40天左右。如果此反气旋区早早消散，则到了8月15日——拿破仑的生日——前后时，低气压状态或说气旋状态，便将会对墨西哥湾暖流的强力影响保持到夏季结束，导致较冷和较不稳定的天气。在现代的等压气象图上，这两种趋势是可以明显看出的。不过，由于北极冰帽的加速消融，这一趋势在将来有可能发生变化，而且气候变化已经在全球范围内出现。读者不妨查阅英国皇家学会和世界自然基金会网站中有关气候变化栏目的内容。

② René Descartes（1596–1650），法国著名哲学家、数学家和物理学家。他是西方现代哲学的奠基人，又是解析几何的创建人。——译注

③ 有多种中译本，译名不尽相同。——译注

关"天象学"的文字。他所用的"天象"一词源自亚里士多德[1]的希腊文（μετέωρο），相应的英文词根为 *meteor*，意指"上面"。所以笛卡儿的"天象学"既包括天文学，也涉及气象学；天文学部分涉及彗星和流星（包括陨星），气象学部分包括云、雾、阴、晴、冰雹和雪的形成，以及风暴的成因等。1686 年，英国天文学家与数学家埃德蒙·哈雷[2]根据航海记录绘制出最早的表示构成天气的若干体系的全球标示图，图上给出了热带和亚热带气流在几个大洋和大陆块上空的大致走向。[28]

到了 18 世纪 30 年代，也同哈雷一样身为英国皇家学会会员的乔治·哈德利[3]，提出了有关信风的理论，并认为地球的自转及因冷热不一导致了空气对流。又过了一个世纪的光景，一位波兰科学家海因里希·威廉·多弗[4]发表了一系列论文，认为风暴是构成天气的诸多体系中代表热的一方与代表冷的一方冲突的结果，由是使反映运动的词语"锋"进入了气象学领域。后来，他被选为普鲁士气象

---

[1] Aristotle（前 384–前 322），古希腊哲学家，他的著作涵盖了许多学科，包括物理学、形而上学、诗歌（包括戏剧）、音乐、生物学、动物学、逻辑学、政治以及伦理学。他和柏拉图与苏格拉底一起被誉为西方哲学的奠基者。亚里士多德的著作是西方哲学的第一个广泛系统，包含道德、美学、逻辑和科学、政治和玄学，因此被誉为"最后一位精通所有知识的人"。但他对物理学和宇宙学的见解有着根本性错误，结果是对科学的发展更多的是起反作用。——译注

[2] Edmund Halley（1656–1742），英国天文学家、地理学家、数学家、气象学家和物理学家。皇家学会会员，第二任皇家天文学家。以他的姓氏命名的哈雷彗星，就是由他通过计算得出其公转轨道和运行周期因而证明其运行是有规律的。不过他对科学的最大贡献，是说动友人牛顿将其最重要的研究成果写成皇皇巨著《自然哲学的数学原理》发表。——译注

[3] George Hadley（1685–1768），律师出身的气象学爱好者，因提出信风（又称贸易风）存在的有关理论并得到证实，因而得到特别依重航海的英国朝野的一致赏识而得以入选皇家学会。——译注

[4] Heinrich Wilhelm Dove（1803–1879），物理学家与气象学家。波兰当时为普鲁士王国的一部分，故后文提到他担任普鲁士气象研究所所长。——译注

研究所所长。不过，所有这些人的工作，都不足以形成一个统一并能在大范围内适用的气象学理论。[29]

虽说如此，天气的神秘与大气现象中的美，都日益强烈地吸引着约翰·拉斯金①。这位后来极力推崇风景画家、画云高手约瑟夫·马洛德·威廉·透纳的浪漫时期作家兼画家，对气象学表现出了异乎寻常的热情。还在牛津大学读书时，17 岁的拉斯金便加入了刚成立不久的伦敦气象学会。翌年（1838），他在该学会会刊上发表了一篇论文，以优美的文字，探讨了若要将经验性的气象学发展成为真实的和有预报能力的科学，所应解决的影响全局的问题——

> 只靠一位伽利略，只凭一位牛顿，便能发现天界的奥秘，建立起新的天文学体系。只需戴维倚着康沃尔郡（Cornwall）的岩石冥想，或在实验室里的孤军作战，也能揭示出大自然的种种玄机……然而，单枪匹马的气象学家则难成大器。他的观测结果不会派上用场。这是因为他只处在一个点上，而推测和归纳，却必须要在［广延开来的］空间里进行。[30]

拉斯金的中心论点是，真正的"预报"必须放在对构成天气的"诸多体系"实现更全面了解的基础上，而且需要有大批观测者参加。预报必须是对来自铺开在一个面——先是地面，最后还将延伸入海面和洋面——上的许多点位同时取得的数据进行加工的结果。他认为应当使整个志愿者大队铺开：有的在欧洲的阿尔卑斯山，有的奔

---

① John Ruskin（1819–1900），英国维多利亚时代主要的艺术评论家之一，还是制图师、水粉画家、社会思想家及慈善家。他写作的题材非常广泛，数量也颇惊人，共计 39 卷。——译注

赴大西洋，有的去北美的草原区，大家都在约定好的时间同时记录天气的信息。詹姆斯·格莱舍、罗伯特·菲茨罗伊[1]和约瑟夫·亨利等人后来的工作证明了这一观点是正确的。

然而事实上，直到19世纪60年代，哪怕只是提前一天的气象预报，也还得靠民间所称的"观天眼"给出。这些"观天眼"多数是些农夫、护林员、猎人、渔夫和水手。事实上，以进行局域性预报而论，这些人的确对自己所在的地域——一片田园、一条山谷、一处港湾、一道山峦等了如指掌，故而短期预报往往准确得令人赞叹。（这种情况如今也依然存在。比如现代游艇上也还能找到这种长着"观天眼"的人。）但到了维多利亚时代，就有一种职业天气预报人出现了。他们声称是科学的预报者，并得到了英国举国上下的认可。科学总算能与附会——或者毋宁说是迷信势力一争短长了。

在地处英格兰东北海岸的惠特比（Whitby），有一位担任当地博物馆馆长的乔治·梅里威德[2]，在19世纪50年代可是大大出了一阵风头，因为他弄出了一台"风暴预卜器"，并申请到了专利权，还送展1851年的第一届世博会。这一期间正是格莱舍发布天气报告的同一时期。它还被送交贸易委员会核审，不过未能得到认可，原因很快就清楚了。

"风暴预卜器"的依据是来自经常发生暴风雨的英格兰东海岸地区的一种流行看法：蚂蟥会对气压的突然变化作出明显反应。在正常气压下，它们又软又黏的躯体往往蜷缩不动，而一旦气压下

---

① Robert Fitzroy（1805–1865），英国海军高级将领、水文地理学家和气象学家。他从1854年起任英国气象局局长，主持天气预报事务。查尔斯·达尔文就是在他任船长的"贝格尔号"上任博物学家，在进行环球航行期间，开始解悟出进化论的。——译注

② George Merryweather（1794–1870？），一位热衷搞发明的医生。除本书中提到的"风暴预卜器"，他还搞成了一种以酒精为燃料、据称可持续点燃14天且费用极低的灯具。——译注

降，它们就变得好动起来了。比梅里威德早一代的抑郁派诗人威廉·柯珀（他还一度迷恋过气球飞天）是个对气象变化极端敏感的人，他在东英格兰生活时，就提到自己从蚂蟥身上得出的这样一种体验："我有一条蚂蟥，装在一只瓶子里。它能预报大自然的所有突然变化和机巧安排。天气的变化一概不会令它惊讶……它比得上人世间所有的气压计。"[31]

梅里威德的"风暴预卜器"，其实就是由若干条蚂蟥构成的一台气压计，只不过弄得煞有介事。它包括一个圆盘，上面放着12只玻璃广口瓶，每只瓶内都灌有一些雨水，又放入一条精心选出的蚂蟥，让它半浸在雨水里。每个广口瓶的瓶口分别与一根有弹性的鲸鱼骨相连，每根鲸鱼骨又同一只金属小锤很接近，小锤又各与相应的重物保持微妙的平衡。一旦平衡被打破，小锤就会击响装置中央的一只漂亮的铃铛。这套装置无疑会成为威廉·希思·鲁滨逊那

图 8.8　梅里威德的"风暴预卜器"复制品

位漫画家大感兴趣的对象。

当气压突然下降、预示北海地区将形成低气压槽、由是有生成风暴的可能时，所有的蚂蟥便会躁动起来，纷纷爬到各自玻璃"牢房"的顶端。它们共同运动的结果是，扯动那组鲸骨弹簧，弹簧再掣动平衡重物，触发小锤击响铃铛。于是乎，风暴就得到了预鸣警示。为了添加神秘感，梅里威德又给这套装置加上了这样那样的沟槽、饰链和花边，弄得既像是一座微型的印度神庙，又像是游乐场的回转木马。

梅里威德的这套东西看上去颇为机巧，也很吸引眼球，然而并无助于人们增添对气压变化的理论认识，反倒是将动物活动引进无生命世界，隐隐造成蚂蟥不但"明白"风暴为何物，而且还属意于与人类交流的印象，恰恰起了混淆事实的反面作用。[32] 不过尽管如此，这台"风暴预卜器"还是于一百年后在 1951 年的全英展览节①上再度亮相，德文郡奥克汉普顿（Okehampton）的气压仪表博物馆里，今天也还陈列着它的复制品。

当有人向英国皇家学会问及气象预报这个大问题时，学会给出的答复并不令人鼓舞。它在 1865 年的一份报告中是这样说的："在有资格的气象学家中，我们未能发现有人认为，目前的科学已经达到能使观测者逐日给出未来 48 小时内所能出现的天气状况的水平。"[33]

五　一次真正纯科学目的的飞天

在格莱舍和考克斯韦尔共同高空飞天的经历中，当属 1862 年 9 月 5 日从伍尔弗汉普顿升飞的一次最为有名。[34] 那是一个有些

---

① 全英展览节是英国政府于 1951 年夏季在全国范围内举办的一轮活动，旨在鼓励民众面对第二次世界大战后的新形势，在科学、技术、工业、建筑和艺术等诸多领域中作出更大的努力。——译注

凉意的晴朗秋日。他们下午 1 时离开地面,当时的气温为 50 ℉
(10℃)。40 分钟后,气球升到了 2.2 万英尺这道槛儿上。他们的呼
吸变得困难起来,大气冷得近于砭骨,头顶上的天空呈现出青花瓷
器般的深蓝色。下午 1 点 54 分时,格莱舍仔细记下气压计的读数
为 9¾ 英寸,升空高度为 2.9 万英尺,而气球仍然在迅速上升。到
此时为止,一切都还顺利。不过考克斯韦尔已经注意到,由于气球
不断兜圈子,吊篮顶上的排气阀拉绳被缠住了。他艰难地喘着大气
爬到吊篮顶圈上,这才将它解开。

在随后的 3 分钟里,他俩都感觉到缺氧所造成不适的积累效
应。格莱舍不能清楚视物,致使无法读出仪表上精细的气压标度,
即便用放大镜帮忙也无济于事。紧接着,他的手和脚都蓦地衰弱起
来,脖颈也随之变得失去了支撑力量:"我去看气压计的读数,脑
袋却栽到左肩膀上。"他想将头抬直,它却又一下子歪到了右肩膀
上,活像一个布娃娃。他想去拿瓶白兰地,但手臂软绵绵地不听使
唤,从台面上滑了下来。他的双腿也不管用了,结果瘫在了吊篮壁
角处。这时候,他连头部也根本动弹不得,只能将眼睛翻上去,看
着考克斯韦尔在吊篮顶圈上艰难奋战——

　　我隐隐约约地看出,考克斯韦尔使劲要说些什么,但他却发
不出声来。蓦地一下,我的眼前成了漆黑一片——是我的视神经
突然不再运作。不过,我并没有失去知觉,大脑仍如我现在写这
段回忆时一样功能正常。我想,这一定是血液中缺氧导致的,又
想到倘若不能马上下降,我一定会失去知觉,再也感觉不到什
么,然后便是死亡。

与此同时,在吊篮顶圈上想将缠结的排气阀拉绳解开的亨利·考克

斯韦尔，也在经受着肌肉脱力的同样折磨。他握住拉绳的手一次又一次滑脱不听使唤，人还险些掉下来。可只有拉开排气阀让气体逸出一些，气球才能降低高度。

　　艰难地努力一番后，考克斯韦尔总算解开了纠结着的拉绳，看着它向下一直垂到吊篮里。只是此时，他的两只手都冻僵了，根本握不住、拉不动它。他还注意到，自己的双手都已经发紫，没有办法顺着网索降回吊篮。他左试右试，发现如果伸开双臂、将双肘架在吊篮顶圈的边框上，还能将身躯放将下来。他便这样安全地坠入吊篮。这时他发现格莱舍瘫了在篮壁处，"脸上很平静"，却已然没了知觉。他向台面上的那只小型无液气压计瞥了一眼，虽然视力也模糊得无法读数，但还能看出表上的指针是与系着它的线绳平行的。[35]

　　考克斯韦尔用肘弯夹住那根排气阀拉绳，好让它不再摆动，然后做了最后的努力，用牙齿将它咬住，使劲向下拉动。"头部向下坠了两次——也许是三次"。听到了头顶上发出气体逸出的动静，他知道可能有救了。他喘着大气倚在篮壁上，稍微歇了歇，然后爬到一动不动的格莱舍身旁，开始摇晃这位好友的身躯。

　　考克斯韦尔事后这样追忆道："在格莱舍先生没有动静的那一阵，我一直真怕他永远不能醒来读他的数据了。此时的痛苦悬念，是我永生永世也忘不掉的。"[36]格莱舍没有死，身躯有了动作，口中也喃喃有声，这才让考克斯韦尔大大地松了口气。格莱舍苏醒后的第一个印象，便是眼前有一个高大的身躯弯在自己面前，并柔声问及温度计的读数和仪表情况。格莱舍由此意识到，考克斯韦尔是通过发问含糊不得的科学问题，以此"竭力让他清醒过来"。可见即便处在这样的危难关头，维多利亚时代的礼貌风尚和科学的严谨作风仍然在此人身上保持得一如既往——

接下来，我便听到他用强调的语气说话，但我却看不见物，说不出话，也动弹不得……我听到他说的是"好好试试看，去读读温度，看看气压。好好试试看"……接下来他又说："好好试试，现在就试。"此时，我已经能隐约看出那些仪器了。接着，我又辨认出了考克斯韦尔先生。再过一小会儿，我就都能看清楚了。随后我便站起身来，向四周打量了一番，好像刚刚一觉醒来似的，只是并无睡后神清气爽的感觉。我对考克斯韦尔先生说："我刚才昏晕过去来着。"他回答说："没错。我也只差一点就和你一样了。"随后，我便拿起一支铅笔来，开始我的观测。考克斯韦尔先生告诉我，他的两只手都一度不听使唤来着，到现在还都发青。我便向他的手上淋了些白兰地。（后面还有一桩事情他没有讲，这就是他俩都还往肚子里灌下了不少这种液体。）[37]

平安之后，格莱舍便努力估算了一下刚才失去知觉时气球可能达到的高度。他获得的最后一个精确气压读数是9¾英寸，可知当时的高度"超过了2.9万英尺"，"也就应当是在5¾英里的高处"。当时的时间是准确得知的，为下午1点54分。随后便出现了那次阀门拉绳的危机。[38]

当时的仪表仍明显表明气压是在继续下降，亦即气球还在迅速升高。格莱舍算出上升的速度"约为每分钟1000英尺"。他失去"知觉意识"是在3分钟后，即下午1点57分，在这3分钟里，气球应当又上升了3000英尺，即升到了3.2万英尺的高度上。格莱舍在"完全无知觉意识"的状态下度过了7分钟，于下午2点零4分时被考克斯韦尔救醒。一向细心的他注意到，他恢复到能够再次准确读数时的时间为下午2时零7分。

这就是说，两次精确读数——前一次为1∶54，后一次为

2：07——中的时间间隔恰好为 13 分钟。在进行后一次读数时，气压计的读数为 11 英寸，而且"增加得很快"，表明此时气球所在的高度约为 2.7 万英尺，而且还在一路迅速降低。[39]重要的一点是，在这两次有精确计数之间读数出现空白的 13 分钟里，也就是高度分别为 2.9 万英尺且在上升，和高度为 2.7 万英尺且在下降的两个状态之间，究竟都发生了什么？

　　格莱舍是这样推断的：至少在这段时间的一半里，也就是在 6 分钟或者 7 分钟里，气球应当处于不断上升的阶段，后来当考克斯韦尔将排气阀成功拉开后，它便得以迅速下降。以上升速度为每分钟 1000 英尺计，在这段时间内上升的距离便应当在 6000—7000 英尺之间，即上升到了 3.5 万—3.6 万英尺之间的高度。事实上，气球上的另外一种工具——能够根据温度下降的结果推知所到最大高度的高低温度计①的最低温度读数折合成的最大高度为 3.7 万英尺，也就是刚刚突破了 7 英里。格莱舍还核对了考克斯韦尔曾注意到的那支无液气压计的指针与系绳的相对位置，结果也给出了 7 英里这个结果。不过，格莱舍还是只将 3.2 万英尺亦即 6 英里这个保守的数字提供给《泰晤士报》。这一纪录一直保持到世纪之末。[40]

　　这一高度的意义在当时并没能被马上认识到。1862 年 9 月 6 日，《泰晤士报》刊出了短短一段文字，标题也很普通，是"不久前的一次气球飞天"。文中告诉读者，格莱舍和考克斯韦尔"飞到了 6 英里的高度"，但未加任何评论。文中还提到此次飞天用的是内格雷蒂与

――――――――――

① 最高最低温度计的简称。这种温度计内装有酒精和水银，不但可以如体温表一样自动标记最高温度，也可以自动标记最低温度。但不能记录达到这两个温度时的时间数据，因此无法根据达到最低温度时的时间准确推知最大高度。——译注

图 8.9 "太阳升起来了，有云处和远方的无云处都洒满光明"

赞布拉仪器厂[①] 制造的一种新型的水银气压计，精度超过了以往的所有同类产品。4 天后，这家报纸又刊出了格莱舍的一封信，简略地叙述了这次飞天过程，并特别提到了考克斯韦尔爬上吊篮顶圈，冷静处理排气阀拉绳危机一事。信中告诉读者说，考克斯韦尔的这种表现完全"出自内心"。他本人对考克斯韦尔无保留地信任，相信他有能力处理任何危机。格莱舍还赞扬了伍尔弗汉普顿的斯塔福德路煤气厂，为气球提供了品质上佳煤气的总工程师普劳德先生。

格莱舍宣布的最大升空高度为 3.2 万英尺，即稍高于 6 英里。不过他也提到，如果自己能够一直正常观测的话，这个数字本是会高出一大截来的。在他后来发表的飞天路线图上，其最高位置上

---

① 英国一家制造科学仪器和光学设备的著名厂商，以其创办人亨利·内格雷蒂（Henry Negretti，1818–1879）和约瑟夫·赞布拉（Joseph Zambra，1822–1897）的姓氏联合命名。——译注

8000英尺的一段是用虚线标示的，在附近处还写着一句话："天空呈现浓重的蓝色。"

他在给《泰晤士报》的信的结尾中，仍以一贯的作风只给出一段干巴巴的警示："从这次飞天可知，离开地球上升到5英里（26400英尺）高度时，便很接近人类生存的最高限度了……我认为应当劝告所有的人，一旦气压计的读数下降到11英寸，就应立即拉开排气阀。再向高处飞，所得的信息将不足以补偿加大的危险。"[41][42]

几年后，格莱舍又将这封信中所涉及的飞天之行，更全面地写进了他参与写作又编校全文的重头著述《空中行》（1871）。要言不烦的叙述，使此书成为气球飞天史中最著名的文献，特别是其中对考克斯韦尔和他自己几乎死于缺氧和冻伤的体验，只以一向不掺杂感情的方式写成"没有不便之处"，却同时又为携上气球的6只信鸽在飞天过程中损失了5只感到可惜的叙述。当气球在什罗普郡（Shropshire）离拉德洛（Ludlow）镇不远的偏僻乡间降落后，这两位飞天人找不到"任何交通手段"，弄得他们不怕苦不怕累地步行了"也许是7英里，也许有8英里"，才来到一个叫科尔德韦斯顿（Cold Weston）的村子，在那里的一个小酒馆里，他们各叫了一品脱啤酒。自从这次飞天后，格莱舍无论去哪里，总要将那只曾记录

⚲ 格莱舍所给出的这些高度数字意味着什么，阅读下面的这段文字，多少会有些帮助。珠穆朗玛峰的高度最早是英国测绘总局在1849年测定的，当时测得的结果为29002英尺（8840米）。首次登上它的顶峰是在1952年，登山人使用了供氧装置。目前人们——包括训练有素的现代登山运动员在内——普遍接受的观点是，"死亡区"要从2.6万英尺算起，几乎就是格莱舍给出的5英里。在2.9万英尺的高度上，大气压强只有海平面处的三分之一左右，这将造成血液吸收氧气的速率只有正常状态下的三分之一，致使呼吸次数从正常时的每分钟20次增加到60次甚至更多，这样的频繁喘气（医学上称之为过度换气），本身就吃力而痛苦，而氧气摄入不足，还会造成肌肉脱力、视力模糊和思维迟钝。格莱舍是感觉到了这些的。他承认在此种情况下，"要想作出决断"是特别困难的。

图 8.10　标明从斯塔福德路煤气厂升飞创造气球升空高度世界纪录的标志纪念牌

下非官方认可的 7 英里高度的无液气压计放在衣袋里，拿它当成自己的吉祥物，每次飞天更是必带不可："它就是我们位于 7 英里高度上，考克斯韦尔先生在我处于无感觉状态时读数的那只仪表。自那一次起，它便在我每一次上天时都与我相随。"[43]

　　格莱舍的这份报告，被英国科学促进会全文发表，也得到了欧洲各国和美国的转载。不过令这次飞天大大成名的，却来自另外一个方面。这就是报纸上的一篇出色述评。它刊登在 1862 年 9 月 11 日的《泰晤士报》上。当时的报纸版面几乎清一色都是关于美国南北战争的，只有这篇文字，将读者的注意力引向了"高端"事务。它有一个美好的开篇："诗章将一些凌虚而落的著名事例晓喻给我们……而这里却有一件以往不曾发生过、也不曾有人想到过的事件，就是拔地而起。两位男士超过了古往今来的所有人等，向月亮和星辰更接近了一大截。"

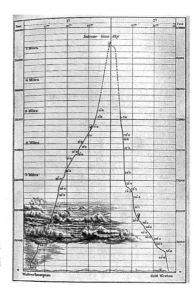

图 8.11　格莱舍和考克斯韦尔
1862 年 9 月 5 日从伍尔弗汉普顿
到科尔德韦斯顿的飞天路线

　　该述评在详细介绍了格莱舍冒此风险之举在科学上的理由之后，又转而评论起考克斯韦尔那有别于他人的勇气来："在长达整整 10 分钟的时间里，考克斯韦尔先生是只身一人——其实应当说比这还要糟，是面对着一位没有知觉的同伴——在远远离开地面达 6 英里的高处飘荡。这 10 分钟真是再特殊不过，可以说是面对无限空间、取决断于一身、视艰难为等闲的 10 分钟……尽管当前存在着前途未卜的战争，处于风云变幻的政局中，发生着争取发现的苦斗，这段短暂的时刻仍有资格占据一席之地。"

　　这段飘荡在遥远黑暗世界里的恐惧和孤独的情景，无疑深深地打动了写这段述评的人。紧接着，此人又为读者代劳，作出了有可能出现情况的进一步设想："再过片刻，考克斯韦尔先生就有可能倒在同伴的身边，此时的气球便将带着两具躯体，飞到无人知晓的所在，一任空中的惊涛骇浪摆布，究竟到底会有什么遭遇，我们在地面上的这些人根本无从推想。"想象力使《泰晤士报》的这位报人一时变成了科学幻想作家，大大发挥了埃德加·爱伦·坡的本领，逸兴遄飞地设想这两位飞天人升入更高远的空间，结果是气球"闯入了另外一颗行星的空旷地面"，如同第二只挪亚方舟，栖止到了另外一个世界的亚拉腊山（Ararat）上。①

至于格莱舍所取得的真实科学数据的意义，以及维系生命呼吸所必须依赖的氧气包层竟然薄得令人不安的事实，它们的重要性都不曾在这篇文章中提到。要知道，这个包层的厚度还不抵步行两个小时所能行走的距离（也就是格莱舍从"猛犸号"着陆地点到科尔德韦斯顿村里那家小酒馆的路程）哩。不过从文中还是能够体味出，外层大气绝非好客之所，要比诗翁们幻想出的美妙所在可怕得多。

《泰晤士报》的这篇述评所要传达的是体验，特别是考克斯韦尔的体验。这是大无畏者的体验。这种无畏与武士的无畏不同，更多地体现在精神依托上："在科学的阵地上作战的人，他们的无畏值得专书一章……他们独力奋战、小心谨慎、沉静安稳、不事张扬……科学战场上的勇士必须人自为战，找出大自然的弱点攻而破之。他们的战场上没有震天的杀声，没有飘扬的战旗，没有嘹亮的军号。"

该述评在最后部分提到，科学工作的目的在于开路，这种探索新疆域和认知其边界的愿望是特别值得讴歌的。英国科学家特别能在重要关头表现出沉着勇敢的品质。这里有些话可是说得言过其实了——虽则是出自爱国心的驱使："在咱们这里搞科学的人，这方面的出色表现是人所共知的。就说汉弗莱·戴维爵士吧，他就曾为能写出准确的报告，每隔一两分钟就吸入一种特别的气体，以查知

---

① 亚拉腊山是土耳其境内的最高峰，其山巅为《圣经》中给出的挪亚方舟在大洪水过后的栖停地。——译注

它对自己大脑和知觉的作用。考克斯韦尔和格莱舍两位先生刚刚完成的空中之行，也堪列入我们的实验者、发现者和旅行者完成的伟业之表……它们证明，科学能够激发出何等的热情，而热情又能够鼓舞起何等的勇气。"[44]

这一空中之行被反映到一幅画作中。这幅画有个标题，是《格莱舍在 7 英里高度上失去知觉》。许多人都看到过这幅作品。英国、法国和美国的不少报刊都刊登过。它给人们造成了一种梦魇般的悬念，将科学研究表现为一场维多利亚式的戏剧。剧中的两位角色互为悲惨的烘托，一位主动，一位被动，但都面临着紧迫的危险。

画面上，考克斯韦尔正骑在高高的吊篮顶圈上，努力要解开缠结的排气阀拉绳，看上去好怕人，说不定什么时候就会向后一仰、栽入无底的深渊。格莱舍位于下方，仰面歪倒在吊篮壁处，已经意识模糊，一只手揪着喉咙，另一只手无力地垂在吊篮外的虚空中，眼看将性命不保。气压计、罗盘和其他许多精密的科学仪器都还整齐地摆放在这两人身边，此外还有一块标绘飞天路线图的图板，以及一只令人伤感的鸽子笼。这一切看上去似乎都将统统无用了。就连那一大盘绕在吊篮外侧的马尼拉麻拖曳索和系在绳端用来在降落时钩住地面的锚钩，也都烘托出一种无可奈何的形势。

这幅画看来是以艺术的形式，巧妙地表现出了《泰晤士报》那篇述评的寓意——科学家是冒着生命危险向大自然的极限之地挺进的。在这里，形成于维多利亚时代的那种在按部就班的条件下进行科学实验的形象被颠覆了，改换成为高层大气那里带有敌意的混乱。原来的秩序与目的，一下子却变成了无序与恐怖。这种概念上的转换，或许也同查尔斯·达尔文揭示出的大自然的新面目不无关系。不过，这幅画给人们造成的最可怕的印象是，死亡将不是自上而下地降临，亦即并非坠入下方的白云、继而再砸向 7 英里下的地

图 8.12 格莱舍在 7 英里
高度上失去知觉

面，而是一直向上飞起，以升到无穷的、空茫的、未知的碧落深处
作为最后的归宿。[45]

又过了十多年，此种上升的致命性更在 1875 年巴黎上空进行的一次飞天事故中得到
了明证。飞天的气球是"苍穹号"，有三名飞天人参加，目的是向更高的高度进发。
尝试的结果，是其中两人身亡，只有一人幸存。这位幸存者是加斯东·蒂桑迪耶。他
是这样讲述自己失去知觉的经历的："面临压强减小（缺氧）的可怕打击，我面临着
命悬一线的局面。在 22900 英尺的高度上，麻木感控制了我。我虽然还有写字的动
作，却记不清究竟写了些什么。气球还在上升。克罗斯-斯皮内利在喘大气，西韦尔
闭着双目。克罗斯-斯皮内利的眼睛也是闭着的。在 24600 英尺的高度上，茫然的感
觉上升到特别强烈的程度。肉体和思维都变得更加无力。人倒是不感觉痛苦。非但
如此，反倒还有一种欢愉感；并不觉得所处位置的危险，知道是在上升，而且还高兴
这种上升。没过多一会儿，我便觉得自己竟虚弱得不能转过身子去看同伴们了。我
想大声地告诉他们，气球目前是在 2.6 万英尺的高度上，但我的舌头却动弹不得。一
下子，我也合上了双眼，无力地瘫倒，什么都不知道了。"（可参见本书第十章第八
节。——译注）

六　气球飞天的重要发现

特别值得一提的是，在整个 19 世纪 60 年代里，格莱舍和考克斯韦尔一直都在为科学而飞天，而且还要再次突破那个 5 英里界限。就已知资料来看，他们至少又闯了一次，时间是在 1863 年 6 月。在升到 2.3 万英尺时，温度降到了 −14℉（−26℃）。此时，气球周围出现了乌云，格莱舍还催着考克斯韦尔继续向高处飞。"考克斯韦尔先生比我明智。他否定了我的想法：'没有多少压舱的沙子了，我无法再向上走。而且现在就必须打住。'"

格莱舍心有不甘地向四周打量了一番，发现"这里的蓝色已经不同于我以往在 4 英里和 5 英里处时总能看到的样子了"。气球下方的空气是一派混浊，看上去出奇的不友好。不过，他们还能听到下面传来的火车声。接下来，气球在下降的路上进入了一块风雪区，这将格莱舍的注意力完全吸引去了。"这里的雪都是些细长的小冰晶，都形成了 60°角并相互搭在一起，数目多得数不清，虽然每个都很小，但从落到大衣上的这些，还是可以清楚地看出，它们个个都形状分明而齐整"。他几乎没能注意到，考克斯韦尔此时正艰难地控制着气球的下降速度。当格莱舍再向四周张望时，气球的高度已大大低于 1 万英尺，此时它被裹在一大片雾气中，下面就是伊利大教堂的高大钟楼和那著名的八角透光阁。[46]

在一次次的飞天中，格莱舍一直都坚持测量温度和气压，画图记下种种云朵的形状，还将每次的飞天过程标绘成路线图发表。他还不止一次地在空中尝试摄影，但显然并不成功。[47]报界一次又一次的报道，使格莱舍和考克斯韦尔简直成了国宝级的英雄人物，他们的升飞地点也发生了南移，换到了温莎大公园（Windsor Great

Park）① 和"水晶宫"一类著名地点，观看飞天的人也越来越多。考克斯韦尔是以飞天为职业的，自然将人气看得很重，而以科学为事业的格莱舍却宁可退避三舍。这有时会造成两个朋友之间的一些摩擦，特别是 1864 年他们在莱斯特市（Leicester）的一次飞天降落时，过度热情的民众将他们的气球搞坏了之后。[48]

在格莱舍的心目中，英国科学促进会和英国皇家气象学会永远是第一位的。他仍然只肯发表技术性的文字：探讨上层大气的性质。具体内容包括高度与降温的关系、太阳光谱的情况、大气系统与种种气象锋中的气压信息、磁场的变化、风向与风速的变化及其可能的原因，声音在不同大气环境下的传播情况等。他还特别谈到了他所进行的"生理观测"，即人体（包括思维）对大气高度的反应。[49]

这样的信息正是那份《布莱克伍德氏杂志》曾经嘲讽过的，但同时也完全是对理解构成天气的诸多体系的本性所不可或缺的。要想有朝一日实施真正的气象预报，就得靠掌握此类知识。不过，格莱舍所做的还不止于此。此公真当得起"高度探测大师"的称号。他以精准的读数和翔实的记录，率先告知人们从地面向上算起大气可供呼吸的大致范围，让人们知道大气中存在着危险的"死亡地带"，并指出了这个区域的位置，这就是目前所称的平流层。[50]特别是他还指出，盖-吕萨克当年所做的大气温度会随高度的增加稳步下降，且下降率为每 300 英尺 1 ℉（1℃ /165 米）的结论，在 6 英里的高度上已经相当失准。格莱舍在这个高度上隐约看到了大气的一个新区域，或者说是一个新包层。这是一个真正的"未知之境"。[51]

_____

① 温莎大公园是英格兰温莎镇以南的一处著名公园，原为英国王室的狩猎场，20 世纪中期向公众开放。——译注

在考克斯韦尔的协助下，格莱舍以自己的身体乃至性命为观测目标，冷静地进行了一番大无畏的"生理观测"。这便开拓了高海拔缺氧症以及连带的减压病和相关的精神状态等新研究领域。他是探究大气尽头的先锋，将人们多少个世纪以来的幻想化作为现实。[52] 从这时开始，一个概念开始出现，并将最终形成不易之论，这就是我们这颗行星上的大气原来是分层的，而其中对生命至关重要的一层——生物层，其实竟是又薄窄又脆弱的。✈

七　飞天人的品格与胸襟

在亨利·考克斯韦尔的影响下，格莱舍也会不时地为飞天而飞天，去享受一下其中的欢愉。不过在此种情况下，他从不飞得

✈　包围并保护着地球的大气，原来是一种洋葱头式的同心球层结构。19世纪科学的这一有重大意义的发现，是格莱舍和考克斯韦尔最早通过飞天悟出的，而较充分的认识则是后来通过法国气象学家兼气球飞天员莱昂·泰瑟朗·德博尔（Léon Teisserenc de Bort，1855–1913，法国气象学家、大气科学研究的开拓人，曾任法国中央气象局首席气象专家。——译注）在凡尔赛（Versailles）进行的飞天研究得到的。最令人震惊的一点是，这几个对地球起着保护作用的大气层，竟然都又薄又不牢靠。简略说来，现代气象学将大气分为四层。第一层为对流层，起着维系动物界生存的作用，范围从地面向上伸展到大约6英里的高度。第二层是平流层，它向上延伸到30英里处。对高等动物界和人类起保护作用的臭氧层也在这里。第三层叫中间层，它再向上伸展到50英里的高度上；大部分流星会在这里耗尽，保护了地球的安全。最后一层得名电离层，一直延伸到300英里的高天；极光就是在这里出现的，太阳磁暴也会在这里对地球产生影响。平流层下端，也就是最高到7英里左右的地方，还能有鸟类和昆虫生存。不过平均而言，对流层——也可称之为"生物层"，并没有多厚。此外，从地面到电离层的最远处，也就是到太空的真正开始之处，只不过比从伦敦到巴黎，或者比从纽约市到美国首都华盛顿稍远一点。所谓"近地轨道"——也就是哈勃空间望远镜和国际空间站运行的位置，就在电离层的高端，在大约300英里的高度上。在这里的人造卫星（2012年时的这一数目为3000颗）大概就应当是指示着气球最终可达之处的标识牌吧。可参阅道格拉斯·帕尔默的《完整的地球：从卫星上给我们这颗行星画像》（Quercus，2006）。（目前对大气层又有新的分层方式，主要体现在对电离层又有进一步的细分上。——译注）

太高。1863 年 7 月的一个下午，他们俩从"水晶宫"升空，一路向南飘去，直飞到英格兰的南部丘陵（South Downs），阿伦德尔（Arundel）与纽黑文（Newhaven）一带的英吉利海峡都遥遥在望。气球在 800 英尺的高度上飘浮，远观着萨塞克斯郡（Sussex）的乡村，近看着下面生长着大榆树的田野上越拖越长的气球影子，双耳领略着从大地传来的仲夏日黄昏时节的悠扬声响，竟然弄得格莱舍许久未去读他的仪表。当年那位不倦地徜徉于多尼戈尔山麓的青年测绘员，又在这只气球上重生了——

> 在所有传上来的声音中，时常会夹杂着孩子们的快活叫嚷，鹅群被轰赶时发出的嘎嘎声，鸡只回窝时相互呼应的咯咯声……还得加上大狗小狗忘乎所以的汪汪声。这样的出游实在令人心旷神怡。所有的运动似乎都融入风景之中，一半迎我们而来，另一半离我们而去。风景变化多端，有花园，有宅邸，还有白色的道路……[53]

这次飞天，格莱舍和考克斯韦尔还带上了年轻的克里斯托弗·哈顿·特纳①。过了两年，此人以一部皇皇巨著《以星辰为栖所：对大气的实验和探查》（1865）进入了最出色的维多利亚时代气球飞天史学家之列。走下气球后，特纳便向《泰晤士报》投送了一篇题为《气球浮飞记》的短文，生动活泼地描述了这次体验。文中说，他注意到格莱舍有两张在气球上拍的照片，一张在埃普瑟姆（Epsom）上空，一张在霍舍姆（Horsham）上方。他在吊篮里一直神情轻松，就像在自己家里似的。考克斯韦尔也差不多一样，而且总有一股跃跃欲试的劲头，一个劲地逗弄格莱舍，向他提议再多走一截儿，飞往英吉利海峡。

---

① Christopher Hatton Turnor（1840–1914），英国史学家与作家。——译注

最后，在晚上 8 点，暮色刚刚降临之时，考克斯韦尔将气球降落在古德伍德帕克（Goodwood Park）——是在地面上，不是在海上。"考克斯韦尔先生将一盘绳子抛给一个正在玩曲棍球的球员，随后便稳稳地触到地面，轻盈得连一朵小花都不会压坏。接下来，为了让一些人开开眼，我们便连气球带人被一根绳子拉着，一直牵到一栋房子前面"。他们在一座凉亭里享用了一顿丰盛的晚餐。[54] 即便是在如此浓厚的田园气氛里，不知疲倦的格莱舍还是不忘工作，准确地观测到在从 800 英尺到 2800 英尺的高度区间内，温度的变化为 13°F，风向也从向东转向 90°改为向北。他说这些信息"非常有用"。[55]

在 1865 年的 10 月里，格莱舍又从几次飞天中找到了新的关注目标。他的这一系列飞天是在伦敦上空进行的，时间有白天也有夜间："在 1 英里的高处，伦敦的动静清晰可闻，它是低沉的，有如大海的咆哮……但是当上升到 4 英里处时，所有的声音便都隐匿起来，耳鼓里听不到一丝响动。"于是，气球除了用于气象观测，又被派上了研究人类活动的用场。这方面的工作与当年梅休所进行的有些相类，只不过立场温和些，显然是被维多利亚时代自信精神所陶醉，又折服于伦敦表现出的经济伟力的结果。格莱舍对形成商业的大动脉——从市中心一路向外辐射的铁路、轮船和马车，都一一做了观察。[56]

特别值得一提的是，他在 1865 年 10 月 9 日日落时分所进行的一次对伦敦的飞天观测。在伦敦桥（London Bridge）正上方 7000 英尺的高度上，有"恐怕全世界其他地方都比不上的景致……300 万人的家园，在这里一览无余……曲折的泰晤士河上，满缀着无数的火轮和其他大小船只，看上去有如会动的玩具……远到诺福克郡的海岸都尽收眼底……薄薄的蓝色烟气缭绕升起……我常会赞叹天空景象的壮观，但此时我所看到的，却没有任何别的景色能够超越

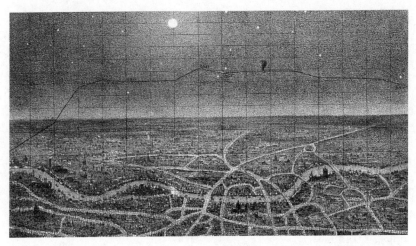

图 8.13 "格莱舍的气球夜飞伦敦上空"

它。从这个高度上倾听，这座城市是在发出一种吼声；它深沉、多元、连续。这是工作的声音"。[57]

　　格莱舍还有一次飞天也值得一提。它发生在 1865 年 10 月 6 日夜间，对这一次体验，他给出的报告更偏重印象而非理性，文字也出人意料地诗情画意。对于飞天的前面部分，他的叙述倒还一如往常，"一心系在仪表上"。然而，当升到 1000 英尺后，他突然目光转向，被伸展在吊篮下面的空间迷住了。"眼前一片灿烂，明亮得超过了我以往看过的一切"——

　　　　当离开查灵十字（Charing Cross）[①] 时，我向下俯看了伦敦。这座城市是不难辨识的——凭着广场四周的灯光，凭着那暗黑的

---

① 伦敦市中心的一个重要地名。原址为一处名为查灵（Charing）的村庄，后因英王查理一世（Charles I, 1600–1649）在此立起了一座有十字架的大型石碑，以纪念他的一名妃子而得此名。——译注

304　　　　　　　　　上穷碧落：热气球的故事

河水，凭着每座桥面两侧的灯光长链……这让我依稀回想起曾从望远镜里看到的银河。从镜筒里望去，满眼都是金色的亮点，这小小的亮点其实都是明亮的星体；今天我看到的伦敦，就完全能够抵得上那一次的所见。[58]

1866 年，格莱舍成为皇家航空学会会员，这正反映出这个时代的特点。1867 年，他又被选为英国皇家气象学会会长。在后来的生涯中，他不止一次将自己的飞天体验以讲演的形式与他人分享。在 1875 年题为《在基督教青年会的一席谈：与考克斯韦尔一道进行高空气球飞天》的讲演中，他将自己和考克斯韦尔的飞天，描述为飞天员和科学家合作的标准程式。讲得一本正经，但其中也加入了些许感情的宣泄，这些情感，多年来一直是被他刻意抑制着的——

　　4 英里（2.1 万英尺）高了。地面上的一般声音都统统传不到这里来……到目前为止，基本没有遇到什么不便，也可以说根本没有遇到任何不便。但在升到高于 4 英里处后，我感到了不少身体的不适：呼吸吃力、心搏声时时重得自己都能够听见，手和嘴唇颜色发青……观测和记录都得靠毅力才能进行下去……6 英里（3.2 万英尺）了。气球上升的速度降了下来，停在了深蓝色的天幕下……我们都放下工作，四下瞭视，面对如此辽廓的宇宙视界，心灵中被唤起的激情都纳入了无言的眺望……到了最高点（3.5 万英尺）。这时万籁俱寂，在这高处我们连喘气都费力，话也尽可能不说。无边无际的空间，孤独的两个人，在视线所到的方圆几百里范围内，都渺无一物。我们游离在地球之外，被一层看不见的东西隔开。我们俩口干得无法进食，下面是一片白茫茫……我要去观测那些仪器，但又管不住自己，还是接着环视这个以气球为中心、远达1500英里的整个视界……我挥了挥手，说道："拉吧！"深沉的一响从头顶上传来……是阀门打开、弹簧将阀片顶开发出的砰然动静，听上去好像是被回音板聚拢后传过来似的……又是擂鼓般的一声……听着真是高兴，让我们放心地得知一切正常。[59]

格莱舍在这最后一番回顾本人飞天经历的谈话中，强调了从事这一活动所特别需要的品质：细心、精准、冷静、客观、自律，再加上能以敞开的心态看待创造的奇迹。这也就是说，他认为气球飞天对人的成长大有裨益。这席谈话的结尾，是一句对维多利亚时代科学研究所体现出的非功利性精神的言简意赅的赞颂："我们讲述自己如何去空间旅行，不是为了快活一场，不是出于好奇，而是为了科学的进步，为了给全人类谋求福祉。"[60]

第九章
空气海上弄潮犹酣

一 气球是气象研究的先锋

19 世纪 60 年代后期,巴黎又有了一代年轻的飞天新人。这些热衷于飞天的人,以戈达尔三兄弟为核心,并以成立于 1852 年的

图 9.1 三位气球飞天人,自左至右为加斯东·蒂桑迪耶、威尔弗雷德·德丰维尔和阿尔贝·蒂桑迪耶

法兰西浮飞学与气象学学会为活动地点，结成了一个松散的小团体。这些人与以往的艺人及江湖客不同，属于知识阶层。以他们的标准衡量，戈达尔兄弟是职业气球飞天员，纳达尔是气球宣传家，亨利·吉法尔是气球营造大师。不过，他们最一心向往的是，实现在高空大气里随心所欲地远飞高翔。

这些人是真正意义上的业余飞天人。他们多数有科学知识和学术专长，一些人在经济上也相当富有，又有一部分人强烈地支持共和理念。他们每隔一段时间，就会相邀着同去飞天。卡米耶·弗拉马利翁、加斯东·蒂桑迪耶和阿尔贝·蒂桑迪耶①两兄弟，以及朱尔·迪富尔②这四个都只有二十多岁的年轻人便都在其中。另外还有一个人，就是不久前去伦敦拜访过查尔斯·格林的共和派作家兼记者威尔弗雷德·德丰维尔。他每次飞天时，都会在气球着陆时问下面的人："这里还是法国不是？"[1]

这些人都深切地意识到气球飞天的伟大传统，也熟知飞天史上的大事小情，其中几位后来还撰写过有关著述。他们还给法国的报刊提供过大量以气球为题材的故事和文章。从后来发表的回忆文字看，他们对英国的飞天员——查尔斯·格林、詹姆斯·格莱舍、亨利·考克斯韦尔等人是很钦佩的。但他们更认定，气球飞天应当专属于法兰西。这就是说，飞天本是一门民族科学。他们对纳达尔特别抱有好感，觉得尽管他的飞天活动以灾难告终，本人又与科学并无密切关联，但毕竟提升了法国飞天在全欧洲乃至在北美的地位。他们以新的眼光对待空中，将它视为法兰西的疆域；历史上曾经如

---

① Albert Tissandier（1839–1906），法国建筑师和摄影师、著名插图画家，与弟弟加斯东同为气球飞天人。——译注
② Jules Dufour（1842–1899），法国工程师、业余气球飞天员，以冒险精神强烈著称。他是巴黎围城期间第一位乘反围城气球冲出包围圈的人。——译注

此，现在更理所当然，而且不但是法兰西的，还应当是法兰西共和国的。这种感情在 1870 年法兰西第二帝国突然陷入危机时，更显得意义深刻。

这个小圈子里的核心人物是卡米耶·弗拉马利翁，他是文艺出版巨子埃内斯特·弗拉马利翁[①]的胞兄，也是这伙人中的诗翁和科学家，身上冒出一股神秘劲儿，言谈行止上透着古怪，头上顶着蓬蓬乱发，脑子里盘旋着浪漫念头，心里对共和主义满腔同情。他没有时间去盘算法兰西帝国应如何扩张（这与他的弟弟大不一样），而是作出严厉批评："单只以法国而论，用于毁灭人类的花费，便 250 倍于教育和科学。这正是善良人的种种计划与试验都长期滞留在梦想阶段的原因。"[2]

在弗拉马利翁看来，气球飞天正是遭到搁置的梦想之一。据他告诉人们，他第一次看到气球飞天，是在"充满对发现和冒险的热

图 9.2 卡米耶·弗拉马利翁

C. FLAMMARION.

---

① Ernest Flammarion（1846–1936），法国出版商，卡米耶·弗拉马利翁的弟弟。——译注

望”的 16 岁时,从此便爱上了它。在这一点上,他也和纳达尔和其他许多人一样,经历了一次气球的“点化”。此事发生在卢森堡公园的一个“无比蔚蓝的早上”。他正在公园里漫步,一只美丽得炫目的气球蓦地从树梢出现,从他的头上飘过。他听到气球上两个人有说有笑的声音,一位是男子,一名是女士。他们从吊篮里俯下身来,向他挥了挥手,然后便静静地消逝在巴黎的上空。他的心一下子也被这只气球带走了。“我宁愿付出自己的一切,只要能换来上到那只气球里!自这时起,在很长的时间里,我除了上天,别的都一概不往心里去。”[3]

青少年时代的弗拉马利翁接受了不少神学教育,准备将来担任神职——这使他的世界观里总掺杂着一些玄秘成分。后来,他又搞了一段雕刻,然后进入巴黎天文台,与数学、天文学打起了交道。从他后来的工作中,可以发现这几种行当留下的痕迹。在天文台时,他给人们的印象是过分张扬。20 岁时,他便放弃了天文台的工作,原因是——用他自己的话来说——“发了一阵半大小子的狂热”。他写了一本《论有生命世界的多重性》的小册子,计 54 页,售价两个法郎,内容颇有争议。[4]他进入一家新成立不久的科学杂志社工作,杂志的名称是《宇宙》①。这使他同儒勒·凡尔纳一样,从事起横跨科学和文学两者的新事业来。他将自己那本小册子中的观点进一步扩展,以印度、中国、阿拉伯和希腊先哲的观念为借鉴,又以当代天文学的发现为依据,极力主张在地球以外的宇宙中,还会存在其他生命世界。这本书大为畅销,前后共印行 35 次。[5]

没过多久,弗拉马利翁便确立了自己作为多产的科普作家的名声。他还创办起法兰西天文学协会并任第一任会长。他的广泛兴

---

① 《宇宙》(*Cosmos*),法国的一份科学周刊,发行于 1852 年至 1940 年间。——译注

上穷碧落:热气球的故事

趣使他向许多方面发展，既有气球飞天，也有宇宙学臆想，还有科幻小说。他写小说，编故事，撰论文，到头来共完成了逾50部作品（光这些就足以支撑他弟弟的出版业务了）。靠着写书收入，他在紧挨着巴黎的小镇奥尔日河畔瑞维西（Juvisy-sur-Orge）盖起了一座天文观测台，不但弄得有模有样，连可开合的穹顶都不缺，而且就盖在自己考究的家里。他还将热爱天文学的学生和朋友请来作客。在这座天文台的入口处，镌刻着一句金色的拉丁文的铭文：*Ad Veritatem per Scientiam*——科学通向真理。[6]

这在很大程度上解释了为什么弗拉马利翁很早便支持火星上存在外星文明的说法，而且相信那里的文明会比地球上的"远为先进"。他的《真实的与想象的世界》一书（1865）在他只有23岁时问世，书中生动地探讨了外星生命、生命轮回、灵学研究等内容，甚至谈到了世界的终结。他对种种不羁的科学研究始终有浓厚的兴趣，不过后来还是尽量约束住自己，专心撰写了两部基本正统的科普书，而且都成了经典；一部是《大众天文学》（1880），一部是《大众气象学》（1888）；后一部的英译本有一篇很长的序言，对该书大加褒奖，而作序者不是别人，正是英国皇家学会会员詹姆斯·格莱舍。不过，格莱舍也删去了书中不少他称之为"弗拉马利翁的狂诗曲"的内容。[7]这两部书都成了他弟弟的出版社的畅销书，也为他本人赢来了法国荣誉军团勋章——由于他"对天文学的出色普及"。

弗拉马利翁相信天文学知识是有益于心灵的，因为它们能将宇宙的安宁与和谐灌输入人心。他以一向的华丽文风讲出了自己的理想主义信念——

　　　但凡肯思考的人，又有谁在深邃夜空里凝望明亮的木星和趋奉它的四颗卫星时，或者在观看套着神秘环圈的壮观土星时，又

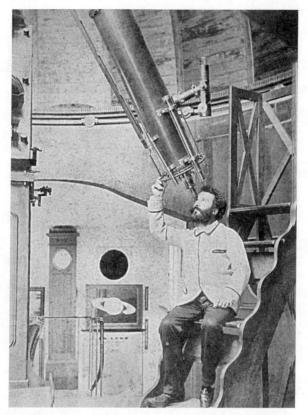

图 9.3 弗拉马利翁在奥尔日河畔瑞维西的天文台用 9 英寸半口径的巴杜牌折射天文望远镜进行观测，时间当在 19 世纪 80 年代中期

或者在注视一青一红熠熠发光的双星时，心里不会充溢着奇妙情愫呢？的确不可能不如此。如果每个人，胼手胝足的农夫樵子也好，汗出如浆的工友匠人也好，为人师表的教师师傅也好，衣食无虞的小康人家也好，功成名就的社会名流也好，鲜衣美食的衮衮诸公也好，甚至无所事事的淑女名媛也好，一旦能够知晓观天会带来何等渗入内心深处的快乐，那么全法兰西，不，是全欧洲，所有的枪架都会被望远镜支座取代，其结果是无处不在的幸

福与和平。[8]

弗拉马利翁的《大众气象学》大大得益于他本人的亲身气球飞天体验。书中详细地论述了"大自然的种种全球性现象"，以及从科学角度研究风、雨、气压的最新成果。此外，书中提到玄妙事件的文字也颇可读赏。此书出版后，弗拉马利翁还提起一段与此书有关的逸事，说此书中有一章谈的是"风"，而在一个刮大风的夜里，这部分手稿便被卷离书桌、飞到窗外，居然不可思议地在第二天出现在出版社的办公室里。

这本书还因扉页上印出的一幅画出了大名。它神秘地表现着"天与地的交会处"。格莱舍平铺直叙地叙述"高空大气"的文字，到了

图 9.4 《宇宙》，又名《朝圣者》

弗拉马利翁的画中，却变得诗意盎然起来。这是一幅十分漂亮的彩色套印木刻版画，带有中世纪木刻的风格。画面上，一名朝圣者正极力从阳光和煦的温暖地球探出头去，窥视缀着星辰的、寒冷而广袤的蓝色苍穹。这幅木刻后来便被称作"弗拉马利翁的朝圣者"，它体现着人类永志不忘的意愿——向上探索，进入高空；向上探索，超过星辰；它自然也反映着飞天员们特别受到的感召——永远向上！

为了增添些神秘感，弗拉马利翁故意秘而不宣这位木刻艺术家的姓名。其实，此幅作品很可能就是出自他本人的创意。他还为画面配了一段有关视界的评注，越发衬托出此人多姿多彩的个性和面向八方的探求精神，以及融科学、历史和玄学为一体的努力。这段话堪入列他所谱写出的最动听的"狂诗曲"——

无论是晴是阴，天空在我们眼中呈现的，都远不是标准的正圆拱形，而总是椭圆球面的一部分。看上去，它像是在我们头顶正上方的位置上扁凹下来，但会随着向地平线方向的伸延而渐渐撑阔摊开似的。在我们的老祖先的心目中，这片蓝天看着像是一顶华盖，因此它就成为了一顶华盖。但是伏尔泰觉得，这种想法正与蚕儿将茧壳视为天的尽头无异。古希腊的天文学家们将天空设想为一个固态的水晶体，这使众多的天文学家认定天空就真像玻璃一样的厚实。这一想法一直延续下来，直到近世的哥白尼（Nicolas Copernicus）也都是这样想的。

弗拉马利翁将时下的科学观念，与文学作品及宗教观念统统编织到了一起——

古罗马的诗人们将奥林匹斯山的众神和庄严的神殿放进了这片

天空，放在了比行星和恒星更高远的所在。神学家们在人们还不晓得地球在空间运行、不知道空间无处不在时，便给最高天上放进了圣父、圣子、圣灵，还放进了由圣子降世为人、蒙难后复活的耶稣、圣母马利亚、三六九等的天使、圣徒，还有所有的天兵天将……中世纪时的一名轻信的游方教士甚至告诉人们说，他在寻找地上天堂的过程中，来到了天与地的交会处。他在这里发现了一处这两者并未紧紧相接的地方，便从这里探出头去，一窥天堂庭宇。[9]

弗拉马利翁相信，气球飞天是有益于健全身心的理想活动，真可能有"一窥天堂庭宇"的功效。身处法兰西第二帝国人欲横流的腐败社会，他同纳达尔和德丰维尔一样（雨果自然更是如此），盼望着能够出尘拔俗，领略那"新鲜而且一视同仁的"高空大气。正因为如此，他在1874年8月度新婚蜜月时，便同他的年轻新娘一起，在气球上过了一夜。他们从巴黎升飞，跨过比利时国境，在列日附近的斯帕市（Spa）着陆。他在美国期刊《麦克卢尔氏杂志》①上表示说："对于一名天文学家来说，难道还有比同妻子一起，如一对情侣鸟般比翼双飞更自然的选择吗？"[10]

弗拉马利翁认为，尽管气球飞天总体上是法国人的贡献，尽管阿拉戈曾经大力支持过这一行动，但法兰西的飞天前途已经遭到了这个帝国的可耻忽视。因此，继续飞天简直可以说是在尽爱国主义之义务。继续努力探查"人类仅生存于其底层的这一广袤的空气海洋"，应当是至关重要的。[11]

这就是弗拉马利翁的观点。他既是从科学角度看的，也是从历史角度看的——

———————

① 《麦克卢尔氏杂志》（*McClure's Magazine*），美国曾在20世纪初发行的一种面向大众的插图月刊。——译注

这一绝好的移动手段，当年也曾被欢呼为获得地球大气全面知识的可靠方法……大名鼎鼎的本杰明·富兰克林早就预见到，气球将会在气象学领域起到重要作用。他在乘气球从巴黎上空穿过时，曾对法兰西科学院的几名成员谈起浮飞活动的科学前景。这种前景在当时似乎就已近在眼前。然而，如今这个世纪已经进入了70年代，能说我们已经实现了哪怕是一星半点吗？[12]

弗拉马利翁是在1867年加入法兰西浮飞学与气象学学会的。从这一年起，直到1870年，他前后飞天约三十次，气球有时是借来的，有时是租来的；有时同纳达尔一起，有时同戈达尔兄弟一起，还有时同德丰维尔和加斯东·蒂桑迪耶一起。他们的飞天越来越偏重于科学与实验。他的第一次飞天的升飞地点是在巴黎赛马场，时间为1867年的升天节，升天节是天主教的节庆，专为纪念耶稣复活——复活节——后在第四十天飞升上天而设，和复活节一样不是日历上的固定日期，通常是在5月末①。选择升天节飞天是他的很带些象征意义的举动。[13]

弗拉马利翁最早师从欧仁·戈达尔学习飞天，还意味深长地称后者为"帝国飞天人"。法兰西浮飞学与气象学学会拥有一只气球，弗拉马利翁也使用过它。说来有趣，它最初是专为皇帝拿破仑三世颁发诏书营造的，本拟用于与意大利交战的北部战事。当他的军事野心遭到彻底挫败后——后面种种事件的序幕就此拉开，这只气球便"复员转业"，廉价处理给了学会。弗拉马利翁在《空中行》中自己所撰写部分的开篇处，便引用了维克多·雨果写于流亡期间的

---

① 作为基督教纪念日的复活节和升天节，都形成于目前的公历历法推行之前，又涉及教派之间的纷争，因此每年的时间并不固定。目前大多数庆祝复活节的具体日期定为每年春分月圆之后的第一个星期日。升天节则为其后的第四十天。——译注

诗句，清楚地表明了自己反对帝国体制的立场——

　　　此船今去何处？

　　　驶向有光的地方，

　　　目标是未来、纯真、圣洁与善良，

　　　那就是在远方闪光的科学殿堂……[14]

　　弗拉马利翁的实验是按弗朗索瓦·阿拉戈当年拟定的科学计划进行的，并也"认真借鉴了盖-吕萨克和格莱舍等人的成果"。他不赞同将气球用于表演和宣传，因此提请人们重新记起阿拉戈曾说过的一句话："将气球用于科学探查的人，会得到作出美好发现的回报。"弗拉马利翁本人对英国飞天员的努力是特别钦佩的："英国皇家学会会员詹姆斯·格莱舍发表在英国科学促进会刊物上的诸多成果，使我们向大气进发的科学研究收益良多。"♧[15][16]

♧　格莱舍在高空领域的飞天行动，一向得到法国飞天员和气象研究人员的敬佩，而且很快便化为赶超的努力。1875年"苍穹号"的飞天悲剧，便是此种行动中的一节。努力的结果是格莱舍所用的"高空大气"词语，被时任法国中央气象局首席气象学家莱昂·泰瑟朗·德博尔提出的"平流层"一词取代。不过这已经是1899年的事情了。德博尔在与格莱舍相同的大气高度上进行了研究，前后在气象局所在地凡尔赛放飞了总数超过200只的气球，不过都是无人的，上面的仪器能够在取得数据后自动启用降落伞返回地面。通过这些数据，他证明从海平面起温度随高度稳定下降的情况，在达到6—8英里的高度后便改变为趋于稳定，甚至还会有所上升。这种出乎意料的表现，说明大气在这里成为新的包层。事实上，格莱舍也早已给出了这种反常温度梯度存在的实例，只不过不曾为新包层特意命名。1902年，德博尔建议应当将大气视为两层构体，并将下面的这层可供呼吸和生命存在的部分称为对流层（格莱舍曾将这一部分称为"变化圈"）。人们不久后又发现，云和风等基本上都只存在于这里，气压的多端变化也多反映在这个部分内。这样一来，建立在气旋与反气旋演化基础上的真正意义的长期气象预报，便因只需在这一相对较窄的范围内进行而成为可能的了。不过更重要的，也同样是从格莱舍和考克斯韦尔开始才被认识到的，是这颗行星上的无比重要的生命之层，却竟然又薄又脆弱。

弗拉马利翁在他写于 1867 年的早期文章《科考气球飞天简论》中，这样拟议了他对气球用于气象学研究的希望——

这个神妙的气体世界，这样温柔，同时又这样刚毅，暴风骤雨、飓风龙卷、冰雹霜雪都在这里孕育发展，并由此影响到生活在它底下的人。它的种种秘密将得到披露。这个气体世界的一切运动将得到计数、测量和确定，而且做得一丝不苟，一如天文学家对天体已能做到的那样。人们一旦将地球上的这个机制置于掌中，便能预知风雨、早定旱涝、前查寒暑、先明丰歉，而且会如同预报日蚀月蚀一样分毫不爽。这样，我们的世界便会永远幸福、永远富足！[17]

二 弗拉马利翁对飞天体验的生动叙述

弗拉马利翁给自己定下了很高的科研目标。他和格莱舍一样，认为只有通过气球，才能取得真正可称得上"预言天气"所必须掌握的整体性数据，形成"能与天文学这位老大哥平起平坐的气象学"。他打算将"空气的各个层圈"一一划定，用温度、电学参数和气压来表述大气的一系列"变化率"的本性，并实现多种信息的搜集与分析测量。只是与格莱舍相比，他计划中的内容未免有些朦胧，带些浪漫色彩。

被他列入计划表的有如下内容："大气湿度、太阳辐射、流星现象、云的形态、天空的颜色、星光的闪烁、空气在不同高度上的化学成分、高空处光与声的表现规律，凡此种种。"他还相信能够编纂出风流因地理形态、时辰和季节的不同而形成的包括所有高度为一体的分布状况，就像已有的潮汐表那样，只不过结构都会是三维的。[18]

他所用的观测设备——主要就是些气压计和温度计，若与格莱舍的那套复杂的系统相比，只能说是处于业余水平。比如，在进行夜间观测时，格莱舍用的是安全矿灯，弗拉马利翁用的却是装了些萤火虫的小瓶子——不过想得倒也巧妙。[19]他显然喜欢鼓捣这类奇特名堂，在气象科学里掺入诗情画意。拜读弗拉马利翁写成的洋洋洒洒的报告，真难看出对他来说什么更重要些，是为法兰西浮飞学与气象学学会获取数据呢，还是飞天的惊险刺激。

弗拉马利翁有一双慧眼，经常能发现，而且喜欢去搜寻罕见现象。他自己就这样说过："'上跟前儿瞅瞅'这句俗语，要是用来指我去高空见识一下，可是再合适不过的啦。"一次，他在巴黎高空上看到下面有一片与众不同的云朵，"在阳光下泛出白光"。一开始，他设想这可能是普通的城市污染物，后来才发现，它竟然是法国展览会的空前盛况造成的。他是这样告诉人们的：人人都有份的空气"见证着普通百姓的兴奋和喜悦"，是奔忙的脚步、飞踏的马蹄、疾转的车轮，统统挤在石子路上造成的结果。还有一次，在黄昏前的绿色田野上，太阳从他的身后落下，他看到气球所投下的影子"整个被一道白里透金的亮光所围，就像是画中衬在圣人头上的光环"。真是空气也来给气球添彩呢。[20]

另一次愉快的经历，是他在一团浓厚的云朵里体验到的。这块云的湿度非常大。飘飞进去之后，他突然听到多种乐器的演奏声，仿佛进入了一座音乐厅。原来下面是一个叫布兰维耶(Boulainvilliers)的小镇，一支乡村乐队正在镇里的中心广场上演出，而位于3280英尺高处的这团高湿度的大气，虽然遮住了下面的景象，却特别适于聚拢声响。[21]

他注意到河流会因土壤有异而带上不同的颜色，而当河流并到一起时，它们的颜色并不立即混杂。"马恩河(Marne)的河水目前

图 9.5 "蝴蝶在气球吊篮周围飞舞"

仍如它在凯撒大帝（Julius Caesar）时一样呈现黄色，它并不同绿色的塞纳河水掺和，也不同蓝色的谢勒运河（Canal de Chelles）相混；塞纳河水在左边流，谢勒运河水在右侧淌。"这三股一道的水流，一直会将这种黄色居中，一绿一蓝分列左右的状态保持好几公里。他颇有见地地指出："倘若乘气球能变得容易些，那会给测绘一类工作带来多大好处！"[22]

在飞天时，除了他带到气球上的信鸽和一路上看到的鸟类，弗拉马利翁也注意观察其他生物。他看到的有飞蛾、甲虫、蜘蛛等。他特别注意到了蝴蝶。"在气球吊篮周围有蝴蝶飞舞。我一直以为，这些小东西只会围着花丛度过短暂的一生，根本不可能飞到高处。今天我才知道，它们来到的地方，会是林中鸟儿都飞不到的高处，

上穷碧落：热气球的故事

还能飞舞成千上万米远……还有一件怪事呢。鸟儿都怕气球，可蝴蝶似乎并不怕。不知是什么缘故？"[23][24]

羊、马、鸭，往往还有小孩子，都会在气球接近时表现出受到了惊吓。弗拉马利翁在飞到边远地区时，有时还会听到下面"鬼来啦！"的迷信喊叫，弄得他很不自在。不过大体而言，即便是出了巴黎来到外省，他也差不多到处都能受到欢迎。他和他的同伴们经常能在飞过村镇时，听到下面教堂里传来表示善意的钟声，看到当地穿戴齐整的头面人物跑出办公地点，站在台阶上向他们打招呼。[25]

火车也会向飞过的气球"拉响车头的汽笛，发出快乐的长鸣"。飞天人也会以挥舞旗帜的方式回敬，不过多少有些居高临下。弗拉马利翁发表自己对蒸汽机车的感觉说："它们会卷起多大的尘土，又发出多么可憎的声音！再说啦，同我们的又平稳、又安静地在纯洁的空中疾飞的气球相比，它们爬得又有多慢！"最令这几个人受用的是，当气球飞过气派的大庄园时，会听到下面有人在大声呼喊："呜——喂——上面的先生哟，停一停噢，来我家用顿便饭啰！"[26]

入夜后，弗拉马利翁会忘情地在格外灿烂的星空世界里流连。

简单说来，这是它们忙于迁徙使然。近年来，人们利用系停气球，后来又用上了特殊的"竖直型"雷达，对飞虫进行了取样研究，结果发现鸟儿和飞虫偶尔竟会出现在接近平流层的高度上。更新近的发现还表明，迁徙的飞虫会在一定的季节形成"飘族"，成群地利用气流上升，最大高度可达9000英尺。这些飞虫有飞蛾、瓢虫、蛉类、蝗虫、蚜蝇、步甲等，再加上弗拉马利翁看到的不怕气球的蝴蝶。它们可以跋涉上数百英里，数目之巨更是惊人，越发从新的角度证明了大气对流层的丰富内涵（和脆弱易变）。据一份研究报告给出的保守数据，在英格兰南部乡间，在每一公里长度上，每个月横跨过它的"生物流量"就会达30亿虫次，相当于差不多1吨的重量，不断地从人们的头上飞过！《敏豪生奇游记》中的那位男爵主人公一定会喜欢这些数据的！此类统计数字很重要，因为它们有助于了解其他重要的大气现象，包括鸟类（特别是在空中捕食飞虫的燕子）迁徙的方式、昆虫凭借地球磁场甚至星辰定向的方法，以及大气污染对生物界的影响等。弗拉马利翁还颇带些惺惺惜惺惺的感情注意到，蝴蝶要比鸟类更像气球飞天员，这是因为，一旦到了较高的地方（不妨说300英尺），它们的旅行壮举就只能完全仰仗风力进行了。

有一次，他看到的木星，亮度竟然超过了月亮，成了"这个夜空的主宰"。还有一次，月面上的环形山和其他山体都极为清晰，不用望远镜也能分辨得出。这使他想起数百年前在斯堪的纳维亚半岛上"肉眼观天"的第谷①。这种联想令他心醉。而且，他这次居然还在月亮上认出了以这位大天文学家命名的环形山和以其为中心的辐射纹路。[27]

鸯夜飞天的弗拉马利翁也和美国人乔大智一样，有在黑暗中判断下方地面情况的本领。他靠的是倾听声音："青蛙叫，说明下面是沼泽和池塘；狗吠表明是村庄，如果听不到动静，那就是在山区或者大片森林的上空。"气味也能够提供类似的信息：庄稼、松柏、牧场、鸭塘，甚至连屋顶（的烟囱），都能送出自己特有的"香水"气味来。应当承认，这些夜飞行动，收获更多的是印象上的而非科学上的，造成的是持久的魔力。他和同伴的一次夜飞持续了 11 个半小时，从巴黎飞到了 300 英里外夏朗德省（Charente）的拉罗什富科（La Rochefoucauld），破晓前才降落。"气球缓慢地着地，像一只懒洋洋的鸟儿"，陶醉于四周葡萄园和玉米地散发出的香气。[28]

虽说弗拉马利翁在天文台接受过数学训练，但他却似乎很少将时间花在处理数据上。他的头脑更倾向于诗歌与哲学，而这两样正是在格莱舍那份巨细无遗的报告里找不到的。1867 年 6 月 10 日是一个无限美好的夏日。下午 6 点半时，他的气球正飘飞在卢瓦尔河（Loire River）上空，北临奥尔良市（Orléans）外的森林，高度读数为 10827 英尺。对文学和神话很有根底的他注意到，气球当前的位置要比希腊神话中诸神居所的奥林匹斯山还高出一些。这里的大

---

① Tycho Brahe（1546–1601），丹麦贵族、著名天文学家、最后一位只凭肉眼进行天文观测的人。归纳出行星运动的三条定律的开普勒是他的天文助手，而且这些成果就是根据第谷积累的大量观测数据总结出的。——译注

气无比明澄，天空无比蔚蓝。他衷心热爱的法国中心大区完全伸展在脚下，像是一张色彩斑斓的绝佳地图，"是在最美妙的梦境里出现的神奇全景"。一切都那么华美、那么夺目、那么安宁。他从这里甚至看到了卢森堡公园里几何图形一般规整的小径——他当年萌发气球之恋的地方。[29]

一阵忘我的激动，使他从仪表前站了起来，双手把住了吊篮上缘，将身子使劲向外探了出去，张望下面的"巨大深渊"。然而，面对夏日黄昏来临前蔚蓝苍穹下的一片诗情画意，涌上心头的思绪却不是他能预想得到的——

> 就在下面，在我脚底下一万多英尺的大地上，到处都有蓬勃的生命；植物、动物、人类，都在下面这个巨大的空气海洋里呼吸，而在我置身之处，生命却已经式微。在这里，大自然还是生命的母亲，但她却不再将她的孩子们搂在怀里。绝对的肃穆主宰着这里的悲情庄严。我们发出声响，但听不到回音。包围着我们的，是大片的荒漠。裹住这块高空的寂静是如此压抑，简直不可能不想到自己是否仍在存活着。然而，这里也并非是死亡的国度，值得注意的仅仅是生命的稀缺。我们似乎不再与下面的世界有关联……这里的绝对无声真是难以忘怀。星际空间里的其他世界在发展过程中，也会有这样的无声前奏。这里的天空颜色是我们从不曾见到过的……星际空间是纯黑一片。[30]

三 燃气气球时代的飞天兄弟

弗拉马利翁的飞天伙伴加斯东·蒂桑迪耶看上去完全是位只管低头看路的传统型人物。他有高深的学术背景，言谈举止显得十分

图 9.6　加斯东·蒂桑迪耶像

斯文，有板有眼，简直像是位老夫子。后来，他成了研究 19 世纪法国气球飞天史的最出色的专家，著述汗牛充栋。美国首都华盛顿的国会图书馆内，现存有经他编纂的大量有关气球的详细收藏，有图片、信函、文章、书册、文件和其他资料，形成了一套卷帙浩繁的航空文档。不过这些都是误导人的表象。透过他那副沉静的学者外表，隐藏在那修剪得一丝不苟的大胡子后面的，是一颗狂放的、不循常理的、不会畏葸不前的心，而这颗心是为着气球飞天跳动的。

　　加斯东·蒂桑迪耶 1843 年出生于巴黎，曾在法国国立工艺与技术学院攻读化学，后毕业于巴黎大学。他是一位有才能的年轻化学家，肯钻研，讲认真。1864 年，年方 21 岁的加斯东便被任命为法兰西国家测试与分析实验室主任，又开始在技术进修学会给青年人讲课。五年之后，他为这些学生写了一本相当成功的通俗教科书

　　　　　　　　上穷碧落：热气球的故事

《基础化学教程》（1869）。这时，他已经开始去天上历险了。

这位年轻教授真正登上气球飞天的时间相对他人并不算早，而且不是那种"心血来潮"。1866年秋，纳达尔在巴黎又一次飞天时，蒂桑迪耶正好赶上："无疑是这只升飞的'巨人号'将我吸引进来——用本人的话来说就是拉我'去干上天这一行'。那只硕大的浮飞器，从战神广场升起，旁边还有一只较小的'帝国号'陪伴着。那只大大的气球，只等信号一旦发出，便会升入空中，雄鹰般地飞入云端。这一情景我至今都还历历在目……'巨人号'威严地升起来了。一股沙雨从吊篮里洒落后，气球就一头钻入浓厚的云汽不见了。我四周都是伸向空中的手臂，兴奋的呼喊声在空中荡漾，所有的心脏都在快速跳动。每个人回家时，心里都只想着那只气球上的飞天员。"[31]姑且不论是不是每个人都这样想，反正加斯东自

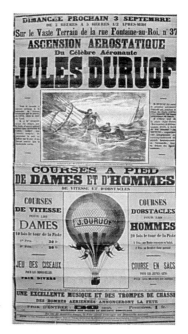

图9.7　宣传海报："著名飞天员
朱尔·迪富尔登天历险"

己的确如此。不过，他得继续教书，这使他未能立即将这一突如其来的诱人热望化为行动，"钻入浓厚的云汽"。

事过两年后，他在 1868 年 8 月同双亲和哥哥阿尔贝一起，去加来的一处僻静海边度假。一天，他看到了一张"鲜亮的红色招贴画"，宣布当地的一场气球飞天表演将于次日即 8 月 15 日，在加来阅兵场进行。它使他一直埋在心里的"飞天潜意识"蓦地完全苏醒过来。[32] 从他后来的自述中可以看出，在那两年间，这位青年化学教授的心里，的确盘踞着一股飞天的冲动。由此可见，气球的确会对像他这样喜欢梦想的人具有一种迷幻般的作用。

8 月 15 日是拿破仑·波拿巴（拿破仑一世）的生日，也是被认为能预示当年秋天总体天气形势的日子①，因此有这场飞天表演。所用的气球是"海王星号"，操控它的业余飞天员朱尔·迪富尔是个有争议的人物。这场飞天之所以要在加来举行，是因为彼时的天气显然不会好，而这正合迪富尔的意。此人刚过 25 岁，却已经有了爱搞悬念飞天和惊险降落的名气，表演地点多选在法国北部的沿海地区，有时还进一步北进，移到海上进行。据说他有一次甚至"故意"将气球弄爆，好让在海边观看的民众大大地激动一场。他不但在飞天时故意搞怪，就连对自己的姓氏也不放过，硬要将好端端的 Dufour 中的最后 4 个字母颠倒过来写，成了 Duruof。[33] 不少人觉得他是个没有责任心的"专爱裹乱的主儿"，是钻云骑风的"弄潮儿"。但不断地冒险飞天，也给他带来了不少忠实的"粉丝"。

虽说蒂桑迪耶以前从未听说过迪富尔这个人，不过还是悄悄去后者下榻的敦刻尔克饭店，自报山门地前去拜望，"热烈地交谈了一刻钟"。他们就这样成了"世界上最好的朋友"。蒂桑迪耶应邀当

---

① 参见前文第八章第四节有关民谚与天气的作者脚注。——译注

上了"海王星号"吊篮上的第三名飞天人。"告别时，我真是快活之极。"

可他的全家人却吓坏了，都说这种事情千万干不得，苦口婆心地足足劝到那一天结束。"他们说，这块地方对气球和飞天人特别凶险。皮拉特尔·德罗齐尔就在离这里不远的地方送了命。还有一个姓德尚（Deschamps）的，也险些毙命于这片海岸。此地总是刮着大风，风向也说变就变，在这里搞这种冒险，可真是没头脑到家了。"[34] 蒂桑迪耶倒是没有被说动，但也悄悄地给加来的溺水救生队买来了"救生圈和救生衣"。

那一夜蒂桑迪耶没能睡好，清醒一阵，辗转反侧一阵，又胡乱做梦一阵——尽是些遭人哄笑、气球爆炸、坠入大海等情节。第二天一大早5点钟时，他拖着疲惫的身躯，面色苍白地来到加来阅兵场，觉得自己简直像要前去赴刑似的。阅兵场上大风呼啸，急雨打得他睁不开眼，大海也在咆哮。兴致很高的朱尔·迪富尔对他说："不用担心，我上次从这里升飞时出过事儿，今天可是我让老天还账的时候。哪怕天塌地陷，咱们也要上天。"[35]

到了中午时分，"海王星号"充好了气。不过广场上的风此时强得简直无法控制住气球。"那些拽着绳索的士兵们一次又一次地被刮离地面，悬在空中有如一串葡萄"。一群不相信他们能飞天的人在四周注视着——这可是在加来的坏天气里能够欣赏到的最带劲儿的娱乐哟。[36]

迪富尔放飞了一只小气球以资试验。"有上千只眼睛盯住了它"。这个小东西居然横着扫过广场，一点没能升高，便一头撞到了场边一栋房屋的钟楼。接着，它又从屋顶弹起，沿着海边的道路一路冲入北海海面上方，转瞬便消失在一大堆黑云里。蒂桑迪耶回过头来看着迪富尔，发现他仍然一副"拿定了主意的稳当派头"，脸上还隐隐透出一丝嘲弄的神色。下午 4 时，在商场前面的拱棚里避雨的乐队开始演奏，宣告着飞天即将开始。[37]

准备上天的飞天人——如今只有两名了，蒂桑迪耶有些战抖——就穿着湿漉漉的衣服爬进吊篮。飞天正式开始。广场向后退去，钟楼也歪斜着向他们冲来。蒂桑迪耶觉得自己就要毕命于斯了。刹那间，这位学究的头脑里闪现了阿里斯托芬①的一部喜剧中的几句台词："那么，就让我们翻过白雪覆盖的大山吧。头脑要镇静，呼吸要如常！"[38]说时迟、那时快，阅兵场蓦地全然不见了——他们已经飞驰到了大海上空。

原来自打一开始，迪富尔便一如既往地在升飞时耍了一套花活。他让士兵们抓牢"海王星号"，然后猛地倒出许多压舱沙，同时下令士兵们松手。结果是气球一下子几乎笔直地蹿上天空，"有如从香槟酒瓶弹出的软木塞"。它轻松地避开了那座发出致命威胁的钟楼，不出几分钟便升到了 5900 英尺的上空，又离开逼近气球的积雨云，进入一片阳光照耀的安宁地带，温度为 59.6 ℉（15℃）。在这里，蒂桑迪耶能够看到下面的加来在迅速变小，"码头上的观众跑来跑去，小得像是一群蚂蚁"，其中就有正在为他提心吊胆的父母。

从这时起，这场飞天体验便有如梦境一场。气球大体上是向北飞的，前面就是英吉利海峡。蒂桑迪耶着迷地四下张望，觉得下面的大海"有如遍撒翡翠的广阔田野"，上面天空的高不可及之处，又有"泛着蓝紫色"的美丽卷云。迪富尔盯着指针扭转不已的罗盘"沉思着什么"。"咱们正向英国的海岸方向飞呢。"他先这样说。过

---

① Aristophanes（约前 448 – 前 380），古希腊喜剧作家。他被看作是古希腊喜剧尤其是旧喜剧最重要的代表，有"喜剧之父"之称。相传他共写有 44 部喜剧，现存 11 部，最著名的为《阿哈奈人》和《蛙》（均有中译本）。——译注

了一小会儿，他又带着些许自嘲的微笑纠正了先前的话。原来，气球已然转向东北方位，正径直飞往北海，有可能"一路顺风"地抵达斯堪的纳维亚半岛。蒂桑迪耶竭力控制住自己的恐慌。[39]

又过了一阵，迪富尔让蒂桑迪耶记录下不同高度上的风向。在他们当时所在的较高位置上，风是稳定地向东北方向吹拂的，而在低出几千英尺的位置上，一大片积云正飘向完全相反的西南方。迪富尔早就证实了这种典型的（而且经常为北美的气球飞天员利用的）"风兜儿"现象的存在，而这正是赐给他们飞返加来的有效回程票，用水手的话来说便是"走戗水"。迪富尔说："咱们就接着在这里飞，想飞多远都成，什么时候都能回去。"

听到飞天居然能享受到这种魔幻般的待遇，蒂桑迪耶真是又惊又喜。于是气球又继续向斯堪的纳维亚半岛方向飞去。过了大概一个小时后（不过走得并不远，只有大约20英里），他们便放出一些燃气，降到很低的400英尺处。就这样贴着海浪飞了一个小时后，准准地回到了加来。蒂桑迪耶看到了哥哥，他正站在码头上向气球挥手，神气很是兴奋——说不定也挺眼热。对这位兄长来说，这也是一次值得记忆的飞天。[40]

虽说下面过节的观众在欢呼着招呼气球降落——也许正是因为这样，迪富尔却不动声色地抛下更多的压舱物，重新升高位置，向布洛涅（Boulogne）方向飞去。到了日落时分，他们用拖曳索和锚钩，降落在岩石峻嶒的格里内角（Cap Gris Nez）上，过程很惊险，但时间拿捏得极好，恰好落在灯塔下方。灯塔看守人跑出来迎接他们，匆忙中竟忘了穿上鞋子，弄得双脚都被碎石划破了。第二天，他们神态凝重地步行去皮拉特尔·德罗齐尔的墓前凭吊，一表飞天员同行的敬意。蒂桑迪耶的感想是："标志着这个地点的那块简朴至极的石板，是我永远也不会忘记的。"他给哥哥阿尔贝发了封电

图 9.8　阿尔贝·蒂桑迪耶（左）和加斯东·蒂桑迪耶两兄弟，以及他们的气球"苍穹号"（左上角）、"让·巴尔特号"（右上角）与飞艇设计图（下）

报报平安。他用事实表明，自己已经"去干上天这一行"了。[41]

　　没过多久，当哥哥的也来分享兄弟对飞天的热爱了。不过，他进行得比较小心谨慎——符合他本人的性格。阿尔贝是位建筑师、摄影师，还是名插图画家，是家里的"艺术细胞"。对他而言，参与飞天主要是为了获得视觉感知。加入飞天阵营后，他便经常陪兄弟一道上天，两人打起了友好的擂台战；一方祭起的是科学，另一方则以艺术叫阵。他们用了两年时间，努力了解有关气球的一切。在此过程中，加斯东记笔记，阿尔贝则又作画又拍照。

　　他们结识了作家兼记者威尔弗雷德·德丰维尔。此人刚在伦敦拜会过查尔斯·格林，回到巴黎来就法国国立工艺与技术学院的一席教职。对于飞天，他可是装了一肚皮的奇闻逸事。这三个人在一起用餐时，"谈的多是气球在科学方面的应用，以及大量可以拿到气球上进行的实验"。德丰维尔告诉这两兄弟，气球飞天可以给报界提供精彩的故事。每一场飞天都有可能成为一场戏剧："升飞是，

图 9.9 威尔弗雷德・德丰维尔像

飘行是，降落也是！”此外，这一行动还不言自明地表现出反对帝制的倾向——“天空给予人们以自由和一视同仁的空气，并使国界不复有意义；凡此种种，不一而足”。为了证明自己并非妄言，他马上动笔疾书——“就在餐桌上、杯盘间”，写了一篇有关加斯东从加来到格里内角的惊险飞天行的文章，第二天便被激进的《自由报》[①]买下。[42]从此，他们便结成了“飞天三人行”。

四　携手飞天 合作著述

从 1868 年秋到 1870 年夏，这支“三人行”小队——另外还往往再加上一位飞天指导，或是戈达尔兄弟中的一位，或是朱尔·迪富尔，会定时从巴黎升飞；经历越是危险，事后便越有精彩故事发表。他们

①　《自由报》(*La Liberté*)，法国的一份“左”倾报纸，1865—1870 年间发行。——译注

前后经历过诺曼底地区的暴风雪，北海上空对面不见人的浓雾，受困于伦敦上空冻了一夜（有格莱舍在场作陪），在比利时被狂风卷了一程，长途跋涉飞了一趟德国，一次气球炸裂的事故，再加上多次冲撞着陆的惊险。[43]他们还发现了一个诀窍，是与地点安排有关的，结果证明的确很有意义。这就是主导风的存在及其状况，决定了在巴黎飞天的最佳升飞地点是位于东北郊拉维莱特（La Villette）的煤气厂。

他们打破了若干项飞天纪录，包括最长的持续飞行时间——只不过天可怜见，这段时间中还包括了几乎原处不动地停在巴黎和贡比涅（Compiègne）之间某处的 48 小时。不过到了 1869 年，他们又创造了最高的平均速度纪录：90 英里／小时，是在飞过莫城后，在 35 分钟的时间里被"一股狂暴的大风卷着"进入一马平川的佛兰德地区时取得的。他们着陆时"身上青一块紫一块，人也多少有点木呆了"。很快地计算了一下便得知，他们获得的"惊人飞速"，是任何火车都不及的。[44]

1870 年春，加斯东开始在发行量很大的杂志《画报期刊》①上按月发表连载文章，标题是《一只气球的故事》。[45]这篇连载文字很快便吸引来众多读者，成为一篇里程碑式的著述。它使诸多读者从文字中汲取到冒险精神，令文中提到的气球所经过的法国乡间大为出名，并不亚于直接观看气球引起的轰动。虽说加斯东在他的这篇文字中，对以往的气球飞天历史给出了简短介绍，也穿插了五花八门的科学观测内容（如雪花、高空蜘蛛、云朵结构、光的衍射），但空中历险和法兰西大地的风物一直是它的中心内容。

文中的主角是一只既固执又可爱的气球，名字叫作"飞燕号"。

---

① 《画报期刊》（Le Magasin pittoresque），法国的一份综合性杂志，1833 年创刊，乔治·桑和弗拉马利翁都是它初期的积极支持者，也很有人气。它在发行了逾百年后于 1938 年停刊。——译注

故事中的这个东西有着可以说是调皮的性情——或许自由精神就该有如此的表现吧。它带着飞天员飞经最偏僻边远的乡间，还巡视了法国的海岸线，一路上险象环生。天黑后，飞天员们便降落在小村庄里过夜。这些村寨的名字都是加斯东发明出来的，要么带田园气息，要么有爱国意味。一次，气球竟将一行人带到了法国的殖民地阿尔及利亚。文中对高空中的云朵也做了描绘，形容它们是高天上的"阿兰布拉宫"①，赋予它们法兰西民族的理想及期盼的寓意。⚲[46]

所有这些，都在阿尔贝·蒂桑迪耶的插图中得到了出色体现。他先是画了些工艺性突出的插图（如气球上用到的气压计和排气阀），不过很快就找到了更适宜的目标：有云朵和气球的广阔景致。

就捕捉 19 世纪气球飞天带给人们升平气象的气氛而论，阿尔贝是无出其右的。在法兰西风景绘画伟大传统的基础上，在印象派绘画呼之欲出的前夜，他作出了自己的新发明：视角宽广的"云之景"。但它们的视角并非来自他所乘坐的气球之内，而是从某个存在于想象中的外在观察点。

借助巧妙结合摄影和版画二者的技法，阿尔贝·蒂桑迪耶形成了一手新的绝活。浩浩荡荡的云海，在阳光或月光的映照下发着亮光，带有很强的动感，有如巨大的舞台布景。在这个背景上，一只孤零零的、通常放在很远位置上的气球，扮演着唯一的角色，

---

① 阿兰布拉宫是位于西班牙南部城市格拉纳达（Granada）的一座兼为清真寺、宫殿和城堡的建筑群，建于公元 9 世纪。——译注

⚲ "飞燕号"的飞天员最终决定以摩洛哥为起点，绕着地中海兜上一圈，来一次空中形式的"及冠壮游"。也许这一想法是受到让·布鲁诺的《气球人质保罗历险记》（1858）的启发吧。然而，"飞燕号"突然遭遇了一场火灾——参加升飞过程的人员之一太不小心，竟在氢气发生器附近点火抽烟斗。故事中的这一事故发生在 1869 年夏。虽然没有造成人员伤亡，但是个坏兆头："你们的漂亮球皮、氢气发生器、气球停放棚、吊篮……统统付之一炬，只剩下一堆灰烬！"巴黎上空的一只正在燃烧的气球——这让人们回忆起索菲·布朗夏尔的不幸结局——很快就会成为巨大政治力量的象征。

图 9.10 气压高度计，阿尔贝·蒂桑迪耶绘
《一只气球的故事》插图之一：有校正功能的金属气压高度计，适用于 19685 英尺以下。左为外观图，右为内视图

令观者联想到它是人类的唯一参照点，也提供着衡量大小的唯一比例。种种不同的气象存在：云雨雾雪、朝暾之光、夕照之辉，都造成经过了变幻的上层高空的景象。此种景象是真实的，甚至可以说是无神论的，但包含有某种无限向往的意境，是带着忧郁、孤独或者希望的心情构思成功的。它们是在高空游弋的苍穹"水手"心中的景象。

法国人这种对飞天的诗情画意的憧憬，很快就将消失在1870—1871 年间与普鲁士交恶的普法战争的硝烟里。不过，就在战火点燃之前，这批带有浓重理想主义色彩的年轻飞天员，一起编成了一本著述，书名叫作《空中行》，堪称进入 19 世纪以来最重要的飞天出版物。此书有四位作者，因此是多人的合作成果。更有象征意义的是，它罕见地由英法两国联合推出。书中的基调是乐观的，对前景有光明的展望；无论对美国不久前的南北战争，还是对法国自己即将面临的冲突，它都天真地只字未提。事实上可以认为，这些飞天员们的头脑都共同处于一种"集体将头埋入云端"的状态哩。

推动《空中行》问世的牵线人物是卡米耶·弗拉马利翁。是他联系到伦敦的詹姆斯·格莱舍，说动他同意参与写作的。有传闻说，查尔斯·格林也在候选之列，但因病体沉重不可能贡献任何文字。此书的初版由卡米耶·弗拉马利翁任编辑，只出了法文本，时间是 1870 年。格莱舍和弗拉马利翁各自都写了很长的亲身飞天经历——格莱舍的文字被译成了法语，并阐述了他们分别从英国和法国的视角撰写的欧洲"科学飞天"史，内容和观点未必一致，但又都很出色。这些内容收入了书中的第一部和第二部。第三部则是加斯东·蒂桑迪耶和德丰维尔的文字，它们风格更活泼，内容也多样化，许多还是两人联袂贡献的。[47]

此书的初版经过再次加工，对内容加了增补后，于 1871 年出了英文版，出版者为伦敦的大出版商理查德·本特利①。这一英文版堪称经典，特别是其中的 118 张出色的插图，使全书大为增色。它们大多出自阿尔贝·蒂桑迪耶之手。扉页上提到，此书全文都得到了英国皇家学会会员詹姆斯·格莱舍的校订，实际上也可以看出，他的确在若干方面履行了这一职责。

这四位飞天员作者的不同写作风格，在书中有明显的表现。对于高空飞行的记叙，格莱舍给出的是一板一眼的"约翰牛"式，蒂桑迪耶则全然不同，娓娓而谈如讲故事般的轻松，而这种"高卢

---

① Richard Bentley（1794–1871），英国著名出版商和杂志社所有人，狄更斯和克鲁克尚克都曾为他工作过。他组织出版的文学和历史名著更是难以计数。——译注

鸡"[①]风格也在英译本中得到了巧妙的体现。至于德丰维尔的俏皮而带有玩世不恭意味的回忆文字（包括他在老掉牙的"巨人号"上的体验，和对也掉了牙的格林的拜访），则在翻译后带上了一种英国式的厚重俏皮。这三个人的文字都各有其独特的耐看之处，不过都不及弗拉马利翁在观察高空大气的文字中呈现出的庄严诗意——法文原文如此，英文译文亦然。

总之，《空中行》的全书都洋溢着向上的进取精神——

> 我们真诚地希望，本书将能在浮飞史上划定出一个特定的阶段。原因就在于，这是第一本由飞天员自己写成的一组来自空中

图9.11 "气球一跃，我们便冲出了厚厚的云层"

---

① 高卢是法国的古称，源自罗马帝国对法国这个地方的称谓Gallia，高卢人则被称为Gallus，而此词在拉丁语里的另一个意思是公鸡。因此高卢鸡便是对法国人的另外一种（往往带有开玩笑意味的）称法。——译注

亲身体验的著述。原因还在于这是艺术家第一次飞上天空、将高天的无与伦比的美景复现在纸上……看着这些壮丽的美景，阿尔卑斯山会显得太小，从地面上看到的日落会低了档次，大海也会被更广阔的光的大洋淹没……[48]

这次英法双方的合作并非一帆风顺。格莱舍承认弗拉马利翁作为科学家的水平，也认为加斯东·蒂桑迪耶"很好相与，又活跃又聪明"。不过对于威尔弗雷德·德丰维尔，他可持有不同的看法。他在校订文稿上留下一条旁批，说德丰维尔是个"红色共和分子"，为人"过分张扬"，他写的气球文字也"轻飘飘的品位不高"。对于他向左倾的《自由报》一类报刊投稿，格莱舍也并不赞许。德丰维尔也以牙还牙，公开指斥格莱舍是个势利小人，还是个帝制人物（与对他友好的格林不是一路），对校稿的迟缓和不回复他的信函也大加贬抑。

不过，《空中行》的英文版的出版和热销，大大消融了这些政见上的隐隐不合。这几位作者显然为这本书十分自豪。当1870年开始的普法战争这一地面上的灾难事过境迁之后，此书中抒发的世界大同的构想固然遭到幻灭，但残留的余烬更令人慨叹。高空处的大气再也不会像书中所讲的那样自由、那样广袤、那样妙绝了。[49]

第十章

围城邮政柳暗花明

一　铁壁合围下的巴黎

1867 年 6 月里的一天，卡米耶·弗拉马利翁在卢瓦尔河上空 10287 英尺的高度上，凌空俯瞰他热爱的法兰西大地。他看到东方的地平线那里阳光普照、万物澄明，没有一丝乌云。从那里再向东去，过了摩泽尔河（Moselle River），从梅斯（Metz）到斯特拉斯堡（Strasbourg）一带都是法国的边境地区。再向东去，就是不久前新成立的以普鲁士王国为核心的北德意志邦联 [①]，首相由 52 岁的普鲁士王国首相奥托·封·俾斯麦 [②] 兼任，成了欧洲叱咤风云的

[①] 北德意志邦联（North German Confederation），成立于 1867 年，由 22 个邦国组成，发起者与核心成员是普鲁士王国。该邦联存在了四年，后因在普法战争中打败法国，将更多原受法国控制的德语邦国吸收过来，形成了版图更大的德意志帝国（German Empire）。文中所提到的德国，在不同时期分别指普鲁士、北德意志邦联和德意志帝国。——译注

[②] Otto von Bismarck（1815–1898），1862—1890 年间任普鲁士王国首相，后又为德意志帝国首任宰相，人称"铁血宰相"，为德意志民族的统一与扩张不遗余力并不择手段。——译注

人物。法国和普鲁士国之间的国境线，气球飞天员是看不到的，欧洲大地上以不可避免之势迭起的政治阴谋，也是气球上察觉不出的。凭借北德意志邦联建立后的人力优势，俾斯麦开始大举扩张。从 1868 年起，为了将有日耳曼血统的霍亨索伦家族①成员推上西班牙国王的宝座，他与怀着相反动机的拿破仑三世展开了外交争斗，并以 1870 年 7 月有意公布经他本人亲自篡改过的"埃姆斯密电"②——他称之为"我向法兰西公牛舞弄的红布"——达到顶点。

　　1870 年 8 月，自恃拥有三个庞大陆军集团军的拿破仑三世，带兵跨过了摩泽尔河和默尔特河（Meurthe River），打算以武力解决阿尔萨斯-洛林地区（Alsace-Lorraine）的归属争端，并进一步向东扩张。这位皇帝认为普鲁士羽翼未丰，便妄自尊大地，甚至可以说是头脑简单地下了战表。其实俾斯麦此时正在找机会凝聚新建立的北德意志邦联，法国的宣战恰恰中其下怀。拿破仑三世对普鲁士的军力也认识有误。这支军队虽然人数少于法国，但武装有克虏伯兵工厂生产的精良武器，又经过有效的火车调遣演习，加之指挥他们的是杰出的战略军事家赫尔穆特·封·毛奇③将军。

---

① Hohenzollerns，日耳曼裔的一支世袭贵族，从 11 世纪到第一次世界大战期间，一直是普鲁士和德意志帝国的重要政治势力，并通过联姻等方式，在欧洲许多国家产生族人及形成政治和经济力量。——译注

② 埃姆斯密电，是俾斯麦抛弃外交惯例搞出的一次不按常理出牌的动作。1870 年春，西班牙出现了王位虚悬的局面。普鲁士和法国都意欲将亲近自己的西班牙人推上王位。当时为普鲁士属意的候选人为有霍亨索伦家族血统的利奥波德亲王（Leopold Stephan Karl Anton Gustav, 1835–1905）。7 月 13 日，法国驻普鲁士大使带着法国政府的新指令，来到普鲁士国王的疗养地埃姆斯（Ems），要求普鲁士国王不要再与法国在此事上斗。普鲁士国王将此内容发急电周知俾斯麦。俾斯麦认为这是个大好机会，便在询问参谋总长毛奇将军是否对法国战争有全胜把握并得到肯定答复后，亲自修改了电文，使它更带刺激性，并断绝了转圜的余地，然后在报纸上发表，惹恼了法国国王拿破仑三世，于 7 月 19 日向普鲁士宣战，普法战争就此爆发。——译注

③ Helmuth von Moltke（1800–1891），德国军人，普法战争期间普鲁士一方的最高军事指挥官。——译注

1870年9月2日，法国的第一陆军集团军在阿登丘陵区（Ardennes）的色当（Sedan）一带遭到惨败。失利不说，更发生了难以置信的事情——堂堂皇帝拿破仑三世成了俘虏！法国方面打算撤退的第二集团军也在梅斯遭到有效的堵截。孤军作战的第三集团军勉强打了一场后卫战后，也不得不向西退回卢瓦尔地区，其中一部分留守巴黎，其余的进一步分散西去以俟来日。这一系列事件都几乎与拿破仑三世的丢脸被俘同时发生。这位已经当不成皇帝的拿破仑被俾斯麦客客气气地送到了英国，走上了流亡之路。9月4日，法国共和派中反对向普鲁士开战的政界人物朱尔·法夫尔①出面，宣布法兰西第三共和国成立。新政府向法国西南方向搬迁，一开始是在卢瓦尔省的图尔（Tours），后来又迁至波尔多（Bordeaux）。也有一些政界首脑留在了巴黎，莱昂·甘必大②便是其中的重要成员。俾斯麦提出与法国新政府谈判，但遭到拒绝，遂继续向西打击法国，第一次实施起德国人发明的闪电战来。

在毛奇将军率领下的普鲁士陆军第二军和第三军，采用这种战术，不屑一顾地离开梅斯地区，撇下被围困在那里由举棋不定的帕特里斯·麦克马洪③元帅率领的法军残余根本不予理会，后分两路，沿默兹和马恩径向西面的巴黎迅速推进，形成典型的钳形攻势。到了9月10日，普鲁士军队便从巴黎北郊和南郊合围，沿途的要塞

---

① Jules Favre（1809–1880），律师出身的法国政治家，因反对法兰西第二帝国向普鲁士开战，在帝国崩溃后得任法国临时政府的副总统兼外交部长，任期不长便因与普鲁士媾和的谈判不利去职。——译注

② Léon Gambetta（1838–1882），法国共和派政治家。普法战争期间任法兰西临时政府内政部长；巴黎被围后冒险乘气球飞越普军封锁线离开巴黎，组织力量抗击普军；1879—1881年间任众议院议长；1881—1882年间任法国总理兼外交部长，在遭暗杀不久后去世。——译注

③ Patrice de MacMahon（1808–1893），法国军人，军人生涯后期升任元帅，嗣后又任法兰西第三共和国第二任总统（1873—1879）。——译注

都被包围，陷入孤立无援的境地。巴黎的空气里充满了不断逼近的枪炮声和越来越浓的火焚烟气。

巴黎周边的法国民众纷纷逃入这座大城市避难。加斯东·蒂桑迪耶叙述了这一惨状：推着手推车的大人，坐着轮椅艰难行进的老人，被牵着走的惊惶家畜。人流匆匆经过巴黎的各道城门和防御工事，"就像《圣经》里面描述的逃入埃及①的景象"。[1]普鲁士军队以惊人的速度和效率，到1870年9月15日便完成了对巴黎的合围，从拿破仑三世投降之日算起，总共只用了两周时间。战略大师俾斯麦同时也很懂得象征的作用，因此下令占领凡尔赛宫，又将重炮对准城内，准备用轰炸迫使巴黎屈膝。

由于这次战争是法国挑起，不但先向普鲁士的城市萨尔布吕肯（Saarbrücken）开火，继而又拒绝了俾斯麦的停火建议，致使欧洲各国特别是英国，一开始时都同情普鲁士。英国因报道克里米亚战争②成名的战地记者威廉·拉塞尔（William Russell），便特别选定在普鲁士军队的指挥部工作，向《泰晤士报》拍发战事见闻。这表明他清楚本国读者希望读到带有何种倾向的文字。

俾斯麦知道，继续保住欧洲人对普鲁士一方的同情，是重要的战略措施。拿破仑三世统治下的法国表现出一副愚蠢的侵略者形象，帝都巴黎普遍被视为时尚之都、寻欢之乡和肉欲之城，禁不

---

① 典出《圣经·马太福音》，第2章。耶稣在犹太的伯利恒出生后，犹太王希律（Herod the Great, 前73—前4）得悉有个未来的君王诞生的消息，就心里不安，便下令将伯利恒城里并四境所有的男孩，凡两岁以里的，都杀尽了。为躲避杀戮，耶稣的父母带着耶稣匆匆逃往埃及。——译注

② 克里米亚战争，1853—1856年在欧洲爆发的一场战争，作战的一方是沙俄帝国，另一方是土耳其、法兰西第二帝国和英国，因主战场在时属沙俄帝国的克里米亚半岛得名。它被认为是最早的现代化战争——不但战斗本身出现现代化因素，后勤和救护也是如此。著名的"擎灯天使"南丁格尔（Florence Nightingale, 1820–1910）就是在这一战争期间和战后致力于改善医院的救护条件而闻名世界的。——译注

得外来一击。《泰晤士报》便添油加醋地评论说，它是一座软绵绵的"奢侈和享乐"之地。这家报纸的特派记者还在 1870 年 9 月 30 日发出一则报道，以如下的文字开头："晚间 7 时 30 分，德国王储与扈从在凡尔赛宫舒适下榻……与百感交集的巴黎人只有一箭之遥……巴黎愤怒悲伤。巴黎咬牙切齿。巴黎无可奈何。"[2]

事实上，许多支持共和理念的法国人都为法国如今沦落到这般田地羞愧难当。纳达尔和德丰维尔都是如此。从 1851 年起就过起流放生活的雨果，已经在法兰西第三共和国宣布建立后即刻踏上归程，于 9 月 5 日回到巴黎。他随身带来了自己在帝制法国时遭禁的诗集《惩罚集》——惩罚什么呢？应当是惩罚这个帝国体制，而且是清算总账吧！他带着这本诗集回国，其象征意义真是再明显不过了。

利用国际上的有利舆论，是俾斯麦通盘考虑中的一步棋。因此，他不打算直接以军事行动对付巴黎的平民百姓——用他自己的一句露骨的话来说，就是"尽管让他们去自作自受好了"。[3]毛奇也乐于以向巴黎周边孤立的各个城防据点，如蒙瓦莱利安要塞（Mont-Valérien）和迪西堡（Fort d'Issy）进行炮击的方式，发挥兼有军事和心理双重作用的威力。他的总体方针是切断巴黎与外界的所有联系，使巴黎陷入无声无臭、受苦受罪、脸面尽失的处境，但基本上又须不事声张地进行。这样一来，普鲁士无须大动干戈，不出几个星期，饥寒交迫的巴黎人便不得不屈膝投降，而外面的世界却无从得知个中缘由。为实现这一目的，最重要的是尽量不使巴黎的真实情况透露到外面，以及力图不让法国政府发挥作用。这就是说，封锁既是必要的军事行动，更是重要的外交手段。

9 月 17 日，《泰晤士报》上登出了一篇述评，以悲观的语气说道："再过几天，我们就会对巴黎的情况一无所知了……普鲁士的军力实在强大，足以将被困城市和法国其他各地间现有的有效联系渠道完全阻断……行政体系是不是也会整个瘫痪呢？”不过，这篇述评也提到，可能“巴黎会有抗争的表现”。[4]

在今天这个电子通讯遍及全球的世界里，人们很难设想当年——没有无线电、没有手机，也没有互联网——交通与通讯完全受到阻隔会是什么状况。当时，法国的电报线都架设在露天，发现和切断可说是轻而易举。数日之后，所有的道路便全部被封死，每座桥梁不是有军队把守，就是干脆被炸毁；每条铁路都被拆断，塞纳河河运也遭到严格控制，连最小的舢板都遭到扣押。法国方面还做了一番最后的努力，想在塞纳河底铺设一条从巴黎到鲁昂（Rouen）的电报线，于是在 8 月份的最后几天里，斥巨资从英国进口了必要的物资与设备，但由于有奸细告密，将地点泄露给普鲁士方面，结果是物资运到后还不出一周便被查出毁掉。[5]

英国《每日新闻报》有一位通晓法语的记者，名叫亨利·拉布谢尔 ①，是位勇敢的年轻人。他在围城前的最后一刻潜入巴黎。此人在拍发回国的最后一篇报道里，表示自己不知道下一篇文字将如何送出，恐怕只能留在巴黎，完成一份《坐困围城者的日记》以待来日发表了。此时他对巴黎的印象，是无非只处于一种“放空炮的战争”状态：“咖啡馆里坐满了人……香榭丽舍大街上，当保姆的年轻女郎们向大兵搔首弄姿……到处都能看到操练的民团……环道那里有一名女子挨了揍，原因是她的个子高得出奇，结果被怀疑是男扮女装的普鲁士轻骑兵……没有人拿战争认真当成一回事。”[6]

然而，巴黎人很快就将这次战争认真当成一回事了。9 月 19 日，最后一根电报线被掐断，巴黎邮政局的邮务马车被普鲁士军队的一排恫吓的炮弹撵了回来。第二天，邮政局又派出 28 名邮差，结果除

---

① Henry Labouchère（1831–1912），记者出身的英国政界人物和作家。——译注

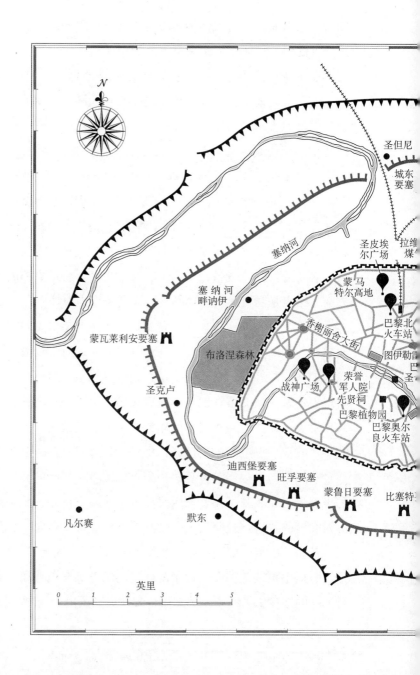

上穷碧落：热气球的故事

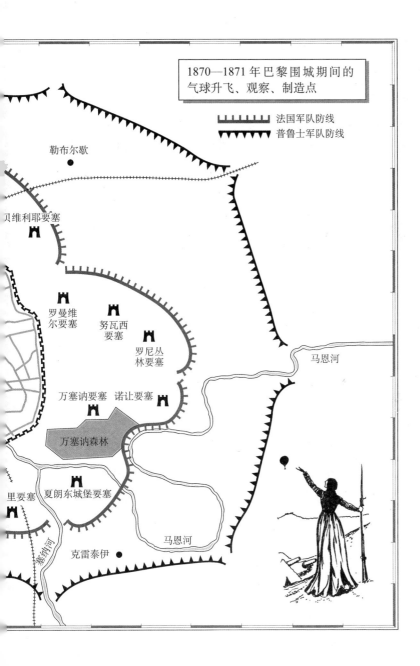

1870—1871 年巴黎围城期间的
气球升飞、观察、制造点

⊥⊥⊥⊥⊥⊥ 法国军队防线
▼▼▼▼▼▼ 普鲁士军队防线

勒布尔歇

贝维利耶要塞

罗曼维尔要塞

努瓦西要塞

罗尼丛林要塞

马恩河

万塞讷要塞　诺让要塞

万塞讷森林

里要塞

夏朗东城堡要塞

塞纳河

克雷泰伊

马恩河

一人外悉数被捕并被枪杀。[7]环绕在巴黎周围距离在 30 英里内的所有村镇，不是驻扎有普鲁士部队，就是有令人生畏的轻骑兵不断巡逻。普鲁士的围城已经完成，巴黎与外界的联系完全中断。

德国人认定，只需围上几个星期，便笃定能够"得胜还朝"，也就是通常所说的"回家过圣诞"了。然而，这一次围城却历时 5 个月，而且是艰难日甚一日的 5 个月。250 万平民百姓在这里被困得死死的。正如加斯东·蒂桑迪耶在《画报期刊》上所说的："我们这座伟大的都城遭到了包围，失去了与外界的联系——不只与法国的所有地方，还与世界的所有地方……两百多万人被隔离、被噤声、被圈禁，面对他们的是环伺的刺刀。"[8]

进入 10 月份后，围城的手段严酷起来。巴黎城外的 12 处要塞，都开始遭到普鲁士军队从附近的制高点一阵又一阵不断打来的炮火。接连不断的爆炸折磨着人们的神经，使人们寝食难安。10月 13 日，驻守蒙瓦莱利安要塞的法国炮兵向普鲁士的阵地还击了一番，结果是不慎击中圣克卢宫，夷平了这座美轮美奂的建筑，简直不啻自毁长城。

巴黎人的生活艰难起来。最难熬的一关是寒冷。街道上照明用的煤气灯都减弱了光亮，而且晚上 10 点后便全部熄掉。马车基本上没了踪影。天还不亮，面点店前便排起长龙。配给证也出现了；牛奶、咖啡、面包和食糖都凭票供应。肉类是每人每天 35 克。所有的奢侈品——蜡烛也算一种——要么成了稀缺品，要么卖上了天价。布洛涅森林的树木都被砍倒成了烧柴。有人痛惜地比喻说，巴黎还是一位美丽的女子，只不过因悔罪剪掉了一头青丝。

多数咖啡馆还都开门待客。说来也怪，葡萄酒类倒还不贵，供应也算充足。不少穷人，特别是不少当兵的，都醉醺醺地整日泡在酒馆里。随着食物的供应不断紧张，宠物最后都绝了迹，只有些本领高强的猫咪得以幸存。池塘里的水禽和鱼虾统统消失。市里的 4 万多匹马全遭宰杀。巴黎植物园里的种种珍禽异兽也都被送上餐桌，其中包括两头大象和两匹斑马。[9]在一张保留下来的围城期间的餐馆菜单上，可以看到有大象汤、炖袋鼠、炙驼肉、罐焖羚羊肉，还有一味是烤猫肉配鼠肉丁翘头。

12 月里的一天，诗人泰奥菲勒·戈蒂埃不得不为自己的马向市政府悲情请命，希望能对自己养的一匹马网开一面。他说这匹马是全家人的朋友，是忠实的老仆，是"完全无辜的可怜生灵"，如今却将在 24 小时内被强行拉入屠宰场。写得虽然感人，但却未能奏效。到了后来，所有的食物禁忌都不存在了，老鼠肉也成了热门货。这位戈蒂埃后来还在一封信里，追忆过一种"鼠肉糜"的特殊味道。[10]

饥饿和羞辱是普鲁士人打击巴黎人的两大武器。在它们的双重打击下，巴黎军民面临着士气丧失、无助感加深和怀疑情绪蔓延的危险。鉴于朱尔·法夫尔为首的临时政府已经瘫痪，又成立了一个国防委员会行使最高政府职能。被围困在梅斯的法军宣布投降。在巴黎虽然还有在特罗胥①将军率领下的法国陆军和国民自卫军，但他们所做的，基本上也只是在空荡荡的街道上吹吹号、擂擂鼓，再走走正步而已。虽说国民自卫军有数千人，但国防委员会在很长时间内并没有靠这支力量突围。最后终于在 11 月 27 日，在由大言不惭地誓言"我将不是凯旋，就是马革裹尸回来"的迪克罗②将军指挥下试图这样做了一次，却以丢盔

---

① Louis Jules Trochu（1815–1896），法国军事领袖和政治家，巴黎围城期间的国防委员会主席兼巴黎武装力量总司令，并在反围城失败后率众向普鲁士投降。——译注

② Auguste-Alexandre Ducrot（1817–1882），法国军人，普法战争期间任方面军司令。初期战争中失败被俘，但拒绝投降，被囚禁后设法逃脱。回到巴黎后任特罗胥手下的高级指挥官，在组织突围失败后又转而积极主张和谈。——译注

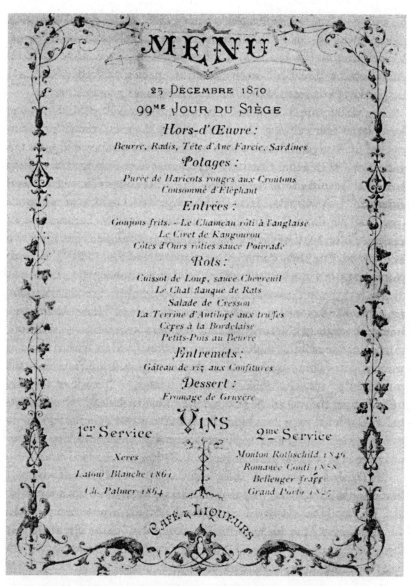

图 10.1 巴黎围城的第 99 天时正值 1870 年的圣诞节，此为城内一家餐馆推出的圣诞菜单

上穷碧落：热气球的故事

卸甲、大败而返告终，而且阵亡人数达 1.2 万（但不包括这位将军本人在内）。[11]有人谈论起建立新政权的必要来，并称之为公社。情绪对立的人群多次包围巴黎市政厅，对特罗胥将军又是嘘骂，又是恫吓。

特别严重的后果，是巴黎人越来越感到自己完完全全与世隔绝。与外面的通讯已被完全切断。没有邮件，没有报纸，没有电报，没有天气报告，没有伦敦股票交易所的行情，没有意大利的杂志，没有美国的科学期刊。最令巴黎人沮丧的是，日常的私生活都不复正常。在普鲁士铁桶般的封锁下，没有家书往来，无从得知小辈或长辈是否健康，生病后得不到祝愿平安康复的明信片，恋人也收不到对方的情书。巴黎这个全欧洲的文明中心和智慧宝库，自我感觉已经大大缩水，声音的号角也不再鸣响——一切符合俾斯麦的预想。

还有比这更不堪的，那就是受到冷嘲热讽。《泰晤士报》这样归纳了巴黎人此时的处境："德国人拥有现代战争所需要的组织力量、严明的纪律和统一的意志，而法国人所能拿出来的，却只有愤怒的发泄，大发忽而无端自信、忽而又无故绝望的寒热病，缺乏共同决心，没有统一信念，外加不啻自杀的普遍离心倾向。"根据这一对比，这份报纸下了一个冷冰冰的结论，那就是巴黎应当闭起嘴巴、放弃争斗、立即投降。只有这样，才是"文明之胜利"。[12]

二　气球飞天突破封锁

巴黎反围城气球的动人故事，就始于这个面临人心涣散、城市解体之际。在 1870 年 9 月 23 日—1871 年 1 月 28 日这 4 个多月里，至少有 67 次气球承载着人员，从被围困的巴黎成功升入天空，找到了打破封锁的新方法。[13]这些气球飞天从不止一个方面显示出，19 世纪的浮飞活动有了更崇高的目的，取得了以前不曾有过甚至不曾设想过的成就。没有一只气球是军用的，没有一次飞天运载过武器，但它们改变了作战的环境。它们实现了历史上最早的平民运送。

面对普鲁士的步步进逼，被困在巴黎的这些为数不多的飞天员发现，有一条通道是从不曾被人们考虑到的，因此普鲁士军队没有设防。这就是从空中离开巴黎。这一方式不但可行，还有明显的宣传作用。这真可谓是柳暗花明。于是，加斯东·蒂桑迪耶便代表一群飞天员伙伴，向当局呈交了一封令人动容的陈情表——

> 巴黎的沉寂将导致法兰西的死亡。如果不能找到让巴黎的声音传播出去的办法，这个遭到围困的城市将万劫不复。我们必须不惜任何代价，找到出路，避开心理压迫的慢刀子剐割，同时与在卢瓦尔的军队建立通讯联系。目前的所有陆路均遭堵死，所有的河道也都无法通行。不过，在被围困人的面前还有另外一个方向，也只有这一个方向：天空！巴黎应当再次记起，气球是法兰西科学才能的伟大成果之一。蒙戈尔菲耶兄弟的杰出发明，应当用来在当前的生死攸关之际救助我们的祖国。[14]

这番话语的意思真是再清楚明白不过了。然而，新成立的国防委员会也好，第三共和国的无论哪一位忙得焦头烂额的部长也好，都没有作出任何正式的回应。特罗胥将军麾下的正规军和非正规建制的巴黎民团都没有气球可资调用。国防部长勒弗罗[①]将军要对付地上的种种事务，既要给各个要塞补充辎重，又得加强工事的构筑，还须考虑炮兵的防务……忙得昏天黑地。就连年轻有为、能够高瞻远瞩、被视为法国之希望的内政部长莱昂·甘必大，也没能想到空中这一战略要津。虽说此时在巴黎的拉维莱特和沃日拉尔（Vaugirard）两地的煤气厂里，都还有不少煤气空置在巨大的储罐里呢！

就算是有人想到了，凭借气球飞出巴黎也会被认为太冒险，甚至会被视为上门送死。普鲁士军队肯定会猛烈开火，气球能否避开克房伯兵工厂生产的新式大炮的火力，可是谁都说不准的。气球移动起来，又可能慢得急死人，可敌军的布阵，许多处的纵深都在 60 英里以上。还有普鲁士的骑兵——恶名远扬的轻骑兵，也必定会如志在必得的猎人一般穷追不舍。要知道，普鲁士早就有言在先，对捉住的突围者一律会当即枪毙呢。

刮什么风时飞天最安全，同样也是谁都不清楚的。巴黎的北边和东边，村村镇镇差不多都驻扎着普鲁士军队，沿着马恩河向东，更是一直布到了新占领的阿尔萨斯-洛林地区。南面和西面两个方位上，又是毛奇将军将司令部设在距巴黎 12 英里的凡尔赛宫，和周围铺得很开的陆军和炮兵据点，并有普鲁士骑兵不停地横冲直闯、到处纵火，还时时换防，令外人无法掌握行踪。普鲁士军方还强行进驻这些地区（一直远到诺曼底）的许多著名建筑，并且——这是后来才被世界得知的——大肆劫掠和破坏。况且，飞天员们能否得到当地人的同情与帮助，也并没有十足的

---

① Adolphe Emmanuel Charles Le Flô（1804–1887），法国军人，曾在法国军队长期服役，因反对拿破仑三世称帝而被贬，普法战争期间一度被国防委员会指派为国防部长。——译注

把握。🎈

还有一条也无人能够断言。即便有气球可用，也能飞出巴黎、继而还能平安降落，接下来又能做些什么呢？富兰克林和拿破仑一前一后都曾设想过的将大部队运入巴黎，但这在目前无疑是根本不可能的。不过，是不是有可能与卢瓦尔军团接触呢？如果要接触在巴黎以西 100 英里处设在图尔的流亡政府，又是否能够做到呢？除了这两个纯粹事关国防的考虑外，是不是还可能执行其他的紧要任务，比如说，投递信件，甚至搞些宣传呢？

在 1870 年 9 月时，巴黎只有 4 只气球可供使用。它们都为私人所有，也都基本上破旧不堪了。第一只是曾在暴风雨中飞出加来的"海王星号"，当前仍为朱尔·迪富尔所有，其主人现年 29 岁；第二只是"美利坚号"，为戈达尔一家的资产，路易·戈达尔可以乘它飞天，他在众飞天员中资格最老，不过也只有 41 岁；第三只名叫"天穹号"，本是一只科考气球，属于 27 岁的加斯东·蒂桑迪耶；第

🎈 普鲁士在占领区的横行，以及法国人是否会合作，都在莫泊桑的作品中得到了非常写实的反映。普法战争期间，这位 20 岁的年轻人曾加入自发反击普鲁士人的队伍。后来，他根据这一期间的亲身体验，写出了若干短篇小说。《菲菲小姐》（1882）是篇连标题都带有他一贯讽刺风格的作品，讲的是一名有此绰号的普鲁士男军官、一个虐待狂，他在占领地的一个村庄里，找来一群当地的年轻女子寻欢作乐，酒醉后便发泄对法兰西人的轻蔑，在强行占据的富丽宅邸里大肆破坏。在中篇小说《羊脂球》（1880）里，一名心地善良、体态丰腴的法国妓女，违心地以肉体向普鲁士军官换取同车旅行的几名同胞的安全。故事的发生地点就在诺曼底地区，离鲁昂不远，距巴黎 60 英里。莫泊桑对这一时期的最令人感动的作品是《两个朋友》（1882）。两个巴黎人，由于饥饿的驱遣，也出自因围城而无事可做的无聊，便于一天下午，在喝了些廉价酒水后，在酒精的作用下偷跑到蒙瓦莱利安要塞附近的塞纳河钓鱼，结果不慎闯进了一处无人地带（小说中对此处气氛的描写令人难忘）。忘情地过了一小会儿钓鱼的美妙时光后，被一支普鲁士巡逻队逮捕，被分开盘查。在狡猾地试图通过挑拨得到法国人防区的口令，但没能得逞后，普鲁士人便行若无事地将他们以间谍罪名枪杀。他们的尸体被随随便便地抛入塞纳河，而抓到的几条鱼，便在夕阳的照耀下，跳跃着、挣扎着，从这两个法国人的鱼篓里，转移到了普鲁士人的餐盘中——多么形象贴切的比喻。

四只为"民族号",也是戈达尔家的私产,但可借给时年 31 岁的阿尔贝·蒂桑迪耶使用。进行总体筹划安排的不是别人,正是费利克斯·纳达尔。

三　第一次成功突围

纳达尔以他一向的公关魅力和工作能力安排好了这一切。战争爆发后不出一个星期,他便以一张印有抬头的公文纸为起点,白手起家地办起了一家第一号飞天员公司。公司的运作先以朱尔·迪富尔和他的"海王星号"进行培训开始,不但有纳达尔的朋友们参加,凡知道"巨人号"的人都会得到热情接待。与此同时,他还直接与国防委员会接洽,主动表示属意于在蒙马特尔高地建立气球观察哨。他的这家"第一号飞天员公司"的人马(到目前为止基本上只有他与迪富尔两人)将在此哨所监视巴黎北面的动静;不但白天如此,入夜后也会打开探照灯继续监视,用的是他从自己的摄影馆搬来的、经过改造的弧光灯。

1870 年 9 月 8 日,纳达尔在巴黎市北蒙马特尔区圣皮埃尔空场设立的气球升飞点建成。迪富尔和另外 9 名气球飞天员都到场等候纳达尔的派遣。这 9 个人中有会制造气球的卡米耶·达尔图瓦[①]、机械技师欧仁·法尔科[②]、医生埃米尔·拉卡兹[③],还有激进的社会党人、后来参加结局惨烈的 1871 年巴黎公社起义并

---

① Camille Dartois (1838–1917),法国气球制造师、纳达尔的朋友。——译注
② Eugène Farcot (1830–1896),法国著名的精密计时器设计与制造技师。——译注
③ Émile Lacaze (1841–1871?),法国医生、业余气球飞天人。巴黎围城期间乘倒数第二只反围城气球离开巴黎,在北海上空失去踪迹。——译注

任飞天指导的让-皮埃尔·拿达勒①。除了立在空场上的三顶帐篷和系在它们附近的"海王星号",纳达尔的第一号飞天员公司的主要资产,就是一些印有公司抬头的公文纸,再加上一颗金属大图章,上面刻着"法兰西共和国第一号飞天员公司",还刻上了代表公司三名所有者姓氏的"纳达尔-达尔图瓦-迪富尔"字样。[15]

无论从战略意义上审视,还是从心理作用角度考量,圣皮埃尔空场都是理想的气球升飞点。此处是个废弃的开阔地块,十分平坦,比蒙马特尔高地低300英尺。一座外形像座塔楼、名为索尔费里诺纪念塔碑的建筑占了高地北面的一大块地方,塔碑下面是个杂草丛生的大斜坡,山羊在这里吃草,穷孩子们在这里玩耍。下得坡来,便是这片空场了。蒙马特尔高地的地势在巴黎最高,从这里向北眺望,可以一直看到远处的圣但尼(Saint-Denis)和勒布尔歇两个小村庄,目前都被普鲁士军队占领着。

从蒙马特尔高地向南方眺望,视线可以不受阻挡地扫过大大小小的屋顶,一直看到巴黎市最南端的蒙帕尔纳斯区段(Montparnasse)。这座城市的一应美轮美奂的地标都可尽收眼底。目光从左向右扫视一轮,便可依次看到旺多姆纪念圆柱碑、巴黎圣母院的钟楼、先贤祠带有顶塔的圆顶、法兰西学会带透光阁的气派穹顶、马德莱娜教堂生满铜绿的铜皮斜坡大屋顶,还有荣誉军人院金光闪闪的教堂。这些都是爱国的法国人甘愿为之战斗的

---

① Jean-Pierre Nadal(?-1871),法国气球飞天员、纳达尔的朋友、巴黎公社成员、普法战争期间志愿乘反围城气球"维克多·雨果号"飞出巴黎的飞天员之一,死于反抗镇压巴黎公社的战斗。——译注

图 10.2　一封寄往诺曼底地区费康镇、盖有 1870 年 9 月 24 日邮章的平信，
信上还加盖有纳达尔、达尔图瓦和迪富尔三人姓氏的第一号飞天员公司钤记

理由。

　　纳达尔从 9 月 16 日开始，每天都到系停在圣皮埃尔空场的
"海王星号"上瞭望，白天 6 次、夜间 3 次，并定制了记录瞭望结
果的小卡片。卡片上印有巴黎的简化地图。他将自己看到的军队
部署情况，用他所说的"娃娃方式"，即用不同颜色的蜡笔标记下

　　今天的人们仍能在圣心教堂前面的宽阔高台上看到这些建筑。在普法战争时期，教堂
和高台都还没有出现，索尔费里诺纪念塔碑便是蒙马特尔高地的地标。该塔碑是为庆
祝拿破仑三世打的一场胜仗修建的。当时高地上还开有一家餐馆，是那种提供家酿葡
萄酒的田园风味小馆，在这里观景还要另外付费，但人气仍然很旺。1871 年冬，为避
免普鲁士大炮以它们为目标的轰击，塔碑被拆毁，餐馆也关了门。圣心教堂从 1873
年开始建造，最初的目的是为了铭记法国与普鲁士的这场冲突和"救赎巴黎公社期
间造下的罪孽"。由于对建造此教堂的理由存在分歧，也由于欧洲政局的动荡，这一
工程耗时极长，直到 1919 年才告竣工。它的三座白色的眺望塔楼，突出在蒙马特尔
高地的轮廓线上，似乎还保留着一些当年飞天员们在这里瞭望的不安气氛。圣皮埃尔
空场就在它的下面。如今场上经常有流动游乐场前来架设旋转木马，正是纳达尔他
们升飞气球的地点。位于其一侧的公园是以著名的巴黎公社女领导人路易丝·米歇尔
（Louise Michel）命名的绿地。至于纳达尔和他的飞天英雄们，并没能得到类似的命名
纪念。不过，也许纳达尔宁可让孩子们在这里骑着木马玩耍——他的许多摄影作品，
都摄入了快活玩耍的孩子哩。

来："法国方面的用红色，普鲁士方面的用蓝色，拿不准的用黑色。"他将这些卡片都"怀着虔敬之心"送交特罗胥将军，但从未得到只言片字的回复。[16]

纳达尔用绳子在气球外围草草拦了一圈，意在不让自觉性差的观众太过靠近"海王星号"和供飞天员睡觉与进食的三顶帐篷。当时的巴黎天气寒冷而潮湿，飞天员们的日子过得很艰难。多亏了当地一家餐馆的老板，人称查理先生，向他们提供了简单的餐饮。蒙马特尔在巴黎第18区，区长是刚于9月5日上任的年轻人乔治·克列孟梭①——他后来当上了法国总理，一开始时，他曾因这些人未经他的许可便占用了这块地盘大为光火，后来却突然送来一车睡觉铺垫用的干草。他还送来几条狗，既可用来警戒，必要时还有助于给帐篷里增加些热气。[17]

瞭望的结果发现，普鲁士对巴黎的合围是严丝合缝的，在这种形势下，再搞气球瞭望便有些多此一举了。于是，纳达尔又开始考虑起危险性更大的举动来，就是乘气球实打实地通过封锁区。开始瞭望的第二天，也就是9月17日，他给国防委员会中负责巴黎市防务的一位叫于斯甘（Usquin）的上校送去这样一封加急信："敬启者：我等昨日有幸识荆，得以交流一俟联系完全中断时制造无根浮飞器之考虑。有关设想极为妥当，我等均跃跃欲试，且不惜前仆后继以行。"[18]

纳达尔还就纯属技术性的内容有所补充。他表示自己只有一只气球，即"海王星号"。市防务局应当知道，造一只新气球，至少得花费两天工夫。无论有多少人手参加，球皮都需"先后涂布三道清

---

① Georges Clemenceau（1841–1929），法国新闻工作者出身的政治家，曾两次出任法国总理。一贯对德国持强硬立场，并在第一次世界大战结束后主张严惩德国。——译注

漆",每一道都至少得等上 12 小时以保证干透。这样才不会漏气。

纳达尔的这一具有历史意义的建议——放飞第一只无根气球出走巴黎——提交给防务部门后,一连几天都没有动静。这让他和朱尔·迪富尔坐卧不安。在此期间,他们一直从高地上空 400 英尺处"海王星号"的瞭望位置上,看到普鲁士军人忙着架设克虏伯兵工厂生产的大炮,而且还能闻到他们制造出的难闻气味(焚烧秸秆所致)。他俩也还知道,在他们不远的拉维莱特煤气厂,路易·戈达尔和朱尔·戈达尔两兄弟也在那里有所安排,并也向国防委员会提出了类似提议。战争一来,盟友之间除了加强合作,争斗也往往会强化哩。

9 月 21 日,时任邮政总局局长职务的热尔曼·朗蓬-勒辛①终于向国防委员会提交了一份绝密呈文,指出"时至今日,鉴于诸种紧急的心理、军事与政治理由,使用可浮飞装置以重建与在图尔的临时政府的联系,实属绝对必要,并亟应火速实现"。[19]

绝密也好,不绝密也罢,反正结果是国防委员会的决定很快便传到了圣皮埃尔空场。纳达尔的第一号飞天员公司真是急不可耐,只等一声令下,便会放"海王星号"升上天际。但命令迟迟不见发出。纳达尔不知道,原来不知通过何种渠道——估计是通过戈达尔三兄弟,邮政总局自己也弄到了一只气球,又在地处巴黎西南面的沃日拉尔煤气厂里,安排了一个隐秘地点,准备在不事声张地给气球充好气后,于 9 月 22 日下午升飞,由职业飞天员加布里埃尔·芒然②操纵。但直到放飞时才发现,这只气球"状况糟糕透

---

① Germain Rampont-Léchin(1809–1888),法国政界人物。1870 年起出任邮政总局局长,普法战争期间拟在塞纳河底铺设通讯电缆的失败计划就是在他任上执行的。——译注
② Gabriel Mangin(1836–1905),法国气球飞天员,巴黎围城期间乘气球带第一批信鸽飞出巴黎,后信鸽飞回,打通了此期间双向邮政的通路。——译注

图 10.3　普法战争期间
拴系在巴黎蒙马特尔高
地上的气球

顶"，飞天员也并不积极，此次飞天便告流产。[20]

　　到了这个地步，"海王星号"总算在当天晚上接到了一道秘密指令，让他们做好准备，于翌日清晨升飞。这次飞天的任务，是携带若干邮件——具体数量目前尚且不详，以及国防委员会给图尔流亡政府的公文。此时正刮着适宜的东风，只是飞天员们已经以箭在弦上的状态等待了 48 小时以上，而在此期间，那只"海王星号"在供迪富尔表演使用了六年后，可谓年事已高；最近这些天因用于瞭望，又造成清漆涂层发脆，出现不少小洞和瓣缝开线等情况。气球在充了气之后一直不断逸漏。目前的修补周期已经不是按日，而是按小时地进行。

　　升飞前的一夜，全体志愿飞天员们都彻夜忙碌，又是在瓣缝处涂敷牛骨胶，又是往新出现的小洞处粘贴棉布块。纳达尔担心风向或者风力会改变；迪富尔担心邮件会太多太重；他俩都还共同担心

　　　　　　　　上穷碧落：热气球的故事

"海王星号"这个他们深情地称之为"一堆可敬的破烂儿",会在刚刚飞起时便索性开裂,但都各自闷在心里没有说出来。

9月23日清晨7时。心事重重的邮政总局局长热尔曼·朗蓬-勒辛亲自乘一辆小马车来到空场,带来了几口厚帆布袋,里面是政府公文和私人邮件,共重125公斤,相当于给这只勉强能提升一个人的气球,又加上了两个人的重量。在现场一队士兵的默默注视下,纳达尔和其他飞天员们赶快将邮件袋放好,撤掉输气软管,帮助朱尔·迪富尔登上吊篮,又最后检查了一下气球的状况,便与迪富尔握手告别。大家站在气球附近,听着迪富尔下了最后的命令:"预备——松开!"

有一张照片记录下了这一瞬间。这是从蒙马特尔高地圣皮埃尔空场的上方拍摄的。[21]从照片上可以看出,这是巴黎的一个早上,天色灰蒙蒙的。房舍的屋顶和窗子都透出一股死气沉沉的气氛。气球吊篮周围黑乎乎地围着一群穿得厚厚的人,都在焦急地等待着。除了他们,整个未经铺砌的空场上就没有什么人了。气球看上去显得很大也很脏,没加任何装饰,也没在地上投下影子,只是在那几顶军用帐篷上方晃来晃去。一根长长的粗大软管还接在气球口上没有撤下,显然是要将煤气一直充到放飞前的最后一刻。照片的左边有一些无精打采的士兵,都无所事事地候在空场南侧查理先生的餐馆周围。在照片的右边纳达尔拉起的隔离绳后面,稀稀落落地有20来号观众,多数是些小男孩,都坐在地上;说是观众,却看不出有什么兴致。这种景象——没有彩旗飞舞,没有群众欢呼,没有乐队助兴,完全是一次不得已而为之的低调行动,同后来的传言大异其趣。

上午8时——气球飞天从来就不是什么正点运行的行动,迪富尔终于喊出了那句开弓没有回头箭的命令:"预备——松开!"纳

图 10.4　迪富尔和他的"海王星号"气球即将从圣皮埃尔空场
升飞，照片摄于 1870 年 9 月 23 日

达尔敏捷地从满载的吊篮那里向后退去。周围的人们马上看出，迪富尔早就想好了一套特别的飞天步骤。他没有采用飞天的标准程序，而是如同在加来与加斯东·蒂桑迪耶一道飞天时一样，将一大袋压舱沙一下子泻光，让老迈的"海王星号"叽叽作响地垂直地冲上天际。迪富尔的决心已定，不管这样做有多大危险，他也要以这种方式争取高度，摆脱普鲁士人的火力；宁可摔死，也不让敌人打死。

　　"海王星号"以可观的速度上升，轻而易举地飞到最高的屋顶之上（照片上可看到一栋 9 层公寓楼），然后便向西南方向飘去。纳达尔惊奇地看到，原来那帮神情冷漠的士兵，此时却突然欢呼起来。紧接着，空场另一侧的孩子们也兴奋地连声喊叫。迪富尔的飞天伙伴欧仁·法尔科自豪地写下了这样一段话："迪富尔帅气地升上天空，对大家喊着以后再见。他将拉绳割掉，又清空了满满一袋压舱沙，随即便向凡尔赛宫的方向飞去，还是原来那副空中'车老板儿'的派头。"[22]

威尔弗雷德·德丰维尔可能也曾来过升飞现场。他发表了赞美的评论说："迪富尔用一只旧得一塌糊涂的小气球，向狂暴的普鲁士大炮挑战。他义无反顾地投身入云，堪称现代的库尔提厄斯①……他长驱气球冲入天际，一如出膛的炮弹。"[23]

事后，迪富尔详述了这番首次冲出围城的经过。他和"海王星号"升到了5000英尺的上空，气球居然无恙。接下来，它却出乎意料地飘向了西北方向，越过了塞纳河，又掠过蒙瓦莱利安要塞，从穿着黑色军装——从高空看上去——有如一群黑色蚂蚁似的普鲁士军人头上缓缓飘过。迪富尔能够听到枪支在砰砰射击，便在吊篮里缩紧身躯。他觉出气球在振荡，但没有被击中。后来的经验证明，3500英尺以上是安全的，多数普鲁士军队的武器都打不到这里。不过反围城气球很少会配备昂贵复杂的无液气压计，高度只能靠目测估计。

面对炮火，迪富尔也进行了反击，方式是撒下一把卡片。这些卡片是印制的，上面有"纳达尔摄影室"的字样，右上角都有纳达尔亲笔写的一行字："这是给你们的威廉皇帝和俾斯麦大人的礼物。"[24]

迪富尔还注意到普鲁士人在调节炮口，准备向气球开火（就和美国南北战争期间南军的反应一样），但看来未必来得及。倒是一支向气球行进方向疾驰而来的轻骑兵更令他担心一些。他又将剩余的压舱沙子一把把抛出，还撒出更多的"问候卡"，"海王星号"便继续向西北方向、沿着塞纳河蜿蜒的流向飘去。

飞过芒特拉若利（Mantes-la-Jolie）之后，肯定是塞纳河弯弯

---

① 库尔提厄斯是古罗马传说中的一名士兵。在一次地震后，罗马城出现了一个无底深坑，总也填不平。他按照天神谕示，驱马跃入此坑，土地随即自动合拢。——译注

绕绕的缘故，追杀他的马队不见了，他这才大大地松了一口气。上午 11 时，他在升飞 3 个小时后，终于在距埃夫勒（Evreux）以西的科纳维尔（Corneville）成功着陆，共飞行了 60 英里。着陆是成功了，但路径偏离了不少，鲁昂还在北面的 30 英里之外呢。当地村民一开始并不相信他是从巴黎来的，直到看了气球里的邮件袋才不再怀疑，遂给了他热烈无比的欢迎。迪富尔要了一辆手推车，匆匆前去最近的火车站。运气不错，正赶上一班直达图尔的火车。

他在下午 4 时到达图尔，所带的邮件一件不少，公文也交给了流亡政府，其中有一份莱昂·甘必大致全体法国人民的演说稿，第二天便全文发表在全法国的各家报纸上。甘必大表示巴黎正在准备进行"一场英勇的抵抗"，希望人们不要相信普鲁士方面的虚假消息。他还号召各个党派团结一致，并表示巴黎能够坚持度过这个冬天。"让我们法国全国上下做好准备，凭我们的意志勇敢奋战！"

到了次日晚间，消息已经像野火般四下传开。传开的不光是人们收到了邮件，也不光是甘必大的公开信，更有巴黎的围城被一只气球突破。普鲁士的炮火败给了法兰西的空中力量。巴黎从天空获得了生机。这是技术方面的胜利，但尤其是宣传上的巨大胜利。为表示庆祝，法国艺术家皮埃尔·皮维·德沙瓦纳[①]作了一幅画，画面上是作为法兰西共和国化身的玛丽安娜[②]，站在巴黎西北面的一处防御工事上，手中持握着上了刺刀的长枪，向飘在蒙瓦莱利安要塞

---

① Pierre Puvis de Chavannes（1824–1898），著名法国画家，曾任法国美术协会会长，普法战争期间创作了多幅爱国画作。——译注
② Marianne，以女性人物形象出现的法兰西共和国的象征。她的形象遍布法国各地，还常常被放置在市政厅或法院等显著位置，尽管她并非是这个国家的正式象征。——译注

图 10.5 皮埃尔·皮维·
德沙瓦纳的油画《气球》

上空的离去气球告别。此画完成于 1870 年 11 月，随即便被印成宣传画，在巴黎广为张贴。

四 鼓舞士气功不可没

消息也传到了法国以外的世界。在迪富尔带出的邮件中，有纳达尔致伦敦《泰晤士报》的一封公开信，信中呼吁来自国际的支持。此信在经图尔流亡政府复制后，立即送上火车运到勒阿弗尔（Le Havre），继而上船来到英国多佛，再被英国皇家邮政公司的夜班快车运到伦敦的邮件分拣处。最终，此信在《泰晤士报》头版的编辑部专栏部分刊出，并加上了一个戏剧性的标题：《气球来信》，时间为 1870 年 9 月 28 日。从离开圣皮埃尔空场的帐篷算起，前后只用了 5 天。

《泰晤士报》还在这一天近于破天荒地搞了一个围城专版，而且在最金贵的头版位置上，以半页的篇幅刊登了一张题为《巴黎及其周边》的地图——其实说成"巴黎及其防务"倒更准确些。图上标出了市内各区、内城防卫圈、发生过战事的外围村庄、重要的工事构筑、巴黎周边的 12 处要塞，以及所有进入巴黎的公路与铁路（只是目前均已被切断）。这张地图给出的内容是如此详尽，恐怕会很快被普鲁士一方大量复制，下发至每一顶军官营帐和每一处军官食堂。有鉴于《泰晤士报》一向的反法倾向，说不定这正是该报刊载这幅地图的真实用意也未可知。

纳达尔也和巴黎的政要们一样，很懂得公关和宣传的诀窍，说不定比这些人门槛还更精些。因此，《泰晤士报》的读者可能会持敌视情绪，也是他事先估计到了的。正因为如此，他在这封有历史意义的气球来信中只写了短短的三段话，没有提到法国所面临的困难，没有用夸张的言辞为法国辩解，没有以豪放的誓言明志。此信的基调是真诚的、坦率的、务实的，结果是被《泰晤士报》一字不易地刊出。

纳达尔先是感谢《泰晤士报》拨出版面的"善意"。（这当然是在利用气球突围之事炒作一下啰。）这家报纸以往对"帝制时代的法国"所持的"极端严厉"的态度，大体上是正确的。他本人"作为一名法国人"，对于近二十年来"我的可怜而无知的国家可悲的所作所为"，既感到愤怒，又觉得羞惭。向普鲁士宣战，引发"这场可恶至极的战争"，无疑是法兰西帝国"犯下的罪愆"。

接下来，信中又呼请英国读者——以信奉光明正大精神——著名的 fair play 信条——著称的英国公众，重新考虑对待法国的立场。如今领导着法兰西的，已经是一个新的、年轻的、有理想的、信奉共和的政府。它的和平建议遭到了普鲁士政府"不屑一顾的"拒绝。它拥有主权的土地受到了"贪婪和过分自信"的敌人的凶残入侵和劫掠，尤其不堪的是，普鲁士的军事敌对行为，已经不仅是针对法国军队，还危及到了平民——手无寸铁的"法国普通老百姓"。

法国人的性情，特别是巴黎人的性情，已经与以往大不相同。"我只是希望在改变了的、经历了重生状态的巴黎这里，由于完全孤立地直面深重危险所会出现的突然与难以逆料的情况，能够得到外界的见证。这座曾经代表着欢乐与轻松的城市，今天正处于沉默、沉重和沉思之中。"

纳达尔最后又尖锐地指出："战争的胜利不会单靠枪支和大炮取得。正义与否也是一个因素。"如今的普鲁士已然变成了一个不知餍足的敌人；它极端自信、自以为是、目空一切。法兰西帝国先前被它打败固然是咎由自取。但如今已经到了普鲁士接受公正惩罚的时刻，因为它也是罪有应得。《泰晤士报》的读者中不乏熟知雨果作品的人，因此想必会知道他所写下的这句诗："普鲁士将接受它应得的惩罚。"纳达尔以这位文豪写入《惩罚集》中的一句诗结束此信，应当会激起这些读者的共鸣吧！[25]翌日，此信也出现在 9 月 29 日的《比利时独立报》上。普鲁士对巴黎的通讯封锁绝对失败了。

紧接着，在下一个星期里，又有三只气球接连飞出巴黎，时间分别为 9 月 25 日、29 日和 30 日，飞天员各为加布里埃尔·芒然（他的第二次尝试）、路易·戈达尔和加斯东·蒂桑迪耶。升飞地点分别在拉维莱特和沃日拉尔的煤气厂。它们都携带着邮件出发，都成功地从塞纳河上空飞过，也都在巴黎以西顺利降落。它们还都带着信鸽同飞。这些鸽子是巴黎的一个爱国的信鸽协会捐赠的，意在查验一下它们能否带回图尔的邮件分拣处的回复。几天以后，有几只鸽子飞回巴黎，证明有来有往的邮政业已实现。

国防委员会正式宣布成立巴黎邮务处，[26]开展两种邮件投递业务，一是载人气球投递，一是无人气球投递；前者针对普通的私人平信业务，后者只接受统一的 10 生丁[①]明信片，上面印有预先定好的几种常规的文牍套路，由寄信人视情况勾选后寄出。自然，巴黎人重视的只是前者。

　　由加斯东·蒂桑迪耶操纵的第三只气球"天穹号"在德勒（Dreux）附近着陆。这里属厄尔-卢瓦省（Eure-et-Loir），距巴黎70 英里。他的一只手臂骨折，但完成了投递任务。蒂桑迪耶还受命考虑在图尔设立一处通讯中心的可能性，并研究一应将外界信息送达巴黎的可能办法。他开动了自己聪明的职业头脑，想出了

图 10.6 《气球邮报》的宣传海报
海报右下角的文字：
使用"双程明信片"，可实现与法国所有省份的联系。本期《气球邮报》上刊有如何投递和收取此种明信片的详尽说明

---

① 法国当时的基本货币单位为"法郎"，"生丁"是辅助单位，一生丁为百分之一法郎。法国加入欧元区后，这两个单位均已废止不用。——译注

大量方式，如在信鸽之外再起用狗来携带信件、靠河水承载邮包等。他甚至想到了使气球飞回巴黎的方式——将气球放在火车上运到巴黎的上风处，然后迅速充入燃气后放飞。这是受了美国南北战争的启发。

气球邮政本是危险万分的，但参与者的士气很高。蒂桑迪耶曾写下这样的几句话："最早出现在外省的气球，引发了普遍的激昂情绪。不到 8 天，成千上万个——不是泛泛而言，确实有这样多——家庭收到了宝贵的家书。它们来自被困的城市，靠的是空中这一渠道。"[27]

此话绝非言过其实。按规定每封信的重量不得超过 40 克计，迪富尔带出巴黎的那 125 公斤邮件就应当是 3000 封信以上。后续的 3 只气球各自携带的邮件袋，有的是两个，有的还更多，总共超过了 900 公斤。这就是说，单在 1870 年 9 月的最后 8 天里，从巴黎送出的 4 批信函便远不止 2.5 万封。这一数字很快还将有更大的飙升。

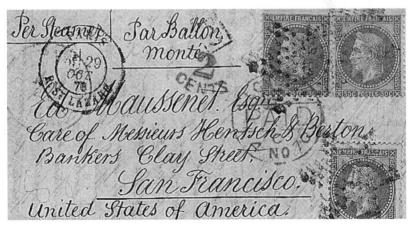

图 10.7　一封通过气球邮政从巴黎圣拉扎尔路寄往美国旧金山的信件，邮章上的日期为 1870 年 10 月 29 日

维克多·雨果写信给纳达尔说："巴黎遭到了包围与阻截，失去了与外面整个世界的联系！然而，只凭着一只简简单单的气球——空中的区区一个气泡，巴黎便又恢复了同世界的沟通！只有笨伯才意识不到此举的重大意义！"[28]

五　以战时速度抢制气球

刚成立不久的国防委员会决定发起一场大规模的宣传战。10 月 7 日，名为"阿尔芒·巴尔贝斯号"①的第六只和名为"乔治·桑号"的第七只气球，在纳达尔负责的圣皮埃尔空场同时升空。同时放飞两只的目的之一，是要给普鲁士军队耍一耍障眼法。"阿尔芒·巴尔贝斯号"上搭载了新成立的共和国政府的一位要人——莱昂·甘必大。这位曾当过记者的激进律师，在担任内政部长期间，因表现得干劲十足而声名鹊起，被视作全法国的希望。他还只 30 岁出头，但以其关心民众疾苦和爱国演说激情四射而名闻八方。

国防委员会又委任甘必大兼任国防部长，并责成他挑起重组图尔流亡政府并使之发挥作用的重担。他接受的指示是动员民众，发展新的军事力量，并激发起退守卢瓦尔的法国军队新的斗志。总之，他的工作就是在法国的整个西部和南部激扬起抵抗意志。与甘必大同行的还有重要报纸《法兰西共和国日报》②的一名编辑，负有

---

① 这只气球的得名是为了纪念法国共和党人阿尔芒·巴尔贝斯（Armand Barbès, 1809–1870）。此人多次参加推翻帝制的武装行动，并因此几度入狱。他于普法战争爆发前不久病逝。——译注

② 《法兰西共和国日报》（La République Française），第三共和国政府经办的刊物，负责定时发布各种官方材料。——译注

重新树立起流亡政府的公众形象的帮衬任务。

　　总体而论，这是一套出色的设想，但风险也不小。《议事报》①便称之为放飞"气球政府"。有的评论说得更是形象，认为这是在"孤球一掷"——如果这几个人死去，或更糟糕地被俘，这场宣传战的局势就会根本逆转，反而大大有利于普鲁士一方了。[29]

　　后来，雨果将自己的所见，生动地写进了他的《见闻偶记》中。他是在那一天上午出门"去街上遛遛"时，不经意地来到蒙马特尔，结果正好在气球升飞前的几分钟来到现场——其实，这"去街上遛遛"，十有八九是由于纳达尔这位能人事先向他透露了消息。雨果在这个破败的大空场上看到了不少人，有特罗胥将军派出的一

图 10.8　莱昂·甘必大于 1870 年 10 月 7 日乘"阿尔芒·巴尔贝斯号"气球从圣皮埃尔空场离开巴黎（油画）

①　《议事报》（*Journal des débats*），于 1789 年至 1944 年间发行的一份法国报纸，每周出版一期，主要刊载与法国议会的会议与决议有关的内容。——译注

队卫兵，有若干名戴着勋章绶带的军官，有一伙交头接耳的巴黎工人，气球飞天员也差不多全体到场。纳达尔也在这里，看上去面色苍白、神情疲惫。空场上系着两只气球，一只是黄色的"阿尔芒·巴尔贝斯号"，一只是白色的"乔治·桑号"，看上去都脏兮兮的，丝毫不起眼。

那只白色的"乔治·桑号"上软塌塌地缀了一面法国三色旗，显见是要以此将敌人的注意力吸引过来。不过，它也同样装足了邮件，还有两名大胆的美国商人，一位姓雷诺兹（Reynolds），一位姓梅伊（May），是前来准备与甘必大洽谈一笔军火生意的。此外，雨果还注意到，这只气球的名字既与文学有关，又带着女性色彩。单仅从文学角度看，这只以小说家的笔名命名的气球，就足以让那些普鲁士武夫们好生糊涂一阵了。[30]

雨果在该回忆文字中这样要言不烦地说——

> 人群中悄声传着"甘必大要走！甘必大要走！"的耳语。我在一群人中看到了他，穿着一件厚大衣，戴着一顶水獭皮帽，席地坐在那只黄色气球附近的人行道上，正将脚蹬进一双筒口镶着毛皮的长统皮靴。他肩上挎着一只革包。他将这只包从肩上卸下，连人带包爬进了气球吊篮。一位年轻人，显见就是这只气球的飞天员，将这只包系到了甘必大头顶上方的网套处。这一天天气晴朗，刮着向南的和风，秋天的太阳照得暖洋洋的，时间是 10 时 30 分。突然间，那只黄色的气球起飞了，上面有三个人，甘必大是其中一个。接着那只白色的气球也升飞入天，上面也带着三个人，其中一人挥舞着一面大大的三色旗。甘必大所乘的气球也在下方系着一面不大的三角旗，也是三色的。空场上响起了"共和国万岁"的呼声。[31]

图 10.9　莱昂·甘必大乘气球飞离巴黎（版画）

　　这一历史性时刻得到了若干图像作品的铭记而广为流传。有的作品比较写实，有的则想象成分浓厚。它们之间的主要区别，倒不在对气球的描绘上，而是在升飞现场的士兵和巴黎民众的态度和表现上。有些画面明显带有紧张、惶惑乃至怀疑的基调，另外一些画面上则布满了观看的人，热情支持得近于忘我。

　　在保留至今的有关这次飞天的照片中，有一张可能的确是当时在实地拍摄的。从照片上可以看到"阿尔芒·巴尔贝斯号"刚刚从圣皮埃尔空场升飞，在离地面大约 20 英尺处摆晃，显见风力并不小（不是雨果所说的和风）。在气球的任何部位上都看不到那面三色三角旗。甘必大看上去颇为紧张，一手抓住吊篮边以力图站稳，另一只手戏剧性地挥舞着皮帽，向下面的一小群士兵和民众告别。

　　只是现场的气氛并不昂扬。照片左侧有几名士兵面向气球，军帽拿在手中扬到头顶上；还有一位平民也脱帽以示敬意。一名卫兵手拄着上了刺刀的步枪，松松垮垮地站着。照片右侧照进了一根孤零零的煤气灯柱，前面不远就是纳达尔那高挑儿身形。他独自站着，神情俨然，右臂前伸，无言地向气球告别。在他身后的那三顶帐篷附近，有十来个民团团丁稀稀落落地围成一段弧线，或坐或站，也在向气球投去视线，不过没人举帽致意，也没人招手告别。和那些广为流传的画作不同，照片上的圣皮埃尔空场空荡荡的，地上散落着匆匆丢下不用的压舱沙包。即便有些形象得到了技术处理，整体气氛无疑仍十分低沉。

风向突然出人意料地有了变化。甘必大所乘的气球蓦地转向，几乎飘向了正北，越过了圣但尼和勒布尔歇，而这一带驻有普鲁士的重兵。纳达尔在蒙马特尔高地用望远镜注视着气球，心里一团冰冷。比改变方向更糟糕的是"阿尔芒·巴尔贝斯号"来不及在突破封锁线之前升到安全的高度上。一阵密集的枪弹向它射去，有些就

图 10.10　莱昂·甘必大飞离巴黎的照片（经过技术处理）

在气球附近呼啸着掠过。还有几颗子弹打到了吊篮底部，使藤条发出破裂的噼啪声。再接下来，更有子弹击中了球皮，导致三个人头上的网索振荡起来。这真是骇人的一刻。不过正如美国南北战争时的经验证明的，子弹只在球皮上打出了几个边缘齐整的小洞，并没有导致煤气起火燃烧。

只是气球仍然处在危险位置。一颗子弹擦破了甘必大的手，弄得他吃惊地栽倒在邮件袋上。浮力减小的气球一点点下沉，飘到了尚蒂伊（Chantilly）一带，而这里不久前才刚刚撤走一队普鲁士轻骑兵。听到在田里干活的法国人的警告，飞天员抛出压舱物，"阿尔芒·巴尔贝斯号"又摇摇晃晃地上升了。普鲁士骑兵一路狂吼着追击了数英里，真不啻一场做不完的噩梦。气球飞过距巴黎27英里远的克雷伊村（Creil）后，还只能低低地飘在700英尺的低空，

图10.11　1870年秋，一只飞离巴黎的气球在德勒附近受到普鲁士骑兵的追击

绝对在步枪的射程之内。

这样飘荡了三个小时后，气球总算来到了一处浓密的森林地带。这里是贡比涅森林，距埃皮纳斯（Épineuse）不远，在巴黎以北 38 英里。追兵至少一时不会发现他们。飞天员便决定冒一冒险，赶快抢时间着陆。但他错过了看中的开阔地块，结果撞到一株大橡树上，球皮挂到了树枝上，三个人都悬在半空。如果轻骑兵此时来到，他们都只有束手就擒的份儿。还是后来有几位乡民爬上大树，将几个人都解下来，也不管体面不体面、舒服不舒服，就连人带邮件袋都塞到一辆干草大车上运走了。至于乡民们是不是认出了甘必大，可是闹不清楚——他们恐怕甚至也未必能判断出他们救出的这三个人是法国人还是普鲁士人呢。还有传闻说，那个蓄着大胡须的人，在乡民们看到他时，可是锚索缠身、头朝下倒吊着呢。[32]

幸运得很，埃皮纳斯市长碰巧认识甘必大。他意识到普鲁士军人有可能马上前来，便用自己的马车将他们赶快送到北边的亚眠（Amiens）。甘必大在中途经过蒙迪迪耶村（Montdidier）时将伤处包扎了一下，又喝了不少"解忧液"。他放出一只信鸽，带回了一份要言不烦的乐观短信——

> 森林里发生了事故，事后气球没了气，人到了埃皮纳斯。多亏这里的市长，我们躲开了普鲁士的枪口，目前在蒙迪迪耶，一小时后去亚眠，然后乘火车去勒芒（Le Mans）或图尔。在瓦兹河（Oise）的克莱蒙（Clermont）、贡比涅和努瓦河畔布勒特伊（Breteuil-sur-Noye）一带未见普鲁士军队。索姆河（Somme）一带也没有。到处都有奋起的民众。国防委员会到处得到响应。——莱昂·甘必大。[33]

他们在亚眠过夜，恢复一下体力。第二天晚上，三个人，外加那几个邮件袋，都经由鲁昂到达图尔。"乔治·桑号"上的三个人已先行抵达。在有国民自卫军列队保护的火车站，甘必大站在一辆行李车上，发表了一篇充满战斗精神的爱国讲演。在他用以唤起全国民众的诸多讲演中，这篇讲演堪入最佳之列："如果不能看到胜利，就让我们去面对死亡！"在流亡的共和政府的领导下，这场宣传战以强大的势头持续进行下去。[34]

从这时起，国防委员会便全力关注起气球事务来。形势已经明朗：普鲁士的围城是完全能够打破的。将气球同铁路网结合起来，就能占普鲁士人的上风。巴黎城里很快便建起了两处气球营造厂，日夜不停地制造气球。一处设在奥尔良火车站（Gare d'Orléans）——现在叫奥斯特利茨火车站（Gare d'Austerlitz），由戈达尔兄弟负责，一处设在巴黎北火车站（Gare du Nord），由纳达尔创建的"法兰西共和国第一号飞天员公司"的成员之一卡米耶·达尔图瓦管理。

由于巴黎已经没有火车进出，这两座高大宽阔的车站正好用于气球的批量生产。车站大厅里安放着工作台，大幅的球皮布料就摊在台面上。数百名志愿者围在它们四周，有人剪裁，有人缝合，有人刷漆。涂抹好清漆的球皮就搭在跨过相邻月台的铁架上，用气泵打入空气鼓起晾干，然后迅速送到拉维莱特和沃日拉尔煤气厂备用。

制造反围城气球的总体设想，是以生产线方式造出一批统一规格的产品，以廉价的棉布为球皮面料，容积为7万立方英尺，可以承载两个人、一笼信鸽和至少300公斤邮件。它们都只供使用一次。由达尔图瓦负责在巴黎北火车站生产的气球，就保留着原来布料的白色，有人觉得，这样的气球放到天上，看着有如白蘑菇，一派庄严的相貌；戈达尔兄弟在奥尔良火车站制造的气球，是由没有颜色的布瓣拼成的，这样会在粗俗的普鲁士人面前表示出轻蔑的嘲弄意味。[35]

给气球命名是关乎宣传作用大小的一项关键内容。国防委员会

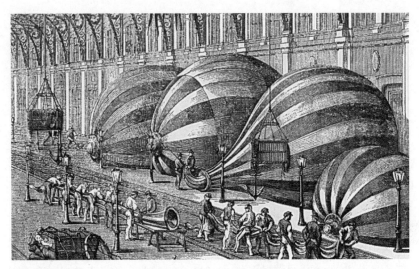

图 10.12 奥尔良火车站的气球生产车间

很清楚，普鲁士一方无疑会有长长短短的许多望远镜，聚焦在每一只从他们头上缓缓飞过的气球上，因此便属意在这些普鲁士军人面前亮一亮法国天才人物的名单。值得称道的是，它并非为唯一用到的名单。事实上，上天的是一只"世界文明之师"，真正体现了法国启蒙运动的传统。

在这些姓名中，自然会出现鼓舞人心的军人和政治家：拉斐特[①]、阿尔芒·巴尔贝斯、甘必大、路易·勃朗[②]、华盛顿、加里波第[③]、富兰克林。科学家也同样不少：阿基米德、开普勒[④]、牛顿、伏打、戴

① Gilbert du Motier, Marquis de Lafayette（1757–1834），法国将军与政治家，参与过美国革命与法国革命，被誉为"两个世界的英雄"。本书中数次提到的美国城市拉斐特，就是因纪念他而得名的。——译注
② Louis Blanc（1811–1882），法国政治学家和历史学家，法国二月革命后曾进入临时政府。——译注
③ Giuseppe Garibaldi（1807–1882），意大利将领、爱国者与政治家。他献身于意大利统一运动，亲自领导了许多军事战役，被称为意大利的四位国父之一。——译注
④ Johannes Kepler（1571–1630），德国天文学家、数学家，行星运动三定律的发现者。——译注

上穷碧落：热气球的故事

维、拉瓦锡。发明家也榜上有名，如达盖尔、涅普斯①、蒙戈尔菲耶等。奇怪的是作家只有雨果和乔治·桑两人被用来命名。此外还有几个表示敬意的专有名词：巴黎、奥尔良市②、布列塔尼③、吉伦特④、卢瓦尔军团。最后还有几个精选出的政治术语，为的是让普鲁士大兵们记住：自由、平等、共和世界⑤、救赎。法国人偶尔也会戳一下普鲁士人的痛脚：12月17日那天，他们将一只名为"古腾堡⑥号"的气球送上了天。[36]

当然，所有的这些名字，都在鼓舞着气球下面的法国人——不单单是巴黎人，增强了他们的抵抗意志。诚然，后来采取了夜间放飞方式，宣传手段的作用便不如先前明显、肯定不如以前那样常为普鲁士官兵看见。然而，这些气球的名字，还是不停地出现在军情报告、报刊文章和新闻电讯稿中，而且范围不断蔓延；从法国和普鲁士两国开始，最后还传到了斯堪的纳维亚地区和北美。

第13号气球是"维克多·雨果号"。在纳达尔的安排下，它于10月18日上天，并由第一号飞天员公司的让-皮埃尔·拿达勒任飞天员。雨果对此很是高兴。对这次飞天做了特别安排，升飞地点是在著名的图伊勒雷花园，以取得最强的宣传效果。气球在众人的欢

---

① Joseph Nicéphore Nièpce（1765–1833），法国发明家，先于他的同胞达盖尔（Louis Jacques Mande Daguerre, 1787–1851）发明摄影术，但他的方法需要很长的曝光时间，后经达盖尔改进为银版法才实用起来。——译注
② 奥尔良市在百年战争期间出了一位率领民众抗击入侵者的女英雄圣女贞德。——译注
③ Brittany，位于法国西北部，历史上曾长期抵抗外来入侵。——译注
④ Gironde，既是法国的一个省份，也因是法国的一个政治派别的发源地而代表着这个派别——吉伦特派（共和力量的一支），一向与奥地利敌对。——译注
⑤ 《共和世界》是一本书的书名，作者是阿纳卡西斯·克洛茨（Anacharsis Cloots, 1755–1794）。此人虽为普鲁士贵族，却是支持法国大革命的。——译注
⑥ 古腾堡是指欧洲最早使用活字印刷的约翰内斯·古腾堡（Johannes Gutenberg, 1398–1468）。这位德国人的发明使文明在欧洲乃至整个西方的传播空前迅速广泛，但此时的德国人却是凭借武力进行扩张，故作者说是"戳痛脚"。——译注

呼声中上升，吊篮里除了邮件袋和信鸽笼，还特别带上了几千份宣传信，是雨果赶在气球出发前写出的，收信人是"全体普鲁士人"。雨果在信中以夸大的口气敦促对方签署有诚意的停战协议、离开法国领土、和平返回自己的家园。雨果自信地表示说："我相信它的作用将无法估量！"[37]

从 1870 年 10 月 7 日开始，只要天气环境不很恶劣——看样子即将降临的冬天来意不善，再加上风向合适，巴黎就会放飞邮政气球，大体为每周 2—3 次。从 11 月 18 日起有了夜间放飞。到 12 月为止，前后共有 50 多只邮政气球从巴黎升起。普鲁士对此很是恼火，有记录表明，俾斯麦说了这样一句评论："这些巴黎人可真有鬼点子。"从话中看不出他的态度。11 月里，三只气球，"诺曼底号""伽利略号"和"达盖尔号"，先后出了意外，在坏天气中进入了敌占区，让俾斯麦高兴了一阵子。三只气球上的飞天员和邮件都不祥地没了踪影。

事后不久，俾斯麦便这样照会美国大使："我就此机会知会阁下，几只巴黎方面派遣的气球已落入我们手中，气球上的人员均将受到军事法庭审判。请阁下转告法国政府注意我方的新规定，即凡以此交通手段未经允许进犯我边界者，或者以通信方式动摇我军心者，一旦处于我方掌握之中，均将以同样方式处理之。"[38]这是再明显不过的警告，表示气球飞天员将不再会被视为普通的敌方成员，而将一概以间谍罪枪毙。

在发生了这三只气球的事故后，从拉维莱特和沃日拉尔放飞的气球往往都改在夜间进行，这样，气球就得在夜间的几个小时内通过普鲁士占领地带。只是夜飞使掌握方向更加困难。看不出自己的飞行路径，不知道自己的位置，加之以担心一旦落入敌手被当作间谍处死，导致飞天员不得不尽量延长在高位置上的飞行时间，而不是降低高度查看位置。这样做的结果，是出现了若干次超长距离的飞行，还酿成了几出悲剧。

"奥尔良号"在 11 月 24 日夜间升飞后，便遭遇了一场风暴，在空中折腾了 15 个小时后，才降落在挪威的一处山麓，飞出了创纪录的 840 英里，平均时速接近 60 英里，空中温度最低时为−32 ℉（−36℃）。令人赞叹的是，两位飞天人在深雪地里艰难跋涉，居然一路步行到克里斯蒂安尼亚（Christiania），即今天的奥斯陆（Oslo），所携的邮件袋也被挪威乡农找了回来，只丢失了一只。[39]

"雅卡尔 [1] 号"是于 11 月 28 日放飞的。它消失在另外一个方向上，在爱尔兰海（Irish Sea）上空不见，而且从此永远没了踪影。它上面只有一个人，是曾当过水手的 27 岁年轻人亚历山大·普兰斯 [2]。此人在出发前多次与报界会见，发表了激烈的爱国言论。他的神秘消失，导致了若干首诗歌和宣传画的出现。[40] "巴黎号"于

---

[1] Joseph Marie Jacquard（1752–1834），法国发明家，设计出人类历史上首台可通过不同的穿孔卡织出不同编织式样的织机。——译注

[2] Alexandre Prince（1843–1870?），法国爱国者，巴黎围城期间志愿充当气球飞天员，在乘气球离开巴黎时失踪于北海上空。——译注

"雅卡尔号"的遭遇揭示出围城时期气球飞天员的献身精神。在乘"雅卡尔号"飞天之前，普兰斯从不曾登上过气球。但面临反围城气球缺少正式飞天员的局面，他在最后一刻挺身而出，自告奋勇愿承担从奥尔良火车站执行夜飞使命。他报名时说的话很简单："我希望能够飞好。人民将会说起我的飞天。"他被要求完成的都是基本工作：天亮之前不能落地；落地前务须搞清楚下面不是普鲁士的占领地段；邮件一定只能交给可靠的人。最后一次看到他的是一艘英国渔船，地点在英格兰西南端锡利群岛（Scilly Isles）正西 30 英里处。当时的气球位置高得有些异乎寻常。后来，气球所携带的部分邮件袋在英格兰最西南端利泽德（Lizard）的岩堆上被人发现。发生了什么情况呢？从一幅海图标出的气球飞天路线看，普兰斯走的基本上是一条直线，从巴黎、经瑟堡（Cherbourg）、过利泽德后，来到锡利群岛上空。可能在飞过利泽德时，普兰斯想到这里是最后一块陆地，前面就是大西洋了，因此于万般无奈中将邮件袋从当时所处的较低位置上抛了下去，指望着或者这些信件有可能被发现，而且即便是在英国，也仍有可能得到投递。（事实上也部分地做到了。）但这样一来，也就等于将大部分压舱的重量减除了。他这样做时也一定意识到，"雅卡尔号"必然不可避免地大大升高，一直向西的大西洋深处飞去。亚历山大·普兰斯的故事——高渺深处的孤影独人，以飘向落日的余晖为人生的终点——会令普鲁士人的良心受到谴责。他的姓名被用金色大字镌刻了巴黎奥斯特利茨火车站内的一块纪念牌上。

12 月 15 日离开巴黎后，降落在普鲁士的韦茨拉尔（Wetzlar），结果邮件都被夺走，估计人也被害。12 月 20 日升空的"尚奇将军号"①也是向东飘飞的，虽然飞得较远，到了巴伐利亚（Bavaria），但也一样结局不明。

面对这一桩桩悲惨事件的挫折，巴黎人对气球邮政的支持并不稍减，也永远能够找到勇敢人来当飞天员。事实上，气球很快便成了保持巴黎人士气的重要支柱和围城故事中的史诗成分。正如诗人泰奥菲勒·戈蒂埃所吟咏的那样："风儿是我们的邮差，气球是我们的信箱。高高飞去的飞天员，带走了我们的千万念想：有希望、有担心、有对外面亲人的祝愿、有痛心疾首和深切盼望……人性中所有的良善，都一起升华向上。"[41]

六　气球与信鸽明言着巴黎反围城的意志

面对巴黎民众每个星期都会有成千上万封信件寄出的形势，如何组建起另外一个系统，使巴黎人能够得到外面的邮件，便成了日益紧迫的需要。不甘拜弟弟下风的阿尔贝·蒂桑迪耶，在 10 月 14 日乘"让·巴尔特②号"成功离开巴黎后，兄弟两便一道致力于设计将外省信件送入巴黎的方式。在向气象部门了解过秋季的主导风模式后，他们决定以位于塞纳河畔的鲁昂为运作中心。这座城市位于巴黎西北方，距离 68 英里，从这里放飞的气球可望用 4 小时抵达首都。经流亡政府批准，在鲁昂邮政局内增设了一个临时分拣

---

① 以法国军人安托万·尚奇（Antoine Chanzy, 1823–1883）的姓氏命名。此人曾参加普法战争。——译注
② Jean Bart（1650–1702），法国平民出身的海军将领，在数次与荷兰争夺海上霸权的战争中为法国立下赫赫战功。——译注

站，处理全国各地用火车运来的邮件。11 月 7 日，首批拟带入巴黎的 250 公斤邮件被送上在鲁昂煤气厂待命的"让·巴尔特号"，在看来大有希望的西北风吹送下出发了。

按计划，气球应顺着塞纳河的大致走向进入巴黎。黄昏来临时，它已经乖乖地沿此方向飞了 20 英里。这时风停了。气球悄悄降落在塞纳河畔的小镇莱桑德利（Les Andelys）的郊外，距巴黎只有 49 英里，很有希望于次日到达目的地，只是这里离普鲁士占领区很近，相当危险。然而，第二天的风向却发生了改变，向北面吹去。蒂桑迪耶兄弟俩仍然勇敢地再次升飞，指望在较高的位置上找到向南的气流。他们在最高达 1 万英尺、温度最低为 −14℃ 的寒冷云块中上上下下找了整整一个白天，也没能遇到合用的风向。不过他们仍不肯停止，一心想争取在天黑前进入巴黎。

当气球最终降低了高度后，兄弟俩发现下面还是塞纳河，但四周却包围着陡峭的山岩和浓密不透风的林木。原来，他们来到了布勒托讷森林（Forêt de Brotonne），最近的村庄名叫厄尔道维尔（Heurteauville），在鲁昂的西面，而且距离还不近。这可真丧气。他们意识到，气球竟然走了回头路，离巴黎反而有 81 英里远了。亏得有些乡民在月光下看到了气球，划船将两个人从河里救出，连"让·巴尔特号"也一并拖上岸。原计划只得完全放弃。事后阿尔贝·蒂桑迪耶始终表示，此次飞天并非百分之百的失败——因为它导致了一幅出色版画的诞生，主题便是月光下的救助。[42]

在这次失败后，加斯东又审核了其他一些将邮件送到巴黎的设想。一部分由法兰西科学院提出，一部分来自飞天员同仁，还有一部分来自思维活跃的公众。其中的一些想象力实在超群。比如，有一种设想是将养在巴黎植物园的老鹰训练出来拉着气球飞翔；又有一张设计图，画着装有小型蒸汽机的可导向气球；再一种建议是将邮件装入加上伪装的容器后，沿塞纳河顺流而下进入巴黎。最为超现实的构想，是将若干气球组合起来，共同提起长达 70 英里的电报线，从鲁昂一直凌空拉到巴黎。[43]

信鸽邮政是经过尝试的，也显然是可行的。自"海王星号"初飞成功后，每只离开巴黎的气球，都会携带信鸽出城。此种方式的问题在于不能保证鸽子一定能够飞回，再就是每只信鸽只能带十几封信回来，信都得写得简短，还得吃力地用极小的字体誊写原信，好将它们塞进箍在鸽爪上的套环。要打算改进，就得想出办法来，大大增加每只鸽子每次可携带的信件数量，从十几件增为**数百件**。于是，有人便异想天开地提出要启用老鹰。

在这个问题上，关键的招数不是老鹰，而是摄影。这一招可能还是纳达尔悟出来的。不过，有关的技术是巴黎的另外一位商业摄影师勒内·达格隆①发明的，[44]其核心是使用缩微胶卷。在这一年的整个 10 月里，达格隆都埋头在自己位于巴黎新场小街（Rue Neuve des Petits-Champs）的实验室里钻研，弄出了一套简单易行却富于革命性的程序，可以有效地给信件拍照，然后翻拍到缩微胶卷上。具体步骤如下：将上百封信一一铺在一块很大的平板上，用一架固定相机对平板拍照。铺信的平板可以有多块，每铺满一块，便用大块玻璃板压住，然后直立起来拍出一张照片。再往下，便是将这些照片逐张翻拍为感光硝化纤维素胶卷上的一张张相连的微小底片。此过程可迅速进行，而且成本不高，还很容易复制，得到的最终成果是比一叠卷烟纸还薄的一轴胶卷，可以不费力地插进一截鹅翎管。再将鹅翎管用涂了蜡的丝线固定在信鸽尾部的羽毛下，便

---

① René Dagron（1819–1900），法国摄影师与发明家，他改进了英国人约翰·本杰明·丹瑟（John Benjamin Dancer, 1812–1887）发明的缩微摄影技术，开发了相应的阅读器，并取得有关专利。普法战争期间，这一技术被用于将信件缩微后带入被围困的巴黎。——译注

大功告成。[45]

说来真令人吃惊。一个胶卷居然可以容纳一千多封各有两页的信件；一只鹅翎管里可一个顶一个地塞进 4 个或 5 个胶卷。这样，一只鸽子便可以携带多至 5000 封信函。此外，胶卷是可以复制的，这样便可让多只信鸽携带同样的拷贝向巴黎飞回，至少其中一只会"平安回本垒"的可能性便大为增加。[46]

纳达尔是最早得悉达格隆这一发明的人，而且将这一信息告知给自己的老相识热尔曼·朗蓬-勒辛。纳达尔在写给这位邮政总局局长的信中，将全部过程涉及的技术，以可圈可点的明晰文字做了介绍，准确和详尽得有如提交一份专利申请。他还提议指派达格隆领导这一项目。当他后来听说他所建议的这个人，在同政府洽谈中谋得了一笔可观的报酬，更在得知此项目将在图尔进行时，又加要了 2.5 万法郎的冒险费，无疑很是吃了一惊的。这实在与飞天精神不可同日而语。[47]

11 月 12 日，即在"让·巴尔特号"之行失败之后的第四天，达格隆肩负着秘密使命，带着他的宝贝相机和缩微器材，总重量达 600 公斤，乘"涅普斯号"离开巴黎。他的使命是先后在图尔和克莱蒙-费朗（Clermont-Ferrand）两处都远离普鲁士军队的安全地方，讲授和建立他的缩微系统，项目属最高机密级别。气球飞得相当艰难，在马恩省的降落很是惊心动魄，又遭遇一场追击，达格隆的一大堆器材险些成为普鲁士人的战利品。不过到了 11 月底时，第一批带着缩微胶卷的信鸽便飞回了巴黎。

在此期间，邮政总局也在巴黎建成了一个很大的投递系统。每当有信鸽飞回来，无论它们回到这座城市里哪一家屋顶的鸽子窝里，都会被值班的信鸽守望员注意到。所有的鸽子窝 24 小时都有人守望，其中一些还因为回来的鸽子特别多而出了名。它们带来的宝贵胶卷立即会从鸽子身上取下，然后争分夺秒地在很短时间内送到邮政总局，打开后浸入低浓度氨水里清洗。胶卷清理干净后便被剪成小段，送入一间间遮光的转录室。这些房间里都装有一台台幻灯机，墙上挂着放映屏幕。于是，这些底片便被插入幻灯机，信件和公文的内容在经过特别的镜头放大后打到屏幕上，尺寸会有海报大小，可以毫不困难地阅读。

另外一批人，也是 24 小时轮班工作的，会坐在明亮的大屏幕前，将信件和公文的内容用笔抄录到纸上。这一部分操作是全过程中最缓慢、最累人，也最容易失误的部分。又黑、又热，还又拥挤的转录室是充满紧张和激情的所在。抄录员们看到的是一段段活生生的历史，也同时是私密的家庭生活记录、柔情蜜意的情书和战争带给人们的心碎遭遇的倾诉。此时似乎并没有实施信检。政府的公文固然能得到优先抄录，但所有的邮件到头来都能得到转录，而后投递到巴黎的收信人手中，通常不会超过一个星期。使用这一技术，一只鸽子带来的胶卷，就提供了相当于一部中等篇幅的长篇小说的文字量。（说来也实在奇怪，居然没有人以此为题写出一部小说来！）

普鲁士方面自然也采取了打击措施，如派出持握大号猎枪、架着猎鹰——猎鹰比猎枪更有效——的巡逻队。其实，最大的威胁应当说是冬天的天气。从 1870 年 9 月—1871 年 2 月，放回的信鸽共有 360 只左右，但只有 57 只飞回巴黎，成功率仅为六分之一。但由于有了缩微胶卷，又实行了一信多送，邮件的送达率要高得多。从图尔和克莱蒙-费朗送出的信件和公文共计 9.5 万件，而据信送达到收件人手中的超过了 6 万件。成功率超过一半。[48]

在巴黎人的心目中，鸽子的到来成了与气球离开同样重要的事件。它们都强化了这座城市抵抗强敌的心理力量，最终更成为其

图 10.13　用迪博斯克牌幻灯机放映缩微胶卷上的围城邮件进行转录

传奇魅力的一部分。正如每只反围城气球升飞之前，报纸都会予以公布一样，每只信鸽飞回巴黎，消息也会很快见报。这些鸽子也和气球一般有了名号：角斗士、味美思①、空中女儿，等等。巴黎的千家万户都翘首以待它们的来临。来自外面的消息对保持士气至关重要，因此会迅速见诸《箴言报》②《议事报》等巴黎报纸的战时特刊。与家庭有关的无论什么内容——健康啦、花销啦、饮食啦、孩子啦、宠物啦、花圃啦，都能牵动人心。普鲁士也是出现在信中的笼罩在人们头上挥之不去的阴影。"在整个历史进程中，比

① 味美思，又名苦艾酒，是一种酒名，是在葡萄酒中加入白兰地等其他含酒精的饮料和固体调味品的高酒精度饮料，发源地为法国和意大利。——译注
② 《箴言报》（Le Moniteur Universel），法国一家官方色彩浓重的日报，于 1789—1901 年间先后以不同的报名发行。它一度还是法兰西第二帝国的官方大报。——译注

这些救世之鸟①更优美动人的传说还从来不曾出现过,"法国文人保罗·德·圣维克多②发表评论说,"它们给巴黎带来了来自法国远方的支持,带来了众多遭受分离之苦的亲人的挚爱与回忆。"[49]皮埃尔·皮维·德沙瓦纳也再次拿起画笔,创作了一幅有战斗力的画作《鸽子》,画面上又出现了玛丽安娜。她消瘦而憔悴,站立在巴黎的城防工事处。这一次,她驱赶着一只普鲁士的猎鹰,以保护一只信鸽。背景上远远地画出了代表着巴黎乃至整个法国的巴黎圣母院钟楼。

围城之战使情人之间的通信变得更为重要,相互间的情感也更加炽烈。就连已经年近花甲的泰奥菲勒·戈蒂埃,也想到要和他的情人卡萝塔·格里西③一通心曲。这位漂亮的女舞蹈家目前在日内瓦自己的宅邸隐居。戈蒂埃也同其他许多巴黎人一样,每隔两周便会寄出一封信,而且留了底稿,还都编了号(有据可查的共17封),以便查知是否丢失。这些信都经气球邮政送出。他还像这一时期的许多巴黎寄信人那样,在信上一一注明从围城开始时算起的天数。

他在 1870 年 11 月 30 日,寄出了一封标为第 7 号、注明为"围城第 74 日"的信件——

> 亲爱的卡萝塔……今天早上,我享用了一盘鼠肉糜,味道真的还不算坏。这里的悲惨生活,想必你能够理解。对于我们来

---

① 隐喻《圣经》中所说的大洪水之后,鸽子给在挪亚方舟上的避难者衔来重新萌发绿叶的橄榄枝,告知他们已重回广大的世界生活。——译注
② Paul de Saint-Victor(1827–1881),法国作家与文学评论家。——译注
③ Carlotta Grisi(1819–1899),意大利芭蕾舞女演员,以饰演《吉赛尔》中的同名女主角著称,而戈蒂埃正是将一则德国民间传说改编成这一舞剧的创作人之一。——译注

图 10.14 皮埃尔·皮维·德沙瓦纳的画作《鸽子》

说，外面的世界已不复存在……唉！我可怜的卡萝塔，今年，这个 1870 年，是个何等糟糕的年份！我都经历了多少事件，又遭受到何等磨难！而且从一开始，我都未能得到你以友情赐予我的抚慰和温馨……在我的想象中，我的亲人们可能生病了，出事了，也许情况更糟糕得多，那就是将我忘记了。今夜将有一只气球离开，它会不会比以前被劫掠去的那几只幸运些呢？……请记住，我没有前来看你，只能怪 30 万名普鲁士丘八呀！[50]

　　围城和巴黎公社时期结束后，雨果将他在此期间逐月写成的 45 首诗体报告合在一起，出版了他的《凶年集》。气球和信鸽都多次出现其中。这两者都是自天上降临到普鲁士人面前的信号，明言着巴黎的抵抗意志。在这部诗集中，雨果一次又一次地描绘出曙光初现的东方天际，而在那里的地平线上，或者有一只远去的气球，或者有一只遥遥飞来、羽毛亮闪闪的鸽子——"鸽子高高飞翔，迎接着神圣的黎明"。[51]

在这些抒发抵抗之情的诗歌中，最有特色的或许当推《致一位不知名的女子》。它还有一个很戏剧化的副标题："1 月 10 日由载人气球投递"。[52]1871 年 1 月是巴黎围城的最后一个月，因此这个副标题其实才是雨果这首诗的中心寓意所在，而在这个月的 10 日离开巴黎的气球，应当就是这一天夜里 3 时升飞的"甘必大号"。毛奇将军此时已经打消了俾斯麦的顾忌，普鲁士军队已经在 5 天前，即 1 月 5 日，开始以大炮向巴黎市中心轰击，开了欧洲现代史上大国首都和手无寸铁的平民遭到轰炸的先例，深深地震惊了世界。狂轰滥炸到巴黎各处的炮弹至少有 1.2 万枚，多数落到了塞纳河左岸地段。先贤祠、萨尔皮迪埃教学医院、蒙帕尔纳斯公墓和巴黎大学等地都有炮弹落下。[53]

雨果不为恐怖所动，以令人惊讶的轻松笔调，综述了围城给巴黎人每天都会带来的种种困苦。他提到了香榭丽舍大街上新出现的一排排树桩、停止供暖的冰冷公寓、食品店前排起的长龙、普鲁士人不断打来的炮弹、夜里在大街上绝望放歌的醉酒士兵、动物遭到的可怕宰杀（"我们吃马、啃鼠、咬熊、嚼驴……肚子有如挪亚方舟①"）。巴黎人的生活中还有一些小小的、令人不快的不便：没有干净的内衣、工作时没有煤气灯照明、餐桌上没有白面包、成为罕见之物的蔬菜（"葱头受到崇拜，一如古埃及人向神祇叩拜"）。而最大的不便是，在这个一向被称为"流光曳影"的大都会，实施了灯火管制，"下午 6 时过后，全城便漆黑一团"。

雨果在他的这首诗歌里传递的信息，是多年来一直耽于享乐

---

① 在《圣经》人物挪亚为躲避洪水而造的大船里，有他为了保存物种而放入的多种生物。——译注

图 10.15　一幅将雨果表现为无畏的气球，正从吊篮抛下其著作的漫画

的巴黎人，已经发生了重大变化，正如纳达尔通过第一只反围城气球向《泰晤士报》表述的那样，巴黎已经知道应当代表法兰西，去面对所有的磨难，而绝不叫苦乞怜。巴黎不会投降。巴黎能承受一切。雨果最希望做到的是，将巴黎既表现为美丽、坚忍、不屈服于淫威的女性，同时又像男子汉般坚定："是斗士……是女子。"毛奇使巴黎遭受轰炸，俾斯麦逼迫巴黎枵腹。然而这个让他们不理解的巴黎，仍然屹立在防御工事上，微笑着，鄙夷着。她——同时也是他——向天空凝望，"看着飞去的气球，看着振翅归来的鸽子"。

> 毛奇、俾斯麦尔等听好，
> 巴黎是个女子，但为巾帼英豪！

知道如何妖媚，但并不畏强暴，

一面凝望深邃高天，一面微笑着思考，

看着曾乘气球离去又复归来的鸽子，

弱小却又强大——这是何等的美妙！ ♥[54]

　　然而，巴黎在炮击开始后不到三个星期便屈服了。这是在1871 年 1 月 28 日、围城的第 19 周发生的。3 月 1 日，普鲁士军队在阒无人迹的香榭丽舍大街上搞了个简短的入城式，接着便是逼迫法国交纳巨额赔款。4 月里，这个城市爆发了起义，继而巴黎公社成立。倒数第二只反围城气球是"理查德·华莱士号"，得名于曾出资在巴黎修建了不少饮用水喷泉的英国慈善家理查德·华莱士①。这只气球于 1 月 27 日夜间 3 时半从巴黎北火车站升飞，飞天员由埃米尔·拉卡兹担任，是纳达尔的飞天伙伴中仍留在巴黎的最后一人。这一次，气球飞得又快又稳，几乎一路奔向正西，飘飞了 350 英里后，于当天下午来到大西洋海岸的港城拉罗谢尔上空。

🎈 《围困中的巴黎》《巴黎的高墙》《堡垒》和《鸽子》等，也都是雨果充满慷慨激情的围城诗作。不过从他的私人信简和日记可以看出，围城有时并不令他感到烦扰。他早已有一位缱绻多年的情人朱丽叶·德鲁埃（Juliette Drouet），此时虽然老去，但仍对雨果一往情深。围城又给这位大文豪的崇拜者们创造了机会。根据雨果的日记可以得知，他有不少"粉丝"会深夜悄悄来访，多数是些女性。不少人会带来小小的、无伤大雅的礼品，如情书、糖果、小诗之类。但也有些女性更主动，愿意向这位大人物奉献自己的一切。在这类女性中，就有泰奥菲勒·戈蒂埃的女儿、已经结婚但不久便离异的茹迪丝·卡蒂勒-孟戴斯（Judith Catulle-Mendès），更有位性急如火、率性而为的女子，就是不久后成为巴黎公社女领导人的路易丝·米歇尔。[55]

① Richard Wallace（1818—1890），英国贵族、艺术品收藏家。他一生收藏，死后悉数捐赠。他又为让巴黎百姓饮上卫生的清水，出资在城市各处建起 50 个兼有点缀作用的饮水喷泉，相当一部分今天仍在。普法战争期间，他也给了法国大量捐助。此人去世后，安葬于巴黎的拉雪兹公墓。——译注

一些水手看到了在低空上飘行的拉卡兹，便向他呼喊，催促他拉开排气阀降落。据目击者说，这位飞天员向岸边的人们挥了挥手，然后却不知何故突然将几袋压舱物抛出，气球便又升到高空，驶出阿卡雄湾（Arcachon Bay），进入开阔的大西洋面上空。他还将邮件袋也都抛了下来，后来有几只被海浪冲到岸上。[56]谁也不明白埃米尔·拉卡兹究竟为什么要再度上升。也许气球上的排气阀门也如当年的莫尼少校的气球一样失灵了？也许他也像亚历山大·普兰斯那样，意在舍身以换取邮件的送达？也许他就是因为不能接受巴黎投降的现实？也许这位最后的飞天员立志要飞赴美国，投奔3000英里以外的那个自由之邦？无论他当时是如何想的，事实是拉卡兹也好，"理查德·华莱士号"也好，从此便动静杳然。

七　气球邮政的历史意义

巴黎反围城气球的意义绝不是可以简化为一堆统计数字的。不过，即便只看看这些数据，也会得到深刻的印象。在从1870年9月20日—1871年1月28日的130天中，从巴黎一共向外面放飞了71只气球，其中的67只成功升空，并在不同的高度上和既有白日也有黑夜的不同时间里，越过普鲁士军队的包围圈。有几只竟能远远飞到波尔多、布列塔尼、康沃尔、比利时、荷兰、挪威和德国。还有传言说反围城气球越过了阿尔卑斯山，只不过这并不是事实。[57]

说来也实在难以置信，总共只有五只气球落入了普鲁士人之手。其中的两只刚刚出城，便因天气作梗和遭遇枪击而不能继续飞下去，结果都落在巴黎的南面 [一只在沙特尔（Chartres）附近，一只离默伦（Melun）不远]；另外三只被强大的西风裹挟，向东飘行数百英里后，分别落在被普鲁士占领的梅斯和德国的科布伦茨（Koblenz）及斯图加特（Stuttgart），但都被气球上的人误以为已经到了法国人自己的地段上。他们的命运自然不幸，有的被关入牢狱一段时间，有的则消失不见，估计是当场便遭处决。

有几位飞天员虽然不曾被俘，但在降落时受了重伤，更有"富尔敦号"上的飞天员丧生。还有三人估计溺毙海上——两名在大西洋，一名在爱尔兰海。伤亡总人数应当算是很低的了。原来人们最担心的克虏伯野战炮，倒是连一只气球也没能打掉。英国飞天员亨利·考克斯韦尔曾自告奋勇，打算为普鲁士组建一支气球部队来对

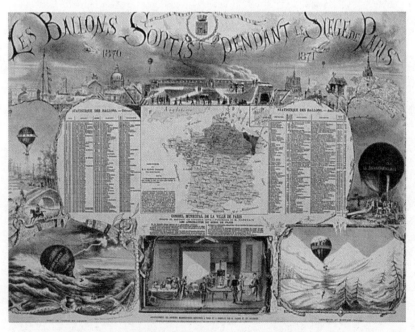

图 10.16　纪念 1870—1871 年巴黎围城期间升空气球的宣传画，上面刊有所有气球的名称和降落地点。右侧边上画出了飞到挪威的"奥尔良号"，左侧边上是消失在大西洋的"雅卡尔号"
（最上一行的文字）巴黎围城期间离开的气球

付反围城气球，但始终没能实现，不过倒是在一定程度上反映出英国人的立场。[58]

所有的反围城气球，升飞时都携着邮件。此外还有一些气球带上了额外负载："涅普斯号"是摄影设备，"斯滕纳克号"①是几箱炸药，"阿尔芒·巴尔贝斯号"是莱昂·甘必大，"维克多·雨果号"是几千本宣传小册子，"费代尔布将军号"②是几条送信犬。"伏打号"更是异乎寻常，送出巴黎的是一架天文望远镜和天文学家皮埃尔·让森③；他是受法兰西科学院派遣去法国南部，在那里的晴朗天空上观测一次难得的日全食。在《费加罗报》创办的《气球邮报》开始发行后，大部分气球也都会将这第一种"航空报纸"带往全国。[59]

为使邮件能够安全送达，真是费了太多的心力。保罗·罗利埃④和他的朋友莱昂·贝齐耶（Léon Bézier）这两位飞天人降落到了积雪覆盖的挪威山区。他们在严寒中足足跋涉了两天，才得到当地人的救助，而且直到一位挪威林业工人给他们看一只火柴盒，他们才从盒上贴着的克里斯蒂安尼亚（挪威首都奥斯陆当时的名称）的风景画片，得知自己来到了什么地方。得救后，他们找到了气球的残余，发现它已经被风吹到降落地旁边的一道山谷里，四只邮件袋中的三只——另外一只摔破了——被当地乡农收拾起来，同两位飞天人都送到了挪威国都。更值得一提的是这些乡农十分诚笃，将

---

① 以法国政治家弗朗索瓦-弗雷德里克·斯滕纳克（François-Frédéric Steenackers, 1830–1911）的姓氏命名。——译注

② 以曾任殖民地时期法属塞内加尔总督的法国军人路易·费代尔布（Louis Faidherbe, 1818–1889）的姓氏命名。——译注

③ Pierre Janssen（1824–1907），法国天文学家，从太阳的光谱中发现与当时地球上已知的所有元素都对应不上的新谱线，后被证实为氦元素（氦的英文名为 helium，它的词根便是太阳的意思）。——译注

④ Paul Rolier（1844–1918），法国工程师。——译注

他们找到的两架望远镜、一条苏格兰呢毛毯、一只烤鹅、两条面包和一瓶白兰地也都物归原主。罗利埃和贝齐耶两人又乘火车、又坐轮船，先到伦敦，再来到法国的滨海城市圣马洛（Saint-Malo），终于在12月8日将邮件交到了图尔当局，只延误了两个星期。[60]

由于事关法国人针对普鲁士人的宣传战，这些统计数字未必准确，可能精准的数字永远不会得到。（70年后有关不列颠战役[①]的统计数字也同样如此。）不过有关的研究人员普遍认为，成功升飞的气球数目当在64—67只之间，其中的58只或者59只平安降落在友好地域。它们还带出了102名搭乘人（不包括飞天员），此外还有400只鸽子和5条狗。它们顺利携带并最终成功投递出的信件不是以千论，而是以百万计。[61]还得说一句，这些信不单单只是寄往法国各地的，在从挪威找回的邮件袋中，就有一封拟寄往非洲，还有一些信是寄往澳大利亚的悉尼和美国旧金山的。

总而言之，气球邮政是欧洲历史上的第一次大规模空运，而且是项成功之举。它虽未能帮助赢得这场战争，但仍使战斗精神得到

---

① 不列颠战役指第二次世界大战期间（1940—1941）纳粹德国对英国发动的大规模空战。而这次战争亦是第二次世界大战中规模最大的空战，除了英、德两国之外，包括同属英联邦的许多国家的空勤人员和许多因被纳粹德国占领而来到英国的它国空军力量，也加入了保卫英国的行列；当时名义上中立的美国，也有志愿者组成了"飞鹰中队"与英国并肩作战。同属轴心国的意大利，则派出"空军军团"与德国空军一起战斗。战争在1941年10月12日以德国的失败告终，由于损失过多的战机和飞行员，又无法取得英伦海峡的制空权优势，更无法借由空袭瓦解英国的地面和海军战力，德国不得不放弃占领英国的作战计划。——译注

🎈 这个累计的信件总数无疑非常粗略。不过普法战争结束十余年后，亨利·考克斯韦尔这个见证过这段历史，却又未必站在支持法国立场上的英国人，得出了大约300万封的数字。格莱舍和弗拉马利翁都认为应当是"250万封信，总重量近10吨"。罗尔特也认可这一数字。现代法国历史学家维克多·德比希更是具体而微地说："10670公斤邮件……每封长20厘米、重40克……共给邮政总局创收533500法郎……净收入294150法郎。"附带再说一句，根据德比希的邮件总公斤数和每封信的克重数，便可算出信件共有2667500封。就算是普鲁士的会计师，也无法不承认这是个合理的结果。

存留，甚至可以说拯救了整个民族的灵魂。反围城气球是燃气气球飞天史上最值得颂扬的一章，也使蒙戈尔菲耶兄弟和雅克·亚历山大·塞萨尔·查理的努力得到了从此再无疑义的肯定。

八　气球时代的灿烂尾声

然而，这些气球飞天员的业绩却令人不解地未能得到法国官方的及时肯定。也许这是因为普法战争刚刚结束，巴黎公社便紧接着出现；而以梯也尔 ① 为首的临时政府对巴黎公社的血腥镇压——从巴黎街头的巷战，到后来对被俘公社社员和民众的屠杀，使超过2万名巴黎人丧生，又造成法国国内的严重对立，导致人们无暇顾及重温巴黎围城期间的历史。结果是种种回肠荡气却未必真实的传闻在战争结束后广为流传，其中以关于纳达尔的顶顶出色，当然其中有的可信，也有的不可信。

圣皮埃尔空场上的帐篷早已经撤走，第一号飞天员公司也不复存在，而且有传闻说，在反围城气球的行动中，戈达尔三兄弟抢了纳达尔的功劳，弄得两方面生了"若干龃龉"。无论是真是假，纳达尔自己的态度有他本人写下的文字为证："就创建起第一个气球邮政服务组织而论，或者再就将莱昂·甘必大用'阿尔芒·巴尔贝斯号'成功带到图尔而论，那是任何人也抹杀不了的。"[62]

将甘必大带出巴黎，恐怕应当是所有反围城飞天中最重要的一次。单是这一行动，就生出了好几种传说。先是说纳达尔不仅作

---

①　Marie Joseph Louis Adolphe Thiers（1797–1877），法国政治家，曾任波旁王朝的首相。法兰西第二帝国灭亡后再度掌权，以严酷手段镇压了巴黎公社起义。在1871—1873年间，他担任临时总统。后因反对力量强大被迫请辞，从此淡出政治，回到老本行钻研历史。——译注

出了对"阿尔芒·巴尔贝斯号"的全部安排，本人也陪同甘必大一起飞出巴黎。接下来的又一段故事，是说在将甘必大平安送达图尔后，纳达尔旋即又登上另一只气球（传说也），勇敢地飞回了被围困的巴黎（野史也）。事实上，就连加斯东·蒂桑迪耶曾试过的那次也都算上，也从不曾有任何气球成功地从外面飞进这座困城。只是有许多人却相信这则故事，甚至后来还被一位名叫菲尔让斯·马利荣（Fulgence Marion）的作家，写进一本讲气球飞天史的演义式著述中，于三年后（1874）在巴黎和纽约出版。按照这位作家的说法，纳达尔不仅英雄般地归来，归途中还"在夏朗东城堡①上空"与一只普鲁士气球恶战一场。

这则掺了不少水分的故事是这样说的：载着纳达尔返回巴黎的名不见经传的气球叫作"无畏号"（估计陆达到会喜欢这个名字）②。10月末的一个早上，天刚放亮不久，这只气球就从西面低低地飘了过来。当它来到夏朗东城堡上空时，从附近的小树林里又出现了第二只气球，下面也挂着一面三色旗。它迅速靠近"无畏号"，一副给纳达尔引路回巴黎的样子。（从气球的运动难以操控来看，引路简直是不可能的。）但当它靠得相当近时，却突然要了个"变脸"——倒是有点儒勒·凡尔纳的史笔——吊篮里头戴钢盔的飞天员将那面三色旗抛掉，换上了一面普鲁士的国旗，紧接着便端起一根长枪开火，将"无畏号"的球皮顶部打穿了一个洞。

下面的情节可是直追《敏豪生奇游记》③了。纳达尔以高空特技

---

① 巴黎东南方的一处要塞，距巴黎市中心 5.2 英里，巴黎围城期间为普鲁士军队占领。——译注
② 前文不止一次提到，美国气球飞天员陆达到有一只气球名叫"无畏号"。——译注
③ 此书有多个中译本（译名、内容和章节安排不尽一致），最早在中国流行的一种译名为《敏豪生奇游记》，李俍民译，小主人出版社，1950 年；最新的一种译名为《吹牛大王历险记》，杜亦明译，湖南文艺出版社，2013 年。——译注

表演的功力，攀缘那包裹着球皮的网套爬到气球顶部，用围巾堵住气体不使外逸。然后他又爬回吊篮，从挎包里掏出一把亮闪闪的决斗手枪①，沉着冷静地瞄准对手开火，一枪便干掉了这只普鲁士气球。随后，纳达尔又将最后一袋压舱物抛出，平安返回巴黎的城防工事，降落在香榭丽舍大街上。其实呢，在整个围城期间，纳达尔从未离开过巴黎半步。[63]

就是没有这些传说，纳达尔作为公关大师的成就也仍然一如既往地成功。当巴黎努力重建被毁坏的大小道路和著名建筑（包括部分卢浮宫②在内）、力图恢复其世界文化之都的形象时，纳达尔也将自己的注意力从飞天界转向了艺术家群体。1874 年 4 月，他操办了有历史意义的第一届印象派画展，地点就在伽布希诺林荫道 35 号，他自己的摄影馆内。

此次画展的送展者真可谓全明星阵容，有莫奈（Claude Monet）——参展作品就是那张使印象派得名的《印象·日出》，还有雷诺阿（Auguste Renoir）、德加（Edgar Degas）、塞尚（Paul Cézanne）、西斯莱（Alfred Sisley）和毕沙罗（Camille Pissarro）③。这些人聚在一起，给自己的这个小圈子取名为"无名画家、雕塑家和版画家学会"，而这个带挑战意味的"无名"二字言简意赅，看来可以断定是纳达尔的公关大作。举办这一影响深远的画展，是纳达尔与马奈

---

① 决斗手枪是专门用于两个人之间决斗用的手枪，故总是成对出售与使用，两支枪的型号是完全一样的，枪支的枪膛内一次也只能装入一颗子弹，以保证决斗的对等性。因此在应对战争需要时，是不会有人随身携带这种"绅士枪"的。——译注
② 卢浮宫在巴黎公社期间被公社中的部分极端无政府主义分子纵火，幸而很快被扑灭，只焚毁了部分。——译注
③ 莫奈（1840—1926）、雷诺阿（1841—1919）、德加（1834—1917）、塞尚（1839—1906）、西斯莱（1839—1899）、毕沙罗（1830—1903）都是将印象派推向世界的人物，除西斯莱是英国人，且名气相对较小外，其他人都是法国的大师级画家。——译注

(Édouard Manet) 的友谊促成的。马奈曾以自己的油画作品《穿西班牙服装的女郎》相赠。1878 年,纳达尔又协助举办了奥诺雷·杜米埃作品的回顾展。一步步地,巴黎作为印象派发源地的亮丽形象,为这座开始重生的城市增添了异彩,将从这一时期开始的"美好年代"①的文化之光,源源不绝地照射到整个欧洲和北美。巴黎的复兴开始了。🎈

反围城气球的真实史实是一点一滴地为外界知悉的。1871 夏,通过卡米耶·弗拉马利翁与詹姆斯·格莱舍的再次法英合作,推出了再版《空中行》的英文版。格莱舍为它撰写了一篇简短的序言,介绍了巴黎围城期间飞天气球的所作所为,指出"气球得以证明在救助法兰西民族的行动中发挥了巨大作用"。他还开列了一份离开巴黎的所有飞天气球的名单——他当时只得知其中的 62 只。格莱舍还以旁批的形式慨叹"普鲁士占领的无道",但也同时认为,正是一批德丰维尔一类的共和分子,导致了法兰西第二帝国的崩溃:"这些

---

① 美好年代(法语为 Belle Époque),系指欧洲从 19 世纪末开始,至第一次世界大战爆发而结束的特定时期。此时的欧洲处于相对和平的时期,科学技术、文化、艺术及生活方式等都在这个时期发展日臻成熟。——译注

🎈 在 1886 年,也就是差不多又过了十年后,66 岁的纳达尔又出演了一票公关大戏。这就是首创地搞了一次配文照片展览,也就是他所说的"让人头讲话"。纳达尔请来著名的法国化学家米歇尔-欧仁·谢弗勒尔(Michel-Eugène Chevreul, 1786–1889),两人进行了一场生动有趣的长谈。这位谢弗勒尔是油脂化学的创建者——人造黄油和人造奶油都是油脂化学的产物(这一句稍有修改,因这两种食品都并非由他直接发明,而是后人利用他对油脂研究的成果)。他还是老年医学的首倡人。此时他正是 100 岁,但仍行动敏捷,目光明亮,一头桀骜不驯的白发,再加上人称科学界"老顽童"的举止,正对纳达尔的胃口。谈话内容由在场的速记员记录下来,又在他们连说带比画的过程中拍下许多照片,然后将它们与文字记录搭配到一起展出,总体效果可称介于连续漫画和日后出现的录像采访之间。展览的名称也很吸引人,叫作"百岁艺术谈"。纳达尔本人也很长寿,活到 89 岁高龄。他在 1909 年,即去世的前一年,还在 7 月里给路易·布莱里奥拍去电报,祝贺他首次驾驶重于空气的飞行器成功飞越英吉利海峡,电文为:"衷心感谢你的成功。你给一名支持重于空气的飞行器事业的老古董带来了欢愉。纳达尔。"

煽动者都在难以原宥之列。是这些人用字句大力鼓噪，将最好的皇帝赶下宝座，陷法兰西于目前的悲惨情势。皇帝万岁！" [64]

1871 年德丰维尔在政府里担任了一阵公职，但并不成功。他还发表了若干有关巴黎公社的文字，都火药味十足，其中以 1872 年的《恐怖：1871 年巴黎公社纪实》一书影响较大。他还就自己在巴黎围城期间乘"平等号"飞离这座城市，中途数次遭遇普鲁士军队，但最后终能于 1870 年 11 月 24 日在比利时平安着陆的经历，写了一篇相当惊悚的纪实报告。嗣后不久，他便彻底不问政治，也告别了气球，专心致志地搞起科普创作来。

加斯东·蒂桑迪耶得到了法国政府颁发的法国荣誉军团勋章，不过主要原因并非气球飞天，而是为图尔临时政府所做的组织工作。1872 年，他和哥哥阿尔贝一道，合力办起了一份著名的科普杂志，起名《自然科学》。加斯东任主编，自己也写东西，大部分插图则出自阿尔贝。德丰维尔也给这份杂志写稿。杂志的封面一直是同一幅画，画面上有一个明亮的浑圆物体，很容易被设想为升飞的气球，其实却是一轮升起的朝阳。

1873 年 7 月 31 日，朱尔·迪富尔偕妻子卡罗琳（Caroline）完成了一项壮举——在北海上空做了一次 22 小时的气球飞天行。他们所用的气球是新制成的"三色旗号"，升飞地点还是在加来阅兵场。这一次又赶上了恶劣天气。他们本打算推迟一下的，再说加来市长也因安全考虑不同意这样冒险。然而，前来围观的人群很不友好，他们拿迪富尔曾是反围城气球的飞天员说事，说他是个"爱国孬种"。这可让这位当年的英雄飞天员无法接受。他立即割断系停索，气球便打着转扫过广场，向大海的方向飞去。据传在此之前，他还舞台腔十足地向卡罗琳吼了一句："让他们看看，咱们可不是怕死鬼！"这固然有可能是不成功则成仁的表示，其实也

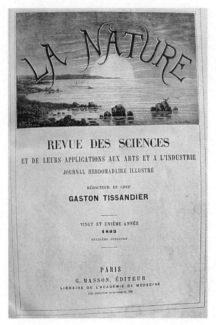

图 10.17 《自然科学》
杂志第一期的封面

不无迪富尔工于盘算的考量。翌日下午，他们在斯卡格拉克海峡
（Skagerrak）上被一艘英国渔船救起。[65]

　　这一事故得到了法国媒体的普遍报道，一时，有关迪富尔和其
他气球飞天员的种种文字便接连出现，回忆起这些人是如何在黑暗时
刻给巴黎带来希望的。文章给围城期间的气球飞天员带来了足够的知
名度，也算是一种迟来的荣耀吧。为纪念这些飞天员的贡献，专门
发行了一套纪念章，以表彰他们"用浮飞器保卫巴黎"的功绩。[66]

　　法国政府还决定建造一座纪念碑。这是一只青铜铸就的气球，
在它的吊篮四周围着种种神话传说中的形象，此外还巧妙地加上了
一只信鸽，也用青铜铸成，可以明显地看出，它正绕着气球振翼飞
翔。1874 年这座雕像建成，安放在巴黎讷伊门（Porte de Neuilly）
环道中心广场的一个巨大的石雕底座上。孩子们特别喜欢它，正如

图 10.18　包金巴黎围城纪念章，查理·让-马利·德乔治设计，法国国防部于 1871—1872 年间发行。正面（右图）是坐在大炮上放出鸽子的玛丽安娜，远处的天空上有一只气球；背面（左图）是一只信鸽返回鸽舍

当年的孩子们喜欢圣皮埃尔空场上纳达尔系停在那里的“海王星号”气球一样。而且真的鸽子看来也喜欢它。法国的一些评论界人士认为气球未免小得不合比例，看上去也显得不够轻盈，造成一种下坠而非高高飞向辉煌的感觉。德国的“批评家们”有更武断的方式——他们在 1940 年夏再度占领巴黎后，便将整座雕像完全毁掉。

　　1875 年 4 月，又出现了一件彰显出气球飞天员勇气的公众事件。加斯东·蒂桑迪耶参加了一个三人科学研究小组，要乘“苍穹号”向高空挑战。他们属意于打破格莱舍和考克斯韦尔共同创造的高度的纪录。这一次拟使用新出现的吸氧设备。这是小组的另外两名成员发明的，一位是泰奥尔多·西韦尔[1]，一位是约瑟夫·克罗斯-斯皮内利[2]。因为拉维莱特的煤气厂与反围城气球有密切关联，因此这一次“苍穹号”仍从这里升飞。这三个人在正常状态下飞到了 2 万英尺的高度，然后开始吸入充在橡皮球内的氧气。没过多

---

[1]　Théodor Sivel（1834–1875），法国军事工程师。——译注

[2]　Joseph Croce-Spinelli（1848–1875），法国科学家。——译注

图 10.19　巴黎围城飞天纪念碑

久，他们便都因血液中缺氧失去了知觉。

　　当三个人中唯一有充分飞天经验的蒂桑迪耶苏醒过来后，便发觉"苍穹号"正以骇人的速度向下坠落。他的两位同伴都瘫倒在吊篮底部，嘴里和耳孔里都淌出血来。蒂桑迪耶总算控制住了气球的坠落，可是着陆后，人们发现只有蒂桑迪耶幸存，另外两位飞天人都已经死去。[67] 如今的法国政府对飞天人给予了大大高于以往的礼遇。西韦尔和克罗斯-斯皮内利被葬入拉雪兹公墓，邻近索菲·布朗夏尔的墓穴，墓碑相当考究，上面有他们的雕像，都有真人大小，雕出的衣褶非常逼真，有如两名躺在空中的孔武骑士。

　　1876 年，加斯东·蒂桑迪耶被法兰西航空学会授予一年一度的金质奖章。原因之一便是在"苍穹号"面临空难时有英勇表现。他还被推举为该会会长，其飞天经验如今被奉为圭臬。他写的《我的升飞故事：1878—1888 年间的四十次空中行记》大受欢迎，在随

图 10.20　克罗斯－斯皮内利和西韦尔的墓碑。他们殒命于 1875 年 4 月 15 日
"苍穹号"的飞天事故

后的一个年代里九度再版。

　　加斯东·蒂桑迪耶也同纳达尔一样，越来越注重浮飞器导向这
个老问题。他的看法是应当加装机械动力装置。为此，他设想了若
干将发动机引进气球的方案。这实际上就是有关飞艇的理念。1881
年，他在巴黎国际电业展览会上展示了一具实物模型，是一架带有
电动螺旋桨的气球。又过了两年，在 1883 年 10 月，他又成功驾着
第一架电动飞艇"法兰西号"，同哥哥阿尔贝一起飞上天空。（附带
提一句，它是查理·勒纳尔 ① 造出来的，提供动力的电动机由德国
的西门子公司制造。）只是它过于笨重，动力也嫌不足，因此引起
的轰动有限，但它却为后来的飞艇提供了出色的启示。贵族出身的

---

① 　Charles Renard（1847–1905），法国军事工程师、"法兰西号"飞艇的研制者。——译注

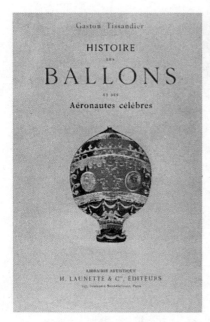

图 10.21　加斯东·蒂桑迪耶两卷集著述《著名气球与著名气球飞天人》(1887—1890)的扉页

普鲁士军人费迪南德·封·齐伯林便对它极感兴趣。1885 年，加斯东·蒂桑迪耶将自己在这方面的研究成果，写成《可导向气球：将电力用于空中飞行》一书发表。

　　在此之后，加斯东·蒂桑迪耶便主动离开飞天第一线，重新拾起自己的老本行来。他将有关飞天领域的多种资料汇集到一起，撰写出一部全面的史书，1890 年问世，有洋洋洒洒的两大卷，取名为《著名气球与著名气球飞天人》。虽说他被委任为国防部军事航空委员会和内政部民用航空委员会两处的委员职务，却未能亲眼得见真正的飞行器——飞机。他是 1899 年 8 月 30 日在巴黎去世的，只享寿 55 岁。他所搜集的卷帙浩繁的航空资料——其中有关巴黎反围城气球的内容堪称独步，后来出现在美国国会图书馆。不知它们当年是不是被放在了埃米尔·拉卡兹的"理查德·华莱士号"上，结果辗转流传到了美国呢？

在 1878 年的巴黎世博会上，法国政府正式表示出对飞天成就的盛赞。这就是在巴黎的市中心，在重新修缮过的卢浮宫对面的卡鲁索广场（Place du Carrousel）上，升起了一只硕大无比的系停气球。它名叫"猛犸号"，是亨利·吉法尔的作品，球皮涂得五颜六色，容积将近 90 万立方英尺，比纳达尔的"巨人号"大了 3 倍，更为一般飞天气球的 10 倍以上；它的立高居然达到了 220 英尺，简直不是只气球，说成空中城堡倒可能更恰当些。这样的尺寸是空前的，提升力也很大，达 27 吨，几乎是巴黎围城期间经气球送出的邮件总重量的 3 倍，一次可承载 50 多个人。在世博会期间，它一共载起过 3.5 万名参观者。在空中大规模输运人员的构想开始在欧洲扎根。[68]

不过，"猛犸号"也标志着气球大放光彩的时代从此结束。它的块头虽然大，升力虽强，却是个俘虏，是个奴隶。它的起落要靠绞盘控制，而绞盘又得靠巨大的、嘶嘶作响的蒸汽机牵转，整套装置就与使工厂开工和火车运作所用的设施没有两样。这就使美丽而自由的飞天气球变成了庞大、轰鸣、被动的升降机器。人类的飞行之梦已经移向了新的方向。🎈

🎈 不过，人类自然还在继续做着气球之梦。著名的巴西发明家阿尔贝托·桑托斯-杜蒙特（Alberto Santos-Dumont, 1873–1932）便于 1898 年前来法国，打造了一只名为"空中之舟一号"的小飞艇，嗣后便会定时从华盛顿路（Rue Washington）9 号他的住处升飞，在巴黎上空盘旋，还经常在香榭丽舍大街停降，去他最喜欢的餐馆用餐，飞船下端便系在餐馆隔壁的门前。他的"空中之舟六号"在 1901 年还绕着埃菲尔铁塔兜过圈子。1994 年时，我在华盛顿路 30 号住过半年，对面就是桑托斯-杜蒙特当年住过的公寓楼。有时在清晨万籁俱寂时，我会觉得仿佛听到了他升飞的动静。我很喜欢罗尔特的经典小说《气球飞天人》(1966) 中的开场白："我们走在香榭丽舍大街上。来到华盛顿路的拐角处时，我的朋友查尔斯·多尔富斯突然停了下来，用手杖在人行道上点了点，发出一声清脆的响声，然后对路上多少有些吃惊的行人大声说道：'这里就是桑托斯-杜蒙特当年停驻气球的地方！'"不过到了后来，桑托斯-杜蒙特自己也将浮飞的飞艇换成了重于空气的轻型飞机。

第十一章

极北之地大风悲歌

一 蜕变为高端娱乐的气球飞行

从这时起，实现自主飞行的接力棒便越来越多地被新人接了过去。他们所主张的是，开发此种或彼种重于空气的飞行器。法国的纳达尔和蒂桑迪耶、英国的乔治·凯利①、德国的齐伯林、美国的萨梅尔·科迪②都是沿着这一思路前进的人。航空的未来属于装有发动机的飞行器。而且很快地，航空的未来更进一步属于装有发动机的定翼式飞行器。浪漫气球时代的一页正在翻过去。正如雨果所预言的，未来不是云朵的时代，它是属于飞鸟的。

说得更严格些，未来不是气球大球皮的时代，它属于像飞鸟那样有翅膀的飞行器。虽然人们一代接一代地总想成为鸟儿，但最终

---

① George Cayley（1773–1857），机械工程师。他是最早提出定翼式飞行器这一设想的人。这使人们对飞行器的研发从历来的模仿鸟类飞行方式的所谓"扑翼式"发生根本转向。现代飞机都源于此种模式。——译注

② Samuel Cody（1867–1913），江湖艺人出身的飞行师，发明过有一定导向能力的风筝式浮飞器，又是最早驾驶早期飞机在英国多次飞行，不断征服飞行高度的人。他在1913 年 8 月的一次飞行中因飞机失事身亡。——译注

给人们带来希望的并不是翅膀的上下扇扑动作，而是翅膀的几何形状。然而这种形状是所有会飞的鸟儿都具备的。有人认为它们是平直的，也有人认为是船桨状的。其实都不是。它们天生就长成上凸下凹的弯曲形状，这就是所谓飞翼形。令人惊异的是，就连每一根与飞行有关的鸟羽都是长成这种基本样式的。[1]这便造就出翅膀上面的面积会比下面来得大些（贴着表面的长度也大些）。这样一来，空气在经过翅膀时，上方便必定流动得比下方快些，由是导致翅膀上方的空气较为稀薄，压强便也会略有降低；相应下方的空气较为稠密，压强便也会高一些。因此，当鸟儿在空气中运动时，便会造成下面的空气向上抬托，上面的空气也同时向上拉拽。两者共同作用的结果，便形成了空气动力学里所说的提升作用，飞起便成为可能。而且此类飞行与气球不同，并不取决于风向。飞鸟凭借分别调节各个飞翼的弯曲程度，便可以转弯、上升和俯冲，实现三个方向上的运动。这可是连飞艇也做不到的哩！

达到实用水平的飞艇是在 19 世纪 80 年代于法国出现的。1884年和 1885 年，查理·勒纳尔乘这种飞行器在巴黎七进七出。艇上的电力由蓄电池提供。[2]在德国，一艘齐伯林试验飞艇于 1900 年飞掠康斯坦茨湖（Lake Constance）。它外面包着铝制外壳，里面装有戴姆勒汽油内燃机。1903 年 12 月，赖特兄弟①乘他们自己制造的飞机，从北卡罗来纳州的基蒂霍克（Kitty Hawk）飞上天际。1909 年 7 月，路易·布莱里奥②飞越了英吉利海峡。

与此同时，浮飞活动也开始显得有些落伍起来，简直带上了玩老爷车的复古味道。不出十年，气球飞天便落魄到只供有钱人消

① 即威尔伯·赖特（Wilbur Wright）和奥维尔·赖特（Orville Wright）。——译注
② Louis Blériot（1872–1936），法国发明家、飞机工程师和飞行家、航空史上第一个自驾飞机飞越英吉利海峡的人。——译注

遭的地步，仍然还鼓捣它的人，大凡不是脾气古怪的贵族老爷少爷，就是有钱的体育明星。此时出现了一种很有名的时尚消遣方式，叫作"香槟飞天"，并在爱德华时期[①]随着 1906 年举办的首届戈登·贝内特[②]长途气球飞天年度赛（戈登·贝内特气球杯）这一著名赛事[③]达到了顶点。[●]这种飞天也是定有规章的，参加者还成立了俱乐部，热衷于通过比赛争夺奖杯与其他奖品。赛马、马球和赛

① 爱德华时期，也称爱德华时代，指维多利亚女王的长子艾伯特·爱德华（Albert Edward）于 1901 年至 1910 年任英国国王（是为爱德华七世）的时期，也泛指直至第一次世界大战爆发的 1914 年。在此期间，英国与法国的关系转好，英国人的艺术趣味也接近欧洲大陆。——译注

② James Gordon Bennett, Jr.（1841–1918），美国传媒界富豪，多种大型体育赛事的赞助者和独家举办者。——译注

③ 这一国际性赛事因创办与赞助人、《纽约先驱报》的第二任掌门人小詹姆斯·戈登·贝内特得名。他赞助过多种大型体育赛事，名称中均带有戈登·贝内特字样，又都对胜出者颁发大型奖杯，故多在他的姓名后加上具体内容的称法并以"杯"字结尾。但在从事某一种比赛和喜欢此种比赛的人中，也往往省去有关赛项内容，只称之为戈登·贝内特杯或者贝内特杯。——译注

[●] 戈登·贝内特长途气球飞天年度赛在两次世界大战期间都告中断，而且在第二次世界大战结束后又经过了较长时间，才又从 1983 年起重新逐年举行并延续至今日。它被视为世界上最重要的自由放飞型燃气气球类的赛事。不过这种活动仍然是有危险的。2010 年 10 月，我在美国阿尔伯克基参加一年一度的国际气球节时，就听说当地的两位经验丰富且很受喜爱的飞天员，曾经赢得 2004 年奖杯、本次再度得奖的呼声很高的理查德·阿布鲁佐和他的副手卡萝尔·戴维斯（Carol Davis）女士在参赛期间不见了。这一年举办的为第 54 届，升飞地点是英国的布里斯托尔。他们两人先向南飞，到了比斯开湾（Bay of Biscay）上空，然后顺次从法国、西班牙和意大利上空飞过。第三天早上，他们的气球又折向东方，开始从布林迪西（Brindisi）向东横跨亚得里亚海（Adriatic Sea），向塞尔维亚（Serbia）方向飞去。然而，就是在 9 月 29 日的这一段路程中，与他们的所有无线电联系突然全部中断。然而，人们未能接收到他们求救的无线电信号。在接下来的数日里，真相一点点浮出了水面。原来，这两个人在 5000 英尺高空上遇到一场大雷雨，被闪电击中身亡。气球随即像石块般坠入大海。他们的遗体直到 12 月才被找到，还都停在吊舱里。我曾同他们的同事交谈过，见证了这一可怕消息造成的惊恐和反省。我还看到了他们当时所乘的吊舱，它是以铝为骨架制成的，当年他们赢得 2004 年的奖杯时，气球下吊的也同样是它。此物目前陈列在阿尔伯克基的安德森-阿布鲁佐博物馆。我在笔记本上记下了这样两句话："黄色的舱板被毁，他们从舱内跌出，空中的坠落以猛烈的撞击结束。理查德下跌 30 英尺，跌断了肋骨和骨盆。"

艇都是应时的运动，气球飞天也同样有最佳时段。英国和法国富有的业余气球飞天员都喜欢吸收文学界和艺术界的精英，大家一道冶游，其乐融融。莫泊桑[①]和 H. G. 威尔斯都被吸收为"香槟飞天人"。

莫泊桑曾在 1887 年的一次飞天前发出若干邀请，名义上是在高空野餐，真实目的是想宣传一下自己带些自传性质的怪异短篇小说《奥尔拉》。他们所乘的气球就用了同小说一样的名称，从巴黎一路飞到比利时，同时也就为这本书做了广告——他是采用这种广告方式的先驱人物之一。《奥尔拉》的主人公是一名处于早期精神错乱阶段的人，而莫泊桑本人当时已经深受精神病的折磨，这最终导致他 1893 年早逝。可能正是因为精神状态的不正常，致使莫泊桑在飞天过程中十分亢奋，有古怪的放纵表现，一如病后初愈的模样："下面的地面一片青绿，从那里透过空气传来割下来的草发出的浓烈香气……我的整个身心都沉浸着一种深深的、过去从未体验过的满足感。这是一种不管不顾、绝对放松、忘怀一切的感觉……"[3]

H. G. 威尔斯的未来派小说《大空战》（1908）是以一只迷路的气球开篇的。书中的主人公伯特·斯莫尔韦兹所乘的一只氢气球出了事，从英格兰肯特郡海边的迪姆彻奇沙滩（Dymchurch Sands）飞离英吉利海峡，一路来到德国。他起初觉得十分快活："一个人待在气球里，置身于 1.4 万或者 1.5 万英尺的高空。这是人类不曾有过的、堪称顶级的体验。它比别的任何飞行器都出色，真是人类的绝妙发明。"[4]

接下来便是反映出时代特点的情节——气球飘到了德国巴伐利亚州一处制造齐伯林飞艇的秘密工厂，伯特看到了一番有如未来世

---

① Guy de Maupassant（1850–1893），著名法国小说家，代表作为中篇小说《羊脂球》和长篇小说《俊友》，而他的短篇小说更几乎篇篇优秀，故被称为"短篇小说之王"。本书中特别提到两篇与普法战争有关的短篇和中篇《羊脂球》。——译注

界的景象：下面有一排接一排的不知什么东西，像是"正在槽前进食的一群巨兽"。原来，它们是"巨大的、外形像鱼的铝制飞船"，有些长度在 1000 英尺以上，每一艘都能在逆风情况下达到 90 英里的时速，每一艘也都全副武装，有炮、有炸弹，还有"无线电报器"。这支飞艇大队是由一名封·斯特伯格元帅指挥着，书中对他的描述使人联想到普法战争时的毛奇将军。[5]伯特·斯莫尔韦兹在无意间从他的老式气球上看到这些现代秘密后，便被德国人的一排炮弹击落——正反映着欧洲当时的政治形势。

到了 19 世纪末期，气球飞天即便还有人以认真态度进行，也越来越带有走极端和为冒险而冒险的色彩。它们通常可分为两类：一类是为取悦观众而胆大妄为；另一类是因追求打破某方面的世界纪录要铤而走险。这样的飞天总是有意去自找危险，也一向会引起争议，更总能成为热闹的源头和伤亡的场所。每次飞天过后，往往便会出现报刊的大力鼓噪和极力渲染。不过，其中的绝大多数都会事过境迁，被人们撇到脑后。很可以说，这就是 19 世纪末气球飞天的特点：派头足、花样多、出风头，但到头来只会像喘口气般地存在短短一瞬。不过，在这些表现花哨的后辈气球飞天员中，也有几位是应当被人们记住的。这几位也多表现出超人的勇敢精神。

二　勇敢不让须眉，大爱挽救生命

"香槟飞天"在英国造就了一种特殊的风尚，就是飞天女杂技演员，特别是高空女秋千手参与飞天表演。此类表演始自法国，以加尔纳里安家族和戈达尔家族为代表，因带有一定的色情成分，在英国一直受到限制。如今它也在英国出现，成为 19 世纪末这个巨变时代的一个特殊的气球飞天项目。

于是乎，在英国的各个集市和大小庆典上，经常会出现女子飞天表演，飞出名气来的有不下数十人。她们耍杂技、放焰火、演跳伞，都是因袭了当年索菲·布朗夏尔的项目。如今，这些女士基本上都只存留在若干地方博物馆的一些用大号铅字和图画宣传表演内容的花花绿绿的海报上。

有一张1891年的海报，是介绍"玛丽·默顿（Marie Merton）小姐之飞天"的，地点在伍尔弗汉普顿的露天市场。又有一张报纸，刊登着"朗普里埃飞人表演团的明星"莫德·布鲁克斯（Maude Brooks）和茜茜·肯特（Cissy Kent）两位女士的表演消息。还有一份招贴画，宣布"莫德·布鲁克斯小姐将从云端飞降"，时间为1891年6月2日，地点在南约克郡（South Yorkshire）罗瑟勒姆镇（Rotherham）的板球场。这张招贴画还告诉人们，"她将力争降落在球场上。万一不果，她会以最快速度返回场上，登台介绍自己的空中经历"。

这些人的飞天表演并非像有关的介绍材料所说的那样空泛和轻易。莫德·布鲁克斯便在都柏林（Dublin）1893年5月25日的一次为露天聚会增色的表演中，因气球突然爆裂而严重受伤。她虽然打开了降落伞，但伞翼又在离地只有50英尺时撕裂，她重重地跌在地上，双臂和双腿都折断，脊椎更遭永久性损伤。此类对生命和健康的威胁，是永远悬在像她这样的飞天人头上的。[6]

说起爱德华时期的飞天女子，大概要数多莉·谢泼德的知名度最高。她的飞天生涯从18岁开始，每隔一段时间便在伦敦的亚历山德拉宫①表演一轮，然后又赴英格兰各地巡演。她有一项招牌表演非常惊险，是在数千英尺的高空上表演秋千杂技，最后一项是扯

---

① 亚历山德拉宫是伦敦的大娱乐场所亚历山德拉公园内的主体建筑，因此被用于指代此娱乐场，并非在室内演出。——译注

动一根销栓，将身上的伞包拉开，从秋千架上跳伞降落。她所用的气球根本不装吊篮，因此人们可以从地面上直接看到秋千架和身着蓝色连裤飞行装、头戴时髦女帽、足蹬系带长筒女靴、显露出两条美腿的多莉。她只带着一件科学装备，就是戴在左手腕上的一只袖珍高度计，看上去有如一只银手镯。她有许多男性粉丝，其中有好几个向她求过婚。她在女性蓝领阶层中还有更多的追随者，视这位偶像为男女平权的旗帜与号角。

1908 年，21 岁的多莉成了全国的知名人物，原因是一次事故。她与一位名叫露苡·梅伊（Louie May）的女友一起表演双人双跳伞杂技，在 1.2 万英尺的位置上，露苡突然发现自己的销栓失灵，无法打开伞包。此时，还吊在自己的秋千上的多莉表现出高超的技艺，将魂不附体的露苡拉到自己的秋千上，然后扯动自己的销栓——还

图 11.1 "两位女跳伞员的骇人经历"

好，它并没有失灵，降落伞正常打开；她让露茛双手搂住自己的脖子，只凭一顶伞衣安全回到地面。露茛倒是平安无事，而多莉的背部却严重受伤，瘫痪了好几个星期，行动只能靠轮椅。令人惊异的是，她居然恢复了健康，后来还继续表演了好几年气球飞天。[7]

在这一事件中，多莉的表现出自勇敢，也许更出自女性间的情谊。有不少人认为，多莉一直被攥在一个人的手心里，受他的盘剥。人们只知道此人是个法国佬，人称"古德隆老板"。他安排多莉的所有表演，置办装备（包括表演时穿的俗艳行头和险些让露茛丧命的销栓），但只按表演次数计件付低微的报酬，买保险自然更是没影儿的事。可是每当多莉讲起自己的飞天经历，却总是一派天真的高兴劲儿，表现出拳拳的依恋神情。这是可以从她后来讲述自己进行高危表演的话语中体会出来的——

> 独自一人在令人肃然的寂静中飘浮，我会赞叹，我会狂喜。无论哪一次飞天都是这样，这种感觉永远不会消失……每一次上升，我都会重新体验一度的喜悦与满足。当我飘然向上升起，高高离开世上的种种忧虑与不适时，头脑就会获得自由，随意驰骋，享受放松飞行的快感，领略四周和下界的美景。以飞鸟的角度瞰视下方，无论是城镇还是乡间，呈现出来的都是有如精致挂毯般的精美图案，而我又能毫不费力地欣赏。这是我永远看不够、赞不绝的。想当年，任何形式的上天都只有少数人能够享受到。要记住，英国的天空出现飞机，可还是1908年以后的事情呢。[8]

高空秋千表演和跳伞表演固然很有人气，效果很轰动，但也的确问题严重。当时的降落伞还十分粗糙原始，气球却又普遍老旧兼失于保管维护，致使飞天表演实际上要比演出场地给人们造成的印象危险得多。伤残时有发生，死亡也间或出现，大体上与爱德华时期马戏表演的情况差不多。多莉就在她的回忆录中提到，与她搭班表演过的飞天跳伞人，多数都因这种或者那种原因"消失不见"了，就连名气顶顶响亮的莫德·布鲁克斯、"天不怕地不怕的史密斯队长（Captain Smith）"，还有英俊时髦的"弗利特船长（Captain Fleet）"，都未能逃脱这种归宿。[9]

死于非命倒也罢了，恐怕更悲惨的下场是也同多莉一样，由于气球失事或者冲撞着陆，导致脊椎受损或其他内伤，但又没有多莉那样幸运，结果终生瘫痪，或者因其他伤残煎熬一世。当时的政府并没有对种种表演实施监管，也不存在什么演出执照，更不用说给表演人购买保险了。此种状况直到第一次世界大战期间才告终结。虽然如此，女权主义者——多莉本人即为一分子——普遍认为，女飞天员以自己的行动，为争取妇女自由作出了贡献。当时有不少人也持这一看法。

这些勇气可嘉却考虑欠佳的青年空中艺术家们，是娱乐性气球飞天这一传统在伟大的 19 世纪的最后代表。气球使他们成为明星，气球也将他们变为献祭。这门行当造成了他们多大程度的解放，又使他们遭受了多么严重的盘剥，实在是难以说清道明。不明就里的飞天观众应当知道，"飘然上天"实际上是在奉献华丽装点的祭物，"云中归来"才算是天使重回人间。应当一提的是，这种表演在北美一直持续到 20 世纪 30 年代。说来也怪，极端飞天表演的二重性，同样也在另外一种极端飞天行为中有所表现。

三　安德烈北极探险之行

这另外一种极端飞天行为的目的是打破纪录。瑞典工程师萨洛蒙·安德烈在 1896—1897 年间为乘气球到达北极点所做的异乎寻

图 11.2 瑞典政府为纪念萨洛蒙•安德烈的北极之行所发行的邮票

常的努力，应可视为这方面的突出代表。

　　萨洛蒙•安德烈 1854 年出生于格兰纳（Gränna）。这是瑞典的一个小镇，位于斯德哥尔摩（Stockholm）西南 300 英里处，枕着韦特恩湖（Lake Vättern）。他 16 岁时，当药剂师的父亲物故，靠母亲威廉明娜（Wilhelmina）带大。小时的萨洛蒙野得很，扎木筏、驶帆船，样样都干，一次因放飞气球灯，造成本镇一座牲口棚失火。他长大后仍旧对母亲十分依恋，以昵称"明娜"称呼她，给她写长信，详述自己的所有计划，吐露自己的所有抱负。看来是母亲给了他自信心。而他将这种自信保持了一生。萨洛蒙的个子特别高，性格倔强，喜欢冒险，又很桀骜不驯。他还刻苦钻研自然科学，尤其在工程、气象和鸟类学上下功夫。另一方面，他对艺术绝无兴趣，说音乐会和美术展览之类的东西都令他生厌。他也不喜欢文学作品，唯一的例外是冒险小说，对敏豪生男爵的奇遇故事，更可以说是情有独钟。[10]有一句话常常挂在他的嘴边："人类还半睡半醒呢"——颇有儒勒•凡尔纳小说中英雄主人公的口气，又像是尼采（Friedrich Nietzsche）的名言。①

　　安德烈进入瑞典皇家工学院学习，22 岁毕业，并以甲等成绩取得工程学士学位。他深信技术的伟力，认为人世间的问题都可以靠它解决。这个工程学位是不久前增设的，为的是更好地满足铁路、发动机、桥梁等各种与交通有关的用人需求。拿到学位，他马上表现出一贯作风，动身前去美国，目的是去见识未来。他来到纽约市，举目无亲，不知道去哪里找工作，身上也没剩下几文钱。但他毫不气馁，又前往当时被称为美国科学之都的费城。他在那里正好赶上——也许是为了赶上而特意前去——1876 年夏季的费城世博会。他热切地参观了所有的展品，记下所有的机械新发明。他特别高兴地看到瑞典也是参展国之一，便马上成功地在瑞典馆里找到了一份解说员和技术助理的工作。他在这里开始认识到公关的重要性，以及能够行之有效地介绍萌芽新事物"成功起飞"——一个刚在美国时兴起来的重要用语——的作用。

　　就在安德烈事业初起的这头几周里，发生了一件人们不曾料到的事情：他不曾结交工程师，也没去认识铁路勘测员，倒是与大名鼎鼎的乔大智成了相识。这位著名的美国气球飞天员目前——只是目前这一阵子而已——处于退休阶段，在美国东部沿海地区的地面上闲居。乔大智和安德烈谈起了美国飞天人横越大西洋的梦想，以及高空中存在主导气流的理论设想。他们也可能探讨过是否可以利用气球飞赴北极，证据是乔大智三年后在《纽约时报》上发表了一封与这一内容有关的信件。[11]

　　改进气球所需要的技术挑战，将年轻的安德烈强烈地吸引住了。乔大智向他推荐了有关气象学与信风模式的最新研究资料，还

---

① 尼采有一句名言是"上帝已死"。——译注

答允等世博会结束，便带这名瑞典新弟子去气球上略窥门径。安德烈曾两次登上乔大智的气球吊篮，但都因天气原因在最后一刻取消升飞。对于这种谨慎，或许安德烈当时并未能充分领会。他为在美国期间始终没能同乔大智一道飞天而终生抱憾。他有时会在言谈中流露出一种意思，就是这位美国飞天大师，已将探索天空的接力棒交给了自己这名瑞典青年。

回国后，安德烈在瑞典专利局谋得了一个职位。这使他有机会接触到各种机械发明，可他并不能就此安下心来，总还有一种壮志未酬的感觉。1882 年，他又在事业道路上迈出了大胆的一步，就是加入了一支志愿者队伍，赴斯堪的纳维亚北端的荒凉之地斯匹茨卑尔根岛（Spitsbergen）探险。此岛在北极圈内北纬 78°—80°之处，为斯瓦尔巴群岛（Svalbard Archipelago）中最大的一个，迄今只有有限的地域被探查过，且多是偶尔光顾一下的捕鲸船所为。瑞典政府宣称拥有此岛主权[①]。眼下的斯匹茨卑尔根岛，正在迅速成为瑞典极地科学考察的新中心。在这一个领域内，瑞典和挪威间存在着日益明显的对立情绪。就在不久前的 1873 年，挪威人在斯匹茨卑尔根岛的东部发现了法兰士·约瑟夫地群岛（Franz Josef Land）[②]。安德烈参加这次对斯匹茨卑尔根岛的科学考察时，北极点和南极点都还从不曾有人到达过；不少以这两个极点为目的地的探险队——如在 1845 年发现了西北航道的约翰·富兰克林[③]的队伍——都以失败告终，原因多种多样，但都是条件极端严酷所致，如造成

---

① 此岛于 1905 年后归属挪威所有。——译注

② 今属俄罗斯。——译注

③ John Franklin（1786–1847），英国船长及北极探险家，曾率领一支由 128 人组成的探险队伍赴北极探险，在搜寻西北航道之旅中全体失踪，遗体多年后才分别在此航道中部的若干地点找到。——译注

雪盲和冻伤截肢等。一些探险队的消失，还引发了极地存在食人族的流言。在地球的最南端和最北处未知的冰天雪地上到底都有些什么，人们真是臆想纷纭：是纯粹的冰雪世界，还是存在未知的原始部族，抑或奇异的巨兽野人？伟大的挪威探险家弗里乔夫·南森 [①] 就在这个时期写下了一句名言：“极地探险的历史，其实就是未知的力量与人类的意志力各自顽强表现自己的历史。”[12]

　　与南极地区相比，北极地区更显得神秘莫测。这是由于以北极地区为内容的文学，进一步强化了这种意识。举例来说，玛丽·雪莱（Mary Shelley）就将小说《弗兰肯斯坦》（1818）的结局地点，放在了冰封的北冰洋上。当时的人们仍然不知道，在这广大冰面的更北的极地之处，是不是还有一片陆地；如果确有陆地，除了人们已经知道的凶猛大兽北极熊之外，是不是还有别的生物。北极不同于南极，既没有陆地，也没有明显的地理标志，只不过是位于冰上的一个纬度为 90° 的地理坐标点。以往的所有探险队，都不曾有哪一支能够到达比北纬 83°20′ 更北的地方，然后返回人世间告知那里的情况。英国探险家威廉·爱德华·帕里曾在 1827 年利用雪橇从斯匹茨卑尔根岛向北走了将近 100 英里，来到 82°45′ 处；英国皇家海军上将艾伯特·马卡姆 [②] 又在 1876 年向北推进到 83°20′。然而另外两支美国的北极探险队，一支在 1871 年由查尔斯·霍尔 [③] 率领，一

----

① Fridtjof Nansen（1861–1930），挪威探险家与科学家，人道主义活动家，并因在这方面的工作成为诺贝尔和平奖获得者。1893 年率队进行了北极点远征，但因浮冰漂移未能圆满成功，只到达 86°13′36″ 处。——译注

② Albert Markham（1841–1918），英国海军将领、探险家与作家。在 1875—1876 年的北极探险中，他率众乘狗拉雪橇到达 83°20′26″ 处，这一纪录保持了二十年。他是瑞典人安德烈的气球北极探险计划的积极支持者。——译注

③ Charles Hall（1821–1871），美国极地探险家，一生有过三次赴北极地区的经历，第二次时发现约翰·富兰克林探险队遇难的遗迹。在第三次乘船赴极区的过程中，他突发急病死亡，随后船只被冰挤坏，船员履冰逃生，部分船员生还。——译注

萨洛蒙·安德烈和南森两支探险队的北极探险路线，以及帕里所到达的最北处

180°N

地理北极

90°W

86°14′N

90°E

南森与队友步行回程路线

88°

1895—1896 年南森所率"前进号"的探险路线

85°

法兰士·约瑟夫地群岛

60°

82°56′N

1827 年帕里到达的最北处

82°45′N

安德烈探险队返回路线

弗洛尔角（补给站所在处）

格陵兰

七岛群岛（补给站所在处）

80°

白岛

1897 年安德烈探险队"飞鹰号"的升飞点

丹斯克岛

斯匹茨卑尔根岛

30°

北冰洋

0°S

支在 1881 年由乔治·德朗①带队，北极之行都是以灾难告终的。

来到斯匹茨卑尔根岛后，安德烈表现出的坚毅精神和独当一面的能力，给探险队队长、瑞典气象中心研究员尼尔斯·埃克霍尔姆②博士留下了深刻印象。这位队长看出，安德烈天生是领军之材，又对技术特别倚重。安德烈回到斯德哥尔摩后，开始专攻起气象学来，在 80 年代发表了若干篇出色的学术论文，内容涉及云层带电、极区风态与天气模式等，因之被人们视为极地专家。渐渐地，他开始形成了由自己带队、以斯匹茨卑尔根岛为出发点向北极点挺进的想法。

然而，这一想法前面还有一条拦路虎——一条传统的、私生活的拦路虎。30 岁上，安德烈开始与一位女子有了缱绻之情并持续多年。这位女子名叫古利·林德（Gurli Linder），已是有夫之妇。她与安德烈情感炽烈，有意离婚结续新缘。只是安德烈看来似乎别有见地，反倒觉得对方的已婚状态对自己正适合。[13]他时常会表示，对一名探险者而言，"结婚是桩大危险"。他还表示母亲一直是自己最亲近的知己。在友谊方面，安德烈往往表现得心不在焉、含而不露，可却又能与儿童们打成一片，一同起劲地玩种种游戏，"又调皮、又捣蛋"，让人们觉得大惑不解。[14]不过渐渐地，努力找到有效的工程手段，以应对北极"对人类的挑战"，越来越强烈地占据了安德烈的身心。

以往人们赴极区探险，行进方式有狗拉雪橇、滑雪和漂移船

---

① George De Long（1844—1881），美国海军军官。1879 年，他带队乘船奔赴北极，沿途发现了三个彼此相邻的小岛（后以他的姓氏命名为德朗群岛），1881 年船只被冰挤坏。他们兵分三路前往西伯利亚，只有一队返回。他本人在途中饿死。——译注

② Nils Ekholm（1848—1923），瑞典气象学家，1882—1883 年间瑞典赴极北地区斯匹茨卑尔根岛探险活动的领导人，安德烈的气球北极探险计划的支持者和第一支探险队（未能成行）的成员。——译注

这三种。它们都缓慢得不行，致使旅途会枯燥得可怕。安德烈认为这样探险甚无道理。他想起了乔大智，想到了他那史诗般飞天的美国之梦。一项明确的计划缓慢而扎实地在他心中成形了。从空中进军北极，看来才是在现代工程环境中进军北极的方式。那么，他能不能乘特别设计和制造的氢气球从空中进军呢？这样的话，他就能够飞抵北极点上空，在北纬90°点上抛锚降落，插上一面瑞典国旗，放下一个标志浮标。这将会是19世纪结束前的最后一场首创全球性纪录的气球飞天。安德烈相信，自己正是肩负着瑞典的民族使命完成这一壮举的角色。结婚必须推迟。他将随后的六年时间都花在实现它的努力上，包括技术准备、公关宣传和资金筹募。

安德烈的准备工作惊人的漫长，进行了两年后，才于1892年的夏季做了第一次试飞。他聘用了一名挪威籍飞天员弗朗切斯科·切蒂①，前来斯德哥尔摩对自己进行培训。切蒂对安德烈的印象是，一进入空中，他便"冷静得令人不爽"，对气球飞天的外在美毫无感觉。他有感觉的、而且感觉得特别敏锐的是，气球所能提供的内禀技术潜力，特别是空中摄影的使用，以及是否能通过目标有部分性重叠的摄影，实现对未曾探查过的极地的地图测绘。通过游说这种可能性，他筹措到了营造第一只实验性气球的资金。这是一只尺寸相对较小的气球，容积为37230立方英尺，以象征着瑞典王国、护卫着瑞典民族的北方女神命名，称为"女神斯韦号"。这是他初次显露自己的出色公关本领。这种能力，以后他会多次用到。[15]

从1893—1895年，他在"女神斯韦号"上共进行了8次短程飞天，都是在瑞典领土上独自一人进行的，没有再接受切蒂的进一

---

① Francesco Cetti（1860—1925），挪威人，演员出身，真实姓名为弗朗茨·福斯贝里（Frants Forsberg），有过多次飞天体验。——译注

步训练。事实表明，他天生就是当飞天员的料，沉着、冷静、富于急智。他试用过多种吊篮、仪器、仪表、风帆、一根和多根拖曳索。在他于 1893 年 10 月进行第三次飞天时，突然遭遇一场从戈腾堡（Gothenburg）一带刮来的强风，将气球吹向波罗的海，径向芬兰方向飞去。这使他面临着从此失踪的危险。然而，他灵巧地在一座临近海岸的小岛上来了一次冲撞着陆，并在吊篮砸到地面前从里面跳出。这样，残破受损的"女神斯韦号"重又飞起，将平安无事的安德烈留在了小岛上，气球则被狂风刮得一时没了踪影，后来是在 50 英里外的芬兰被人们发现的。

这次事故使人们一连 48 小时不知他的下落，结果反倒使他被瑞典报界造就为公众人物。灾祸转化成了胜利。他乘一艘芬兰轮船返回斯德哥尔摩时，有 3000 名公众前来迎接。他那高而瘦削、一头金发，又蓄着大髭须的斯堪的纳维亚人形象越来越为人们熟知。他在最后一次乘"女神斯韦号"的飞天中，共飘行了 240 英里，用时只略长于 3 小时，在着陆时成功地使用了裂逸瓣。如今他有资格称为全瑞典的首席飞天员，尽管飞天的时间加起来也只有 40 个小时左右。

安德烈在《瑞典皇家科学院学报》上发表的飞天报告，得到了极地科学研究领域的领军人物阿道夫·埃里克·奴登舍尔德①的大力赞许。他利用这一形势，精明地宣传起一种由他设想出的操控气球的新方法来，这就是将一组特别类型的拖曳索接到一种新设计出的

----

① Adolf Erik Nordenskiöld（1832–1901），杰出的地质学家、矿物学家和极地探险家。他出生于芬兰（时属沙俄），后移居瑞典。他是第一个通过整个北方海路（这是亚洲人的称法，欧洲人则称为东北航道。这是沿俄罗斯海岸线往返太平洋与北冰洋之间的海上通道，不是本书正文中提到的连接大西洋和太平洋的西北航道）的探险家。——译注

风帆上，使之起到一种有如舵柄的作用。这一技术革新使得安德烈受到了大众传媒的注意，也进一步扩大了筹款来源。在学术界的聚会上，他的高而瘦削的身形和带些贵族派头的外表，加上一副沉稳甚至有些忧郁的表情，赋予了他自然的魅力和权威感。

他给人们的印象并不像个探险家，但很有捕捉机会的本领。在一次瑞典皇家科学院的会议上，奴登舍尔德提出在斯匹茨卑尔根岛上升起系停气球，通过它进行对极区的"光度学勘测"。对此，安德烈马上世故地表示支持，夸赞这是个高明的倡议。其实，他自己早就想到了这一点，但当时却只是补充了一点看法，就是如果换用可以飘飞的无根气球，并由瑞典皇家科学院出资支持，将会取得更出色的结果，即勘测范围能够一直扩大到北极点。这一响应使奴登舍尔德大为满意。[16]安德烈在 90 年代里致力于以多种科学手段，应用于这一危险甚至堂·吉诃德式的项目上，并且获得了几个资助财源，包括工业巨头、军火制造商艾尔弗雷德·诺贝尔①的财政支持。

北极探险队的消息得到了媒体越来越广泛的报道，成为关乎国家荣誉的大事。这对安德烈的事业也很有裨益。1894 年夏，南森率领他的大名远扬的探险队，乘坐经过特别设计的"前进号"船只，让它被大块浮冰托起，以此种连冰带船在大洋上漂流的方式，尽量接近北极点。南森计划好了要在北极圈内过冬，因此做了在永夜环境下熬过 6 个月的安排。探险队在挪威人的兴奋企盼中出发，但没能按原计划于 1895 年夏季归来。一连 12 个月，探险队都动静

---

① Alfred Nobel（1833–1896），瑞典化学家、工程师和发明家。他的遗嘱中规定要用自己留下的巨大财富创立一种年度奖项，为在自然科学领域和为和平事业作出贡献的科学家和和平人士颁奖。这便是闻名的诺贝尔奖，共有五种。（另外一种诺贝尔经济学奖虽然以他的姓氏命名，但并非来自诺贝尔基金，甚至也不是来自瑞典而是挪威。）他对安德烈的两次北极探险计划都提供了经济支持。——译注

杳然。当到了 1896 年春仍不见他们回还时，与挪威人在北极探险上竞争的瑞典人认为自己组建一支同样队伍的时候到了。身兼挪威国王的瑞典国王奥斯卡二世 ①，批准了安德烈以最新的技术手段"征服"北极的计划，还给了一大笔资助。正如安德烈谋划的那样，气球探险已经上升为爱国行动。

安德烈如今面临的任务，是迅速组建起一支气球飞天队伍来。他仍旧经验老到地行事，先找到气象中心的尼尔斯·埃克霍尔姆，说动了这位年近五十的老上司同意参加。有了这位学术地位既高又可敬的人加盟，就越发加强了这一计划的科学形象。第二位候选队员是埃克霍尔姆的助手，聪明年轻的尼尔斯·斯特林堡 ②。此人时年只有 24 岁，是名训练有素的物理学家兼气象学家，酷爱读书，而且涉猎极广；喜欢音乐，还能绘画和拉小提琴，出身于富有的名门之家，是著名剧作家奥古斯特·斯特林堡 ③的侄子。

这是又一件明智之举。斯特林堡的禀性与安德烈相反，是个乐天的小伙子，为人风趣，充满活力，有很强的吸引力。他的加入，使这支小队在情感上平衡起来。他因自己有一副年轻得不易受人重视的外表，便赶快蓄起像安德烈那样的大髭须来，但这也无法改变他的娃娃脸。不过，他在这支队伍中的作用也同样重要。他早就有了户外摄影能手的名气，操作起最新型号的柯达照相器材来也驾轻就熟。这样，安德烈的这支小队的工程水平便有了进一步的提升。尼尔斯也如埃克霍尔姆一样，对于气球和飞天一窍不通。不过他又

① King Oscar II（Oscar Fredrik, 1829–1907），瑞典国王（1872—1907）、挪威国王（1872—1905）。他是安德烈两次北极探险计划的支持者。——译注
② Nils Strindberg（1872–1897），瑞典探险家、安德烈的气球北极探险队成员，死于探险途中，离世时只有 25 岁，但留下了宝贵的摄影史料。——译注
③ August Strindberg（1849–1912），著名瑞典作家与画家，以话剧创作最为著称。他的代表作《红房间》和《地狱》均有中译本。——译注

与后者不一样，马上率性而为地跑到巴黎去进修飞天课程。他还说气球是"超大号的云雀"。

安德烈将这项计划正式定名为"气球飞天奔赴北极点"。这一名称是他于 1895 年 2 月在瑞典皇家科学院的一次出色的长篇报告中首次宣布，翌年春天又在伦敦举行的第六届国际地质大会再度提及的。[17]他以尽可能精练与权威的语言，指出极地飞天面临着显而易见的严重挑战，大致说来有这四样：如何使气球在空中连续飞行至少 30 天；如何在极端严寒的环境中和可能出现的气球结冰的致命威胁下存活；如何操纵气球始终向北的飞行；如何在一旦气球下落到冰上后返回家园。[18]

接下来，他便出色地逐一对这四大拦路虎进行分析，给出了他本人设想的切实解决办法。他的报告的中心思想，是挺进北极不再

图 11.3　安德烈的第一支气球飞天小队，摄于 1896 年。自左至右为：尼尔斯·埃克霍尔姆、尼尔斯·斯特林堡、萨洛蒙·安德烈

只是"一个单纯的科学问题",甚至也并非只关乎到人的问题,而是已经成为特定的若干技术问题。它们直面"出现在工程技术人员面前",要求在有关领域工作的人员找出一系列合理的解决办法来。[19]而他本人便只能够提供一整套有效的发明,包括可调控的风帆组合、有调节功能的拖曳索组、自动排气阀、凝冰不易附着的球皮布料等,就连一些细节,如带隔热部分的炊具、轻巧的铝制餐具、炼乳罐头等,他也都一一想到,并已化为实际存在之物了。

后来的事实表明,在安德烈提到的重头发明中,有不少其实并不实用。但有关的报告在当时的确引起了轰动。他在挤满了聚精会神听众的英国皇家地理学会会场庄严宣称的要"从空中穿越冰封世界"的豪言壮语,自然便是原因之一。这样的话听来会造成一种印象,仿佛行将于 19 世纪末进行的这次气球飞天,是将幻想带入了现实——或许应当说是将幻想当成了现实。

在伦敦听取安德烈报告的人中,有两位著名的极地探险家,一位是美国的阿道弗斯·格里利①将军,一位是英国的艾伯特·马卡姆海军上将(他的堂兄就是后来组织起罗伯特·斯科特②两次南极探险的克莱门茨·马卡姆③勋爵)。这两位都对报告表现出审慎的支持。而在三年前,当南森在英国皇家地理学会上提出乘"前进号"漂流船赴北极探险的计划时,却遭到了一致的批评呢!

虽说安德烈在报告中并未提及儒勒·凡尔纳,但根据后来在论文中援引的资料和日记的内容,可以清楚地看出,他认为自己肩负

---

① Adolphus Greely (1844–1935),美国军人兼北极探险家。他最著名的业绩是,在 1881 年到 1884 年率队在加拿大的北极海域进行的气象学考察与研究。——译注
② Robert Scott (1868–1912),英国海军军官、极地探险家。两次赴南极探险,第二次到达南极点,但死于回程。——译注
③ Clements Markham (1830–1916),英国地理学家和作家,曾 25 年连任英国皇家地理学会常务负责人,一生积极支持并组织英国的地理探险活动。——译注

着继承前面超过整整一个世纪的重大气球飞天伟业的重任。他提到了皮拉特尔·德罗齐尔在法国开创飞天局面的升飞，查尔斯·格林的欧洲夤夜行，乔大智的横越大西洋之梦，詹姆斯·格莱舍勇闯 7 英里高度极限，巴黎围城期间一批飞天员的果敢壮举（特别强调了那只飞到挪威的反围城气球），威尔弗雷德·德丰维尔昼行夜宿的 5 天越野行 [①]，还有巴黎世博会上亨利·吉法尔送展的那只看上去有如被工业化社会的小人国生灵俘虏的巨灵神气球 [②]。

也许将现实与幻想最混为一谈的一点，是安德烈对北极探险所需用时的设想。他说他的氢气球可以在空中至少飘飞一个月——远远超过了以往的任何气球；还声称它携带的各种备品与设备至少可供三个月之需——同样也是大大地过甚其词。此外，说对气球可以全程操纵，能够可控地飞到北极点再可控地飞回来，这一点也很值得商榷。他的分析中还存在一个矛盾点，就是从斯匹茨卑尔根岛到北极点，距离为 660 海里，他认为这根本就谈不上有多长。这便又与气球的可飞行时间和应携带的物品数量不合拍了。

他为北极气球探险设想了三个时间框架，全都很短，是他根据以往的飞天数据"进行科学计算"得出的。第一个根据是 1870 年 11 月的那只著名的反围城气球。它从巴黎飞了 15 个小时来到挪威。安德烈由这一飞天过程的平均速度，算出只需短短的 6—8 小时，便可从斯匹茨卑尔根岛到达北极点。第二个时间得自他本人在 1893 年的那次乘"女神斯韦号"被风暴卷过波罗的海的经历，推算的结果是"略长于 10 个小时"。[20] 要是只看这两个时间，会觉得跨越极区里令人畏惧的巨大冰帽区，无非只是一场闲庭信步而

---

① 这段经历本书没有具体提及。——译注
② 典出英国作家乔纳森·斯威夫特（Jonathan Swift, 1667–1745）的著名小说《格列佛游记》（有多种中译本）。——译注

已。这可让安德烈的听众们默然无语了。

他设想的第三个时间框架多少显得现实些。安德烈根据他本人前几年夏季在斯匹茨卑尔根岛采集的气象资料，认为该地区存在着相当有规律的季节性"大洋气流"，正与飞天大师乔大智和其他一些人的说法相符。他相信，北极地区在夏季时会形成低压气旋，形成定向的南风，由是提供了向北刮去的"平均时速16.2英里的和风"，时间从6月份开始。如果风向风速不变，便会将气球送到北极点，需用"大约43小时"，也就是说不到两天两夜——只是沿用老习惯这样说，其实在北极圈内，夏季里是没有黑夜的。安德烈认定这一个时间框架，即从40小时到50小时，是最合用的和最可能发生的。这段时间也足够用来进行观测、进食、睡眠，并"以两架光学仪器和3000张感光片等设备"完成光度学勘测任务。🎈[21]

有一个时间数据安德烈不曾提及，这就是气球会用多长时间从北极回来。他也不曾提到气球会沿什么方向返回，只是乐观地设想，如果由斯匹茨卑尔根岛经由北极直达白令海峡，这段2200英

🎈 安德烈在这里提到的在极区进行光度学勘测，是一种合理的想法。后人对北极冰帽地区所进行的连续高空勘测——始于1978年在美国国家航空航天局发射的卫星上用扫描式多频道微波辐射仪（SMMR）进行的研究，就是基于这一概念的行动。勘测结果提供了最早的证据，表明北极地区的覆冰区面积有季节性的扩大和收缩，但冰层厚度并没有太大变化。大体说来，目前北极地区夏季里覆冰的总体积，与2000年时相比已经减少了约50%，不过冬季里冰帽扩展后的总体积还是基本不变的。覆冰在夏季的减少在2007年和2012年两年特别明显。对这一变化的模拟表明，到2030年时，北极地区的冰体在夏季可能会完全融化。有可能是由于自然界的某种循环（就是所谓的处于"第四纪冰期"的末期），可能是人类活动导致的全球暖化这一更直接的原因，也可能是两种原因都有。无论是哪一种原因，如果覆冰仍继续减少，将有可能影响到墨西哥湾暖流和英国以及中北欧的整个天气系统，其结果将是气候不复平和而趋向极端化，如狂风、暴雨、暴雪、热浪、干旱，等等。读者可进入美国国家航空航天局的"地球观测站"网站（http://earthobservatory.nasa.gov），在搜索栏内输入Arctic Sea Ice后阅读更进一步的内容（英文）。就在那个年代，安德烈在斯堪的纳维亚地区的科学家同仁们便已经在研究这种可能出现的前景了。

里的行程将只会花费 6 天时间——"也就是说，气球可持续在空中飘飞总时限的五分之一"。[22]说到这里，他难得地露出一个微笑，指出一旦抵达北纬 90°，无论气球怎么飞，方向都是朝南，因此无论到哪里——俄国的西伯利亚、加拿大、阿拉斯加、冰岛，即便到了格陵兰，都能算是回了家。他表示，不管来自瑞典的飞天先锋们在哪里着陆，都会受到世界空中公民级的接待。

安德烈自信地将这只气球定名为"北极号"，并将它作为飞天工程的终极成果介绍给人们。"北极号"同时也是个有如出现在儒勒·凡尔纳作品中的幻想般的存在：它的容积为 22 万立方英尺（与纳达尔的"巨人号"相仿），立高 97 英尺，横宽 67 英尺，球皮有三层，用昂贵的双幅厚缎缝制，顶部加覆一顶有如瓜皮小帽的棉布盖片，涂了特制的防结冰清漆。为了防止被冻冰封死，它的排气阀没有设在球皮的上方，而是移到了侧面。以往都做在吊篮上方的开口，也换成了原由吉法尔设计，又经安德烈本人改进过的自动压力阀门。[23]

"北极号"的提升力为 6600 磅（约合 3 吨），3000 磅用来承载不同形式的自由压舱物；包括一组用 3 盘各超过 1000 英尺长的气球拖曳索形成的复杂系统，8 根较拖曳索短些的压舱绳。这两种装备加起来共 1600 磅，已经占了全部压舱物重量的一半以上，因此对保持气球的平衡至关重要。安德烈相信，将这些设施加到一起，便能从设计上保证他的气球在理论上有相当大的安全系数，能够做到高度调节；当气球进入极区后，空气环境的变化无论导致球皮内的氢气膨胀还是收缩，他也都有把握应对。只是有一样，除了在球皮顶部加覆了棉布盖片外，他基本上忽视了湿度、降雾和结冰所会造成的问题。[24]

气球需承载的主要装备是用粗大的绳索吊在球皮下方的一个上下三层的构体，最下面是个封闭式吊舱，吊舱上面是个开放的观察台，观察台的上面——在高于吊舱顶圈的位置上，是一个截圆锥形的储存阁。这样的安排方式以往从未有人采用，甚至也不曾接受过试验。安德烈的这种一次到位的做法，用意在于显示自己的技术能力和预见本领。

最底下的圆柱形封闭式藤编吊舱是衬了保温材料的，直径 6 英尺半，深 5 英尺，像游艇那样打了隔断，还加衬了保温层。与以往气球吊舱不同的是，在上面加装了一块平板顶盖，上面开了一道供进出用的水平小舱门。隔开的小室里满满当当都是科学仪器，精密时钟、罗盘、六分仪、气压计、漂流信息浮标，每样都不止一件。另外还有三具蔡司公司①制造的双筒望远镜。还有几样装备是气球上少见的：一是一张叠层床，二是一间小厨房，三是一只马桶。安德烈还为飞天小队添置了酒精炉和酒精烤箱。他发挥自己的聪明才智，将它们设计成移动式的，可以降到吊舱的下面并以遥控方式点燃，这样就可避免火灾发生。

吊舱里还存放了供 3 个月消耗的罐头食品、长枪、弹药、渔具、一面瑞典国旗，还有一只可以同时睡 3 个人的驯鹿皮大睡袋——堪称斯堪的纳维亚人特有的极地探险装备，它有助于无间合作、亲密友谊，并有分享体温的实用功能。此外还有若干标志浮标，30 只信鸽以及不少高档物品，如香槟酒和比利时巧克力之类。

吊舱之上的第二层是个圆形的观察台。它实际上是很经济地实现的，就由吊舱的平板顶盖充当。这个观察台也同样取法于游艇，像是它的驾驶台。它的外缘处立起了一圈活动式帆布帷帘，也就是人称"风挡"的设施，用齐腰高的木架撑起。这圈木架是安德烈的发明，被他称作"仪器圈"，可用来安放种种相机、气压计、对地移速测定仪等诸般观测仪器，固定和取下都很便捷。观测台再加上

---

① 德国著名的光学仪器公司，以其创建人卡尔·蔡司（Carl Zeiss）的姓氏命名。——译注

密封吊舱，意味着队员们能够分别到台上工作和轮流进入下面睡觉、餐饮、记事等，对于在长时间旅行中保持正常心态，这是很重要的安排——虽然对这一探险的进行时间只预想为50个小时。

第三层是个搭架结构，而且放置在吊舱顶圈上，靠一盘穿过顶圈的绳梯上下。这又是设计上的一项革新。这里存放着仔细选定的备用物品，分别放在帆布袋里，摆在不同的格室内封装存放。它们大多是供万一气球中途不得不落地后使用的。除了额外食品与弹药外，特别值得一提的是一顶帐篷，一只折叠式划艇，打开来很大，还有三只装配式的木制雪橇。它们都是安德烈为受迫降落后不得不在冰雪上跋涉所准备的。

真正能体现出安德烈的出众才能的，是气球上的导向系统。这是三张风帆与一组粗大的拖曳索和压舱绳的组合体。这三张风帆架在一根水平放置的竹竿上，吊挂在吊舱顶圈下面，如同大型帆船上的主桅帆。三根粗大的麻编拖曳索，每根的长度都超过1000英尺，

图11.4 以"飞鹰号"为主题的蒙古国邮票

可以借助手摇绞盘控制拖在地上部分的多少，拖在冰面上的部分会起到与风相反的作用。安德烈还聪明地在绳上设计出了断裂点和靠螺栓连接的金属接绳片，倘若绳索被冰隙卡住或被冰凌挂住，就可以靠这两种结构使气球得到解脱。

这三根拖曳索在使气球的速度有所减慢时，也明显地改变了气球的动力学状态，使其有如一只被地上跑着的人牵着的风筝，也有如帆船上与水作用的龙骨。安德烈相信，靠着这样的安排，就可以更可靠地利用气流运送气球。

气球上还有一样简单但却机巧的装置，即借助一只粗大结实的木制转枕，改变拖曳索组相对于气球的角度。调节转枕，便控制了拖曳索组在控制台上的位置亦即与气球间形成的角度，由是便使气球在气流中扭转，风帆也自然随之转动，如此，风帆也就起到了舵板的作用。此种设计也同样取法于帆船。安德烈认为，对气球的导向便可通过这套装置实现。

安德烈将这一实现气球导向方法的说明提交给了瑞典皇家科学院，还配上了精细的工程制图，表示以这样的装置，可以实现对气球的导向，且此功能可在与风向成 27° 角以内的范围实现，甚至有可能达到 40°。[25]如果拟利用的"北极的和风"有所偏斜，无论是偏东还是偏西，只消调节一下那只转枕，就都能继续保持正北的飞行方向。于是乎，萨洛蒙·安德烈终于正式宣称，导向这个困扰了飞天界近百年的难题已被攻克，一型无须外援的、有长途飞行能力的、可导向的自由气球已然被他设计成功。

"北极号"还有一处与其他无根气球都不同的关键地方，就是它只应当在上下范围相当有限的低空区内飞行。为了实现可导向飞行，必须靠风帆、转枕和拖曳索组起作用，这便要求气球必须始终保持在离地面很近的高度上。安德烈是这样强调的："气球必须保持合适的重量。这就是说，当它处于无根状态时，平均而言应当保持地面之上 800 英尺的高度，也就是低于云层的最低位置，但高于地面附近的雾区。"[26]这样，他的气球便不同于一般同类，因为无须飞得超过临界高限，故可以将氢气充得很足后上天。在此种状态下，气球的容许膨胀空间便相当有限。一旦升到 1000 英尺以上，球内气体便会立即向外顶开吉法尔式自动阀门，使一部分氢气排出。因此，如果因为无论什么原因造成气球果真升高，就会引发气体排出，随后就得丢弃不少压舱物，以重新实现高度的平衡。由于压舱物的多少关乎着总体飞行时间，致使这一新的设计隐含了未知的可能因素。

当然，安德烈除了有过一些在"女神斯韦号"这个小号气球上得到的实践经验外，并不曾针对这些革新内容进行过多少实际演练。它们虽然出色，但大多仍还只停留在设计室的绘图板上，但却被作为工程学上的一次逻辑演练送呈瑞典皇家科学院。这便引来一些批评，怀疑这项计划无非只是以前，而且是很久以前被他人尝试过多次的某些技术的再现版本。查尔斯·格林不就用过拖曳索吗？布朗夏尔不也试过风帆，而且时间还要更早些吗？这次提出来的，怕不是什么新技术，而只不过是些陈旧的幻想吧？

不过，安德烈以他表现出的沉稳的权威风度，再凭借他给出的一大堆"科学数据"——说不定还沾了那部堂而皇之的美髯的光，顺利地过了这一关。况且在他雄辩的报告中，还特别强调了自己的爱国使命，又蜻蜓点水地嘲笑了一下挪威人南森所率领的、至今下落不明的"前进号"探险队①："我想问一下，谁能比我们瑞典人

---

① 南森的探险队是在 1893 年 6 月出发的，在北极地区艰难地度过两个冬季后，才于 1896 年 8 月返回探险出发地，其间无法与外界联络。安德烈的报告正是在此期间（1895 年 2 月）进行的。南森探险队的行动方式，便是安德烈不以为然的先乘特制的船在浮冰上漂进，然后又在漂流无法向北进行时，借狗拉雪橇在冰上行走。——译注

更有资格进行这番努力呢？……要成功到达北极点，我们的高超气球，难道会不如雪橇……不如冻结在芜杂的积冰块上、被托着漫无方向地运动的漂流船吗？"[27]

就这样，安德烈得到了拨款，"北极号"迅速造了出来。在公众的热烈关注下，安德烈和他的队员们在1896年6月登上了"室女星座号"轮船，前往斯匹茨卑尔根岛。同行的还有一小批科学家、新闻界人士和热情的支持者。前来斯德哥尔摩码头送行的公众达4万人。他们的大批物资都存放在丹斯克岛（Danskøya）——斯瓦尔巴群岛中西北端的一个小岛，位于斯匹茨卑尔根西北方向——最西北端的一间木瓦棚屋里，每一件都自豪地标注上红色的"安德烈北极探险队，1896年"字样。一间存放气球的储仓和一处制取氢气的棚屋很快搭建完毕。不出4周，巨大的"北极号"便成功地充足了氢气，一应仪器也都准备停当。天气晴朗、温度合宜、风力不大不小，都合乎需要，对升飞气球再合适不过，只是不能乘它飞赴北极，因为风向不对，不是向北刮，而是刮北风。

他们只好按兵不动，等着安德烈所预言的低压气旋形成的南风吹过来，但它始终没有出现。安德烈的新闻发布会开了一次又一次，载着旅游者的轮船往复了好几班，那只大气球在储仓里不安分地动弹，附近的极区空气充溢着一种可疑的气味——是逸出的氢气带出来的杂质气体。这样过了令人心焦的两个月，到了8月底，探险队只好返回瑞典。就在他们离开斯匹茨卑尔根岛之前，南森率领的"前进号"北极探险船不事声张地驶回了当年出征时离开的海港。

四　出师未战铩羽，逆境背水再战

对安德烈来说，这可真是个从未体验过的低潮时期。他坚强地忍受着，将失望埋在心底。其时，南森在冰上坚持了两个冬天，先是乘"前进号"闯过了北纬84°线，第二年又取得了更巨大的成就，即离开"前进号"，驾狗拉雪橇到达86°11′处，距北极点仅差不到100英里。嗣后，南森又同队友亚尔马·约翰森（Hjalmar Johansen）一路步行，艰难跋涉过犬牙交错的浮冰"路"后，在法兰士·约瑟夫地群岛上的一间用冰块砌成的狭小屋子里熬过了第二个冬天，终于在第三年9月份凯旋，回到挪威首都。这样的探险，确实需要巨大的勇气、在极地生活的高超本领和队员之间的深厚情谊。[南森本人将这段漫长的探险经历，写成了一本出色之极的行记《极北之地》（1897），至今仍畅销不衰。] 面对他人的这些成就，安德烈嘴上不说，心里可是受着煎熬哩！

　　南森的成就，自然大大地遮蚀了安德烈在瑞典公众心中的光芒。更为严重的是，南森也无形中抬高了今后北极探险的门槛；这就是说，如果不能到达86°以北的更高纬度，就会被视为失败。安德烈很快便宣布自己将于1897年夏季再次出征。不过对这第二次探险，支持的人自然不如先前踊跃。艾尔弗雷德·诺贝尔仍然提供了资助，国王奥斯卡二世也照样解囊，但媒体的批评多了起来。莫非安德烈是个嘴把式不成？他是不是个梦想家呢？他的那只巨无霸气球，该不是个荒诞不经的老古董吧？

　　资深队员尼尔斯·埃克霍尔姆博士同安德烈关起门来，讨论了气球球皮的耐用期限。他根据计算认为，虽然关在斯匹茨卑尔根岛的储仓里不用，它每天也会减少120磅的升力。在他看来，"北极号"气球的可飞行期，届时将从30天降为最多17天，也许还会大大缩短。如果真的要飞30天，按照他的计算，不等到飞行结束，它的6000多磅提升力便会全部丧失。安德烈同意加缝新的瓜皮块，让气球更大一些。虽然如此，埃克霍尔姆还是在1896年圣诞期间，正式宣布退出第二年的探险计划。他对安德烈的梦想失去了信心。

后来，埃克霍尔姆公开发表了导致他退出的更多理由。这些理由很能说明问题。他相信安德烈本人也对气球的耐久性失掉了信心，不再认为它能够完成全部飞天计划。设想越过北极冰帽飞至格陵兰、阿拉斯加或者西伯利亚——具体地点须视当时的风况而定，实在是一种模糊的、前后不一致的拼凑。气球飞天是一种单向运动。埃克霍尔姆觉得，安德烈已经暗自打算要以艰难的方式返回，即用雪橇或者划艇回来。而这两者都是没有"工程学上的解决办法"的。有可能长达 600 英里的回程会艰巨而痛苦，自杀色彩颇浓。以南森的丰富经验，还得花上两年多的时间，经受了种种磨难，在冰雪上熬过两个冬天才大功告成。这位已经 48 岁的博士，觉得自己的身体已然经受不起这样的折腾了。他其实也不认为安德烈能够经受得住。他更特别为斯特林堡担忧。在他看来，安德烈面临的困难可以用一句话概括：气球必须"不仅要有安全进入极区的能力，而且还要有安全出来的能力"，而这两都必须首先应得到科学上的检验[28]

尼尔斯·斯特林堡那里也有一些变化。1896 年 10 月，他与自己的发小、如今已经出挑成美丽女郎的安娜·查里耶①订了婚。前

埃克霍尔姆博士对上天始终很有兴趣，但他认定重于空气的飞行器才有前途。他在 1900 年成为瑞典航空学会的第一任会长。不过这位博士也同格莱舍一样，认为高空探测气球能够提供最重要的气象学数据。他一直在瑞典气象中心工作，并不断发表科学论文。1901 年 1 月，他在《英国皇家气象学会季度学报》上发表了很有前瞻性的论文《从地质学和人文历史学角度研究以往的气候变化及其原因》。这是预见到二氧化碳的持续排放——既有自然的，也有人为的——到头来将导致全球暖化的最早期的科学文献之一。不过，埃克霍尔姆认为这种暖化会对人类大有裨益，会防止新冰期的到来。可参阅尼尔斯·埃克霍尔姆刊登在互联网站上的这一论文（英文），网址 http://onlinelibrary.wiley.com/doi/10.1002/qj.49702711702/abstract。

① Anna Charlier（1871–1949），瑞典人，尼尔斯·斯特林堡的未婚妻。她支持未婚夫的探险愿望，在认定未婚夫已不在人世后，她又表示希望将来能在自己死后将自己的心与尼尔斯的遗骸合葬到一起。——译注

图 11.5　尼尔斯·斯特林堡与
未婚妻安娜·查里耶

者的父亲和后者的家里人都力劝尼尔斯要像他的导师埃克霍尔姆博
士那样，不再参加第二次探险。不过深深爱着尼尔斯的安娜理解自
己的未婚夫，知道他属意于在成家之前，先在科学事业上有所成
就。所以，她支持尼尔斯的决定，只在心中悄自怅然。

　　与此同时，安德烈又添置了两架最新型号的蔡司相机。他告诉
尼尔斯说，从空中对北极地区进行"光度学勘测"，是第一等重要
的科学任务，南森取得的成果中并没有与之相近的内容。对安德烈
的忠诚心和对科学的责任感，终于使尼尔斯决定留下，参加第二次
探险。

　　1897 年春，为了找人替代埃克霍尔姆，安德烈与不少候选人
见了面，最后选中了克努特·弗伦克尔 ①。他比埃克霍尔姆年轻得
多，且又是属于另外一种类型的人，这可能更加让埃克霍尔姆担心
这一次探险可能会陷入非气球方式。这位弗伦克尔与安德烈一样，
是毕业于瑞典皇家工学院的工程师，但更在体育方面出众。他年

① 　Knut Fraenkel（1870–1897），瑞典工程师、安德烈第二次北极探险队成员。——译注

轻、高大、魁梧，力大无穷又耐力惊人，擅长体操，经常登山，还喜好探险。他曾在瑞典北部协助父亲经营筑路业务，为人热情外向，性情随和。后来人们发现他还是位好厨师。他时年 27 岁，比斯特林堡高出一大截，又比安德烈还壮实，但他却对后者很服气，显然看得出很佩服这位领导人——远远超过对埃克霍尔姆博士的敬意。得到接受后，他也像斯特林堡一样，马上去巴黎学习飞天本领。在此期间，他有好几次着陆不很稳当，但返回瑞典时，对气球的热情反而有增无减。

就在这第二支探险小队即将乘船去斯匹茨卑尔根岛之际，安德烈拳拳挚爱的母亲于 1897 年 4 月 29 日去世。对于时年 42 岁尚未成家的安德烈来说，他人生中最重要的情感纽带就此断裂。这可能在某种意义上松开了他与地球的最后联系。南森给他写来一封热情的信，祝愿他一路如意，并在高度评价他对瑞典所做的贡献后，送上了莎士比亚名剧《麦克白》中的一句台词："只要是男子汉做的事，我都敢做；没有人比我有更大的胆量。"南森在信中以最委婉的方式，希望安德烈不要做"于理不妥的冒险"，哪怕是受到爱国精神的驱使或其他影响："真正有无精神力量，就表现在划定这种界限上。"安德烈应当有如优秀的登山健将，知道什么时候应当折回，甚至知道什么情况下根本就不应当开始。[29]

安德烈悄悄在自己的遗嘱中加进了一条补充，其中有一句不祥的话："这是我在动身前夕另行增补的。这次行程充满危险，有些是历史上从不曾出现过的。预感告诉我，这次可怕的征程有可能会见证我的死亡。"[30]

这支新探险小队于 1897 年 5 月 30 日抵达丹斯克岛。他们修理了一下那座搭建在荒凉海滩上的气球储仓，再次将氢气充入"北极号"——如今给它起了个新名字，叫作"飞鹰号"——是不是不再强调目的地，而改为企盼飞行顺利呢？除了这一颇有象征寓意的改变，为第一支探险小队备下的所有物品都完好无缺，就连那批细棉布织物也一件不少，上面还可看到用瑞典文写的"安德烈北极探险队，1896年"字样。他们在那里等待南风。等了将近 6 个星期后，终于在 7 月 11 日早晨，等来了气压计读数下降、低空形成灰色云层、气旋从南方来临的一天。这股风从南面的维戈湾（Virgo Bay）刮来，时不时地呼啸一阵，向探险队发出向北的诱惑。不出 4 小时，所有的准备工作都在紧张忙碌中就绪。安德烈将斯特林堡和弗伦克尔叫到一旁，分别征求他们是否同意出发。斯特林堡明显地表现得急不可耐，不过也提出是否再等一等，以确认这股风在风向和风力上都是稳定的。不过，在经历了两年的煎熬后，安德烈可不打算再等了。他发出了指示，用斧头劈开了储仓的北侧。开弓没有回头箭了。

图 11.6　自左至右：克努特·弗伦克尔、萨洛蒙·安德烈和尼尔斯·斯特林堡，摄于第二次北极探险出发前

下午 1：43，在场的人们相互握手一番，便松开将气球系在地上的羁索，让"飞鹰号"向天上飞去。[31]它徐缓地升起，显得很是庄严，在越过储仓顶时稍稍剐蹭了一下，然后便飘到海湾上，傲然升离起伏不停的灰色海浪，向正北方向不差分毫地飞去。在场的每个人都欢呼起来，挥手向探险小队告别。帆面被风吹得鼓了起来，只是那套复杂的由拖曳索—压舱绳和风帆形成的导向装置，使气球显得怪怪的。一名记者发表看法说，这只气球并不像只飞鹰，倒好似一只长腿蜘蛛。有一张照片记录下了这个有代表意义的时刻，后来经过技术处理，刊登在《生活杂志》[①]上，发行到世界各地。

可是只过了几秒钟，气氛就发生了改变。人们注意到，气球飞

图 11.7　1897 年 7 月 11 日，"飞鹰号"从气球储仓外升飞

---

① 《生活杂志》（*Life*），一份在美国发行的老牌周刊杂志，在美国可以说家喻户晓，1883 年创刊于纽约。从 2007 年 3 月份起，该杂志改为网络出版物。——译注

得非常之低，也就只略高于 60 英尺。从观测台上垂下的绳索在海面上拖出一道发暗的宽宽水浪，而且似乎其中的几条正在坠落。这头 60 秒内发生的事情并没能得到拍摄。正当"飞鹰号"升起时，几根拖曳索下部的金属螺栓连绳片开始出现缠结。甚至还未等到末端进入海湾，它们已经叮叮当当地砸到了岸边的碎石地面上。

事后人们发觉，这些落在储仓外面的绳索并没有散开，仍然保持着原来盘得整整齐齐的圆坨形。它们在被拉起时，就仍以这样的形状在空中打旋，然后与主体脱离开来。这正是一个典型的例子，说明即令出色的设计，也不免会在初次上阵时失败。在场的一名工人看到了这一情况，便连喊带叫地知会气球上面，但安德烈未能听见。等过了几分钟他注意到时，却又有别的要他操心的情况了。

"飞鹰号"无法再向高处飞起。它一点一点地接近海面；离岸还不出几百码，海水便触到了吊舱底部。很明显，在储仓内仓促间对气球总重量的估算，并不符合外面有风时的要求。本来是巨大而有力的"飞鹰号"，此时却可笑地连起飞的力量都使不出来。有那么一阵子，这种情况还显得挺逗趣，岸上的工人们还在欢呼。可是又过了几秒后，吊舱便有一截没入冰冷的海水，划出了一道水波，一副要沉下去的模样。安德烈不安地下令，要大家赶快丢掉些压舱物。面临这一紧张局面，两名队员在仓促服从命令时，由于经验不足，每人都倒空了 4 袋沙砾，大大超过了需要减除的重量。

人们看到，"飞鹰号"猛烈地摇晃起来，随即便跃出水面向上升起。带着短了不少的几根拖曳索凌入空中。观看的工人重又欢呼起来。这时候，安德烈才有机会注意到，只在开始升飞的这短短一瞬间，至关重要的导向系统中的好大一部分便已损失掉了。气球迅速升到比岸区的山顶还高的地方，而且在从观看者的视线中消失后还在继续攀升。当它到达 2000 英尺以上、远远超出安德烈预定的

图 11.8 "飞鹰号"离开储仓升空（照片经过技术处理）

高度时，吉法尔自动排气阀开始放出氢气。这时，他们便在下方看到了"排布规整"的极区浮冰和"深蓝色的美丽"北冰洋。他们是第一批得到这种宏观视角的观察者。在从斯匹茨卑尔根岛最北点上方飘过时，尼尔斯·斯特林堡给安娜·查里耶抛下一个金属小罐，里面装了一张告别的纸条。但它下落不明。

五　气球探险陷入困境

从此刻起，有关这次探险的资料便都只来自四个文字来源，但在具体内容上彼此未必一致。安德烈的日记是主要来源，说是日记，实际上相当于探险队的正式记事簿；其次便是弗伦克尔的记录本，主要记载气象观测数据；第三和第四来源都得自尼尔

图 11.9 "飞鹰号"离开维戈湾，在海水中留下一道气球吊舱划出的水波（照片经过技术处理）

斯·斯特林堡，前者是一本杂记，既写有行程记录，也杂入一些私人记事；后者是写给未婚妻安娜的，共 9 页，用速记方式书写，准备返回后作为结婚礼物送给她。[32] 其实还有第五个来源，不过并非来自文字，但或许更为确凿，这就是尼尔斯用蔡司相机拍下的照片。

　　探险小队在升飞时遇到的几桩麻烦，一开始时显得似乎无足轻重，甚至有些招笑。他们喝了些香槟，兴致都很高。尼尔斯的杂记中就有一条很早的记录，叙述他如何爬上吊舱顶圈，欣赏四周的景物，还兴致勃勃地聊天："嘿，我说，弗伦克尔！""怎么着？""你想不想来个热水沐浴？""请便！"[33] ——尼尔斯无疑是一面"方便"，一面逗趣地说出这两句话的。气球在大约 1000 英尺处实现了新的平衡，氢气不再从自动排气阀处散逸。南风带着他们一路小跑着北进，只向东偏斜少许。安德烈让大家用剩余的压舱绳编结成新的拖曳索，希望重新恢复对风帆导向的正常控制能力。对此他很有信心，因此下到吊舱里，来了一阵北极小睡。

气球上的这第一个下午（7月11日）可以说是诸事顺遂。气球飘飞得十分平稳，阳光下展现的是一派田园风光。居然能如此快捷而顺当地进入这片未知的冰天雪地，令他们激动不已。尼尔斯就这样写道："只有一股轻风从东南方向①拂来，再就是［吉法尔排气］阀门发出的咝咝声。太阳送来一股热力，但我们还不时感到股股冷意。安德烈在睡觉。弗伦克尔和我小声交谈……有时云层分开，我们便可一瞥下面的冰雪。气球沿水平方向进行，方位角以磁极为准，为北偏东45°。情况真是太顺利了，顺利得让我们都宁可不喘气了（因为呼吸自然会导致气球变轻哟）。"[34]他们真觉得自己正有如在梦幻世界里漫游呢！

安德烈只在后来经过认真计算，才意识到他们扔掉了太多的压舱物。而这种东西实在是太重要了。他们在仓促间倒空了8袋沙砾（450磅），又因气球拖曳索截断失去了更多（1160磅），共计超过1600磅，占去原有压舱物总重量的三分之一。由于压舱重量对应着飞天时间，这便相当于气球可在空中飘飞的最长允许时间被缩短为只有原来的一半。[35]

开始放飞时，气球竟会下沉得接触水面，这也是个问题。这可能是起飞时对气球总重量没能估算好，也可能是升起时不巧突遇一股从维戈湾刮来的下旋风，还可能是如埃克霍尔姆博士预见到的气球因漏气导致升力不足。如果是最后一种情况，就应当全面估计总体形势，重新考虑这次探险是否应当继续进行。当安德烈躺在吊舱里的叠层床上考虑这些问题时，弗伦克尔在准备餐饮，尼尔斯开始

---

① 原文如此，似应为西南方向。——译注

拍摄并标记飞天路线。

　　后来，人们发现了一只自"飞鹰号"投下的浮标——他们所投下的浮标中最早被发现的一个，内装安德烈草草写下的信息，书写的时间为 7 月 11 日约晚上 10 时。他的第一句话是"到目前为止，我们的旅途很顺利"。接下来他又写道："气球目前仍在 820 英尺（250 米）的高度上飞行，方位为北偏东，起先为偏东 10°，后来偏到 45°。我们都很好。下方都是浮在海水上的一片片碎冰。天气美好之至。以最好的心情向大家致意……自下午 7：45 起一直飘飞在云端之上。"最后是全体队员的签名："安德烈、斯特林堡、弗伦克尔。"[36] 令人不解的是，这里只字未提失去的拖曳索，对越来越偏向东去的路线也没有发表评述。在这一天的子夜之前，气球一直在 1000 英尺左右的空中稳定地飘飞，只是风向越来越偏向东方——实际上，到了第二天即 7 月 12 日的夜间 1 时许，方位已经完全变成了正东，不再进一步接近北极点了。尽管如此，探险队的进展还是惊人的。飞天开始只有 12 个小时，气球已经飘过了 244 英里，速度委实可观。如果靠狗拉雪橇，通过这段距离至少要用三个星期。

　　又过了半个小时，即在 7 月 12 日夜间 1：30 时，氢气的逸出突然明显起来，明显得队员们都感觉到了。气球进入一团云朵之后，由于太阳的热力遭到阻隔，便一点点下降到了另外一个环境：被近地雾气统治着的极地世界。探险队的条件从此发生了巨大变化。不出 4 分钟，"飞鹰号"便从 800 英尺的高度，降到了 65 英尺的位置上。这是自离开斯匹茨卑尔根岛后，缩短了的拖曳索第一次触到了冰面。从此，这只气球再也没能上升到 300 英尺以上。[37]

　　这三个人虽然不能预知此种情况的后果，但大家的心情都黯然起来。尼尔斯看到冰面上有一摊血迹，说明北极熊曾在这里进行过杀戮。这恐怕不是个好兆头。[38]在这个高度上，他们能够看到在1000英尺处看不到的细节。从高处看，下面的地势很平坦，环境很安宁；而一旦到了低处，就会看出冰面其实峻嶒得可怕，有长达20英尺的隆起和裂隙，还有尖利的冰凌和嶙峋的皱褶——冰块受强风和海水共同作用的结果。

在这个新的"低度"上，气球的速度慢到了几乎与步行差不多的地步。而更糟糕的是，它又完全改为向西飘飞，也就等于是沿着前面一段路原路退回。整整一天，他们不断扔出更多的压舱物，包括在下午4：51时抛弃掉原先准备放在北极点，或者至少是能够到达的最北位置的最大一个浮标。更能说明形势的是，他们扔出此物时"未发一言"。这也表明了大家心情都是郁结的。在此之后，吊舱很猛地撞到了冰面，"一连撞了好几次"。[39]到了下午5：14时，气球"在半小时内撞到冰面8次"。形势真是十分严峻。

在7月12日余下的这段时间里，"飞鹰号"无论在速度上和自身状态上都在一点点恶化。他们已经不再向北方进发。安德烈的另一个重要依据，即"夏季时会形成的吹向北极的南风"并没有吹拂过来。

气球一路向下沉坠、陷入冰冷的极区雾霭后，太阳便完全看不到了。四面八方的能见度都不足一英里，将他们幽闭在一片迷茫之中。他们说话的声音被反射回来，听上去瓮声瓮气地没有生气。他们也越来越感到寒意。冰原也不再闪出亮光，那种美丽的蓝白二色也被死板阴沉的灰色取代。这令尼尔斯找不到可以聚焦的摄影目标，所见之处都没有景深，也无法看出比例。安德烈注意到"冰面上的积雪呈现出一种肮脏的浅黄色，在很大范围内都是如此"。他还注意到"北极熊也有同样的毛色"。[40]

尼尔斯意识到，自己居然总是在预期下一次吊舱对冰面的撞击。每发生一次撞击，藤编的吊舱都会振动起来，并将振动传到气球的网套上，使他们头顶上的球皮咔咔响、叽叽叫。他形象地称这样的动静是"气球在跨正步"。"飞鹰号"确实像是不时地重重踏脚，拟将不友好的冰雪世界狠狠地踩个粉碎。他们是不是要抛下锚爪，等待合适的风降临呢？他们是不是应当再抛出更多宝贵的压舱物，以换得升到雾区上方呢？拿不准下一步该怎么走的安德烈再次下到吊舱里，躺在那张叠层床上，带着这个想法睡上一觉。尼尔斯和弗伦克尔留在观测台上守望。

尼尔斯找了段时间爬到吊舱顶圈上，一个人在那里给安娜写信。他心中所想的，都在杂记和信中有所流露，只在程度上有所不同。在信中，他看上去无疑是一派欢欣鼓舞："7月12日。待在顶圈上的感觉真妙。这里让人觉得真是安全，真有在家中的感觉。我知道，这个地方的颠簸不那么明显，可以让我安静地坐下来，不至于在给你写点什么的时候不得不停下来……安德烈在（下面的）吊舱里睡觉，但我认为他睡得不会安稳。太阳消失在雾气里不见了。"[41]

接下来，尼尔斯又在杂记中有所记叙。较早的部分是在阳光还多少能透过雾气传来时写的，笔端也比较乐观。但到了后来，从他误记了日期、将7月写成了6月这一点上，便可看出他有些心神不定——

6月12日，21时零5分……今天上午，当吊舱位于190英尺（60米）高度时，如果雾色不太浓，还会有些阳光透过来，时不时地还会见到小块的蓝天。在经历过一整夜的"跨正步"后，这样的环境还是让人心里舒畅的。气球的提升力也有所增加。不知道它能否到更高的地方飘飞呢？

然而，就在尼尔斯于 7 月 12 日晚上 9 点过后写毕这段文字，"到更高的地方飘飞"的可能性便不复存在了。由于雾气遇冷冻结，使得凝结在球皮上的湿气越来越多，气球时复一时地不断地增加重量，氢气的提升力却随着温度的下降不停地减小："雾气造成的气球与冰面的不断沉重撞击，真把我们拖累住了。"尼尔斯还注意到，风也大大转向，改变了"90°到 100°"，大有将他们送到近于正西方向之势。而到了最后，在大约晚间 10 时前后，气球更是在原地不动了——一根拖曳索被卡在了冰上。飞行中断了，至少是一时中断了，用尼尔斯的话说就是，"被牢牢地钉死在原地"。或许在刚刚被卡住时，倒还让探险队松了一口气，不过总体形势是不容乐观的。探险已经进行了 22 个小时，气球本该已经在奔赴北极点的路上走过了一半，但实际情况是，还没能到达北纬 82°线上。而他们随后还将被扣留 13 个小时哩！[42]

根据 7 月 12 日的几条杂记来看，可以认为尼尔斯已经开始对安德烈的气球技术有所怀疑了。他还可能开始觉得，也许就应当将拖曳索、压舱绳和风帆形成的这一套设备都干脆舍弃不用。这样就能将它们作为压舱物扔掉，让"飞鹰号"自由地飞高到北极上空有阳光照耀的地方；而一旦实现 1000 英尺甚或 2000 英尺的高度，氢气便会受热膨胀，使提升力迅速增加，气球便会重新获得活力。通过操纵吉法尔排气阀，他们有可能实现新的平衡，并尝试一下"到更高的地方飘飞"是否可能。这样，自由飞越北极点的光荣还仍有可能属于他们。

尼尔斯写完杂记后还不到一小时，安德烈便从吊舱里登上观测台。他在探险队记事簿上写了一则简短的记录，注明日期为 7 月 12 日，下午 10 时 53 分："气球上的所有东西都在滴水，气球还在下坠。"随后，他显然和尼尔斯、弗伦克尔讨论了对策，大约商量了半个小时。他看出这两位队友都有同自己一样的感觉："气球又是摇晃，又是扭摆，还不停地上下蹿跳。它是想离开这个地方的，可就是做不到。"[43]他命令两名队员下到吊舱里休息一阵，他们服从了，但显得很勉强。他们刚才的讨论无疑是关于是否要将卡住的拖曳索赶快割断、再将压舱物马上扔掉，看看能否升到雾区之上进行全自由的飞天，要是再迟，恐怕就会来不及了。气流可能将气球向西吹向格陵兰，也可能再次向北，送他们到达北极点，甚至也有可能向南将探险队吹回斯匹茨卑尔根岛，但不管怎么样都终归仍是在飞天。尼尔斯主张"去高处飞"，弗伦克尔也可能有同样的主张。但安德烈都没有记录下来。他们可能面临着作出这次征途中最关键决断的关头。

在队友们都下到吊舱内之后，安德烈在探险队记事簿中写了如下的几句话——

> [7月12日] 下午11：45。我们是可以扔掉压舱物的，[目前刮向正西的] 风也可能将气球吹送到格陵兰。但我们觉得还是先这样不动为好。今天，我们已经不得不扔掉太多的压舱物了，大家也没能休息——就是想休息，不断与冰面撞击的吊舱也让我们休息不成。我们都无法再坚持下去了。三个人都需要休息。11：20时，我便告诉斯特林堡和弗伦克尔都下去睡觉。我打算如果自己能够坚持守望，就让他们一直睡到 [7月13日的] 6点或7点钟。

记录簿中看不出他们的意见是否一致。"先不动为好"看来倒像是三个人作为一个整体达成的决定。只是那句"都无法再坚持下去"似乎透露出一种紧绷感。安德烈还有另外一句话,让人觉得不大对劲:"如果他们之中有人垮掉了,恐怕就是我将他们搞垮的。"[44]

在原地不动的"飞鹰号"观测台上只剩下了安德烈一个人。他在台上值班到 7 月 13 日的清晨。这位领军人物目前的离队独处,可以说是个难得的时刻,是历史性的一段凝滞时间。在 19 世纪最值得关注的气球上,这位勇敢的飞天员用他的蔡司望远镜向四下瞭望,只见在所有的方向上,都是清一色的灰中透黄的荒凉冰原,都一直伸展到尽头的地平线。下面的雾气和绝对的孤独都沉重地压在他的心上:"一整夜里,我都没有见到一条生命。没有鸟儿,没有海豹,没有海象,也没有北极熊。"[45]

气球一直在被卡住的拖曳索的另一端轻微晃动。安德烈一度坐在大家用作坐凳的小木桶上,将记事簿在膝上摊开,写下了他全部探险历程中最长的、也最带有个人情感的一段记录——

> 在极区的大洋上方飘飞,是不是有些不对头呢? 我们可是乘气球前来这里的第一批人! 要再过多久才会出现下一批呢? 难说。后人会如何看待我们,是疯子还是学习的榜样? 我无法否认,我们三个人的心中都满溢自豪之情。我们都认为自己能够在完成使命后安然面对死亡。或许我们的全部努力,就在于表现出一种强烈到极点的人性,也就是不能忍受在默默无闻地苟活一度之后,又默默无闻地死去,被后世全然忘记吧! 这算不算是抱负呢? 我在这里能够捕捉到的声音,只有拖曳索在雪地里发出的嗒嗒声,还有风帆发出的噗噗声,再有便是吊舱 [被风弄出] 的叽叽声。[46]

这是气球飞天史上的一道历史性宣言。安德烈无疑是要做到这一点的。这便带来了一个问题,就是这一探险究竟标志着空中历险这一伟大传统的肇始还是它的结束？[✈]他的这番表示的真正令人不解之处，在于它所透露出的听天由命情绪。这里看不到对未来的安排，看不到对种种机会的分析。安德烈过快地失去主动精神，正如他的气球一样。这是心理上的强直。

在这份记录中，没有试图考虑不同的出路，没有提出可行的其他对策。给人的感觉是这次探险实际上已经全部完结："我们都认为自己能够在完成使命后安然面对死亡。"以安德烈之见，在经历过这三十多个小时的使命后，死亡是最可能的前景。然而，尼尔斯和弗伦克尔无疑都不这样认为。他们都有那么多理由活下去，都有那么多理由重回瑞典。

当 7 月 13 日的上午过去一半时，每个人都休息过了。形势也再一次有了变化。那变化无常的风又转了差不多 180°，再次刮向了东方。上午 11 时，被吹向相反方向的气球，使那根被绊住的拖曳索蓦地挣脱了冰凌，三个人都被突然腾起的气球晃倒在地。他们又向东面飞去，几乎是原路退回。大家享用了一顿热饭，还喝了几瓶"御赐啤酒"。^[47]随后，安德烈放飞了四只信鸽，它们都带着

🎈 将他们视为榜样的人的确存在，不过与安德烈所预想的有所不同。记者出身的美国人沃尔特·韦尔曼（Walter Wellman）分别在 1907 年和 1909 年尝试驾飞艇从丹斯克岛飞往北极点，但第一次只飞出 30 英里，便撞到了冰山上，第二次也在飞出 60 英里后因故障放弃［原文为两次均在飞出 30 英里后与冰山相撞，似乎过于巧合。经与作者沟通，他经过进一步查证，做了这里的修改］。因为到达南极点的第一人而声名卓著的挪威探险家罗阿尔·阿蒙森（Roald Amundsen），在 1923 年和 1925 年两次试图驾双引擎水上飞机到达北极点；第一次从阿拉斯加出发，第二次从斯匹茨卑尔根岛起飞。他在第二次时成功降落到北纬 88° 的冰面上，双双打破了安德烈和南森的纪录，又在三星期后顺利返回。不过他最值得称道的举动，或许当属他在 1926 年乘"挪威号"飞艇，从安德烈当年的出发地丹斯克岛启程，一路飞到了北极点。驾气球首次成功到达北极点的业绩是直到 2000 年才实现的。这是一次效仿安德烈一行当年之举的飞天行动，在气球上安设了远为先进的设备，在 1.5 万英尺的空中实现了"高端飞行"。操纵气球的飞天员是英国探险家戴维·汉普曼-亚当斯，并在北纬 89.9° 的冰面上短暂着陆。但这次飞天并没有实现埃克霍尔姆博士当年希望乘气球往返的设想——气球和飞天员都是乘直升飞机返回的。

同样的短简，给出了气球目前的位置——北纬 82°2′，又说他们正"以还好的速度"向东行进，并以"这里一切均好。此为第三份鸽信。安德烈"区区十数字结束。

　　鸽信中没有提到计划或打算的具体内容，也未见个人表示的看法，还缺少弗伦克尔和斯特林堡的签名。这些都不是好兆头。原因很可能是安德烈不想承认探险队的真实处境。[48]但他们的处境是明摆着的。在下午 5 点时，气球从 7 月 12 日下午 4 时，即 25 个小时之前曾经经过的地点分毫不差地再次飞过。"飞鹰号"在这段时间时只是沿着东西方向打了一个来回。虽然在冰雪上跋涉达 200 英里，但并未能向北极点靠近哪怕一步。

　　气球的技术状况是目前的关键因素。现在，它又开始与下面的冰层不断磕碰起来。显然，冰冷的雾气已经使更多的水汽附着到球皮上，也进入到网套内，致使气球又重了数百磅。7 月 13 日这一整天，他们都没能见到阳光，意味着湿气对气球的渗透在加速发生。对此，安德烈工程师在他对极区"数据"的种种分析中可不曾提出过"设计对策"。

　　到了 7 月 13 日下午，气球与冰面的磕碰使得吊舱里的处境越来越发不妙，而且也变得越发寒冷起来。安德烈一副陷入深思的神色；弗伦克尔在厨房里忙碌时灶头起了火；尼尔斯开始觉得有些不舒服。"7 点钟时，我打算在吊舱里躺一会儿，可是被颠簸得头晕不止，弄得都呕吐了"。他爬出吊舱，一个人来到顶圈处，套上"一条用球皮布料缝的裤子和冰岛人常穿的连帽厚套头衫"，读起安娜写给他的最后一封信来。"此时真是我的快乐时刻"。[49]

　　7 月 13 日下午 8 时，或许是由于尼尔斯的敦促，安德烈决定让气球"到更高的地方飘飞"。他指挥大家丢弃大量的压舱物：六只标志浮标、绞盘、马桶，还有所余沙砾的大部，总计 550 磅，实在是不少了。这本来是足能让"飞鹰号"回到云端之上的,而气球也确实以上升作为回应。但它却又在只上升了 200 英尺后便硬是不再继续,结果还是陷在冰冷的雾团里。到了下午 10 时半时,气球又开始下降,狠狠地撞起冰面来。[50]

出路或许只剩下一条,就是铤而走险,来上一次飞天豪赌。不过,如果不放弃储放在上层的一些东西,"飞鹰号"便再也不可能升起。他们在那里存放着罐头食品、备用弹药、雪橇、帐篷、折叠艇、厨用燃料等,都是在冰上生存所必需的物品。目前的两难局面正是埃克霍尔姆博士曾经指出的。当初安德烈真是认为,单凭气球这一手段,便可以"安全退出极区",返回家园吗?他们真是宁可完全彻底地在天上飘飞而不采用地面行走的部分吗?这三个人肯定在 7 月 13 日那天,彻"夜"讨论了这个难题,只是安德烈和斯特林堡都不曾留下有关的文字。⚑

六 徒步跋涉艰难重重

安德烈无疑认定,以弃物换上升的赌注实在过大。因此在 7 月

⚑ 安德烈和他的队员们当初所承受的是何等的肉体折磨和心理压力,可从戴维·汉普曼-亚当斯对自己于 2000 年乘气球飞赴北极探险经历的生动叙述中得见一斑。他的气球上使用的是最新式的辛烷火头、自动操纵装置、GPS 卫星导航系统、顶尖级的全套自救装置、铱卫星手机、自动气象信息接收无线电,外加一架随时待命援救的直升飞机。即便如此,他还是花了 5 天时间才到达北极点,而且险些功亏一篑。在一次过度疲劳后的昏睡中,他产生了错觉,觉得气球已经着陆,幸好在从吊篮向外爬时清醒过来,原来他那时正悬在 1.3 万英尺的高空,却将下面的白云错认为白雪覆盖的坚实地面。"随后我醒了过来。此时正站在吊篮里,一条腿已经跨过了吊篮壁……是操纵杆挡住了我,这才没有跳下来。可我还兀自在连接绳那里一个劲儿地动弹呢……接下来,我意识到自己正在几千英尺的高度上飘飞,下面是极地的冰雪,只消再从吊篮里向外迈出一步……我觉得好恐怖,恐怖极了,从来没有过的恐怖。"可参阅戴维·汉普曼-亚当斯所著的《听风由命》(2001)。

14 日凌晨 6：20，他放掉了更多的氢气，使气球落到了一处看起来多少齐整些的冰面上。这是个并无把握的决断。他们在设计能力为 60 天的气球只飘飞了差不多 65 个小时，这只"飞鹰"便将再也不可能上天了。从此时起，探险队员们将不复为空中之灵。他们将滞留在冰面上，在这颗行星表面上最残酷的部分艰难蹀行。降落并不顺利，吊舱在冰上拖行了一个多小时，碰撞着，叽叽咕咕地响着，不断推起雪尘，最后总算侧面翻倒，完全停了下来。尼尔斯拍下了气球从"重拳出击"直至"躺倒不干"的若干照片，时间为清晨 7 时半。[51]安德烈牵头，三个人鱼贯爬出吊舱，茫然地站在处处冰封、了无特色的极地之上。

这一行人的处境委实堪怜。气球吊舱已经不复为他们的舒适小巢，精心设计的科学实验室也搞得一塌糊涂，再也无法恢复。那只硕大的、傲气十足的球体，更成了瘪瘪的松垮大软包，伤痕累累的缎子球皮上覆着霜花，无生气地瘫在冰面上，只是一堆残躯。四下张望，哪里都看不到太阳，也看不见地平线。

诚然，气球在冰原上共飞行了 517 英里，人员降落时个个平安无事，多数辎重、装备和仪器也都完整无损。这样的结果应当算是可圈可点的了。不过，他们离开北极点可还有不止 400 英里，既没到达南森到过的 86°"最北点"，也没超过"前进号"实现的 84°，只比帕里在 1827 年创造的纪录稍强些许，但也还不到 83°。再有一点，冰雪肆虐无比的北极严冬固然还要再过 4 个月才会来到，但即便是南面最近的陆地，也都在 216 英里的远方。在刚刚踏上冰面的时刻，这三个人都显得不知所措，只是无言地站在那里，默默地进行对这个新世界的心理调整。[52]

最早有所动作的看来是尼尔斯·斯特林堡。他从顶圈上取出蔡司相机，走到降落地点的外侧，拍摄下了整个探险历程中最重要的一组照片。第一张取景位置相对较近，在吊舱的后面，角度很近。吊舱是侧翻的，近旁是它移动时推起积雪形成的雪堆。安德烈戴一顶毛线帽，站在照片的中间位置，后背侧对着镜头，低头注视着缠结的绳索。他身后是弗伦克尔，穿着深色衣服，双手都插在衣袋里；也以背侧对着镜头，但似乎是在关注地看着安德烈。他身后的雪地上有一只盒子，大概是望远镜的套盒。

　　下一张照片的取景位置便远了些，也偏右一些。可以看出，"飞鹰号"的球皮还是立在冰面上的，里面仍充有部分气体，呈现的是个变了形的球体，在极区雾气阴沉沉的漫反射光的映衬下，显得黑漆漆的。吊舱拖在气球后面的地上，纷乱的绳索将它与球皮连在一起。一块风帆软软地垂着，显然那根挑起它的竹竿已经不见。几根拖曳索和压舱绳还连在吊舱下，表明安德烈从不曾将它们丢掉。有几件仪器已被取出，就随便地放在雪地上。

图 11.10　1897 年 7 月 14 日，探险队在冰面上降落后对"飞鹰号"拍摄的第一张照片。这是对气球吊舱摄得的近照

图 11.11　1897 年 7 月 14 日，对"飞鹰号"拍摄的第二张照片。
拍摄地点移远了些，视角正对气球和吊舱

　　在照片上，安德烈叉开双腿站在储存阁上，似乎是在检查物品的状况，以便再次行使队长的职权；弗伦克尔仍然站在冰面上，一动不动地凝视着安德烈，有如一尊雕像，似乎还未能恢复有所动作的能力。不在照片上的尼尔斯恢复得最好。这位最年轻的摄影师摄下的照片，虽然不是非常清楚，甚至还有些抽象，却都以其捕捉到的严酷的人文遭际，成为这次探险的最确凿的见证。这些照片还成为一个更大的象征：气球飞天的浪漫时代已然进入尾声。🎈

───────────

🎈　尼尔斯·斯特林堡一行人在以后的路程中，又拍了 240 张照片，其中的 93 张得以保存，而且半数左右的质量都还不错。他的蔡司相机的快门速度为百分之一秒，摄得的柯达负片都是大张的，尺寸为 13cm×18cm，有可能翻拍出极佳的正片图像来，[这里删去一句比较照片质量的话，因涉及另一名探险家 Ernest Shackleton 所拍的照片。中国读者未必熟悉其事迹与照片。——译注] 只不过在有阳光的条件下拍摄的照片极少。由于看不到清晰的阴影，看不出景物的前后，细节也并不清楚，在千篇一律的漫反射光线下，一切形象看上去都像是没有立体感的幽灵——当然，三十年间水汽对胶片的损害也可能是又一个原因。这些照片并没能成为此次探险所预定的对北极进行"光度学勘测"的贡献，只给幸存者们摄下的伤感性快照，内容也很芜杂。尼尔斯本人几乎从未进入镜头。质量最好的几张照片都是从适中距离上摄得的"正式存照"，也都很低调，如安德烈站在翻倒的气球吊篮上，弗伦克尔推动被挤起的冰凌卡住的雪橇，弗伦克尔和尼尔斯站在一头被猎杀的北极熊旁边，安德烈和弗伦克尔离开建在冰雪中的宿营地等。其他相片中也都 （转下页）

　　　　　上穷碧落：热气球的故事

从此，这支探险队的经历便与空中无关，只属于冰与雪了——正是埃克霍尔姆博士曾经担心地预料过的可能结局。7月22日，在历经 8 天的准备工作后，他们放弃了"飞鹰号"的吊舱和受损的球皮，开始了在浮冰上步行跋涉的漫漫南归路。按照安德烈的估算，他们得走上少则 200 英里、多则 250 英里的路程，视浮冰的漂流情况而定，而永夜的来临还是大约 110 天之后的事情。这样看来，在这段时间内返回故园还不是不可能的。如果向西南方向走，目的地便将为地处斯匹茨卑尔根岛北端的七岛群岛（Seven Islands）①；如果向东南行，则终点会是法兰士·约瑟夫地

图 11.12　克努特·弗伦克尔、尼尔斯·斯特林堡和一头死掉的北极熊

（接上页）没有最早两张那样的戏剧性场面。近焦距照片很少。其中一张是一只被绷在帆布上的一只死掉的象牙鸥，还有一张照的是三只餐叉——第三只是安德烈费了不少功夫为弗伦克尔做的。拍摄这张照片，或许能说明斯特林堡还保持着一些爱搞怪的幽默感。最令人不解的是，在所有得到保存的照片中，竟没有一张肖像照。这些飞天员的脸部从未出现在照片上。他们自气球上下来之时起，便可以称为匿名之人了。所有的照片目前都还有待于瑞典航空学会做进一步分析和能够改进质量的技术处理。

① 叫作七岛群岛的地方有多处，这里是指斯瓦尔巴群岛的一部分，瑞典文为 Sjuøyane。——译注

群岛，即南森曾住下来过冬的地方。从这两处都能得到补给。安德烈最初选了法兰士·约瑟夫地群岛，但后来又改了主意，取道七岛群岛方向。他们从"飞鹰号"上割下部分布料，一则用以保护帐篷，二则也可能是想留下这些多灾多难的飞天大事件的纪念物。然后，他们便将尽可能带走的物品装上三只雪橇和折叠小艇，调转头去，一心要离开那个可望而不可即的北极点。然而，这个北极区却大有不肯放他们离开之意。

头几天的情况很顺利，每天可以走上好几英里。他们一路走、一路补充食品，主要是靠猎杀北极熊。这样看来，如果他们能保持健康、天公作美，危险的浮冰又不出岔子的话，成功返回还是很有可能的。安德烈写入记录簿的，主要是当前需要面对的生活方面的种种问题，以及如何维持士气。他在这方面的工作很值得称道。弗伦克尔每天都记录天气状况，认真负责，但也就事论事，不加任何个人见解。尼尔斯·斯特林堡是唯一在文字中表露出思想越出冰雪世界的人。在最初的几周里，他还继续给未婚妻安娜写信，写得情意绵绵，表示自己很快便会回来。

他的思路偶尔还会飞回他的气球。他甚至还乐观地设想将来再度参加空中探险。在离开气球即将满一个月时，他写下了如下的一段话——

8月15日。我们吃了一顿熊血薄饼，是用北极熊的肥肉和麦片一起用黄油煎的，吃时还抹上黄油，味道真不赖……对下一次做极区飞天探险的建议：应当给拖曳索和压舱绳都包上一层金属皮。吊舱应当设在套环之内。对氢气应当用沸水在吊舱内多少预热一下，并使水蒸气在装在气球内部的瓦楞型容器内冷凝。球皮还是用同样的织物缝造，[但]容积应当[再加大]

6000 立方米（211888 立方英尺）。[53]

尼尔斯接续地写给安娜的信没有写完，也没有给出日期。不过，他的文字中始终流露着令人钦佩的轻松语气，好像是在叙述普通的假日出行。他详细地介绍了队员们的日常行止、天气状况和彼此间的言谈话语。对安德烈，他一直抱有尊敬和钦羡之情。对于路途漫漫吃力的跋涉、体力的极度消耗、日益加深的恐惧感，他都没有谈到。就连后来自己从浮冰上滑倒跌入冰水中险些溺毙，只好先让安德烈和弗伦克尔先行探路，将他和几只雪橇都留在后面的事故，他也只字不提。

对于这段事故，他只是提到了在想象中见到了安娜的部分。他提到"看"到她也像自己一样坐着，只不过不是在极区的雪橇上，而是舒服地安坐在瑞典的家中。"天气相当糟糕，又有雪，又有雾，潮乎乎的，不过我们的心情都很好。我们一整天的交谈都真的很愉快。安德烈谈到了他的生活，如他是如何进入专利局工作的，等等。弗伦克尔和安德烈去前面探路。我留下来守着雪橇，于是我坐下来给你写信。是呀，[在我的想象中] 这个晚上你是在自己家里，像我一样，过了很快乐的一天。"[54]

只不过他们遇到了一桩真是要命的事情，而这是一点点显现出来的。弗伦克尔不时用六分仪观测不断向南方退去的太阳，但由于太阳难得露面，使观测无法定时进行。安德烈在对他的观测结果进行分析后，发现虽然探险队每天都在冰天雪地中艰难南行，但承载他们的浮冰同时却在向北方漂移，而且漂移的速度几乎等同于他们的步行速度。他们不止一次地发觉，就在艰难地接连走了几天（比如，从 7 月 31 日到 8 月 3 日）后，六分仪的读数却表明，他们实际上反而向北移动了若干距离。这简直有如北极真像挪威神话中嫉妒心很强的神祇那样，一旦看到遥遥出现在地平线上的"飞鹰号"闯进自己的领地，便不肯放其走开。探险队真不啻离开了科学与技术，又回到了神话与传说的世界。

这可活像在下行的自动扶梯上朝上走。此种折腾人的经历，一直在随后的两个月里折磨着他们。为了不再这样枉费努力，他们从8月4日起改道西南，朝斯匹茨卑尔根岛走去。又走了35天、移动了81英里后，他们在9月9日发现，浮冰也改了漂流之道，结果是将他们向东南方的法兰士·约瑟夫地群岛带去了同样的距离。[55]走来走去的结果，是这一行人离两个目标都几乎一样远，掉进了北冰洋这只大鲨的巨吻。

9月中旬到了。在他们踏上冰雪大地两个月后，天气变得恶劣起来，阳光也不复如前。不过，此时的北极看来倒是发了慈悲，将恶意攥住探险队的手心松了开来。浮冰又向正南方向缓缓漂去，而且速度有渐渐加快之势。这使他们决定不再行走，一任洋流携带他们南去，以保存最后的一些体力和尽量节约物资。他们准备也效仿南森的做法，在极区熬过一冬，不过只好在冰上如此了。长时间在冰上艰难行走，以粗粝的北极熊肉果腹，在越来越崎岖的冰面上拖动雪橇，致使三个人的体力都大不如前。他们都时常腹泻，一阵阵出现雪盲，脚上都生了疮，并且难以愈合。本来有运动员体质的弗伦克尔，如今却拉不动该由他拉的那只雪橇，需要得到帮助才能勉强为之。

埃克霍尔姆博士担心的事情真的发生了。探险队目前已经陷入一筹莫展的境地。只是安德烈还认为全队的士气仍然不低："大家的情绪都很不错，虽说玩笑不如以前多了，微笑也少见了些。我的这两位年轻同仁的坚持能力，超出了我先前的最高期望。在刚过去的这几天里，我们向南漂流的速度不低。我觉得，这一事实对他们坚持下去是至关重要的。"[56]

然而事实是，弗伦克尔已经根本不再进行气象观测。尼尔斯·斯特林堡的杂记如今基本上也只记些都吃了些什么。他在给安娜的最后一段信文中是这样写的："苦苦地拉雪橇、再加吃饭和睡觉。一天中最美好的时光，就是躺倒下来，让我的思绪飞回以往的美好光阴。他们两个的当务之急，是决定到哪里过冬……我有多少时间没与你一起聊天了呀……"[57]

　　9月17日那天，发生了一件惊人的事情：自从离开斯匹茨卑尔根岛以来，他们第一次看到了陆地。经测量得知这是一个小岛，名字叫作白岛（White Island），它是斯瓦尔巴群岛中最东北端的一个，最长处只有17英里，覆盖着600英尺厚的巨大冰川。此岛仍然位于北极圈内，纬度80°上下。完全被北冰洋包围。这一来，凭借向西南方向漂移的浮冰从白岛一侧通过，一路漂回家园的可能性一下子大大现实起来。他们在18日那天"大办筵席"以资庆祝，主菜是海豹肉排和"浇了覆盆子糖浆的葡萄干蛋糕"，还开了一瓶安东尼奥·德费拉拉牌的波尔图酒——瑞典国王赠予的1834年陈酿，一起唱了瑞典国歌。[58]他们此时的举止并不像是陷入绝境的人。

　　这一行人投入了最后一段行程的准备工作。先是选定了一块方圆数百米的大块浮冰，在它的中央用压实的雪块砌起一座被称为"伊格鲁"的圆顶小屋。它是心灵手巧的尼尔斯——安德烈称他为"我们的建筑师"——发挥他那年轻人永远强烈的冒险精神完成的杰作。他的这种精神起到了凝聚全小队的关键作用。

　　尼尔斯的这一很富灵气的设计，相当于一个立在冰上的气球吊舱。他画出了这座雪屋的平面设计图和立体示意图。[59]当然它只有一层，大家要手脚并用地爬进爬出。不过，它的确像安德烈的气球吊舱那样，被隔断成若干部分，分别用于储存、烹调和睡眠。尼尔斯特别注意了卧室的保暖功能，并仍旧以一向的乐观精神，给这间小室起了个名字叫"烤箱"。他们将科学设备也放进这栋新建成的"安乐窝"里，又做好了必要时在这里过冬，直至1898 年春季到来的准备。雪屋的屋顶是半球形的，上面甚至还开了一个烟囱。看起来"飞鹰号"当初的精神又回来了，正准备将探险队带回安全的地方，只不过将吊舱从藤条换成了雪块，并从空中换到了浮冰上。

10 月 1 日，安德烈坐在新"家"的门口，写下了一段难得的带抒情气氛的记录："夜晚的景象美丽得无以复加，有如仙境。海水里有小小的生物在游动，一群羽毛黑白两色的海鸠幼鸟也在水中游泳，一共有 7 只。此外还有一对海豹。建造雪屋的工作进展顺利，我们都认为它的外墙体能在第二……"[60]

然而，北极与这队人的过节仍然没有消弭。情势正如柯尔律治于 1797 年——恰恰是在 100 年前——在《老水手行》①这首悲歌中吟咏的那样，噩运在水下紧跟不舍。就在 10 月 2 日夜间，他们所在的浮冰块突然开始崩裂。其中一道裂缝就出现在雪屋的墙基下面，裂缝很宽，能从开裂处看到暗黑的海水。他们只抢救出了一半的设备，其他的都被海水吞没。到了早上，他们打点好行装，准备不得已时马上坐进划艇自保。这使他们深感不安。安德烈记下了这样的庄严一笔："没有一个人丧失勇气。有了这样的队友，我们任何情况都能应对。这是我的心里话。"[61]

又过了一天，到了 10 月 3 日。浮冰上的情况迫使他们不得不

---

① 这是一首长诗，为柯尔律治最著名的作品，也是浪漫时代诗作的代表之一。内容是一位老水手的自述，说他在一次航海中无故杀死一只被水手们认为象征好运的信天翁鸟，从此使自己和同伴都噩运不断。在经受了无数肉体和精神上的折磨后，他幡然悔悟，立志用自己的经历警醒后人。——译注

搬到白岛上去。自他们离开"飞鹰号"的着陆地点后，已经步行了190英里左右，但由于漂流作用，离开最近的、设在斯匹茨卑尔根岛东部的物资补给点还有大约200英里，而地处法兰士·约瑟夫地群岛西端弗洛尔角（Cape Flora）上的补给站，更在300英里之外。无论向东还是向西，一路上都是海水和浮冰。白岛目前是他们的唯一可去之处。

白岛虽然可去，但并不是好去处，十分不宜充当落脚之地。望远镜告诉他们，这里的沿岸地带地势很低，遍布石块，一片一片地覆盖着厚雪，是个因经常被强风扫荡而刮得荒凉无比的地方。再远一些，在模糊的光照下，可以看到高耸的冰川。不过好歹这里还是块陆地。他们都很虚弱了，但还是尽力而为，将三架雪橇和大部分抢救下来的物资从浮冰运到岸上。他们肯定是一次又一次地用那只划艇运送的，小艇也肯定弄得湿漉漉的。他们剩下来的体力，刚刚只能供搭起一个营帐，地点也只能选在近岸之处。这三个人所能做的，充其量就是找到一块长些并平整些的岩石。他们找到了，在岸内100码处，高约三英尺，长度与海岸平行，可以让他们凭借着岩石挡一挡寒风，但也只能在坐下或者躺下，并以背对着风时才有效果。此时，他们真是沦落到了苟活的地步。

这三个人是在暴风雪中上岸的。一番努力过后，他们终于搭成了某种可以勉强算作临建棚的东西，但人显然都累垮了。[62]这个棚子只比它所倚着的岩块高出几英尺，大部分仪器都没有收拾停当，就在棚里随便堆放着。雪橇中也有一只根本没有好好拆包，而且就放在半道上留在那里。文字记录实际上也从此终止——弗伦克尔更早，还在他们于浮冰上建造雪屋的前几天便中断了观天记录，而且再也没有接续。

安德烈的记录也写得断断续续，到了滞留白岛的最后几天甚至有些前言不搭后语。不过从其中一条看来，似乎是他决定将这个临建棚起名为"明娜营"，以纪念他的母亲。还有一条记录很不连贯，写的是"坏天气，我们怕……大家整天都在帐篷里……为的是能对棚子……好能躲开……"或许最能说明目前不平常形势的，是一段有关海鸥的文字。这些大鸟不断在他们头上盘旋。它们洁白、善飞，本来有如优美的精灵，是自由和远遁的象征。但如今却一边在低空扑飞，一边不友好地大声嘎叫，凶相十足，倒像是一群秃鹫："它们争斗、鸣叫、拼抢……好像在嫉妒着我们……不再让我们联想到纯洁的白鸽……倒有如好斗的猛禽……一群秃鹫……"[63]

尼尔斯·斯特林堡不再拍照——也许他还拍摄过什么，但都没能保留下来，也不再给他亲爱的安娜·查里耶写信。但他仍然没有放弃记杂记。最后的 6 条都很简短，但提供了探险队的最后线索，表明"飞鹰号"的队员们在 1897 年 10 月中旬仍然都活着。

> 10 月 2 日，我们乘过的浮冰块在夜里碎裂，地点离雪屋很近。
> 10 月 3—4 日，有兴奋之事出现。
> 10 月 5 日，搬到陆地上。
> 10 月 6 日，发生雪暴。探路。
> 10 月 7 日，搬迁。
> 10 月 17 日，上午 7 时。家。[64]

恐怕也只有身心都还年轻、历险精神仍然未泯的尼尔斯，会将看到北冰洋上的荒芜白岛视为"有兴奋之事出现"，能将在海岸线一带吃力地巡行一番称为"探路"吧。但他留下了一个令人惶惑的秘密，就是在从 10 月 7—17 日的 10 天里，队员都做了些什么。他们究竟向何处"搬迁"了？又为什么要记下回"家"的准确时间？安德烈的片断性记录里也没有提供线索。

在尼尔斯的杂记里，"家"这个字特别有分量。在长达4个月的探险征途上，它的含义是有微妙变化的。它最早被尼尔斯用来指代"飞鹰号"的吊舱、特别是其中最为他中意的位置——吊舱顶圈，认为在那里"真舒服，真有在家中的感觉"。当他们后来移到了浮冰上以后，这个字又被用来描述他对安娜的思慕——"舒服地安坐在［瑞典的］家中"，而自己却一个人坐在雪橇上想念她。接下来，当他们三人在9月里建造雪屋时，这处拟承载他们于翌年春天平安返回南方的"伊格鲁"，在他的想象中又得到了相当于浮冰上的"气球吊舱"的地位。最后，白岛上一块光秃秃巨石旁的"明娜营"，看来又成了它的同义词。"家"——和准确的时间一起写下来，共同构成了尼尔斯的最后一句完整的记录。19世纪浪漫时代的最后一次伟大探险，便在此画上了句号。

七　斯人虽逝，风范长存

"飞鹰号"的远征究竟是如何终止的，又过了一代人后才有了答案。此时，飞机已然主宰了空中，气球似乎成了上古孑遗，只是记忆中的依稀存在。对外界来说，自从安德烈在1897年7月从气球上抛下一只信息浮标，通知一切均好后，全队人马便动静杳然了。从1898—1900年曾有过几度搜寻，其中若干次是在瑞典报界资助下进行的，但都无果而终。这支气球探险队的命运成了悬念，并随着第一次世界大战的爆发从人们的记忆中消失殆尽。

后来，到了1930年，一艘挪威捕鲸船"布拉特沃格号"出自偶然，在白岛的一处海岸下了锚，停靠 24 小时。船上一帮船员登陆上岸，无意中在岛上一处冰雪消退露出地面的碎石滩上，惊讶地发现了"飞鹰号"上一只一半埋在雪里的雪橇残体。进一步在冰雪中搜寻，又找到两具遗体和多份文件。情况正犹如罗伯特·斯科特率领的南极探险队 1912 年在南极的不幸探险经历一般，记录、日记和信函都被精心包裹严实放置停当，并因极地的严寒得到了保存。其中最珍贵的是尼尔斯·斯特林堡在艰难困苦中始终没有丢弃的照片底片。它们被封存在一只金属盒内。

　　又过了不久，一支探险队前来岛上，精心还原并录下了这个当年营地的情况。根据这支队伍的考证结果，得到的结论如下：两具遗骨是安德烈和弗伦克尔的，但因曾被北极熊拖过，大部分已然无存，残余部分都留在岩石下方的一圈杂乱的木料内，这堆木料，应当就是尼尔斯所曾描述过的用来搭建"家"的原料。弗伦克尔是平躺着的，周围散摊着打开的医药匣。安德烈则半倚在

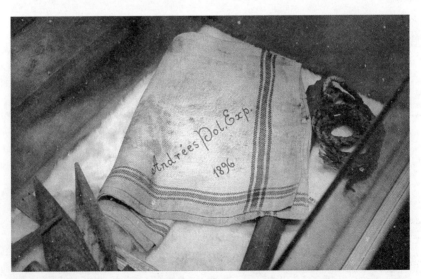

图 11.13　在白岛的安德烈北极探险队的营地上发现的布巾

　　　　　　　　　　上穷碧落：热气球的故事

石块上，身边有一杆顶着子弹的长枪。左肩上方的石块上还安放着一只小小的煤油炉，炉内仍有少量煤油。将油从炉内汲出后，仍然能够正常燃烧。

营地里四下都能发现留下的罐头、燃料和火药等物资，表明这队人并非死于饥饿，只是多数物资从未被打开过。死亡必定是很快降临这座营地的——或许因为严重脱力，或许因为染病，或许因为陷入失温症候，也或许是因为三者夹攻。从物资散落的分布情况分析，最后逝去的是安德烈，而且是在用当时所有的医药尽力挽救垂死的弗伦克尔无果后，才取半坐半靠的姿势，坚持以队长的身份，进行了最后一轮守望。

可是，尼尔斯·斯特林堡又在哪里呢？进一步的搜寻发现，就在营地后的岩石上，在距营地约30码处的西侧，有一道天然缝隙，长度6英尺上下。缝隙里填塞着很大的石片，而且填得仔细经心，很像是人工营造的坟冢。石片下面，正是"飞鹰号"第三名成员尼尔斯·斯特林堡的遗骨所厝之处。这处"墓穴"无疑是他的两个同伴耗费了极大的残存体力，才辛辛苦苦筑成的，足见他们的爱心是何等强烈。几乎可以肯定，正是筑墓的劳作，加速了后者二人自己死期的到来。由这座墓地可以断定，最早逝去的是这支探险队中最年轻、最乐天的成员。他的离去给同伴造成了什么影响，恐怕只能推想了。情况恐怕是，尼尔斯的死去，表明存活的指望实际已不复存在；而同伴们对遗体和遗物所付出的巨大努力，也证实着死者直到最后一刻，仍然得到队友们的敬重。

他的两名队友将尼尔斯写给安娜的信、镶有他未婚妻小照的鸡心项链，以及他的杂记簿收到一起。他们还将尼尔斯手指上的订婚戒指取下——要不要取下，一定是一项艰难的决定——同他的信件等包在一起。萨洛蒙·安德烈最后做的事情之一，是将尼尔斯的这几件宝贵遗物，以及弗伦克尔的观测记录，还有他自己坚持写完的记事认真包裹严实，放在自己的身边，以便加大后人发现的可能。

　　这处营地的残留物也在1930年得到了整理与研究。分析明确表明，当年罩在木料上的顶盖是某种织物。通过进一步考证得知，它正取自"飞鹰号"的球皮。这么说，安德烈在逝去之前，最后的目光是凝聚在他头上的一块气球织物上的，而这块缎料当时正在极地的风中飘拂。或许，在他最后的意识中，自己仍然是在飞天吧？

上穷碧落　绵绵无期

　　写到这里，我的气球故事似乎是讲完了，结尾是无奈地降落到冬天的孤寂冰雪上，被严寒与黑暗所包围，面临的只有失败和死亡。这种结局似乎与飞天梦想——怀着光辉的憧憬与查理博士所说的"无处不美妙的"的感觉，继以在阳光明媚的高空里自由飘荡——相去甚远。"飞鹰号"的故事无疑是以悲剧形式落幕的。它以自己的方式重演了一出现代的伊卡洛斯，讲述的依然是大自然对永远不肯安常处顺的人类的报复，只不过将太阳的热力换成了冰雪的严寒。

　　作为一名传记作家，我自信已被磨炼得能够实事求是，不会凭想象编造出尼尔斯·斯特林堡和安娜·查里耶的伤感情节来。附带提一下，安娜后来离开瑞典前去美国，到头来虽然还是结了婚，但留下叮嘱，让人们在她死后，将心脏另外保存，以俟将来找到尼尔斯的遗体后与之合葬。[1]说真的，气球飞天员在天上时，他们在地上"将心提到嗓子眼"的情人与"另一半"，也是值得了解和讲述给人们的呀！

　　不过，安德烈的探险结局，自然绝不意味着气球飞天是一条死胡同。对这一行动应当找到正确的空中视观，这就是它将一种革命付诸实施。在1780—1900年的短短一百多年时间内，一批接一批的男子和女士，以超乎常人的勇气和闯荡精神，终于使人类在进化了十万年后，形成了自己有能力飞入长天的重要意识。飞到天上、驻足大气、宣称美丽的空中世界也属于人类，从此不再被视为一种人心不足蛇吞象的贪婪心理，天空不复被看成人类无由进入的禁脔。人类跨入了在空间行使科学本领和想象禀赋的新维度，登上了令地球进化的新舞台——还有可能是认识人类在宇宙间位置的新舞台。这正是在鼓吹新概念方面能力非凡的费利克斯·纳达尔在他的《飞的权利》一书中所说的，人类有飞的权利。

飞行事业中的机械研究工作，业已经由飞艇这条路，明显地转移到了重于空气的飞行器领域。在其后的一百年里，机器装备进入了火箭和卫星，"最终"又进入了太空飞船。自然，"阿波罗计划"也好，"火星车"计划也好，都不是航天的终点。在下面的又一个一百年里，人类无疑还会飞得更高、更远，在行星世界里飞行，说不定还会飞出太阳系——如果在此期间，人类还不至于将地球这个也如气球般脆弱的行星毁掉的话。

只不过，气球飞天走过的是一段有些不同的、以某些标准衡量更奇特、也更张扬的历史。极端飞天也好，"香槟飞天"也好，都只风行了一时，第一次世界大战过后便烟消云散了。不过，自20世纪60年代以来，以热气球方式进行的飞天活动又重新成为热门，人气越来越旺。应当说，这是由于此种飞天形式比较经济和相对安全的缘故。如果查尔斯·格林和蒂桑迪耶兄弟在世，对此一定会大感欣慰。此种热气球飞天以壮观得几乎令人窒息的场面，成为吸引人们的旅游项目。在预定的时期内——或在破晓时分刚过，或在暮色苍茫之际，只只热气球飘飞在历史名胜之间，这样的活动已经成为重大的国际性体育盛事，远远超过了当年维多利亚时代的"娱乐性"煤气气球，而且也像许多现代体育项目一样，改造了国与国之间、民族与民族之间久已有之的对抗观念。

在美国，以气球飞天为题的活动，已经像英国的书展一样普及了。美国科罗拉多州（Colorado）的热气球展，盛况直追英国切尔滕纳姆的书展 ①。这两者都吸引着越来越多的欣赏民众和参展人士，带上了越来越浓厚的节日色彩。事实上，我个人倒是觉得，这两者之间颇多相似之点。比如，宣布这两种活动开始，说法都是同一个"多彩推出"（可能是莫泊桑最早将此说法都用于这两者的）；这两者也都会引起广泛的兴奋，都可能导致事故，也都含有多种共同的成分。诚然，气球会比书籍吸引来更多的体育爱好者和更年轻的参加者（但也并不绝对如是），但被它们召唤来的都是既热情又懂行的积极分子。

另一方面，气球飞天无需求助于语言翻译。大型的热气球节目前已然成为遍布欧洲各地的年度盛事，并且正在向非洲和印度进军。形势正如雨果所曾说过的，自由的气球意味着空间是共有的，不存在人为的硬性边界，这本身就象征着民主。这也正是阿拉戈所说的那句带有警句色彩的话：世界归于民主。当今已经出现了不少国际性的气球盛会，如俄罗斯的大卢基（Velikiye Luki）、印度的拉贾斯坦邦（Rajasthan）、北爱尔兰的利斯本（Lisburn）等，都是大型气球节的举办地。[2]

气球也仍然大量用于现代科学观测，既有民用的，也有国防的。高空气象气球是一例，用于对被埋入地下的市镇、"消失不见"的中世纪村寨和铁器时代的要塞等寻踪的考古探址气球是一例，美国陆军在阿富汗使用的无人轰炸气球是又一例。广告界也使用气球和飞艇进行商业炒作。大轮胎厂商米其林公司推出的开路先锋"轮胎人"热气球，和为迪安食品公司的奶制品鸣锣开道的"大奶子乳牛艾拉白拉"气球，便是两个著名例证。甚至系停气球也能在今日派上用场，如将

---

① 切尔滕纳姆为英国英格兰格洛斯特郡的自治市镇，以温泉和赛马知名。该城市每年都主办国际性图书展览，同时还有音乐会和科学展。——译注

自动相机放入气球、在珊瑚礁上低低放起，以观测环境受到的影响。[3]

　　追求打破旧有纪录和建立新名目，也仍然流行于气球飞天领域，而且往往不计后果地以科学研究的名义进行。1932 年，奥古斯特·皮卡尔 ① 教授从瑞士的苏黎世（Zurich）市附近，乘一只挂有创新性的密封式加压吊舱的气球升飞，进入 53149 英尺高空。升飞高度和气球跳伞也一再成为创造新纪录的内容。美军上校乔·基廷格 ② 在 1960 年从佛罗里达州上空 19 英里处的气球上跳下。在更近些时的 2012 年 10 月，奥地利人费利克斯·鲍姆格特纳 ③ 身着特制的保压航天服，从 127852 英尺（24.2 英里）处跳下，而且更戏剧化地通过电视和互联网向全世界进行实况直播。他在空中自由坠落的时间超过 4 分钟。做有史以来第一次气球跳伞的安德烈-雅克·加尔纳里安若地下有知，不知该做何感想耶。

　　水平方向移动距离的纪录也一直被刷新着。前面已经提到，乘气球横跨大西洋已经在 1978 年成功实现。第一次环球不着陆气球飞行也在多次历险与挫折后，于 1999 年由"百年灵轨道器 3 号"完成。飞天人当时所用的以克维拉 ④ 合成纤维材料制造的鲜红色密封保压吊舱，如今陈列在美国首都华盛顿的国家航空航天博物馆内。2009 年，英国人利奥·迪金森 ⑤ 乘气球凌空翻越了珠穆朗玛峰，

① Auguste Piccard（1884–1962），瑞士物理学家。——译注
② Joe Kittinger（1928– ），美国前空军军官。——译注
③ Felix Baumgartner（1969– ），奥地利特技高空跳伞表演人，多次创造高空跳伞纪录。——译注
④ 克维拉的英文为 kevlar，系聚对苯二甲酰对苯二胺的商品名称，为美国杜邦公司于 1965 年推出的合成纤维。此种材料有极佳的抗拉性能，强度为同等质量钢铁的 5 倍，而比重仅为钢铁的五分之一，又不会像钢铁那样容易与氧气和水作用产生锈蚀，现被广泛用于船体、飞机、自行车轮胎、军用钢盔、防弹背心等。——译注
⑤ Leo Dickinson（1947– ），英国摄影师，擅长进行惊险性很高的高空跳伞、登山与水下运动的摄影。——译注

并拍摄了多张令人目眩的照片。

读到这里，大家想必会看出，这本书并非是通常意义上的气球飞天典籍。在某种意义上，它甚至都不是以气球为真正主题的书册。此书的重点在于由气球催生的人与物，在于追求发现的精神，在于它给人间带来的激荡。从这几点来说，气球飞天的历史是不会终结的。这本书还探讨了一个问题，这就是只通过一项有悖直觉的科学发现——氢气是可以称量的，而且能够与空气相比较，便足以对整个社会和个人的想象力产生巨大的促进作用。这就是说，此书又意在促成化学、物理学和工程学与想象力的结合。

我从小时起便迷上了气球。这一事实让我自己也觉得有些不解。我写这本书，也不无为自己找到个中解答的目的在内。我为本书加了一些脚注（它们就像是吊在气球下的小吊篮，装着些与主体有关的内容），其中有几条告诉读者，我本人也是飞过天的，不过从来都只是搭乘的飞天客，不曾当过操纵的飞天员，而且也只飞过热气球这一种。我想，气球之所以会吸引我，正是因为它表现出向上的意愿，并将这种意愿化为真正实现的行动吧。每当看到天上出现穿云御风的气球，我的心都会快乐地跳动哟！

我在法国、美国和澳大利亚都有过乘气球飞天的美妙体验。其中一些我已经在书中有所提及。此外，我还对另外一次有特色的飞天经历有温馨的回味。那是在一个美丽的 9 月末，我参加家乡诺福克郡的一次气球飞天。在暮色苍茫中，我看到下面的大地渐渐暗了下来，头上开始有星光照耀。气球轻徐地落在田野上。我嗅到一种特殊的气味。原来，我们置身于一批对我们的降临很不友好的生物之中。虽然只是影影绰绰的，但我能看出来，它们正是一群肥肥壮壮的诺福克猪。

重要的气球飞天事项

按年代排列，既包括真实的，也包括虚构的。有关资料的详细出处见参考文献中相应人物的姓氏之后

弗朗索瓦·洛朗·达朗德（François Laurent d'Arlandes），《首次与皮拉特尔·德罗齐尔乘热气球升飞》，1783 年 11 月 21 日。

雅克·亚历山大·塞萨尔·查理，《载人氢气球的第一次上天》，1783 年 12 月 1 日。

文森特·卢纳尔迪，《我的第一次英国空中之旅》，1784 年 9 月。

约翰·杰弗里斯，《与布朗夏尔共跨英吉利海峡》，1785 年 1 月。

利蒂希娅·塞奇（Laetitia Sage），《英伦首名女飞天员》，1785 年。

约翰·莫尼，《从诺里奇乘气球飞到北海》，1785 年。

泰比利厄斯·卡瓦略，《浮飞活动的历史与实践》，1785 年。

托马斯·鲍德温，《空瞰图文集：1785 年的一番气球之旅》，1786 年。

让-皮埃尔·布朗夏尔，《我是在美国飞天的第一人》，1794 年。

安德烈-雅克·加尔纳里安，《三次空中历程》，1803 年。

鲁道夫·埃里希·拉斯佩，《敏豪生奇游记》，1809 年。

玛丽·雪莱，《最后一名生者》，1825 年。

简·劳登，《21 世纪的木乃伊》，1827 年。

埃德加·爱伦·坡，《汉斯·普法勒历险记》，1835 年。

蒙克·梅森，《浮飞行记：浮飞活动的理论与实践简述》，1838 年。

约翰·普尔，《变幻无常的天空》，1838 年。

埃德加·爱伦·坡，《横越大西洋的气球大牛皮》，1844 年。

亨利·梅休，《搭气球观伦敦》，1852。

让·布鲁诺，《气球人质保罗历险记》，1858。

乔治·阿姆斯特朗·卡斯特，《回忆 1862 年的战斗》，1876 年。

儒勒·凡尔纳，《气球上的五星期》，1864 年。

费利克斯·纳达尔，《"巨人号"往事》，巴黎，1864 年。

加斯东·蒂桑迪耶，《一只气球的故事》，1870 年。

詹姆斯·格莱舍等，《空中行》，伦敦，1871 年。

加斯东·蒂桑迪耶，《巴黎的反围城气球》，1872 年。

乔大智，《我的空中行：讲述四十年的飞天经历》，1873 年。

威尔弗雷德·德丰维尔，《飞天大师们的空中履险与重要体验》，1876 年。

詹姆斯·格莱舍，《在基督教青年会的一席谈：与考克斯韦尔一道进行高空气球飞天》，1875 年。

亨利·考克斯韦尔，《我的生平与气球体验》，1887 年。

陆达到，《我在和平年代与战争岁月中的气球飞天生涯》，1890 年。

加斯东·蒂桑迪耶，《著名气球与著名气球飞天人》（两卷集），1890 年。

H.G. 威尔斯，《大空战》，1908 年。

萨洛蒙·安德烈等，《1930 年在白岛发现的萨洛蒙·安德烈、尼尔斯·斯特林堡和克努特·弗伦克尔的探险记录与杂记》，1931 年。

让·德·布吕诺夫，《大象巴巴》，1932 年。

安东尼·史密斯（Anthony Smith），《赶快一手一把扔出去》，1963 年。

伊恩·麦克尤恩[①]，《爱无可忍》，1997 年。

戴维·汉普曼-亚当斯[②]《听风由命》，2001 年。

---

① Ian McEwan（1948－　），现代英国著名作家，从 1975 年开始发表作品，陆续获得多个奖项，如毛姆文学奖、布克奖、全美书评人协会奖等。他的得奖小说包括本书中提到的《爱无可忍》均有中译本。——译注

② David Hempleman-Adams（1956－　），痴迷探险的英国实业家，先后到达过地理北极、北磁极、地理南极、南磁极，并登上七大洲各自的最高峰。他曾著书《听风由命》，叙述自己沿着安德烈一行的未竟之旅乘气球飞赴北极的经历。——译注

致　谢

　　衷心感谢以下机构为我提供手稿、珍本书籍、插图原作、飞天器件物品和文档资料：伦敦图书馆、大英图书馆、伦敦科学博物馆、英国皇家航空学会航空资料馆、法国国家图书馆、法国航空与航天博物馆、美国国会图书馆、史密森学会图书馆、美国国家航空航天博物馆、美国首都华盛顿杜勒斯国际机场史蒂文·乌德沃尔-哈齐中心、美国新墨西哥州阿尔伯克基国际气球博物馆、澳大利亚新南威尔士州立图书馆、瑞典安德烈北极探险中心。

　　美国国家航空航天博物馆的汤姆·D. 克劳奇（Tom D. Crouch）博士热心提供了技术指导，他的著述《高空雄鹰：美国二百年气球飞天史》使我得以接触确凿的美国气球飞天史料；他还指引我去见识阿尔伯克基国际气球节。美国国会图书馆的伦纳德·布鲁诺（Leonard Bruno）博士耐心和细心地给我以获取和阅读史料方面的帮助。史密森学会图书馆的莉拉·韦凯尔迪（Lilla Vekerdy）女士向我打开了支持与款待之门。阿尔伯克基国际气球博物馆馆长梅里利·内森（Marilee Nason）博士也给我以启发。对上述人士，我都十分感铭于心。

我还要在此向下列诸位诚致谢意：伦敦科学博物馆的道格·米勒德（Doug Millard）、史密森学会图书馆馆长南希·格温（Nancy Gwinn）博士、法国勒布尔歇文档管理中心站长皮埃尔·隆巴尔德（Pierre Lombarde）、《自然》杂志[①]的选题编辑芭芭拉·凯泽（Barbara Kiser）。我还要向定时在美国首都华盛顿市宾夕法尼亚大道中央咖啡屋聚会的"周四之夜小团体"的伙伴们遥致祝福。

　　下面几位人士的学术成果使我得益良多：L. T. C. 罗尔特（Lionel Thomas Caswall Rolt）的优秀著述《气球飞天人》、伦敦大学国王学院克拉拉·布兰特（Clare Brant）教授在 2007 年以《气球热》为题在英国皇家学会的出色讲演；斯蒂芬·巴恩（Stephan Bann）教授将他负责校阅的《居高俯瞰：视觉文化中的空中感知部分》一书的部分文章在全书付梓前友情供我阅读、博学的英国皇家学会图书与信息服务部主任基思·穆尔（Keith Moore）对阅读班克斯和富兰克林的手稿给予指导、剑桥大学莫德林学院的汤姆·斯潘塞（Tom Spencer）博士在 2011 年 11 月的"节庆研讨会"上主持的"空中视角"讨论会、杰出的科学作家和讲学人菲利普·鲍尔（Philip Ball）博士以化学等学科为题的"气球近地飞掠式"介绍。此外，剑桥大学丘吉尔学院院务委员会推选我为荣誉校友，使我倍感荣幸，也提醒我更加注意促进工程与想象密切地携手，为世界的未来着眼于宏大观念。

　　有好几家公司使我得以乘气球安全高飞，对此我自然十分承情。它们是：英国的诺里奇气球公司、澳大利亚的高翔气球公司和

---

① 《自然》（Nature）是世界上最早的国际性科技期刊，1869 年创刊至今，目前为周刊，宗旨为报道和评论全球科技领域里最重要的突破。知名度不亚于《科学的美国人》；因要有别于中国自己的双月刊刊物《自然杂志》（上海大学主办），故在中文环境下也往往称为《英国自然杂志》。——译注

法国的飞龙公司。我也应当特别向美国新墨西哥州的阿尔伯克基国际气球节发去祝福。我还为能结识诸多技高而又心细的气球飞天员、并同能与他们在天上和"大地母亲的坚实怀抱"里相处深感荣幸。这里只具体提出以下三位:一位是前文提到过的朱利安·诺特,另外两位是在2004年戈登·贝内特长途气球飞天杯年度赛中获得第三名,又共同在2001年和2010年两度赢得美国燃气气球挑战长途赛第一名的芭芭拉·A. 弗里克(Barbara A. Fricke)和彼得·J. 库尼奥(Peter J. Cuneo)。

我的不少睿智博学的朋友都鼓励我高高飘飞于"艺术层"和"科学层"之间那陌生而又迷人的知识空间。他们是:与我多年共事并经常同我一起升飞——既在东英格兰地区的真实天空上,也在学术研究领域的天穹下——的乔恩·库克(Jon Cook)教授,以气象学学识打开本人眼界的理查德·梅比(Richard Mabey),对本书的铺陈方式提出精明建议的HHM咨询公司的创建人、我的弟弟阿德里安(Adrian)和在大象美术装潢设计公司工作的妹妹特莎(Tessa)。我也从英国广播公司布里斯托尔(Bristol)电台的蒂姆·迪伊(Tim Dee)、从事信息系统改造的艾伦·贾德(Alan Judd)、东英格兰大学人生历程写作硕士指导专业负责人凯瑟琳·休斯(Kathryn Hughes)教授,以及我的恩师、剑桥大学的乔治·斯坦纳(George Steiner)教授那里得到了激励。我还要在此向我的舅舅、原空军少校D. C. 戈登(Gordon)一表致意。他如今在比所有气球都高的天堂里呢!

我还要在下界大地这里,为有机会与哈珀柯林斯出版集团的优秀专业团队合作而感到幸运,在此表示鸣谢。他们是:文字编辑罗伯特·莱西(Robert Lacey)、图版编辑乔·齐格蒙德(Joe Zigmond)、版式设计乔奥·沃克(Jo Walker)、封面设计海伦·埃利斯(Helen

Ellis），以及索引妙手道格拉斯·马修斯（Douglas Matthews）。我更要向责任编辑阿拉贝拉·派克（Arabella Pike）敬表谢忱，她非但见解高强，阅读书中的空中情节时也没有表现出丝毫的恐高症状。最大的感谢要奉给我的代理人戴维·戈德温（David Godwin）和万神殿出版分社纽约支社的丹恩·弗兰克（Dan Frank）。最后，请容许我向心系飞天的德兰西公司（包括中国香港分公司）的小伙子们、伦敦新气球中心的所有朋友们，以及我的爱妻罗丝·特里梅恩（Rose Tremain）致以由衷的谢意。

理查德·霍姆斯

资料来源

档案馆和博物馆

伦敦图书馆

大英图书馆

英国皇家学会

伦敦科学博物馆佩恩-加斯特尔航空邮政展室

英国皇家航空学会国家航空资料馆卡斯伯特-霍奇森文档室

英国气球博物馆暨图书馆，网址：http://www.bbml.org.uk/

英国莱斯特郡（Leicestershire）阿什比德拉祖什博物馆

法国航空与航天博物馆

法国诺曼底地区气球博物馆

澳大利亚新南威尔士州立图书馆

美国国会图书馆蒂桑迪耶文档室

美国国家航空航天博物馆

美国首都华盛顿杜勒斯国际机场史蒂文·乌德沃尔-哈齐中心

美国史密森学会图书馆

美国新墨西哥州阿尔伯克基国际气球博物馆

瑞典格兰纳市安德烈北极探险中心

参考文献

（按汉语拼音顺序排列）

埃文斯，查尔斯·M.：《飞天员参战：美国南北战争期间的气球飞天史》（*War of the Aeronauts: A History of Ballooning in the Civil War*），美国斯塔克波尔出版社，2002 年。

埃文斯，阿瑟·B.（Arthur B. Evans）：《重新认识儒勒·凡尔纳：启蒙主义与科学小说》（*Jules Verne Rediscovered: Didacticism and the Scientific Novel*），格林伍德出版社，1988 年。

爱伦·坡，埃德加：《汉斯·普法勒历险记》（The Unparalleled Adventure of One Hans Pfaall），纽约，1835 年，收入《以星辰为栖所：对大气的实验和探查》（*Astra Castra: Experiments and Adventures in the Atmosphere*）。

爱伦·坡，埃德加：《横越大西洋的气球大牛皮》（*The Trans-Atlantic Balloon Hoax*），纽约，1844 年。

安德烈，萨洛蒙等：《1930 年在白岛发现的萨洛蒙·安德烈、尼尔斯·斯特林堡和克努特·弗伦克尔的探险记录与杂记》（*The Andrée Diaries, Being the Diaries and Records of S. A. Andrée, Nils Strindberg and Knut Fraenkel... Discovered on White Island*），爱德华·亚当斯-雷伊（Edward Adams-Ray）英译，伦敦，1931 年。

巴恩，斯蒂芬：《纳达尔的空中视角》（Nadar's Aerial View），收入《居高俯瞰：视觉文化中的空中感知部分》（*Seeing From Above: The Aerial View in Visual Culture*），I. B.Tauris 网络出版社，2012 年。

巴兰坦，罗伯特·迈克尔（Robert Michael Ballantyne）：《直上云端》（*Up in the Clouds*），伦敦，1870 年。

班克斯，约瑟夫：《约瑟夫·班克斯科学事务书信集》（*The Scientific Correspondence of Joseph Banks*），卷 II，1782—1784 年，尼尔·钱伯斯（Neil Chambers）编，皮克林与查托出版社，伦敦，2007 年。

鲍德温，托马斯：《空瞰图文集：1785 年的一番气球之旅》（*Airopaedia, or Narrative of a Balloon Excursion from Chester in 1785*），伦敦，1786 年。

鲍尔迪克，罗伯特（Robert Baldick）：《巴黎围城》（*The Siege of Paris*），伦敦，1964年。

布朗夏尔，让-皮埃尔：《我的第45次，亦即在北美的第一次飞天行记》（Journal of my Forty-Fifth Ascension and the First in America），费城，1793年，亦收入《以星辰为栖所：对大气的实验和探查》（节选）。

布里斯托，戴维·L.（David L. Bristow）：《行天者：气球时代的真实故事》（*Sky Sailors: True Stories of the Balloon Era*），FSG 出版社，2010年。

布鲁诺，让：《气球人质保罗历险记》（*Les Aventures de Paul enlevé par un ballon*），插图作者 J. 德苏利埃（J. Desoudré），巴黎，贝尔纳丹-贝谢父子出版社，1858年。

布吕埃尔，F. L.（F. L. Bruel）：《航空史上的几座里程碑》（*Histoire aéronautique par les monuments*），巴黎，1909年。

查理，雅克·亚历山大·塞萨尔：《1783年12月1日乘气球从图伊勒雷花园本地飘飞1小时40分的报告》（*Représentation du globe aérostatique qui s'est élevé de dessus l'un des bassins du jardin royal des Thuilleries le 1er, décembre 1783, à 1 heure 40 Minutes*），1783年12月，部分文字收入《以星辰为栖所：对大气的实验和探查》和雷蒙·方丹的著述。

查普曼，贾森（Jason Chapman）等：《沿竖直方向搜索的雷达：研究高空昆虫迁徙的新工具》（Vertical-Looking Radar: A New Tool for Monitoring High-Altitude Insect Migration），《生物科学期刊》（*BioScience*），第53卷，第5期，2003年5月。

达朗德，弗朗索瓦·洛朗：《我与皮拉特尔·德罗齐尔一起飞天》（My Ascent with Pilâtre de Rozier），巴黎，1783年11月21日；收入《以星辰为栖所：对大气的实验和探查》（节选）和雷蒙·方丹的著述。

道蒂，迈克尔（Michael Doughty）：《詹姆斯·格莱舍1862年所论述的气球飞天不良反应：眩晕、减压损伤和组织缺氧》（James Glaisher's 1862 Account of Balloon Sickness: Altitude, Decompression Injury, and Hypomexia），《神经学期刊》（*Neurology*），第60期，2003年3月25日。

德贝热拉克，西拉诺：《月亮和太阳上的国家和帝国的趣史》（*Histoire comique des État et empire de la Lune et du Soleil*），1687年，根据他本人1657年的《月球上的国家和帝国的趣史》（*Histoire comique par Monsieur de Cyrano*

Bergerac contenant les Estats & Empires de la Lune) 再创作，两书均为法文文本，英译本定名为 *Journey to the Moon*，安德鲁·布朗（Andrew Brown）英译，赫斯珀洛斯出版社经典丛书，伦敦，2007 年。

德比希，维克多（Victor Debuchy）：《普法战争期间的巴黎反围城气球》（*Les Ballons du siège de Paris*），法兰西帝国版，1973 年。

德丰维尔，威尔弗雷德：参阅詹姆斯·格莱舍等的《空中行》（*Travels in the Air*）。

德丰维尔，威尔弗雷德：《飞天大师们的空中履险与重要体验》（*Aventures aériennes et expériences mémorables*），巴黎，1876 年。

德圣丰，巴泰勒米·富雅：《浮飞器上所用的机械》（*Description des expériences de la Machine Aérostatique*），巴黎，1784 年。

狄更斯，查尔斯：《白天游沃克斯豪尔游乐场》（Vauxhall Gardens by Day），《博兹特写集》（*Sketches by Boz*），1836 年。

狄更斯，查尔斯：《睁眼无眠时》（Lying Awake），《家常话》（*Household Words*），1852 年 10 月 30 日。

蒂桑迪耶，加斯东：《巴黎围城期间的气球》（Les Ballons du siege de Paris），《画报期刊》（*Le Magasin pittoresque*），巴黎，1872 年，美国国会图书馆蒂桑迪耶文档室。

蒂桑迪耶，加斯东：参阅詹姆斯·格莱舍等，《空中行》。

蒂桑迪耶，加斯东：《可导向气球：将电力用于空中飞行》（*Les Ballons dirigibles*），巴黎，1885 年。

蒂桑迪耶，加斯东：《我的升飞故事：1878—1888 年 40 次空中行记》（*Histoire de mes ascensions récit de quarante voyages aériens 1878–1888*），巴黎，1878 年。

蒂桑迪耶，加斯东：《一只气球的故事》（L'Histoire d'un ballon），《画报期刊》，第 38 期，1870 年，美国国会图书馆蒂桑迪耶文档室。

蒂桑迪耶，加斯东：《异域行记》（*Voyage aériens*），巴黎，1871 年。

蒂桑迪耶，加斯东：《著名气球与著名气球飞天人》（*Histoire des ballons et des aéronautes célèbres*）（两卷集），巴黎，1890 年。

多里安，马克（Mark Dorrian）：《谷歌网上的地球》（On Google Earth），《居高俯瞰：视觉文化中的空中感知部分》，I.B.Tauris 网络出版社，2012 年。

凡尔纳，儒勒：《气球上的五星期》（*Cinq semaines en ballon*），巴黎，1863 年；英译本定名为 *Five Weeks in a Balloon: A Voyage of Discoveries in Africa by Three Englishmen*（《气球上的五星期：三位英国人在非洲的发现之旅》），伦敦，1864 年；华兹华斯文学名著丛书，2002 年。

凡尔纳，儒勒：《神秘岛》（*The Mysterious Island*），1875 年。

凡尔纳，儒勒：《云中大飞怪》（*The Clipper of the Clouds*），1887 年。

方丹，雷蒙（Raymonde Fontaine）：《乘气球飞越拉芒什海峡》（*La Manche en ballon*），巴黎，1982 年。

费希尔，约翰（John Fisher）：《1870 年的空中行动：巴黎围城期间的气球邮务与飞鸽传书》（*Airlift 1870: The Balloon and Pigeon Post in the Siege of Paris*），麦克斯·帕里什出版社，1965 年。

弗拉马利翁，卡米耶：《大众气象学》（*L'Atmosphère*），巴黎，1888 年。

弗拉马利翁，卡米耶：《大众天文学》（*L'Astronomie populaire*），巴黎，1880 年。

弗里德古德，伊莱恩（Elaine Freedgood）：《维多利亚时代的探险著述》（*Victorian Writing about Risk*），剑桥大学出版社，2000 年。

弗林特，凯特（Kate Flint）：《维多利亚时代的人与视觉想象》（*The Victorians and the Visual Imagination*），剑桥大学出版社，2000 年。

《浮飞行记：浮飞活动的理论与实践简述》（*Aeronautica, or Sketches Illustrative of the Theory and Practice of Aerostation*）——参阅有关蒙克·梅森的词条。

福特，汤姆（Tom Fort）：《风云难测》（*Under the Weather*），爱罗图书公司，2007 年。

戈蒂埃，泰奥菲勒：《泰奥菲勒·戈蒂埃文笔最优美的信》（*Les Plus belles lettres*），巴黎，1962 年。

戈蒂埃，泰奥菲勒：《围城谱》（*Tableaux du siège*），巴黎，1871 年。

格莱舍，詹姆斯：《在基督教青年会的一席谈：与考克斯韦尔一道进行高空气球飞天》（Address to the Young Men's Christian Association on a high-altitude balloon ascent with Mr Coxwell），《福音通讯》（*Good News*），1875 年；又收入《以星辰为栖所：对大气的实验和探查》。

格莱舍，詹姆斯、弗拉马利翁，卡米耶、蒂桑迪耶，加斯东、德丰维尔，威尔弗雷德：《空中行》（内有 125 张插图），伦敦，1871 年。

汉普曼-亚当斯，戴维：《听风由命》（*At the Mercy of the Winds*），蓝登书屋，2001 年。

汉森，索尔（Thor Hanson）：《鸟羽：大自然进化的奇迹》（*Feathers: The Evolution of a Natural Miracle*），起步图书出版社，2012 年。

亨特，J.L.（J.L. Hunt）：《詹姆斯·格莱舍》（James Glaisher），《英国皇家天文学会会刊》（*Journal of the Royal Astronomical Society*），卷 37，1996 年。

华兹华斯，威廉：《彼得·贝尔》（*Peter Bell*）（长诗），1819 年。

霍恩，阿利斯泰尔（Alistair Horne）：《带上凡尔纳的色彩》（*A Touch of Verne*），《巴黎的陷落》（*The Fall of Paris*），第 8 章，伦敦，1965 年，1981 年。

霍恩，理查德·亨吉斯特：《气球飞天》（Ballooning），《家常话》，卷 4，1851 年 10 月 25 日。

霍姆斯，理查德：《好奇年代》（*The Age of Wonder*），哈珀柯林斯出版集团，2008 年。

霍姆斯，理查德：《一名浪漫时期传记作者所走的辅路》（*Sidetracks: Explorations of a Romantic Biographer*），哈珀柯林斯出版集团，2000 年。

霍姆斯，理查德：《约瑟夫·班克斯与气球飞天》（Joseph Banks Goes Ballooning），收入《前瞻：科学与英国皇家学会的故事》（*Seeing Further: The Story of Science and the Royal Society*），威廉·布赖森编，英国皇家学会与哈珀柯林斯出版集团联合出版社，2010 年。

霍奇森，约翰·埃德蒙（John Edmund Hodgson）：《英国飞天史》（*The History of Aeronautics in Great Britain*），牛津大学出版社，1924 年。

吉利斯皮，查尔斯（Charles Gillispie）：《蒙戈尔菲耶兄弟》（*The Montgolfier Brothers*），普林斯顿大学出版社，1983 年。

杰弗里斯，约翰：《向英国皇家学会呈交的两次与布朗夏尔一起的飞天记事》（*A Narrative of Two Aerial Voyages with Monsieur Blanchard as Presented to the Royal Society*），伦敦，1786 年，部分文字收入《以星辰为栖所：对大气的实验和探查》。

卡斯特，乔治·阿姆斯特朗：《回忆 1862 年的战斗》（War Memoirs of 1862），收入《天南海北》（*The Galaxy: A Magazine of Entertaining Reading*）杂志，第 22 卷，1876 年 11 月，pp.685-687；亦收入克劳奇的著述（节选）和查尔斯·M. 埃文斯的著述（节选）。

卡瓦略，泰比利厄斯：《浮飞活动的历史与实践》（*A Treatise on the History and Practice of Aerostation*），伦敦，1785 年。

考克斯，约翰·D.（John D. Cox）：《风暴观测者：气象预报的不平静历史》（*The Storm Watchers: The Turbulent History of Weather Prediction*），2003 年。

考克斯韦尔，亨利：《我的生平与气球体验》（*My Life and Balloon Experiences*），伦敦，1887 年。

克拉克，伊格内修斯·弗雷德里克（Ignatius Frederick Clarke）：《预言战争的声音：1763—3749 年的战争》（*Voices Prophesying War: Future Wars 1763–3749*），牛津大学出版社，1993 年。

克莱恩，斯蒂芬：《红色英勇勋章》（*The Red Badge of Courage*），1895 年。

克劳奇，汤姆·D.：《高空雄鹰：美国二百年气球飞天史》（*The Eagle Aloft: Two Centuries of Ballooning in America*），史密森学会，1983 年。

克罗，迈克尔·J.（Michael J. Crowe）：《1750—1900 年间的外星生命争论》（*The Extraterrestrial Life Debate 1750–1900*），多佛图书出版社，1999 年。

拉斯佩，鲁道夫·埃里希：《敏豪生奇游记》（*The Adventures of Baron Munchausen*），1786 年，增改英译本，1809 年，1896 年。

劳登，简：《21 世纪的木乃伊》（*The Mummy! A Tale of the Twenty-First Century*），伦敦，1827 年。

里查森，乔安娜（Joanna Richardson）：《1870—1871 年间巴黎围城大事记》（*Paris Under Siege: A Journal of the Events of 1870–1871*），伦敦，1982 年。

里德，布赖恩·霍尔登（Brian Holden Reid）：《19 世纪的外战与内战》（*The Civil War and the Wars of the Nineteenth Century*），丛书编辑约翰·基根（John Keegan），史密森学会出版部，2006 年。

里纳尔迪，安妮（Ann Rinaldi）：《蓝衣女谍》（*Girl in Blue*），USA 出版社，1988 年。

林恩，迈克尔·J.（Michael J. Lynn）：《美妙创造：欧洲 1783—1820 年的气球飞天》（*The Sublime Invention: Ballooning in Europe 1783–1820*），纽约，2010 年。

卢纳尔迪，文森特：《我的第一次英国空中之旅》（*My First Aerial Voyage in England*），伦敦，1784 年 9 月；《苏格兰上空五度放飞》（*Five Aerial Voyages in Scotland*），1785 年，均部分收入《以星辰为栖所：对大气的实

验和探查》。

陆达到：《我在和平年代与战争岁月中的气球飞天生涯》（*My Balloons in Peace and War*），1890 年，美国国会图书馆（本人手迹），1931 年；影印本（美国），2009 年。

罗布，格雷厄姆（Graham Robb）：《维克多·雨果传》（*Victor Hugo*），麦克米伦出版公司皮卡多书组，1997 年。

罗尔特，L.T.C.：《气球飞天时代激动人心的历史》（*The Aeronauts: A Dramatic History of the Great Age of Ballooning*），伦敦，1966 年（2006 年再版时更名为《飞天员》（*The Balloonists*））。

马利荣，菲尔让斯：《美妙的气球升飞》（*Wonderful Balloon Ascents*），巴黎，1874 年。

麦克贝思，乔治（George MacBeth）：《安娜的书》（*Anna's Book*），伦敦，1983 年。

麦克尤恩，伊恩：《爱无可忍》（*Enduring Love*），伦敦，1997 年。

曼桑，保罗（Paul Maincent）：《巴黎围城期间由气球传递的文字》（*Textes et Documents sur ... les ballons du siège*，巴黎，1952 年。

曼桑，保罗：《航空邮政：巴黎围城期间的创举》（*Genèse de la poste aérienne du siège de Paris*），巴黎，1951 年。

梅比，理查德：《雨过天晴：了解天气》（*Turned Out Nice Again: On Living with the Weather*），纵览出版社，2013 年。

梅森，蒙克：《浮飞行记：浮飞活动的理论与实践简述》，伦敦，1838 年。

梅休，亨利：《搭气球观伦敦》（A Balloon Flight over London），《伦敦新闻画报》（*Illustrated London News*），1852 年 9 月 18 日；又收入《以星辰为栖所：对大气的实验和探查》的新编再版。

《梦想：从热气球到人造卫星》（La Part du rêve: De la Montgolfière au Satellite），《巴黎大皇宫美术馆展览目录》（*Grand Palais exhibition catalogue*），巴黎，1983 年。

莫泊桑：《菲菲小姐》（Mlle Fifi），《羊脂球》（Boule de Suif），《两个朋友》（Deux Amis），收入《短篇小说选》（*Selected Short Stories*），企鹅出版社经典丛书，1971 年。《莫泊桑作品集》（*Album Maupassant*），伽利玛出版社七星文库，1987 年。

莫尼，约翰：《从诺里奇乘气球飞到北海》（A Balloon Flight from Norwich to

the North Sea），1785 年 7 月 23 日；收入《以星辰为栖所：对大气的实验和探查》。

纳达尔，费利克斯：《当我还是一名摄影师时》（*Quand j'étais photographe*），巴黎，1894 年。

纳达尔，费利克斯：《"巨人号"往事》（*Mémoires du Géant*），巴黎，1864 年。

纳达尔，费利克斯：《炮火下》（*Sous l'incendie*），巴黎，1882 年。

南森，弗里乔夫：《极北之地》（*Furthest North*），1897 年。

帕尔默，道格拉斯（Douglas Palmer）：《完整的地球：从卫星上给我们这颗行星画像》（*The Complete Earth: A Satellite Portrait of Our Planet*），科克斯出版社，伦敦，2006 年。

帕特南，乔治（George Putnam）：《安德烈：对一份探险悲剧的记录》（*Andrée: The Record of a Tragic Adventure*），纽约，1930 年。

普尔，约翰：《变幻无常的天空》（Crotchets in the Air），伦敦，1838 年；收入《以星辰为栖所：对大气的实验和探查》。

普里内，让（Jean Prinet）和迪拉塞，安托瓦妮特（Antoinette Dilasser）：《纳达尔传》（*Nadar*），精品丛书，阿尔芒·科兰图书公司，巴黎，1966 年。

乔大智，《飞行体系》（*A System of Aeronautics*），USA 出版社，1850 年。

乔大智，《我的空中行：讲述四十年的飞天经历》（*Through the Air: A Narrative of Forty Years as an Aeronaut*），USA 出版社，1873 年。

斯蒂芬斯，帕特里克（Patrick Stephens）：《早期气球飞天员的故事》（*The Romance of Ballooning: The Story of the Early Aeronauts*），帕特里克·斯蒂芬斯公司和洛桑出版社，1971 年。

斯托达德，D.R.（D.R. Stoddard）：《珊瑚礁上的研究》（*Coral Reefs: Research Methods*），联合国教科文组织出版物，1987 年。

松德曼，佩尔·奥洛夫（Per Olof Sundman）：《安德烈工程师的空中记录》（*Ingenjör Andrées luft färd*），斯德哥尔摩，1967 年。

泰博-索尔热，玛丽：《托马斯·鲍德温对色彩的空中感觉》（Thomas Baldwin's Airopaidia, or the Aerial View in Colour），收入《居高俯瞰：视觉文化中的空中感知部分》，I.B.Tauris 网络出版社，2012 年。

唐恩，琳达（Linda Donn）：《纤纤飞天员》（*The Little Balloonist*）（记叙索菲·布朗

夏尔生平的著作），企鹅出版社，2006 年。

特纳，克里斯托弗·哈顿：《以星辰为栖所：对大气的实验和探查》，伦敦，1865 年。

图尔刚，朱里安：《御空而动的气球》（*Les Ballons: Histoire de la locomotion aérienne*），热拉尔·德内瓦尔作序，巴黎，1851 年。

威尔金森，亚历克：《冰雪世界中的气球》（*The Ice Balloon*），伦敦第四纵队出版社，2012 年。

威尔斯，H. G.：《大空战》（*The War in the Air*），1908 年，企鹅出版社经典丛书版，2005 年。

谢泼德，多莉［与赫恩，彼得（Peter Hearn）合著］：《当降落伞打开时：一名女子跳伞表演先锋的历险故事》（*When the'Chute Went up: Adventures of a Pioneer Lady Parachutist*），伦敦，1970 年。

雪莱，玛丽：《最后一名生者》（*The Last Man*），伦敦，1825 年。

雪莱，珀西·比希：《阿特拉斯神山的女巫》（*The Witch of Atlas*）（长诗），1820 年。

雪莱，珀西·比希：《为气球仗义执言》（A Defence of Ballooning），摘自 T. J. 霍格（T. J. Hogg）的《雪莱在牛津》（Shelley at Oxford）一文，《新每月杂志》（*New Monthly Magazine*），1832 年；后又收入霍格的《雪莱传》（*Life of Shelley*），1858 年。

雪莱，珀西·比希：《装载知识的气球》（To a Balloon Laden with Knowledge）（十四行诗），1812 年。《以星辰为栖所：对大气的实验和探查》——参阅查尔斯·哈顿·特纳的词条。

雨果，维克多：《见闻偶记》（*Choses vues*），巴黎，1887 年。

雨果，维克多：《凶年集》（*L'Année terrible*），巴黎，1871 年。

约克，斯坦（Stan Yorke）：《天气预报，轻松可靠》（*Weather Forecasting Made Simple*），乡间出版社，2010 年。

内容出处

第一章

[1] Ovid, *Metamorphoses*, David Raeburn 英译 , Penguin Classics, 2004, pp.303-306。

[2] Carole Rawcliffe, Richard Wilson (eds), *Norwich Since 1500*, Hambledon and London, 2004; Hilaire Belloc, "A Norfolk Man", *On Something*, 1925; *New Oxford Dictionary of National Biography*, John Money; J.E. Hodgson, *The History of Aeronautics in Great Britain*, Oxford, 1924, pp.179-185.

[3] *Norwich Since 1500*, pp.80-82.

[4] 同上 , pp.80-83。

[5] L. T. C. Rolt, *The Aeronauts: A Dramatic History of the Great Age of Ballooning*, London, 1966 (再版时更名为 *The Balloonists*, 2006), p.95。

[6] J. E. Hodgson, *The History of Aeronautics in Great Britain*, Oxford, 1924, p.183.

[7] Don Cameron, Preface to L.T.C. Rolt.

[8] John Milton, Paradise Lost, Book 2 lines 1049-1055.

[9] 参阅 Julian Nott 本人的网站 http://juliannott.com/ (英文)。

[10] 资料来源 :"Freedom Balloon" by John Dornberg, *Popular Mechanics*, February 1980; *Ballonflucht*, Günter Wetzel 的网站 :电影 *Night Crossing*。

[11] Airey Neave, *They Have Their Exits: The First Briton to Make the Home Run from Colditz*, London, 1970; Pat Reid, *The Latter Days at Colditz*, London, 1953.

[12] 参阅 Raymonde Fontaine, *La Manche en ballon*, Paris, 1982, pp.67-72。

[13] Thomas Baldwin, *Airopaedia, or Narrative of a Balloon Excursion from Chester in 1785*, London, 1786, p.204.

[14] J. E. Hodgson, *The History of Aeronautics in Great Britain*, Oxford, 1924, pp.132, 131.

[15] Blanchard, *Journal of my Forty-Fifth Ascension*, Paris, 1793.

[16] 阿尔伯克基国际气球博物馆，美国新墨西哥州，阿尔伯克基。

[17] David King-Hele, *Erasmus Darwin*, London, 1999, p.187.

[18] Joseph Banks, *The Scientific Correspondence of Joseph Banks*, Vol. 2, 1782–1784, Neil Chambers, Pickering & Chatto, London, 2007, Letter 380.

[19] Richard Holmes, *The Age of Wonder*, London, 2008, pp.135-136 (理查德·霍姆斯,《好奇年代》,暴永宁译,湖南科学技术出版社,2012 年)。

[20] Joseph Banks, Letter 377.

[21] Richard Hamblyn, *Terra: Tales of the Earth*, London, 2010, p.121.

[22] 参阅美国联邦航空管理局的官方网站 (http://www.faa.gov/, 英文), 输入 Balloon Flying Handbook: 还可参阅夏威夷大学化学系的官方网站 (http://www.chem.hawaii.edu/uham/lift.html) 。

[23] Tiberius Cavallo, FRS, *A Treatise on the History and Practice of Aerostation*, London, 1785, pp.164-165.

[24] 同上 , pp.192-193。

[25] 同上 , pp.144-147。

[26] 同上 , p.189。

[27] 同上 , p.323。

[28] Cyrano de Bergerac, *Journey to the Moon*, Andrew Brown 英译 , Hesperus Classics, London, 2007, pp.36, 34。

[29] Cyrano de Bergerac, *Comical History of the Moon*, 部分内容收入 *Astra Castra: Experiments and Adventures in the Atmosphere*, pp.390-395 (参阅 " 资料来源 " 中的 " 参考文献 " 部分)。

[30] 参阅 Robert Poole, *Earthrise: How Man First Saw the Earth*, Yale, 2008, pp.1-2。

第二章

[1] Sophia Banks 的剪贴簿 , 大英图书馆 , 架号 LR.301.3。

上穷碧落：热气球的故事

[2] 同上, 编号 48c。

[3] 同上, 编号 41t, 43t, 43b。

[4] G. E. Grover 中尉的报告, *Military Ballooning*, 1862, p.9。

[5] 参阅 Wilfrid de Fonvielle, "La Premiere Compagnie des Aérostiers", *Aventures aériennes*, pp.117-139。

[6] 参阅 I. F. Clarke, *Voices Prophesying War: Future Wars 1763–3749*, OUP, 1993。

[7] Rolt, pp.104-109.

[8] Hodgson, pp.218-220.

[9] Christopher Hatton Turnor, *Astra Castra: Experiments and Adventures in the Atmosphere*, London, 1865, p.115.

[10] Jacques Garnerin, *Three Aerial Voyages*, 1803; Patrick Stephens, *The Romance of Ballooning: The Story of the Early Aeronauts*, Patrick Stephens Ltd with Edita Lausanne, 1971, p.78.

[11] John Wise, *Through the Air*, 1873, pp.127, 129.

[12] Rolt, p.108.

[13] Raspe, "The Frolic", Chapter XII, *The Surprising Adventures of Baron Munchausen*, London, 1895. (《吹牛大王历险记》, 杜亦明译, 湖南文艺出版社, 2013 年。)

[14] *La Part du rêve: De la Montgolfière au Satellite*, 1983; *Dictionnaire universelle*, 1854.

[15] J. Martin, *The Almanac of Women and Minorities in World Politics*, HarperCollins, 2000, p.466.

[16] F. L. Bruel 的 *Histoire aéronautique* (1909) 一书中收入了此信的影印件和几张 Lisa Garnerin 的演出海报。

[17] *Gentleman's Magazine*, Vol. 89, Part 2, July 1819, pp.76-77.

[18] John Poole, "Crotchets in the Air", 1838, pp.79-80; 收入 *Astra Castra*, pp.399-414。

[19] Monck Mason, *Aeronautica, or Sketches Illustrative of the Theory and Practice of Aerostation*, London, 1838, pp.261-262; Hodgson, pp.223-224; Rolt, pp. 115-116.

[20] *Aeronautica*, p.263.

[21] 同上, p. 262; Hodgson, pp.223-224; Rolt, pp.115-116。

[22] Hodgson, p. 224.

[23] *La Part du rêve*; 以及 Hodgson, p.207, Fig. 65。

[24] Jane Loudon, *The Mummy!*, London, 1827, pp.50, 123, 217.

[25] 同上, p.83。

第三章

[1] Elaine Freedgood, *Victorian Writing about Risk*, CUP, 2000, pp.74-81.

[2] Mary Shelley, *The Last Man*, Vol. 1, 1825.

[3] 参阅 Mary Shelley 的 *Journal*, 4 August 1816。

[4] Mayhew, 收入 *Astra Castra*, p. 223 起。Poole 和 Smith 对与格林一道飞天的叙述（都有嘲讽的成分）也收入 *Astra Castra*。

[5] Rolt, p.120.

[6] *Aeronautica*, pp.151-152.

[7] Rolt, pp.117-121.

[8] *TAIC Interim Report*（《新西兰政府交通事故调查委员会中期报告》）, No. 12-001, Carterton, 7 January 2012.

[9] *Aeronautica*, p.49; Rolt, p.124.

[10] *Aeronautica*, p.33.

[11] 同上, p.40。

[12] 同上, p.46。

[13] 同上, p.49。

[14] 同上, pp.52-53。

[15] Camille Flammarion 在 *Travels in the Air* 一书中所写的文字, London, 1871, p.207。

[16] *Aeronautica*, p.55.

[17] 同上, p.57。

[18] 同上。

[19] 同上, p.59。

[20] 同上, pp.59-60; 内容与 Stephens 的著述 (p.89) 有些许不一致之处。

[21] Edgar Allan Poe, "The Unparalleled Adventure of One Hans Pfaall", 1835; 收

入 *Astra Castra*。

[22] 认为科幻小说这一体裁始自 Edgar Allan Poe 而非 Mary Shelley 的见解，可参
     阅 Adam Roberts, "An infinity Plus Introduction to Hans Pfaall", 2002。此文可见于
     互联网，网址 http://www.infinityplus.co.uk/introduces/pfaall.htm。

[23] *Aeronautica*, pp.62-63.

[24] 同上，p.65。

[25] 同上，pp.68, 70。William Parry 共进行过 4 次北极探险，分别在 1819 年、
     1821 年、1824 年和 1827 年。

[26] 同上，pp.66-67。

[27] 同上。

[28] 同上，pp.66-68 及脚注。

[29] 同上，p.77, 亦可参看同页上 Mason 所加的脚注，但未必很准确。

[30] Rolt, p.124.

[31] Thomas Hood, "Ode to Messrs Green, Hollond and Monck Mason on their
     late Ballon Adventure", poem, 1836.

[32] *Aeronautica*, pp.175-186.

[33] 同上，p.171。

[34] 同上，p.183。

[35] Elaine Freedgood, *Victorian Writing about Risk*, CUP, 2000, pp.74-81.

[36] John Poole, "Crotchets in the Air", 1838; 收入 *Astra Castra*, pp.408-410。

[37] *Aeronautica*, p.26.

[38] 同上，p.21。

[39] 对 Charles Green 的采访，收入 *Astra Castra*, pp.179-180。

[40] Daniel Burgoyne, "Coleridge and Poe's Scientific Faith", *Romanticism on the
     Net*, February 2001.

第四章

[1] Mayhew, *London Labour and the London Poor*, 1851, pp.295-297.

[2] *Illustrated London News*, 18 September 1852.

[3] Charles Dickens, "Vauxhall Gardens by Day", Sketches by Boz 1836.

[4] Charles Dickens, *Household Words*, Contents Index, British Library X981/10221.

[5] Richard Hengist Horne, "Ballooning", *Household Words*, Vol. IV, 25 October 1851.

[6] Charles Dickens, "Lying Awake", *Household Words*, 30 October 1852.

[7] 阿尔伯克基国际气球博物馆，美国新墨西哥州，阿尔伯克基。

[8] "Newcastle on Fire", *Illustrated London News*, 14 October 1854.

[9] David Coke, Alan Borg, *Vauxhall Gardens: A History*, Yale UP, 2011.

第五章

[1] Tom D. Crouch, *The Eagle Aloft: Two Centuries of Ballooning in America*, Smithsonian Institution, 1983, pp.222-224.

[2] 同上, p.224。

[3] 同上, pp.234-235。

[4] 同上, pp.227-229。

[5] Wise, *Through the Air*, 1873, pp.27-31.

[6] 同上, p.248: Crouch, pp.183-184。

[7] Wise, *A System of Aeronautics*, 1850, pp.260-261; Crouch, pp.186-187.

[8] Wise, *A System of Aeronautics*, p.261.

[9] Charles M. Evans, *War of the Aeronauts: A History of Ballooning in the Civil War*, Stackpole Books, USA, 2002, p.31.

[10] Crouch, p.189.

[11] 同上, p.197 起。

[12] Wise, *Through the Air*, Chapter 45, p.530.

[13] Wise, *A System of Aeronautics*, p.261.

[14] Rolt, p.141; Crouch, p.248.

[15] Brian Holden Reid, *The Civil War and the Wars of the Nineteenth Century*, series editor John Keegan, Smithsonian Books, USA, 2006.

[16] Crouch, p.249.

[17] Rolt, pp.141-142.

[18] Wise, *Through the Air*, p.494.

[19] Crouch, p.689.

[20] Wise, *Through the Air*, p.510.

[21] Crouch, p.254.

[22] Wise, *Through the Air*, pp.493-494.

[23] 同上 , p.499。

[24] 同上 , p.508。

[25] Charles Dickens 的日记：给 John Forster 的信 , 参阅 Forster, *Life of Charles Dickens*, Vol. 3, 1872－1874, pp.240-260, 1842。

[26] Stephens, p.96.

[27] Wise, *Through the Air*, p.504.

[28] 同上 , pp.504-507。

[29] 同上 , p.507。

[30] 同上 , p.508。

[31] Stephens, p.96; Rolt, p.141.

[32] Wise, *Through the Air*, p.508; Crouch, p.252.

[33] Wise, *Through the Air*, p.509.

[34] Wise, *Through the Air*, pp.508-510; Crouch, pp.252-253.

[35] Wise, *Through the Air*, p.513.

[36] 同上, p.510。

[37] 同上, p.514。

[38] 同上, p.518。

[39] Crouch, p.254.

[40] Wise, *Through the Air*, pp.517-518.

[41] Crouch, pp.255-261.

[42] Evans, *War of the Aeronauts*, p.1.

[43] Thaddeus Lowe（陆达到）, *My Balloons in Peace and War*, p.3, quoted Evans, *War of the Aeronauts*, p.39.

[44] Lowe, *My Balloons*, 摘引自 Crouch, p.264。

[45] Crouch, p.264.

[46] 同上, p.275。

[47]　同上, p.276。

[48]　Lowe, *My Balloons*, pp.32-34.

[49]　Crouch, p.277.

第六章

[1]　Evans, *War of the Aeronauts*, p.63.

[2]　Reid, p.77. 西弗吉尼亚原为弗吉尼亚州的一部分, 因拒绝加入邦联, 于 1863 年成为独立的西弗吉尼亚州 (West Virginia) 加入联邦一方。

[3]　同上, p.86。

[4]　同上, p.81。

[5]　Evans, *War of the Aeronauts*, p.261.

[6]　Crouch, p.368.

[7]　Evans, *War of the Aeronauts*, p.9.

[8]　Crouch, p.277.

[9]　陆达到所发电文原件现由美国国会图书馆收藏, 电文内容摘引自 Crouch, p.346。

[10]　Lowe, *My Balloons*, p.69; Evans, *War of the Aeronauts*, p.73.

[11]　Evans, *War of the Aeronauts*, p.85.

[12]　Crouch, pp.343-344.

[13]　Evans, *War of the Aeronauts*, p.130.

[14]　同上。

[15]　同上, pp.98-99, 130。

[16]　同上, p.143。

[17]　Lowe, *My Balloons*, p.194.

[18]　Reid, pp.77-80.

[19]　Evans, *War of the Aeronauts*, p.133.

[20]　有关陆达到在战争期间的更多经历, 可参阅 Gail Jarrow, *Lincoln's Flying Spies*, USA, 2010, 以及 Stephen Poleskie, *The Balloonist: The Story of T.S.C. Lowe*, USA, 2007 (有部分虚构内容)。

[21]　Lowe, *My Balloons*, p.113.

[22] "The Yankee Balloon", 底特律新闻社新闻稿, 1886, 引文出处同上。

[23] George Townsend（新闻记者）, "Fitzjohn Porter Views the Confederate Army from a Balloon", 摘引自 Henry Steele Commager, *The Blue and the Gray*（《蓝军与灰军》——南北战争期间, 联邦军队的军装是蓝色的, 邦联军队的军装是灰色的。——译注）Vol. 1, 1950。

[24] Lowe, *My Balloons*, pp.29-30.

[25] Evans, *War of the Aeronauts*, p.184.

[26] Lowe, *My Balloons*, p.32.

[27] 同上, 多处。

[28] Lowe, "The Balloons with the Army of the Potomac: A Personal Reminiscence", p.3; 摘引自 Evans, *War of the Aeronauts*, p.329, 并可参阅互联网内容, 网址 civilwarhome.com。

[29] Lowe, *My Balloons*, p.86.

[30] Henry Coxwell, *My Life and Balloon Experiences*, London, 1887, p.178.

[31] Evans, *War of the Aeronauts*, p.167. 不过, 有关南北战争的资料是在不断增加的, 将来有可能发现当时从空中拍摄到的照片。

[32] Lowe, "The Balloons with the Army of the Potomac", p2.

[33] 同上, p.1.

[34] Reid, p.92.

[35] Crouch, p.387.

[36] Evans, *War of the Aeronauts*, pp.168-169.

[37] *St James's Magazine*, 1863, pp.96-105, 摘引自 Crouch, p.387。

[38] G. E. Grover 中尉的报告, *Military Ballooning*, 1862, p.21; 也摘引自 Coxwell, p.178。

[39] Frederick Beaumont, George Grover, *On Balloon Reconnaissances*, 1863, British Library X639/1795.

[40] George A Custer, "War Memoirs", *The Galaxy: A Magazine of Entertaining Reading*, Vol. 22, November 1876, pp.685-687; 并可参阅 Evans, *War of the Aeronauts*, pp.184-188; Crouch, pp.383-386 以及书注 (p.699)。

[41] Evans, *War of the Aeronauts*, pp.205-206. 有关 "绸裙气球" 确凿史料的发现, 在很大程度上应归功于这位 Evans 出色的文档调研工作。

[42] Cheeves to Longstreet, 1896, 出处同上 , p.206。

[43] Evans, *War of the Aeronauts*, p.236.

[44] Crouch, p.394.

[45] Lowe, *My Balloons*, p.143.

[46] Evans, *War of the Aeronauts*, p.237.

[47] 同上, p.222。

[48] 同上, p.223。

[49] 同上, p.235。

[50] 同上, p.228; Lowe, *My Balloons*, p.135。

[51] Evans, *War of the Aeronauts*, p.240.

[52] 这是 A.W. Creeley 少将的看法 , 摘引自 Lowe, *My Balloons*, p.140。

[53] Evans, *War of the Aeronauts*, p.243.

[54] 同上, pp.242-243。

[55] Lowe, *My Balloons*, p.145.

[56] Ann Rinaldi, *Girl in Blue*, USA, 1988, pp.199-200.

[57] James Longstreet, *Century Magazine*, 1896; 摘引自 Crouch, p.393。

[58] 此节中的部分诗句是与美国南北战争有关的："把柠檬水送给医院病床上一个发烧的病人……"（《草叶集·我自己的歌》，第 33 节，赵萝蕤译，上海译文出版社，1991 年。）

[59] Stephen Crane, "The Price of the Harness", *Scribner's Magazine*, September 1898.

[60] Stephen Crane, *The Red Badge of Courage*, 1895.

[61] Evans, *War of the Aeronauts*, p.299.

[62] Lowe, *My Balloons*, pp.204-205.

[63] 同上, p.208。

[64] Evans, *War of the Aeronauts*, p.308.

[65] 同上, p.309。

[66] 同上。

第七章

[1] Richard Holmes, "Monsieur Nadar", *Sidetracks: Explorations of a Romantic*

Biographer, Harper Collins, London, 2000, pp.57-58.

［2］ Jean Prinet, Antoinette Dilasser, *Nadar*, Collection Kiosque, Librairie Armand Colin, Paris, 1966, p.124.

［3］ Holmes, "Monsieur Nadar".

［4］ Félix Nadar, *Quand j'étais photographe*, 1894, p.121.

［5］ 同上；以及 Prinet, Dilasser, pp.134-135。

［6］ Nadar, *Quand j'étais photographe*, pp.113-114; 并可参阅 Stephan Bann, "Nadar's Aerial View", *Seeing from Above; The Aerial View in Visual Culture*, I.B. Tauris online publisher, 2012。

［7］ Prinet, Dilasser, p.135.

［8］ Nadar, *Quand j'étais photographe*, 1894, p.121.

［9］ Prinet, Dilasser, p.140.

［10］ Félix Nadar, *Mémoires du Géant*, 1864, pp.24-27.

［11］ Prinet, Dilasser, pp.145, 142; *L'Aéronaute* 杂志的封面，收入 *La Part du rêve: De la Montgolfière au Satellite*, Paris, 1983, p.141。

［12］ Nadar, from *L'Aéronaute*, 1863; 摘引自 R.M. Ballantyne, *Up in the Clouds*, 1870。

［13］ Prinet, Dilasser, p.150.

［14］ Rolt, pp.145-150; *L'Aéronaute*, 1863, 摘引自 R.M. Ballantyne, *Up in the Clouds*, London, 1870。

［15］ *L'Aéronaute*, 1863; 摘引自 Ballantyne 的著述。

［16］ Prinet, Dilasser, p.150; Stephens, p.101; *La Part du rêve* p.141; Nadar, *Mémoires du Géant*.

［17］ Prinet, Dilasser, p.150.

［18］ Rolt, p.147.

［19］ Nadar, *Mémoires du Géant*; 并可参阅 Stephen Bann 的评论。

［20］ Nadar, *Mémoires du Géant*; Stephens, p.103.

［21］ Nadar, *Mémoires du Géant*; Stephens, p.101.

［22］ Prinet, Dilasser, p.154.

［23］ Nadar, *Mémoires du Géant*, pp.352-384.

［24］ Prinet, Dilasser, pp.154, 163.

[25] 同上 , pp.155-161。

[26] 同上 , p.157。

[27] 同上 , p.158。

[28] Hugo, 引文出处同上 ; 参阅 I.F. Clarke, *Voices Prophesying War: Future Wars 1763–3749*, OUP, 1993, p.3。

[29] 转引自 Prinet, Dilasser, pp.157-158, 本书作者英译。

[30] 转引, 出处同上 , p.158 。

[31] 转引, 出处同上 , p.160。

[32] 转引, 出处同上 , pp.158-159。

[33] 转引, 出处同上 , p.161。

[34] 转引, 出处同上 , p.162。

[35] Fonvielle, *Travels in the Air* 一书中由他撰写的部分 , London, 1871, p.233。

[36] 同上, pp.251-253。

[37] Prinet, Dilasser, p.161.

[38] Arthur B. Evans, *Jules Verne Rediscovered: Didacticism and the Scientific Novel*, Greenwood Press, 1988, pp.18-20.

[39] Stephens, p.160.

[40] Arthur Evans, *Jules Verne Rediscovered*, p.20.

[41] 参阅 Arthur B. Evans, "The 'New' Jules Verne", *Science-Fiction Studies*, Vol. 22:1, No. 65, March 1995, pp.35-46。

[42] Arthur Evans, *Jules Verne Rediscovered*, p.21.

[43] 同上, p.20。

[44] Percy Bysshe Shelley, "A Defence of Ballooning", 为 T.J. Hogg 在 1832 年的一期 *New Monthly Magazine* 杂志上发表的 "Shelley at Oxford" 一文中引用 ; 后又为此文作者收入 *Life of Shelley* 一书 (1858) 。

第八章

[1] Cornelius O'Dowd (原文如此), 刊于 *Blackwood's Magazine*, October 1864; 又收入 *Astra Castra*, p.434。

[2] Rolt, pp.188-189。

[3] Glaisher 在 *Travels in the Air* 一书中撰写的部分, pp.27-28; Hodgson, p.21; Rolt, pp.188-189。

[4] Rolt, p.191.

[5] Fonvielle 在 *Travels in the Air* 一书中撰写的部分, London, 1871, p.329。 Charles Green 写下的不少文字资料, 目前均收藏于英国皇家航空学会 国家航空资料馆 (National Aerospace Library, Royal Aeronautical Society, Farnborough, Hampshire) 的 Cuthbert-Hodgson 文档室。

[6] 同上, p.330。

[7] 同上。

[8] 同上, pp.330-331。

[9] Hodgson, p.268; Rolt, p.191.

[10] J.L. Hunt, "James Glaisher", *Journal of the Royal Astronomical Society*, Vol. 37, 1996; Rolt, p.192.

[11] Glaisher 在 *Travels in the Air* 一书中撰写的部分, pp.34-35; Rolt, 附录, pp.248-250。

[12] Glaisher 在 *Travels in the Air* 一书中撰写的部分, p.42; *Astra Castra*, pp.228-229。

[13] Glaisher 在 *Travels in the Air* 一书中撰写的部分, p.22。

[14] 同上。

[15] Rolt, p.192.

[16] Tom Fort, *Under the Weather*, Arrow Books, 2007, pp.220-222.

[17] Rolt, pp.190, 192; J.L. Hunt, p.328.

[18] Glaisher 在 *Travels in the Air* 一书中撰写的部分, p.31。

[19] 同上, pp.31, 33。

[20] 同上, pp.38-40。

[21] Rolt, p.250.

[22] J. L. Hunt, p.327.

[23] 同上。

[24] Glaisher 在 *Travels in the Air* 一书中撰写的部分, p.43。

[25] 同上, pp.44-47。

[26] Stan Yorke, *Weather Forecasting Made Simple*, 2010, p.46.

[27] 参阅资料同上 , 标题为 "Old Tales" 的一章 , pp.56-57。

[28] Edmund Halley 的气象图现由英国国家气象档案馆收藏 (National Meteorological Archive, Great Moor House, Exeter)。

[29] Dove 于 1858 年提出的 " 暴风和暴雨律 " (Law of Storms) 在 John D. Cox, *The Storm Watchers: The Turbulent History of Weather Prediction*, 2003 中有所介绍 , p. 78。

[30] John Ruskin, 转引自 Fort, p.234。

[31] Fort, pp.218-219.

[32] 同上 , p.225。

[33] 同上。

[34] Glaisher 在 *Travels in the Air* 一书中撰写的内容 , pp.50-55; *Astra Castra*, pp.385-389。

[35] *The Times* (《泰晤士报》) , 10 September 1862, p.10.

[36] J. L. Hunt, p.329.

[37] Glaisher 在 *Travels in the Air* 一书中撰写的内容 , p.54。

[38] *The Times*, 10 September 1862, p.10.

[39] 同上。

[40] Glaisher 在 *Travels in the Air* 一书中撰写的内容 , p.57。

[41] *The Times*, 10 September 1862, p.10.

[42] 参阅 Michael Doughty, "James Glaisher's 1862 Account of Balloon Sickness: Altitude, Decompression Injury, and Hypomexia", *Neurology*, No. 60, 25 March 2003。

[43] Glaisher 在 *Travels in the Air* 一书中撰写的内容 , pp.60-61。

[44] *The Times*, 11 September 1862, p.8.

[45] Gaston Tissandier, *Histoire de mes ascensions: Récit de vingt-quatre voyages aériens*, Paris, 1868 – 1877.

[46] Glaisher 在 *Travels in the Air* 一书中撰写的内容 , pp.71-72。

[47] 同上 , pp.62, 50。

[48] J. L. Hunt, p.327.

[49] Glaisher 在 *Travels in the Air* 一书中撰写的内容 , pp.84-94。

[50] J. L. Hunt, p.329, p.329.

[51] John D. Cox, *The Storm Watchers*, pp.20-23.

[52] Michael Doughty, 2003.

[53] Glaisher 在 *Travels in the Air* 一书中撰写的内容 , pp.61-62。

[54] Hatton Turnor 发表在 *The Times*, 12 July 1863 上的文字 , 收入 *Astra Castra*, p.245。

[55] Glaisher 在 *Travels in the Air* 一书中撰写的内容 , p.62。

[56] 同上 , pp.79, 100。

[57] 同上 , pp.99-100。

[58] 同上 , pp.81-82。

[59] James Glaisher, "Address to the Young Men's Christian Association", *Good News*, 1875; 收入 *Astra Castra*, pp.387-388。

[60] 同上 , pp.386-389。

第九章

[1] Fonvielle 在 *Travels in the Air* 一书中撰写的内容 , London, 1871, p.265。

[2] Flammarion 在 *Travels in the Air* 一书中撰写的内容 , London, 1871, p.112。

[3] 同上 , p.120。

[4] Michael J. Crowe, *The Extra-Terrestrial Life Debate*, 1998, pp.378-379.

[5] R. H. Sherard, "Flammarion the Astronomer", in *McClure's Magazine*, 1894.

[6] Crowe, p.386.

[7] 同上 , p.383。

[8] Camille Flammarion, *L'Astronomie populaire* (《大众天文学》) , Paris, 1880 [此段文字在第七篇《天文仪器》中 , 但此书现有的两种中译本中均没有收入 (译者都在译者序言中提到对此书有所删节) 。——译注]

[9] Camille Flammarion, *L'Atmosphère* , Paris, 1888, p.163.

[10] Sherard, 1894.

[11] Flammarion 在 *Travels in the Air* 一书中撰写的内容 , London, 1871, p.105 。

[12] 同上。

[13] 同上 , p.122。

[14] 同上。

[15] 同上 , pp.123, 142, 106。

[16] Stan Yorke, *Weather Forecasting Made Simple*, Countryside Books, 2010, pp.6-8.

[17] Flammarion 在 *Travels in the Air* 一书中撰写的内容 , London, 1871, p.111。

[18] 同上 , p.123 。

[19] 同上 , p.179。

[20] 同上 , pp.123, 136。

[21] 同上 , p.174。

[22] 同上 , p.136。

[23] 同上 , p.140。

[24] Jason Chapman 等 , "Vertical-Looking Radar: A New Tool for Monitoring High-Altitude Insect Migration", *BioScience*, Vol. 53, No. 5, May 2003。

[25] Flammarion 在 *Travels in the Air* 一书中撰写的内容 , London, 1871, pp.154, 160。

[26] 同上 , pp.128, 140, 136。

[27] 同上 , pp.169, 166。

[28] 同上 , pp.179, 183-184。

[29] 同上 , pp.120, 147。

[30] 同上 , pp.147-148。

[31] Tissandier 在 *Travels in the Air* 一书中撰写的内容 , London, 1871, p.291 。

[32] 同上。

[33] 同上 , p.292。

[34] 同上。

[35] 同上 , p.295。

[36] 同上。

[37] 同上 , p.296。

[38] 同上。

[39] 同上 , pp.296-297。

[40] 同上 , p.301。

[41] 同上 , pp.305-306。

[42] 同上 , p.311。

[43] 同上 , p.322。

[44] 同上 , pp.350-353。

[45] Gaston Tissandier, "Histoire d'un ballon", *Le Magasin pittoresque*, Tome 38, 1870, 美国国会图书馆 Tissandier 文档室。

[46] 同上 , *"Histoire d'un ballon"*, 第 12 章 , "Les Courants d'air"。

[47] Gaston Tissandier, *Voyages aériens*, Paris 1870.

[48] Tissandier 在 *Travels in the Air* 一书中撰写的内容 , London, 1871, p.398。

[49] 由格莱舍手写批注的 *Travels in the Air* 原稿 , 现由英国皇家天文学会收藏; J.L.Hunt, p.332。

第十章

[1] Paul Maincent, *Genèse de la poste aérienne du siège de Paris*, Paris, 1951, p.58.

[2] *The Times*, 原件现存伦敦图书馆文档室。

[3] Robert Baldick, *The Siege of Paris*, Batsford, 1964, p.28.

[4] *The Times*, 17 September 1870 (原文误为 1871)。

[5] Maincent, p.60.

[6] Henry Labouchère, in Baldick, p.28.

[7] Baldick, pp.29-31.

[8] Gaston Tissandier, "Les Ballons du siège de Paris", *Magasin pittoresque*, Tome 40, 1872, p.1, 美国国会图书馆 Tissandier 文档室第 11 号文件匣。

[9] Baldick, p.128.

[10] Théophile Gautier, *Les Plus belles lettres de Théophile Gautier*, 由 Pierre Descaves 精选 , Calmann-Levy, Paris, 1962, p.139。

[11] Baldick, p.145.

[12] *The Times*, 3 October 1870, p.9.

[13] Victor Debuchy, *Les Ballons du siège de Paris*, Paris, 1973, 附录 : "Envols des ballons", pp.408-422。

[14] Gaston Tissandier, "Les Ballons du siège de Paris", *Magasin pittoresque*,

Paris, 1872, p.i.

[15] Prinet, Dilasser, pp.173, 187; Maincent, p.56.

[16] Prinet, Dilasser, p.175; Maincent, p.66 .

[17] Prinet, Dilasser, p.174; Maincent, p.60.

[18] Maincent, p.66.

[19] 同上 , p.91。

[20] Debuchy, p.408.

[21] Prinet, Dilasser, p.173.

[22] Maincent, p.102.

[23] Fonvielle, *Aventures Aériennes et expériences mémorables*, 1876, p.364.

[24] John Fisher, *Airlift 1870: The Balloon and Pigeon Post in the Siege of Paris*, Max Parrish, 1965, p.21; Fonvielle, *Aventures aériennes*, p.364.

[25] *The Times*, 28 September 1871, p.5, 部分内容转引自 Prinet, Dilasser, pp.179-180。

[26] Fisher, p.23.

[27] Tissandier, "Les Ballons du siège de Paris", p.2.

[28] Prinet, Dilasser, p.184.

[29] 同上 , pp.182-183。

[30] Fisher, p.34.

[31] Hugo, *Choses vues*，收 入 Joanna Richardson, *Paris Under Siege: A Journal of the Events of 1870−1871* , London, 1982。

[32] Fisher, p.36.

[33] 甘必大的短信转引自 Stephens, p.107。

[34] 有关情况摘自图尔版的 *Moniteur Universel*, 7 October 1870; Stephens, pp.106-107; Tissandier, "Les Ballons du siège de Paris"。

[35] Rolt, p.174.

[36] 全部反围城气球的名称、升飞日期和降落地点的分布地图可得自 Stephens 的有关著述 , pp.106-110。

[37] Prinet, Dilasser, p.184.

[38] Baldick, p.126.

[39] David L. Bristow, *Sky Sailors*, Farrar Straus Giroux, 2010, pp.89-91.

[40] Debuchy, pp.236-238; Rolt, p.176.

[41] Théophile Gautier, *Tableaux du siège*, Paris, 1871, p.42.

[42] Tissandier, "Les Ballons du siège de Paris", p.11.

[43] Baldick, pp.114-115.

[44] Prinet, Dilasser, p.186.

[45] Baldick, pp.116-118.

[46] 同上 , pp.117-118; Fisher, pp.70-72; Rolt, p.175; Prinet, Dilasser, p.186。他们提供的数字不完全一致 , 不过这是可以理解的 (参阅后文的第 48 条尾注。运作的全过程由 Nadar 在 *Quand j'étais photographe* 中提及)。

[47] Prinet, Dilasser, p.186; Baldick, p.116.

[48] 统计数字来源 : Baldick, p.118, Rolt, p.177。据 Victor Debuchy 估计 , 放出的信鸽总数为 407 只 , 共携带 95642 份信息 , 返回巴黎的鸽子有 73 只 , 但他未能提供由此得到投递的信息总数。凡在战争期间 , 对信息的公布总是十分慎重的。Debuchy, p.402-404。

[49] Baldick, p.120.

[50] Richardson, p.92.

[51] "Une Bombe aux Feuillantines" [原 文 feuillantes 为 误 拼 词], Victor Hugo, *L'Année terrible*, Paris, 1871, p.126。

[52] Hugo, pp.116-118.

[53] Fisher, p.128.

[54] Hugo, pp.116-117; Fisher, p.129.

[55] Graham Robb 探讨了这种对战争持嘲讽态度的立场 , 见 *Victor Hugo* 一书 , Picador, 1997, p.145。

[56] Fisher, p.139.

[57] Debuchy, 附录 : "Les Ballons"; Stephens, 飞天名细 , pp.106-110; Rolt, p.176。

[58] Coxwell, pp.179-182.

[59] Rolt, p.176.

[60] Debuchy, pp.224-236.

[61] Coxwell, p.181; Rolt, p.176; Debuchy, pp.398-399.

[62] Prinet, Dilasser, p.184.

[63] Fulgence Marion, *Wonderful Balloon Ascents*, Paris, London, New York, 1874, p.220.

[64] J. L. Hunt, p.333.

[65] Rolt, p.177.

[66] Fisher, fig. X.

[67] Rolt, pp.198-199; *La Part du rêve*, 1983.

[68] Rolt, p.152.

第十一章

[1] Thor Hanson, *Feathers: The Evolution of a Natural Miracle*, Basic Books, 2012.

[2] Rolt, p.214.

[3] *Album Maupassant*, Pléiade, Gallimard, 1987, pp.248-249, 186.

[4] H. G. Wells, *The War in the Air*, 1908 (威尔斯：《大空战》，陶玉康等译，太白文艺出版社，2008 年)，第 3 章，"The Balloon", Penguin Classics, 2005, p.53。

[5] 同上，"The German Air-Fleet"，第 4 章，p.79。

[6] 所有海报均由阿尔伯克基国际气球博物馆提供。

[7] Dolly Shepherd (与 Peter Hearn 合著)，*When the 'Chute Went up: Adventures of a Pioneer Lady Parachutist*, London, 1970. 还可参观英格兰莱斯特郡阿什比德拉祖什 (Ashby de la Zouche) ——她第一次表演飞天处的博物馆。多莉后来建立了家庭，还在第一次世界大战期间参军作战，更于 20 世纪 80 年代以 96 岁高龄与一支名为 " 红魔跳伞队 " 的队员们一起飞上天空 (不过没有参加跳伞)。

[8] 同上，p.129。

[9] 同上，pp.48-49。

[10] Salomon Andrée, *The Andrée Diaries, Being the Diaries and Records of S.A. Andrée, Nils Strindberg and Knut Fraenkel ... Discovered on White Island in 1930*. Edward Adams-Ray 英译，London, 1931, pp.6-10。

[11] Alec Wilkinson, *The Ice Balloon*, Fourth Estate, 2012, p.39.

[12] 同上，p.15。

[13] David Hempleman-Adams, *At the Mercy of the Winds*, Bantam, 2001.

[14] *Andrée Diaries*, pp.9-11.

[15] Rolt, p.153.

[16] George Putnam, *Andrée: The Record of a Tragic Adventure*, New York, 1930, p.87.

[17] *Andrée Diaries*, p.28 .

[18] Putnam, pp.88-118.

[19] *Andrée Diaries*, p.30.

[20] 同上 , pp.35-36。

[21] 同上 , pp.36, 34。

[22] 同上 , p.36。

[23] 同上 , pp.29-31; Wilkinson, p.88; Rolt, pp.153-155。

[24] Rolt, pp.153-154.

[25] *Andrée Diaries*, p.31.

[26] 同上 , p.35。

[27] 同上 , p.38。

[28] Putnam, pp.75-76.

[29] Nansen, 转引来源同上 ; 以及 Wilkinson, p.130。

[30] Wilkinson, p.162.

[31] *Andrée Diaries*, p.68.

[32] 同上 , p.ix。

[33] Strindberg 的杂记 , 同上 , p.419。

[34] 同上 , p.422。

[35] *Andrée Diaries*, p.111.

[36] 同上 , pp.76-77。

[37] " 气球飞行过程中的高度 ", 路线图, *Andrée Diaries*, p.81。

[38] Strindberg 的杂记, *Andrée Diaries*, p.428。

[39] 同上 , *Andrée Diaries*, p.84。

[40] *Andrée Diaries*, p.348.

[41] Strindberg 写给安娜的信 , *Andrée Diaries*, p.431。

[42] Strindberg 的杂记 , *Andrée Diaries*, pp.428-429, p.112。

[43] *Andrée Diaries*, p.353.

[44] 同上 , p.352。

[45] 同上 , p.353。

[46] 同上 , pp.352-353。

[47] 同上 , p.88。

[48] Rolt, p.155.

[49] Strindberg 的杂记 , *Andrée Diaries*, p.433。

[50] *Andrée Diaries*, p.92.

[51] 同上 , p.95; Strindberg 的杂记 , *Andrée Diaries*, p.434。

[52] Rolt, p.157.

[53] Strindberg 的杂记 , *Andrée Diaries*, p.443。

[54] Strindberg 写给安娜的信 , *Andrée Diaries*, p.451。

[55] *Andrée Diaries*, p.184; 并可参阅安德烈北极探险队的地图。

[56] 同上 , p.189。

[57] Strindberg 写给安娜的信 , *Andrée Diaries*, p.451。

[58] *Andrée Diaries*, pp.189, 444.

[59] 同上 , pp.ix, 169。

[60] 同上 , p.199。

[61] 同上 , p.412。

[62] Strindberg 的杂记 , *Andrée Diaries*, p.434。

[63] *Andrée Diaries*, pp.414-415; Wilkinson, p.221.

[64] Strindberg 的杂记 , *Andrée Diaries*, p.435。

尾　声

[1] George MacBeth, *Anna's Book,* 1983. 此书也同多数以气球飞天为题材的作品一样 , 含有虚构的成分。

[2] 许多互联网站都谈及这一内容 , HotAirBalloonEvents.org 即为其一。

[3] *Coral Reefs: Research Methods,* D. R. Stoddard, UNESCO, 1987.